传感检测技术

桑海峰　主编

邢燕好　刘博　李德健　副主编

清华大学出版社

北京

内 容 简 介

本书根据工科仪器仪表类及其相近专业学生对测量、仪表和测试技术等的培养要求，阐述了检测系统的各个环节，包括信息的获取以及信号的传输、转换和处理。主要内容包括检测系统的基本知识，传感器的定义、作用、组成、分类等，常用传感器的工作原理、结构组成、测量电路、应用实例分析以及一些实用的传感检测技术；同时结合 CSY-3000 型传感器实验平台设计了 10 个典型的传感器实验。本书在撰写和内容选取上主要是针对普通高等院校仪器仪表类及其相近专业学生的特点，侧重基础原理及实际应用，同时也适当阐述了该领域的新技术、新产品和发展趋势。

本书可作为普通高等院校仪器仪表、电子信息、自动化等专业的教材，也可作为从事检测技术工作的工程技术人员的参考用书。

图书在版编目(CIP)数据

传感检测技术/桑海峰主编.—北京：清华大学出版社，2021.6
ISBN 978-7-302-58221-2

Ⅰ.①传… Ⅱ.①桑… Ⅲ.①传感器－检测 Ⅳ.①TP212

中国版本图书馆 CIP 数据核字(2021)第 098977 号

责任编辑：许 龙
封面设计：傅瑞学
责任校对：赵丽敏
责任印制：刘海龙

出版发行：清华大学出版社
网　　址：http://www.tup.com.cn，http://www.wqbook.com
地　　址：北京清华大学学研大厦 A 座　　**邮　　编**：100084
社 总 机：010-62770175　　**邮　　购**：010-62786544
投稿与读者服务：010-62776969，c-service@tup.tsinghua.edu.cn
质量反馈：010-62772015，zhiliang@tup.tsinghua.edu.cn
印 装 者：三河市龙大印装有限公司
经　　销：全国新华书店
开　　本：185mm×260mm　　**印　张**：18.25　　**字　　数**：445 千字
版　　次：2021 年 6 月第 1 版　　**印　　次**：2021 年 6 月第 1 次印刷
定　　价：52.00 元

产品编号：091154-01

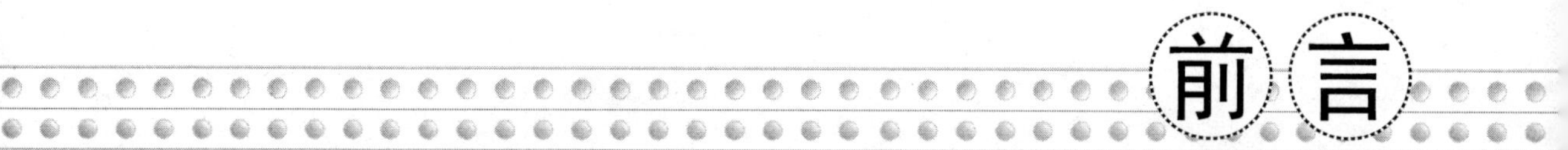

前言

FOREWORD

传感器技术是新一代信息技术三大组成部分之一，是发展物联网及其应用的关键和瓶颈。检测技术是工业生产和科学实验中对信息进行获取、传递、处理的一系列技术的总称，它的基本任务就是获取有用的信息，通过选用专门的传感器，设计合理的实验方法以及建立恰当的数学模型进行信号分析与数据处理，从而获得与被测对象有关的信息并将其进行显示或传输给其他处理装置或控制系统等。本书主要针对普通高等院校仪器仪表类及其相关专业学生的特点，注重传感器基本工作原理与检测技术实践相结合编写而成。

本书的特点是从基本概念、基本原理出发，从定性和定量的角度详细阐述了常用传感器的工作原理、输入/输出特性、典型测量电路以及工程应用实例分析，并且结合应用实例详细描述了新型的比较实用的传感检测技术；同时结合 CSY-3000 型传感器平台设计了 10 个典型的动手实验，从而提升学生的实践能力；另外，每章都设有思考题与习题。本书注重基础，不涉及设计制造以及与专业的其他课程中(如电子线路、计算机组成原理与接口技术、单片机技术等)内容重复的知识点。

全书共分为 14 章，第 1 章绪论，介绍了传感器的基本概念和发展趋势；第 2 章介绍了检测技术的基本知识；第 3～13 章按工作原理分别介绍了典型传感器的基本原理、结构、测量电路以及实例分析，包括电阻式传感器、电容式传感器、电感式传感器、电涡流式传感器、压电式传感器、电动势式传感器、温度传感器、光电式传感器、气敏及湿敏传感器、数字式传感器和智能传感器与软传感器；第 14 章介绍了新型的比较实用的传感检测技术。

本书内容通俗易懂，注重基本概念、基本原理的理解，注重培养学生解决实际问题的能力。本书可作为普通高等院校仪器仪表类及其相近专业的教材，也可供从事检测技术工作的工程技术人员参考。书中各章节内容有一定的独立性，可供其他专业根据需要选用。

全书由桑海峰任主编，邢燕好、刘博、李德健任副主编，参编人员还有朱光普、张腾飞、陈旺兴、黄茂、梁月莹、李想等。

本书在编写过程中参考了一些相关教材和文献资料，在此向所有参考文献的作者表示衷心的感谢。由于传感检测技术涉及的学科众多、知识面广泛，而我们学识有限，书中如有理解局限和不妥之处，恳请读者指正。

编者

2021 年 1 月

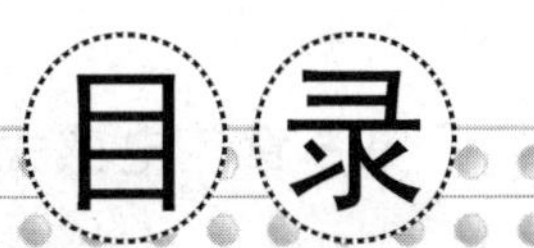

CONTENTS

第1章　绪论 ······ 1

1.1　传感检测系统的组成 ······ 1

1.2　传感器发展现状与趋势 ······ 3

1.3　本书内容及与其他课程的关系 ······ 4

第2章　检测技术基本知识 ······ 5

2.1　测量的基本知识 ······ 5

2.2　测量系统的输入-输出特性 ······ 10

2.3　传感器的分类和性能指标 ······ 22

思考题与习题 ······ 24

第3章　电阻式传感器 ······ 25

3.1　电阻应变式传感器 ······ 25

3.2　测量电桥 ······ 30

3.3　电位器式电阻传感器 ······ 39

3.4　电阻应变式传感器应用 ······ 42

3.5　实验——应变片单臂、半桥、全桥性能实验 ······ 46

思考题与习题 ······ 46

第4章　电容式传感器 ······ 48

4.1　传感器原理及结构形式 ······ 48

4.2　传感器静态特性 ······ 49

4.3　电容式传感器测量电路 ······ 54

4.4　电容式传感器设计问题 ······ 59

4.5　电容式传感器应用举例 ······ 62

4.6　实验——电容式传感器的位移实验 ······ 64

思考题与习题 ······ 64

第 5 章 电感式传感器 …… 65
5.1 自感型传感器 …… 65
5.2 电感式传感器测量电路 …… 68
5.3 互感型电感式传感器 …… 71
5.4 应用举例 …… 77
5.5 实验——差动变压器的性能实验 …… 78
思考题与习题 …… 78

第 6 章 电涡流式传感器 …… 79
6.1 工作原理 …… 79
6.2 电涡流的分布和强度 …… 80
6.3 电涡流式传感器的设计 …… 82
6.4 测量电路 …… 83
6.5 电涡流式传感器应用 …… 84
6.6 实验——电涡流式传感器位移实验 …… 86
思考题与习题 …… 87

第 7 章 压电式传感器 …… 88
7.1 压电效应 …… 88
7.2 压电材料简介 …… 93
7.3 压电式传感器的测量电路 …… 95
7.4 压电式传感器应用 …… 99
7.5 实验——压电式传感器测振动实验 …… 104
思考题与习题 …… 104

第 8 章 电动势式传感器 …… 105
8.1 磁电式传感器 …… 105
8.2 霍尔传感器 …… 110
8.3 实验——霍尔传感器测转速实验 …… 121
思考题与习题 …… 122

第 9 章 温度传感器 …… 123
9.1 热电偶 …… 123
9.2 热电阻 …… 134
9.3 热敏电阻 …… 138

9.4　集成温度传感器 …… 144
9.5　实验——集成温度传感器温度特性实验 …… 151
思考题与习题 …… 151

第 10 章　光电式传感器 …… 153
10.1　外光电效应及其器件 …… 153
10.2　内光电效应及器件 …… 157
10.3　光电式传感器应用举例 …… 165
10.4　电荷耦合器件 …… 168
10.5　光纤传感器 …… 174
10.6　实验——光纤位移传感器测位移特性实验 …… 179
思考题与习题 …… 179

第 11 章　气敏及湿敏传感器 …… 181
11.1　气敏传感器 …… 181
11.2　湿敏传感器 …… 190
11.3　实验一——气敏传感器 …… 203
11.4　实验二——湿敏传感器 …… 203
思考题与习题 …… 203

第 12 章　数字式传感器 …… 205
12.1　感应同步器 …… 205
12.2　光栅传感器 …… 210
12.3　编码器 …… 213
12.4　频率式传感器 …… 219
12.5　磁栅传感器 …… 223
思考题与习题 …… 226

第 13 章　智能传感器与软传感器 …… 227
13.1　智能传感器 …… 227
13.2　软传感器 …… 245
思考题与习题 …… 253

第 14 章　典型传感检测技术应用 …… 254
14.1　红外检测技术 …… 254
14.2　激光检测技术 …… 260
14.3　声发射检测技术 …… 264

14.4 电磁超声检测技术 …… 269
14.5 微波检测技术 …… 277
思考题与习题 …… 283

参考文献 …… 284

第1章

绪　论

化学家门捷列夫指出:“科学是从测量开始的。”科学家钱学森指出:“信息技术包括测量技术、计算机技术和通信技术,测量技术是关键和基础。”我国“863”计划的倡议者、“两弹一星”功臣王大珩院士指出:“仪器不是机器,仪器是认识和改造物质世界的工具,而机器只能改造却不能认识物质世界”“科学技术是第一生产力,而现代仪器设备则是第一生产力的三大要素之一”。1980年以来,有数十人因仪器研制而获得诺贝尔奖。

信息获取是通过仪器来实现的。仪器是对物理量、工程量和生物量等进行观测、测量、计量、监测及控制的重要工具。在工农业生产、科学研究、国防建设及国民经济的各部门中,经常需要检测各种参数和物理量,获取被测对象的定量信息,以便进行监视和控制,使设备或系统处于最佳运行状态,并保证生产的安全、经济及高质量。

在被测物理量中,非电量占了绝大部分,如机械量(位移、速度、加速度、力、振动等),热工量(压力、温度、湿度、流量、液位等),成分量(浓度、化学成分含量等)和状态量(颜色、透明度、裂纹等)。虽然这些非电量可以用机械、气动等方法测量,但是电测技术具有一系列明显的优点,尤其随着微电子技术和计算机技术的飞速发展,其优势更加突出,因而促使人们研究用电测的方法来测量非电量,形成了“非电量电测技术”的测试技术。电测技术的主要优点概况如下:

(1) 测量仪表结构简单,使用方便,测量的准确度和灵敏度高;

(2) 测量仪表可以灵活地安装在需要进行测量的地方,可实现自动记录,并可以与微处理器构成智能仪器,实现实时数据处理、误差分析等功能;

(3) 测量仪表可实现远距离、无接触测量,测量范围广;

(4) 测量反应速度快,既适用于静态测量又适用于动态测量。

1.1　传感检测系统的组成

传感检测系统的任务是把待测量转换成电信号(电压、电流、频率等),然后通过自动检测技术进行测量。因此,传感检测系统一般包括传感器,信号调节与转换电路,信号显示、记录，信息分析处理等部分，其结构如图 1-1 所示。

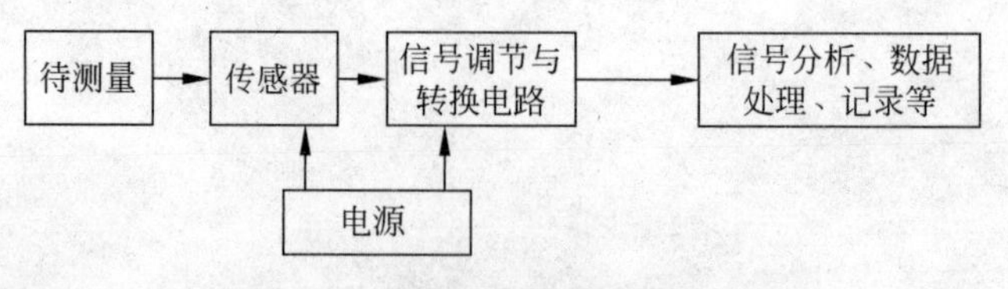

图 1-1 自动检测系统结构框图

传感器是将外界信息按照一定的规律转换成电量的装置，是一种获得信息的手段。它在非电量电测系统中占有重要的地位，是实现自动检测和自动控制的首要环节，它获得信息的准确与否，关系到整个测量系统的精度。可以说，没有精确可靠的传感器，就没有精确可靠的自动检测和控制系统。

那么，什么是传感器呢？

在日常生活中，我们使用着各种各样的传感器：

(1) 电冰箱、电饭煲中的温度传感器；

(2) 空调中的温度和湿敏传感器；

(3) 抽油烟机中的燃气泄漏传感器；

(4) 电视机和影碟机中的红外遥控器；

(5) 照相机中的光传感器；

(6) 汽车中的燃料计和速度计等，不胜枚举。

传感器不仅给我们的生活带来许多便利和帮助，也为人类的社会文明提供更多科学的物质条件。举一个更形象的例子，就是人体系统，我们通过五官：眼(视觉)、耳(听觉)、鼻(嗅觉)、皮肤(触觉)、舌(味觉)来感知外界信息，然后将这些信息传送给大脑，大脑把这些信号分析处理后传递给肢体。如果用机器完成这一过程，计算机就相当于人的大脑，执行机构相当于人的肌体，传感器相当于人的五官。传感器又是人体感官的延长，有人又称传感器为“电五官”，它作为替代补充人的感觉器官功能，传感器为人类客观定量认识世界起到重要作用。

广义的传感器定义为一种能把特定的信息(物理、化学、生物)按一定规律转换成某种可用信号输出的器件和装置。狭义的传感器定义为能把外界非电量转换成电信号输出的器件。

传感器通常由直接响应于被测量的敏感元件和产生可用信号输出的转换元件以及相应的电子线路所组成。

信号调节与转换电路是能把传感元件输出的电信号转换为便于显示、记录、处理和控制的有用电信号的电路，在非电量电测系统中电桥电路是传感器输出接口中用得最为广泛的基本电路，它有两种工作方式：平衡电桥和不平衡电桥。在传感器应用中主要是不平衡电桥，不平衡电桥的输出电压取决于桥臂阻抗对其初始值的变化，单激励电压的变化或不精确也会影响电桥的输出，从而造成测量误差。为了使激励电压稳定，电桥电压一般采用恒压源或恒流源激励，并在电路中采取抑制共模电压的措施。另外，几乎所有的传感器都会受到温度的影响而产生温度误差，所以在电桥电路中都需采用一定的温度补偿措施。

信号放大是信号处理电路的一个重要环节，由于输出信号通常非常微弱，系统中有很大的干扰和噪声，所以为了能提取到有用的信号都需要信号放大电路，一般对放大器要求精度高、漂移小、线性度好、抗干扰能力强、反应速度快。常用的放大器种类包括直接耦合放大器、调制式放大器和自动稳零式放大器。

在整个测量系统中有许多非线性环节，而非线性输出会对后续的数据处理带来不便，所以一般都需要采取某些措施，把本来是非线性的输入、输出特性，在全部或局部测量范围内呈现线性关系。解决非线性问题的办法包括：减小测量范围，在局部范围内将非线性特性近似处理为线性特性；采用非线性刻度；增设非线性校正环节。

信号的显示与记录装置是测量系统的最后环节，按显示方式可分为模拟式和数字式。模拟式装置是以模拟量来显示或记录被测量的，它的特点是仪表功耗小，能反映信号极性，湿度性能也较好，使用广泛。但它的运动机构有相当大的惯性，故一般只用于静态和稳态测量，不作动态和高频测量。常用的模拟式装置包括笔式记录仪、光线示波器、自动平衡记录仪、磁带记录仪等。数字式装置是将反映被测物理量变化的模拟信号，经模/数转换器转换为数字信号，再经译码、驱动及显示器件，将测量结果以十进制数字形式显示，常用的显示器件是发光二极管和液晶显示器，在大系统计算机测试中则可使用屏幕显示。

1.2 传感器发展现状与趋势

近年来，全球传感器市场一直保持快速增长，目前，从全球总体情况看，美国、日本、德国等少数经济发达国家占据了传感器市场70%以上的份额，发展中国家所占份额相对较少。未来，随着中国、印度、巴西等发展中国家经济的持续增长，对传感器的需求也将大幅增加，但发达国家在传感器领域具有技术和品牌等优势，这种优势在未来几年内仍将保持，因此，全球传感器市场分布状况并不会得到明显的改变。

中国传感器的市场近几年一直持续增长，应用四大领域为工业及汽车电子产品、通信电子产品、消费电子产品专用设备。国内传感器产业发展面临的主要问题：一是企业规模较小，高端产品严重依赖进口，其中传感器芯片进口占比高达90%；二是技术水平总体偏低，很多企业都是引用国外的元件进行加工，自主创新困难；三是产品结构不合理，品种、规格、系列不全；四是产业化水平较低，产业配套不足。

近年来，传感器技术新原理、新材料和新技术的研究更加深入广泛，新品种、新结构、新应用不断涌现。其中，"五化"成为其发展的重要趋势。

一是智能化，两种发展轨迹齐头并进。一个方向是多种传感功能与数据处理、存储、双向通信等的集成，可全部或部分实现信号探测、变换处理、逻辑判断、功能计算、双向通信，以及内部自检、自校、自补偿、自诊断等功能，具有低成本、高精度的信息采集、可数据存储和通信、编程自动化和功能多样化等特点。另一个方向是软传感技术，即智能传感器与人工智能相结合，目前已出现各种基于模糊推理、人工神经网络、专家系统等人工智能技术的高度智能传感器，并已经在智能家居等方面得到利用。

二是可移动化，无线传感网技术应用加快。无线传感网技术的关键是克服节点资源限制（能源供应、计算及通信能力、存储空间等），并满足传感器网络扩展性、容错性等要求。该技术被美国麻省理工学院（MIT）的《技术评论》杂志评为对人类未来生活产生深远影响的十大新兴技术之首。

三是微型化，MEMS传感器研发异军突起。随着集成微电子机械加工技术的日趋成熟,MEMS 传感器将半导体加工工艺(如氧化、光刻、扩散、沉积和蚀刻等)引入传感器的生产制造,实现了规模化生产,并为传感器微型化发展提供了重要的技术支撑。

四是集成化,多功能一体化传感器受到广泛关注。传感器集成化包括两类:一种是同类型多个传感器的集成,即同一功能的多个传感元件用集成工艺在同一平面上排列,组成线性传感器(如 CCD 图像传感器);另一种是多功能一体化,如几种不同的敏感元器件制作在同一硅片上,制成集成化多功能传感器,集成度高、体积小,容易实现补偿和校正,是当前传感器集成化发展的主要方向。

五是多样化,新材料技术的突破加快了多种新型传感器的涌现。新型敏感材料是传感器的技术基础,材料技术研发是提升性能、降低成本和技术升级的重要手段。除了传统的半导体材料、光导纤维等,有机敏感材料、陶瓷材料、超导、纳米和生物材料等成为研发热点,生物传感器、光纤传感器、气敏传感器、数字传感器等新型传感器加快涌现。

随着材料科学、纳米技术、微电子等领域前沿技术的突破以及经济社会发展的需求,四大领域可能成为传感器技术未来发展的重点。

一是可穿戴式应用。以谷歌眼镜为代表的可穿戴设备是最受关注的硬件创新。谷歌眼镜内置多达 10 余种的传感器,包括陀螺仪传感器、加速度传感器、磁力传感器、线性加速度传感器等,实现了一些传统终端无法实现的功能,如使用者仅需眨一眨眼睛就可完成拍照。当前,可穿戴设备的应用领域正从外置的手表、眼镜、鞋子等向更广阔的领域扩展,如电子肌肤等。

二是无人驾驶。在该领域,谷歌公司的无人驾驶车辆项目开发取得了重要成果,通过车内安装的照相机、雷达传感器和激光测距仪,以每秒 20 次的间隔,生成汽车周边区域的实时路况信息,并利用人工智能软件进行分析,预测相关路况未来动向,同时结合谷歌地图进行道路导航。

三是医护和健康监测。国内外众多医疗研究机构,包括国际著名的医疗行业巨头在传感器技术应用于医疗领域方面已取得重要进展。一些研究机构在能够嵌入或吞入体内的材料制造传感器方面已取得进展。

四是工业控制。GE 公司在《工业互联网:突破智慧与机器的界限》报告中提出,通过智能传感器将人机连接,并结合软件和大数据分析,可以突破物理和材料科学的限制,并将改变世界的运行方式。

1.3 本书内容及与其他课程的关系

传感检测技术包括信息获取、转换和处理等所需的仪器和测试,它涉及的学科范围比较广泛,而且发展迅速。编写本书的目的是在有限篇幅内介绍这一学科典型代表内容和基础理论知识,为读者进一步学习本学科前沿内容打下一定的基础。本书内容首先介绍传感检测技术的一些基本特性、测量误差方面的基本知识,然后重点讲解多种典型传感器工作原理、结构及其测量电路,最后通过案例分析的方式介绍了新型的比较实用的传感检测技术。

与本书直接相关的基础课程包括:数学、物理学、工程力学、电工学、电子学、自动控制理论、数字技术、计算机技术等。

检测技术基本知识

2.1 测量的基本知识

2.1.1 测量的定义

测量是在有关理论的指导下,用专门的仪器或设备,通过实验和必要的数据处理,求得被测量的值。也可以说,测量就是通过实验装置(仪器)将被测量与同性质的单位标准量进行比较以确定被测量与标准的倍数关系,从而获得定量的数值。测量是按照某种规律,用数据来描述观察到的现象,即对事物作出量化描述。测量是对非量化实物的量化过程。

测量的目的是在限定时间内,尽可能准确地收集被测对象的未知信息,以便掌握被测对象的参数,进而控制生产过程。对于测量存在四个要素。

(1) 测量对象:一般为几何量,包括长度、高程、面积、形状、角度、表面粗糙度以及形位误差等。由于几何量的特点是种类繁多,形状又各式各样,因此对于它们的特性、被测参数的定义以及标准等都必须加以研究和熟悉,以便进行测量。

(2) 计量单位:我国国务院于1977年5月27日颁发的《中华人民共和国计量管理条例(试行)》第三条规定中重申:"我国的基本计量制度是米制(即公制),逐步采用国际单位制。"1984年2月27日正式公布中华人民共和国法定计量单位,确定米制为我国的基本计量制度。在长度计量中单位为米(m),其他常用单位有毫米(mm)和微米(μm)。在角度测量中以度(°)、分(′)、秒(″)为单位。

(3) 测量方法:指在进行测量时所用的按类叙述的一组操作逻辑次序。对几何量的测量而言,则是根据被测参数的特点,如公差值、大小、轻重、材质、数量等,并分析研究该参数与其他参数的关系,最后确定对该参数如何进行测量的操作方法。

(4) 测量的准确度:指测量结果与真值的一致程度。由于任何测量过程总不可避免地会出现测量误差,误差大说明测量结果离真值远,准确度低,因此,准确度和误差是两个相对的概念。由于存在测量误差,任何测量结果都是以一近似值来表示。

2.1.2　测量的基本方法

测量方法是指人们认识自然界事物的一种手段,测量方法多种多样。下面介绍一些基本测量方法。

1. 直接测量和间接测量

按是否直接测量被测参数,可分为直接测量和间接测量。

直接测量:一般指可用各种仪器对被测量直接测量获得结果。例如用卡尺、比较仪测量。

间接测量:指利用与被测量有确定函数关系的几个物理量进行直接测量后,通过函数关系获得结果。

显然,直接测量方法比较直观,测量过程简单而迅速,是工程技术中采用得比较广泛的测量方法。间接测量方法手续较烦琐,花费时间也较多,一般在直接测量很不方便、误差较大及缺乏直接测量仪器等情况下才采用。大多数用在实验室,但工程中有时也用。

2. 绝对测量和相对测量

按量具量仪的读数值是否直接表示被测尺寸的数值,可分为绝对测量和相对测量。

绝对测量:读数值直接表示被测尺寸的大小。如用游标卡尺测量。

相对测量:读数值只表示被测尺寸相对于标准量的偏差。如用比较仪测量轴的直径,需先用量块调整好仪器的零位,然后进行测量,测得值是被测轴的直径相对于量块尺寸的差值,这就是相对测量。一般来说,相对测量的精度比较高些,但测量比较麻烦。

3. 接触测量和非接触测量

按被测表面与量具量仪的测量头是否接触,分为接触测量和非接触测量。

接触测量:测量头与被接触表面接触,并有机械作用的测量力存在。如用千分尺测量零件。

非接触测量:测量头不与被测零件表面相接触,非接触测量可避免测量力对测量结果的影响。如利用投影法、光波干涉法测量等。

4. 单项测量和综合测量

按一次测量参数的多少,分为单项测量和综合测量。

单项测量:对被测零件的每个参数分别单独测量。

综合测量:测量反映零件有关参数的综合指标。如用工具显微镜测量螺纹时,可分别测量出螺纹实际中径、牙形半角误差和螺距累积误差等。

综合测量一般效率比较高,对保证零件的互换性更为可靠,常用于成品零件的检验。单项测量能分别确定每一参数的误差,一般用于工艺分析、工序检验及被指定参数的测量。

5. 主动测量和被动测量

按测量在加工过程中所起的作用,分为主动测量和被动测量。

主动测量:工件在加工过程中进行测量,其结果直接用来控制零件的加工过程,从而及时防止废品的产生。

被动测量：工件加工后进行的测量。此种测量只能判别加工件是否合格，仅限于发现并剔除废品。

6. 静态测量和动态测量

按被测零件在测量过程中所处的状态，分为静态测量和动态测量。

静态测量：测量相对静止。如千分尺测量直径。

动态测量：测量时被测表面与测量头模拟工作状态中作相对运动。

动态测量方法能反映出零件接近使用状态下的情况，是测量技术的发展方向。

2.1.3　测量误差及其分类

1. 误差的定义

每一个物理量都是客观存在的，在一定的条件下具有不以人的意志为转移的客观大小，人们将它称为该物理量的真值。真值通常是一个未知量，一般说的真值是指理论真值、约定真值、相对真值。理论真值也称绝对真值，例如三角形内角和为180°，圆周角为360°。约定真值也称规定真值，是一个接近真值的值，它与真值之差可忽略不计，例如国际千克基准1kg。实际测量中以在没有系统误差的情况下，足够多次的测量值之平均值作为约定真值。相对真值是指当高一级标准器的指示值即为下一等级的真值，此真值称为相对真值。

进行测量是想要获得待测量的真值。然而测量要依据一定的理论或方法，使用一定的仪器，在一定的环境中，由具体的人进行。由于实验理论上存在着近似性，方法上难以很完善，实验仪器灵敏度和分辨能力有局限性，周围环境不稳定等因素的影响，待测量的真值是不可能测得的，测量结果和被测量真值之间总会存在或多或少的偏差，这种偏差就叫做测量值的误差。

2. 误差的表示形式

误差的表示形式可分为绝对误差和相对误差。

1) 绝对误差

某量值的测得值 a 和真值 A 之间的差值，通常称为绝对误差 Δ。

$$\Delta = a - A \tag{2-1}$$

绝对误差是一个具有确定的大小、符号及单位的量，给出了被测量的量纲，其单位与测得值相同。

在实际使用时，为方便消除系统误差，常使用修正值 c。修正值的定义：为了消除固定的系统误差用代数法而加到测量结果上的值。其表达式为

$$c \approx A - a \tag{2-2}$$

由式(2-1)与式(2-2)可以看出，修正值与误差大小近似相等，但符号相反。另外，修正值本身还有误差。

例如，用某电压表测量电压，电压表的示值为226V(测得值)，查该表的检定证书，得知该电压表在220V(真值)附近的误差为5V(绝对误差)，被测电压的修正值为−5V，则修正后的测量结果为226V+(−5V)=221V。

2）相对误差

绝对误差的表示方法有不足之处，因为它不能确切地反映出测量的准确程度。例如：测量两个电阻，其中，$R_1=10\Omega$，误差 $\Delta R_1=0.1\Omega$；$R_2=1000\Omega$，误差 $\Delta R_2=1\Omega$。尽管 $\Delta R_1<\Delta R_2$，但不能由此得出测量电阻 R_1 比测量电阻 R_2 准确度高的结论。所以，引入相对误差，把绝对误差与被测量的真值之比定义为相对误差 δ，其表达式为

$$\delta=\frac{\Delta}{A}\times 100\% \tag{2-3}$$

被测量的真值常用约定真值代替，也可以近似用测量值 a 来代替。相对误差有大小和符号，但无量纲，一般用百分数来表示。

上面的例子结果：R_1 的相对误差为 $(0.1/10)\times100\%=1\%$，R_2 的相对误差为 $(1/1000)\times100\%=0.1\%$，所以结论是 R_2 的测量比 R_1 更准确。

另外，常以仪器仪表某一刻度点的示值最大绝对误差 Δx_{m} 为分子，把测得范围上限值或全量程值 x_{m} 为分母的比值称为引用误差，它表示仪器仪表示值的相对误差，其表达式为

$$\delta_{\mathrm{m}}=\frac{\Delta x_{\mathrm{m}}}{x_{\mathrm{m}}} \tag{2-4}$$

引用误差也是一种相对误差，该相对误差是引用了特定值，即标称范围上限（或量程）得到的，故该误差又称为引用相对误差、满度误差。例如：满刻度为 5mA 的电流表，在示值为 4mA 时的实际值为 4.02mA，此电流表在这一点的引用误差为 -0.4%。

3. 误差性质分类

1）系统误差

在相同的观测条件下，对某量进行了多次观测，如果误差出现的绝对值和符号保持不变，或者在条件改变时，按某一确定规律变化，这种误差称为系统误差。系统误差一般具有累积性。系统误差产生的主要原因之一是仪器设备制造不完善。

由于系统误差具有一定的规律性，因此可以根据其产生原因，采取一定的技术措施，设法消除或减小；也可以在相同条件下对已知约定真值的标准器具进行多次重复测量的办法，或者通过多次变化条件下重复测量的办法，设法找出其系统误差的规律后，对测量结果进行修正。

按照对系统误差的掌握程度，系统误差可进一步划分为：已定系统误差，指误差绝对值和符号已经明确的系统误差；未定系统误差，指误差绝对值和符号未能确定的系统误差，但通常估计出误差范围。

按误差出现规律，系统误差可分为：不变系统误差，指误差绝对值和符号固定不变的系统误差；变化系统误差，指误差绝对值和符号变化的系统误差。

按变化规律，变化系统误差又可分为线性系统误差、周期性系统误差和复杂规律系统误差等。

2）随机误差

测得值与在重复性条件下对同一被测量进行无限多次测量结果的平均值之差称为随机误差，又称为偶然误差。其特征是在相同测量条件下，多次测量同一量值时，绝对值和符号以不可预定的方式变化。其产生原因如实验条件的偶然性微小变化，如温度波动、噪声干

扰、电磁场微变、电源电压的随机起伏、地面振动等。

随机误差的大小、方向均随机不定，不可预见，不可修正。虽然一次测量的随机误差没有规律，不可预定，也不能用实验的方法加以消除。但是，经过大量的重复测量可以发现，它是遵循某种统计规律的。因此，可以用概率统计的方法处理含有随机误差的数据，对随机误差的总体大小及分布作出估计，并采取适当措施减小随机误差对测量结果的影响。

3）粗大误差

明显超出统计规律预期值的误差称为粗大误差，又称为疏忽误差、过失误差或简称粗差。产生原因：某些偶尔突发性的异常因素或疏忽。如测量方法不当或错误，测量操作疏忽和失误（如未按规程操作、读错读数或单位、记录或计算错误等）或者测量条件的突然变化（如电源电压突然增高或降低、雷电干扰、机械冲击和振动等）。

由于该误差很大，明显歪曲了测量结果，故应按照一定的准则进行判别，将含有粗大误差的测量数据（称为坏值或异常值）予以剔除。

系统误差和随机误差的定义是科学严谨、不能混淆的。但在测量实践中，由于误差划分的人为性和条件性，使得它们并不是一成不变的，在一定条件下可以相互转化。也就是说，一个具体误差究竟属于哪一类，应根据所考察的实际问题和具体条件，经分析和实验后确定。如一块电表，它的刻度误差在制造时可能是随机的，但用此电表来校准一批其他电表时，该电表的刻度误差就会造成被校准的这一批电表的系统误差。又如，由于电表刻度不准，用它来测量某电源的电压时必带来系统误差，但如果采用很多块电表测此电压，由于每一块电表的刻度误差有大有小、有正有负，就使这些测量误差具有随机性。

4. 误差来源

为了减小测量误差，提高测量准确度，就必须了解误差来源。而误差来源是多方面的，在测量过程中，几乎所有因素都将引入测量误差。

误差来源包括：

（1）测量装置误差：标准量具误差、仪器误差、附件误差。

（2）环境误差：指各种环境因素与要求条件不一致而造成的误差。

（3）方法误差：指使用的测量方法不完善，或采用近似的计算公式等原因所引起的误差，又称为理论误差。

（4）人员误差：测量人员的工作责任心、技术熟练程度、生理感官与心理因素、测量习惯等的不同而引起的误差。为了减小测量人员误差，就要求测量人员认真了解测量仪器的特性和测量原理，熟练掌握测量规程，精心进行测量操作，并正确处理测量结果。

2.1.4　精度

评价仪表品质的指标是多方面的，但作为衡量仪表基本性能的主要指标有下列几个方面。

1. 精确度

说明精确度的指标有三个：精密度、准确度和精确度。

1）精密度 δ

它表明仪表指示值的分散性，即对某一稳定的被测量，由同一个测量者，用同一个仪表在相当短的时间内连续测量多次，其测量结果的分散程度。δ 越小，说明测量越精密。

精密度是随机误差大小的标志，精密度高意味着随机误差小。

例如：某温度仪表的精密度 $\delta=0.5℃$，表明多次测量的分散度不大于 0.5℃。

2）准确度 ε

它表明仪表指示值与真值的偏离程度。

例如：某流量表的准确度 $\varepsilon=0.3\mathrm{m^3/s}$，表明该仪表的指示值与真实值偏离 $\varepsilon=0.3\mathrm{m^3/s}$。

准确度是系统误差的标志，准确度高意味着系统误差小。

注意：精密度与准确度是两个概念，精密度高不一定准确，准确度高不一定精密。

3）精确度 τ

它是精密度和准确度的综合反映，精确度高表示精密度和准确度都比较高。

为理解三个概念，以射击打靶为例，如图 2-1 所示。

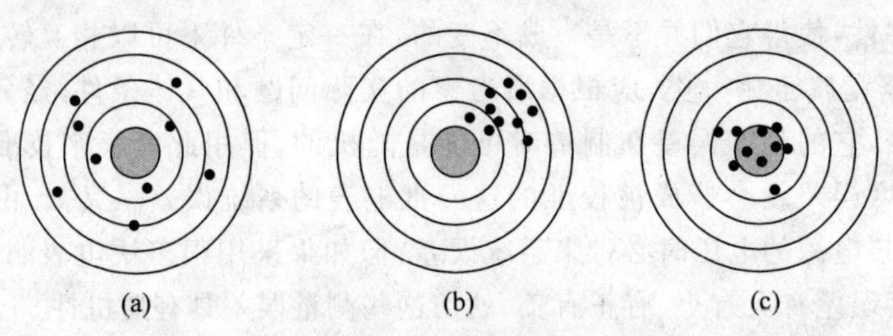

图 2-1　打靶举例

(a) 准确度高而精密度低；(b) 准确度低而精密度高；(c) 精确度高

在测量中我们希望得到精确度高的结果。

2. 稳定性

仪表的稳定性有两个指标：稳定度和影响量。

(1) 稳定度：指在规定时间内，测量条件不变的情况下，由于仪表自身随机性变动、周期性变动、漂移等引起指示值的变化。

例：某仪表电压指示值每小时变化 1.3mV，则稳定度可表示为 1.3mV/h。

(2) 影响量：测量仪表由外界环境(温度、湿度、气压、振动、电源电压及电源频率等)变化引起指示值变化的量，称为影响量。说明影响量时，必须将影响因素与指示值偏差同时表示。

例：某仪表由于电源电压变化 10%而引起指示值变化 0.02mA，则应写成 0.02mA/(V±10%)。

2.2　测量系统的输入-输出特性

测量系统的输入可以分为两种基本形式：一种是输入处于稳定形式(静态或准静态)，即被测量不随时间变化或变化缓慢；另一种是动态形式，即被测量随时间变化而变化。输入状态不同,测量系统的输入/输出特性也不同。测量系统主要是通过两个基本特性——静态特性和动态特性来反映其对被测量的响应。

2.2.1 测量系统的静态特性

静态特性表示测量仪表在被测物理量处于稳定状态时的输出-输入关系。衡量测量仪表静态特性的性能指标通常包括线性度、灵敏度、迟滞、重复性和分辨率等。

1. 线性度

传感器的输出-输入关系或多或少地存在非线性。在不考虑迟滞、蠕变、不稳定性等因素的情况下,其静态特性可用下列多项式代数方程表示:

$$y = a_0 + a_1 x + a_2 x^2 + \cdots + a_n x^n \tag{2-5}$$

式中:y 为输出量;x 为输入量;a_0 为零点输出;a_1 为理论灵敏度;a_2、a_3、…、a_n 为非线性项系数。

各项系数不同,决定了特性曲线的具体形式。式(2-5)有四种情况,如图 2-2 所示。

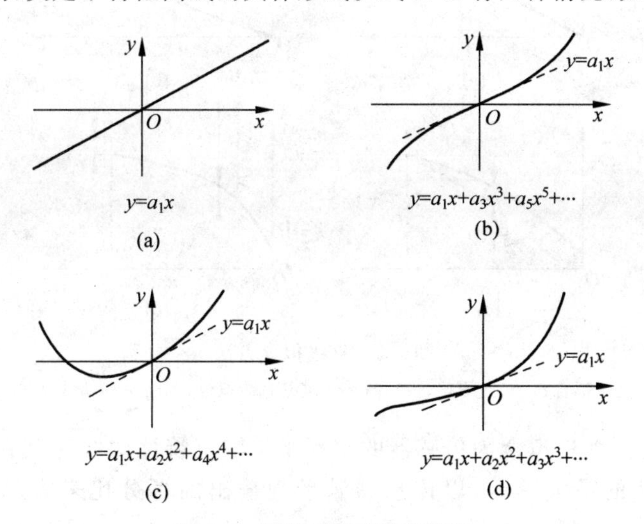

图 2-2 测量系统的静态特性

(a) 理想情况;(b) 线性项和奇次项的非线性;(c) 线性项和偶次项的非线性;(d) 一般情况

(1) 理想情况下

$$y = a_0 + a_1 x \quad 此时 \quad a_2、a_3、\cdots、a_n = 0$$

曲线是一条不过零点的直线,这是线性传感器的特性。当 $a_0 = 0$ 时,$y = a_1 x$(零偏矫正)表示为一条过零点的直线,这是线性传感器的比较理想的特性,如图 2-2(a)所示。

(2) 除线性项外,含有 x 的奇次项,$y = a_1 x + a_3 x^3 + a_5 x^5 + \cdots$,此时关于原点对称,在 O 点附近接近线性,如图 2-2(b)所示。

(3) 除线性项外,含有 x 的偶次项,$y = a_1 x + a_2 x^2 + a_4 x^4 + \cdots$,特性曲线具有零点附近的较小线性段,但不具有对称性,如图 2-2(c)所示。

(4) 一般情况如图 2-2(d)所示。

静态特性曲线可实际测试获得。在获得特性曲线之后,可以说问题已经得到解决。但是为了标定和数据处理的方便,希望得到线性关系。这时可采用各种方法,其中也包括硬件或软件补偿,进行线性化处理。一般来说,这些办法都比较复杂,所以在非线性误差不太大的情况下,总是采用直线拟合的办法来线性化,采用线性度来衡量线性化程度。

仪表(或传感器)特性曲线的线性度(或非线性误差)用特性曲线与其拟合直线之间的最大偏差与仪表(或传感器)满量程(FS)输出之比来表示,即

$$\delta_f = \pm \frac{\Delta_m}{y_{FS}} \times 100\% \tag{2-6}$$

非线性偏差的大小是以一定的拟合直线为基准直线而得出来的。拟合直线不同,非线性误差也不同。所以,选择拟合直线的主要出发点,应是获得最小的非线性误差。另外,还应考虑使用是否方便,计算是否简便。常用的直线拟合方法包括理论拟合、过零旋转拟合、端基直线拟合、平移端基直线拟合、最小二乘拟合等,如图 2-3 所示。

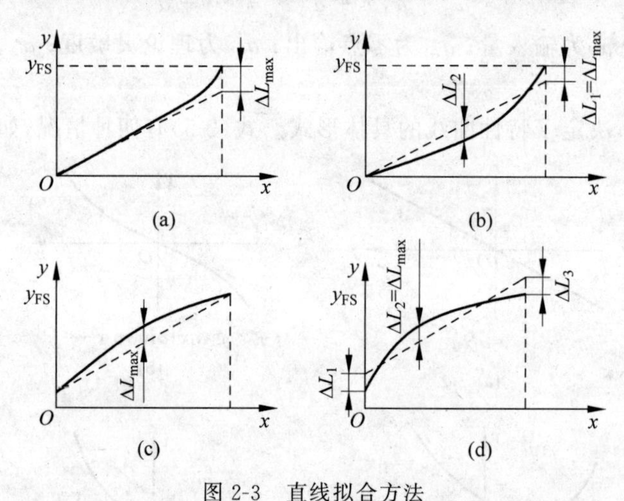

图 2-3 直线拟合方法

(a) 理论拟合;(b) 过零旋转拟合;(c) 端基直线拟合;(d) 平移端基直线拟合

(1) 理论拟合。理论拟合为传感器的实际平均输出特性曲线对其在量程内事先规定好的一条理论直线的最大偏差,以传感器满量程输出的百分比来表示其线性度的一种方法。

$$\delta_f = \frac{\Delta L_{max}}{y_{FS}} \times 100\% \tag{2-7}$$

拟合直线为传感器的理论特性,与实际测试值无关。该方法十分简单,但一般误差(最大非线性误差)较大,如图 2-3(a)所示。

(2) 过零旋转拟合。图 2-3(b)为过零旋转拟合,常用于曲线过零的传感器。拟合时,使 $\Delta L_1 = |\Delta L_2| = \Delta L_{max}$。这种方法也比较简单,非线性误差比前一种小很多。

(3) 端基直线拟合。传感器实际平均输出特性曲线对端基直线的最大偏差,以传感器满量程输出的百分比来表示。可以写出端基直线方程:

$$Y_{te} = y_{min} - \frac{y_{max} - y_{min}}{x_{max} - x_{min}} x_{min} + \frac{y_{max} - y_{min}}{x_{max} - x_{min}} x \quad \text{或} \quad Y_{te} = a + bx \tag{2-8}$$

式中:$b = \frac{y_{max} - y_{min}}{x_{max} - x_{min}}$为端基直线斜率;$a = y_{min} - bx_{min}$。

$[x_{max}, y_{max}]$和$[x_{min}, y_{min}]$分别为曲线的两个端基点坐标。这种方法比较简单，但由于数据依据不充分，且计算的线性度值往往偏大，因此不能充分发挥传感器的精度潜力，ΔL_{max}也较大，如图2-3(c)所示。

(4) 平移端基直线拟合。在一般情况下，按端基直线算出的最大正、负偏差绝对值并不相等。为了尽可能减小最大偏差，可将端基直线平移，以使最大正、负偏差绝对值相等，从而得到所谓的“平移端基直线”，按该直线算出的线性度便是“平移端基线性度”。这样输出的曲线分布于拟合直线的两侧，非线性误差减小一半，提高了精度，如图2-3(d)所示。

(5) 最小二乘线拟合(见图2-4)。设拟合直线方程为

$$y = kx + b \tag{2-9}$$

若实际校准测试点有 n 个，则第 i 个校准数据与拟合直线上响应值之间的残差为

$$\Delta_i = y_i - (kx_i + b) \tag{2-10}$$

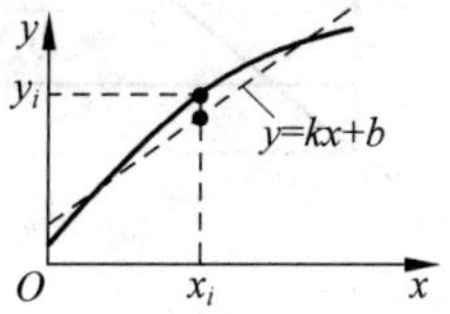

图2-4　最小二乘拟合示意图

最小二乘法拟合直线的原理就是使 $\sum \Delta_i^2$ 为最小值，即

$$\sum_{i=1}^{n} \Delta_i^2 = \sum_{i=1}^{n} [y_i - (kx_i + b)]^2 = \min \tag{2-11}$$

$\sum \Delta_i^2$ 对 k 和 b 一阶偏导数等于零，求出 b 和 k 的表达式，即

$$\frac{\partial}{\partial k} \sum \Delta_i^2 = 2\sum (y_i - kx_i - b)(-x_i) = 0, \quad \frac{\partial}{\partial b} \sum \Delta_i^2 = 2\sum (y_i - kx_i - b)(-1) = 0 \tag{2-12}$$

得到 k 和 b 的表达式为

$$k = \frac{n\sum x_i y_i - \sum x_i \sum y_i}{n\sum x_i^2 - \left(\sum x_i\right)^2}, \quad b = \frac{\sum x_i^2 \sum y_i - \sum x_i \sum x_i y_i}{n\sum x_i^2 - \left(\sum x_i\right)^2} \tag{2-13}$$

若令$\bar{x} = \frac{1}{n}\sum_{i=1}^{n} x_i$，$\bar{y} = \frac{1}{n}\sum_{i=1}^{n} y_i$，$\overline{x^2} = \frac{1}{n}\sum_{i=1}^{n} x_i^2$，$\overline{xy} = \frac{1}{n}\sum_{i=1}^{n} x_i y_i$，则

$$\begin{cases} k = \dfrac{\overline{xy} - \bar{x}\bar{y}}{\overline{x^2} - \bar{x}^2} \\ b = \bar{y} - k\bar{x} \end{cases}$$

在获得 k 和 b 之值后，代入拟合直线方程即可得到拟合直线，然后按残差公式求出残差的最大值即为非线性误差。

对于有确定量程的仪表(传感器)，可以采用式(2-6)进行计算，对于理论分析(不知道最大量程)可采用下式进行计算：

$$\delta_f = \left| \frac{\text{实际曲线} - \text{理论直线}}{\text{理论直线}} \right| \times 100\% \tag{2-14}$$

2. 灵敏度

灵敏度是指测量系统或传感器在稳态下的输出变化对输入变化的比值，用 K 来表示，即

$$K = \frac{\mathrm{d}y}{\mathrm{d}x} = \frac{\Delta y}{\Delta x} = f'(x) \tag{2-15}$$

显然，灵敏度越高，仪表越灵敏。

图 2-5 表示测量仪表灵敏度的三种情况：图 2-5(a)表示在整个测量范围，灵敏度 K 保持为常数；图 2-5(b)表示灵敏度 K 随被测输入量增加而增加；图 2-5(c)表示灵敏度 K 随被测输入量增加而减小。

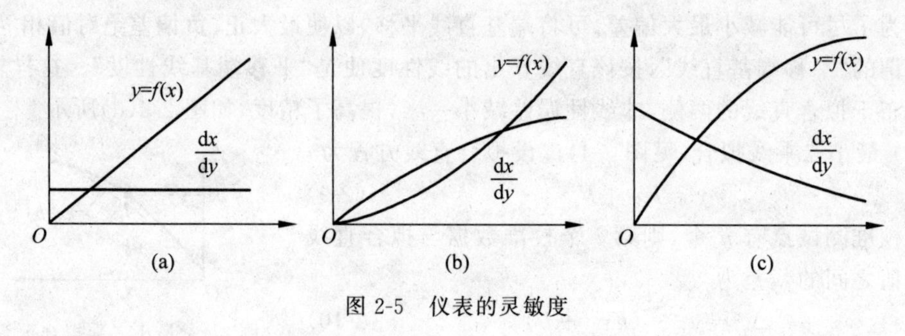

图 2-5　仪表的灵敏度

灵敏度是有量纲的量。例如，对电压表，其电压灵敏度量纲是 mm/V，即每伏输入引起多少毫米的指针偏转。对于理想系统：$y=a_1x$，其灵敏度为

$$K=\frac{y}{x}=a_1 \tag{2-16}$$

对于一般系统的灵敏度为

$$K=a_1+2a_2x+3a_3x^2+\cdots \tag{2-17}$$

3. 滞环

滞环(或迟滞)是表明一个系统(仪表)正向(上升)特性和反向(下降)特性的不一致程度，即对应同一输入信号，测量仪表在正、反行程时的输出信号数值不相等，如图 2-6 所示。其中，$\Delta H_{\max}$ 表示正反行程间输出的最大差值。滞环 δ_t 一般以满量程输出的百分数表示，即

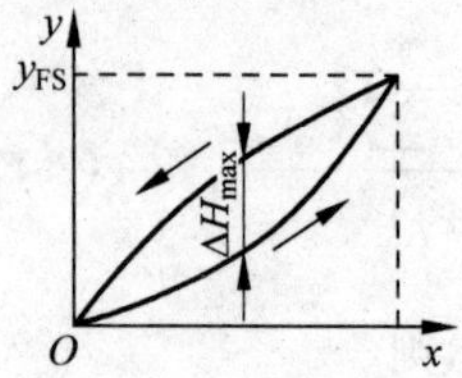

$$\delta_t=\pm\frac{\Delta H_{\max}}{y_{FS}}\times 100\% \tag{2-18}$$

图 2-6　滞环特性

由滞环特性所带来的误差称为滞环误差，又称为回程误差。回程误差常用绝对误差表示。检测回程误差时，可选择几个测试点。对应于每一输入信号，传感器正行程及反行程中输出信号差值的最大者即为回程误差。滞环误差主要是由于敏感元件材料的物理缺陷造成的。如弹性元件的滞后，铁磁体、铁电体在加磁场、电场作用下也有这种现象。滞环误差的存在使输入和输出不能一一对应。

4. 重复性

重复性表示测量系统或传感器在输入量按同一方向作全量程连续多次变动时所得特性曲线不一致的程度，如图 2-7 所示，其中 $\Delta R_{\max1}$ 和 $\Delta R_{\max2}$ 分别为正、反行程的最大重复性偏差。重复性误差可用正反行程的最大偏差表示，即

$$\gamma_R=\pm(\Delta R_{\max}/y_{FS})\times 100\% \tag{2-19}$$

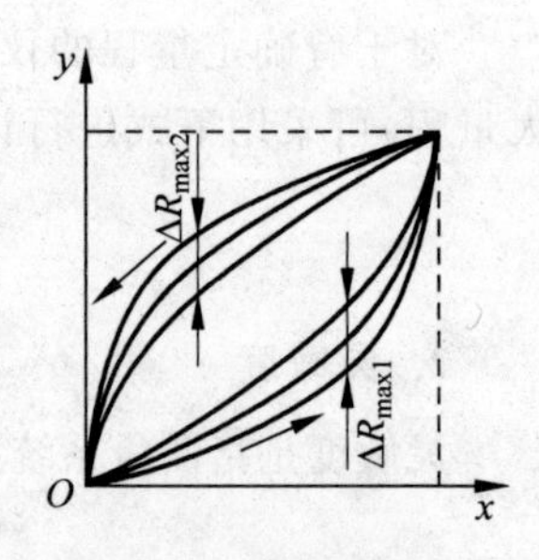

图 2-7　重复性特性

重复性误差也常用绝对误差表示。检测时也可选取几个测

试点，对应每一点多次从同一方向趋近，获得输出值系列 $y_{i1}, y_{i2}, y_{i3}, \cdots, y_{in}$，算出最大值与最小值之差或 3σ 作为重复性偏差 ΔR_i，在几个 ΔR_i 中取出最大值 $\Delta R_{\max}$ 作为重复性误差。

$$\gamma_R = \pm((2\sim3)\sigma/y_{FS}) \times 100\% \tag{2-20}$$

5. 分辨力、分辨率与阈值

分辨力是指使读数仪表指针变化一个最小分格或使数字仪表最低位跳一个字的输入量(或最小量程的单位值)，换句话，就是指传感器能检测到的最小的输入增量。有些传感器，当输入量连续变化时，输出量只作阶梯变化，则分辨力就是输出量的每个"阶梯"所代表的输入量的大小。

分辨力用绝对值表示，用与满量程的百分数表示时称为分辨率，即分辨力/满量程读数。当输入小到某种程度输出不再变化的值称为阈值；这时的输入值增量 ΔX 称为门槛灵敏度，指输入零点附近的分辨能力。存在"门槛"的原因有两个：一是输入的变化被传感器内部吸收而反映不到输出端；二是传感器输出存在噪声，如果噪声比信号还大，就无法将信号与噪声分开。所以，要求输入信号必须大于噪声电平，或尽量减小噪声提高分辨能力。

6. 漂移

漂移是指传感器的输入被测量不变，而其输出量却发生了改变。漂移包括零点漂移与灵敏度漂移，零点漂移与灵敏度漂移又可分为时间漂移(时漂)和温度漂移(温漂)。时漂指在规定条件下，零点或灵敏度随时间缓慢变化；温漂则是指环境温度变化引起的零点漂移或与灵敏度漂移。

2.2.2　测量系统的静态误差

一个测量系统一般由若干个元件或单元组成，这些元件或单元在系统中通常称为环节。由各个环节组成的系统可以是开环系统，也可以是闭环系统。测量系统在工作过程中，由于外界条件的改变便会造成静态误差。

1. 串联开环系统

图 2-8 表示 n 个串联环节组成的开环系统。

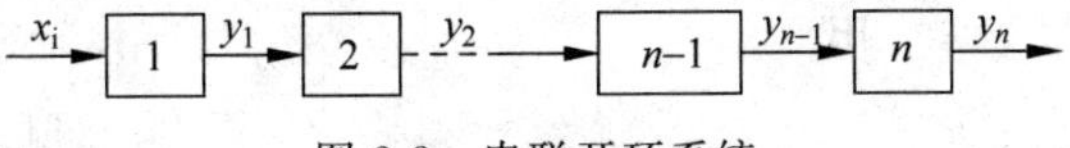

x_i → [1] → y_1 → [2] → y_2 → [$n-1$] → y_{n-1} → [n] → y_n

图 2-8　串联开环系统

系统的输入为 x_i，输出为 y_o(即 y_n)，$y_1, y_2, \cdots, y_{n-1}$ 为各个环节的输出量。系统的静态特性可以表示为

$$y_o = f(x_i) \tag{2-21}$$

1) 系统的总灵敏度

设各个环节的灵敏度分别为 $K_1, K_2, \cdots, K_n$，即

$$K_1 = \frac{dy_1}{dx_i},\quad K_2 = \frac{dy_2}{dy_1},\quad \cdots,\quad K_n = \frac{dy_n}{dy_{n-1}} \tag{2-22}$$

则系统的总灵敏度为

$$K_c = \frac{dy_n}{dx_i} = \frac{dy_1}{dx_i}\frac{dy_2}{dy_1}\frac{dy_3}{dy_2}\cdots\frac{dy_n}{dy_{n-1}} = K_1K_2\cdots K_n \tag{2-23}$$

说明具有串联环节的系统的灵敏度为各个环节灵敏度的乘积。

2）系统总误差

设系统的总相对误差为 δ_c，各环节的相对误差分别为 $\delta_1, \delta_2, \cdots, \delta_n$，对式(2-23)取自然对数，得

$$\ln K_c = \ln(K_1K_2\cdots K_n) = \ln K_1 + \ln K_2 + \cdots + \ln K_n \tag{2-24}$$

再对式(2-24)两边取微分，得

$$\frac{dK_c}{K_c} = \frac{dK_1}{K_1} + \frac{dK_2}{K_2} + \cdots + \frac{dK_n}{K_n} \tag{2-25}$$

由于

$$\frac{dK_c}{K_c} = \frac{dK_c x_i}{K_c x_i} = \frac{dy_o}{y_o} = \delta_c \tag{2-26}$$

$$\frac{dK_1}{K_1} = \frac{dK_1 x_i}{K_1 x_i} = \frac{dy_1}{y_1} = \delta_1, \quad \cdots, \quad \frac{dK_n}{K_n} = \frac{dK_n y_{n-1}}{K_n y_{n-1}} = \frac{dy_n}{y_n} = \delta_n \tag{2-27}$$

所以

$$\delta_c = \delta_1 + \delta_2 + \cdots + \delta_n = \sum_{i=1}^{n}\delta_i \tag{2-28}$$

式(2-28)表明系统输出端的相对误差为各个环节相对误差之和。因此为了减少开环系统的误差，必须减小各个环节的误差。

2. 反馈系统

反馈系统又称闭环系统，如图 2-9 所示。图中 x_i，y_o 和 x_f 分别表示反馈系统的输入、输出和反馈量。前向环节传递函数为

$$K_o = \frac{y_o}{x_\Sigma} \tag{2-29}$$

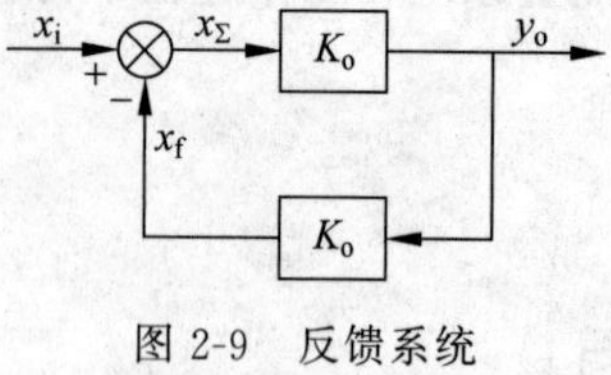

图 2-9 反馈系统

反馈通道传递函数为

$$F = \frac{x_f}{y_o} \tag{2-30}$$

由

$$x_\Sigma = x_i - x_f \tag{2-31}$$

可得反馈系统的传递函数为

$$K_F = \frac{y_o}{x_i} = \frac{y_o}{x_\Sigma + x_f} = \frac{y_o}{x_\Sigma\left(1 + \dfrac{x_f}{x_\Sigma}\right)}$$

$$= \frac{y_o}{x_\Sigma\left(1 + \dfrac{x_f}{y_o}\dfrac{y_o}{x_\Sigma}\right)} = \frac{K_o}{1 + FK_o} \tag{2-32}$$

对式(2-32)取对数，得

$$\ln K_F = \ln K_o - \ln(1 + K_o F) \tag{2-33}$$

对式(2-33)两边取微分，得

$$\begin{aligned}\frac{dK_F}{K_F} &= \frac{dK_o}{K_o} - \frac{F dK_o}{1 + K_o F} - \frac{K_o dF}{1 + K_o F}\\ &= \frac{dK_o}{K_o}\left(1 - \frac{K_o F}{1 + K_o F}\right) - \frac{K_o F \dfrac{dF}{F}}{1 + K_o F}\\ &= \frac{1}{1 + K_o F}\frac{dK_o}{K_o} - \frac{1}{1 + \dfrac{1}{K_o F}}\frac{dF}{F}\end{aligned} \tag{2-34}$$

而

$$\frac{dK_F}{K_F} = \frac{dK_F x_i}{K_F x_i} = \frac{dy_o}{y_o} = \delta_c, \quad \frac{dK_o}{K_o} = \delta_o, \quad \frac{dF}{F} = \delta_F \tag{2-35}$$

其中，δ_c，δ_o 和 δ_F 分别表示反馈系统的相对误差、前向环节和反馈通道的相对误差。所以反馈系统的相对误差为

$$\delta_c = \frac{1}{1 + K_o F}\delta_o - \frac{1}{1 + \dfrac{1}{K_o F}}\delta_F \tag{2-36}$$

当 $K_o F \gg 1$，$\delta_c \approx -\delta_F$ 时，系统输出端的误差由反馈通道的基本误差 δ_F 所决定。具有较小误差的反馈技术是比较容易达到的。此外，在系统中引入了负反馈，开辟了补偿前向通道各个环节误差的可能性。因为在系统误差的公式中，前向通道的误差与反馈通道的误差在符号上是相反的，因此，可以达到减小或补偿系统误差。

2.2.3 测量系统的动态特性

动态特性是指测量系统对随时间变化的输入量的响应特性。被测量随时间变化的形式可能是各种各样的，只要输入量是时间的函数，则其输出量也将是时间的函数。通常研究动态特性是根据标准输入特性来考虑传感器的响应特性。标准输入一般指正弦信号、阶跃信号和随机信号输入，经常使用的是前两种。

1. 动态系统的数学描述

分析传感器动态特性，必须建立数学模型。线性系统的数学模型为一常系数线性微分方程。对线性系统动态特性的研究，主要是分析数学模型的输入量 x 与输出量 y 之间的关系，通过对微分方程求解，得出动态性能指标。对于线性定常(时间不变)系统，其数学模型为高阶常系数线性微分方程，即

$$\begin{aligned}&a_n \frac{d^n y}{dt^n} + a_{n-1}\frac{d^{n-1} y}{dt^{n-1}} + \cdots + a_1 \frac{dy}{dt} + a_0 y\\ &= b_m \frac{d^m x}{dt^m} + b_{m-1}\frac{d^{m-1} x}{dt^{m-1}} + \cdots + b_1 \frac{dx}{dt} + b_0 x\end{aligned} \tag{2-37}$$

式中：y 为输出量；x 为输入量；t 为时间；$a_0, a_1, \cdots, a_n$ 为常数；$b_0, b_1, \cdots, b_m$ 为常数；$d^n y/dt^n$ 为输出量对时间 t 的 n 阶导数；$d^m x/dt^m$ 为输入量对时间 t 的 m 阶导数。

2. 传递函数

动态特性的传递函数在线性或线性化定常系统中是指初始条件为0时，系统输出量的拉普拉斯变换(简称拉氏变换)与输入量的拉氏变换之比。当传感器的数学模型初值为0时，对其进行拉氏变换，即可得出系统的传递函数为

$$H(s)=\frac{Y(s)}{X(s)}=\frac{b_m s^m+b_{m-1}s^{m-1}+\cdots+b_0}{a_n s^n+a_{n-1}s^{n-1}+\cdots+a_0} \tag{2-38}$$

式中：$Y(s)$为传感器输出量的拉氏变换式；$X(s)$为传感器输入量的拉氏变换式。

式(2-38)右边是一个与输入无关的表达式，只与系统结构参数有关，可见传递函数$H(s)$是描述传感器本身传递信息的特性，即传输和变换特性，由输入激励和输出响应的拉氏变换求得。当传感器比较复杂或传感器的基本参数未知时，可以通过实验求得传递函数。由$S=\sigma+j\omega$，令$\sigma=0$可得

$$H(j\omega)=\frac{b_m(j\omega)^m+\cdots+b_1(j\omega)+b_0}{a_n(j\omega)^n+\cdots+a_1(j\omega)+a_0} \tag{2-39}$$

3. 正弦输入时频率响应

1) 零阶系统(比例环节)

在零阶传感器中，只有a_0与b_0两个系数，微分方程为

$$a_0 y=b_0 x \tag{2-40}$$

则

$$y=\frac{b_0}{a_0 x}=Kx \tag{2-41}$$

式中：K为静态灵敏度。显然，零阶系统与频率无关。

零阶输入系统的输入量无论随时间如何变化，其输出量总是与输入量成确定的比例关系，在时间上也不滞后，幅角等于零，如电位器传感器。在实际应用中，许多高阶系统在变化缓慢、频率不高时，都可以近似地当作零阶系统处理。

2) 一阶系统

一阶系统微分方程除系数a_1,a_0,b_0外其他系数均为0，即

$$a_1\frac{dy}{dt}+a_0 y=b_0 x \tag{2-42}$$

式(2-42)变换，得

$$\frac{a_1}{a_0}\frac{dy}{dt}+y=\frac{b_0}{a_0}x \tag{2-43}$$

或者

$$\tau\frac{dy}{dt}+y=Kx \tag{2-44}$$

式中：τ为时间常数($\tau=a_1/a_0$)；K为静态灵敏度($K=b_0/a_0$)。

一阶系统的传递函数为

$$H(s)=\frac{Y(s)}{X(s)}=\frac{K}{1+\tau s} \tag{2-45}$$

一阶系统的频率特性为

$$H(\mathrm{j}\omega)=\frac{K}{1+\mathrm{j}\omega\tau} \tag{2-46}$$

时间常数 τ 越小,系统的频率特性越好。

一阶系统的幅频特性为

$$H(\mathrm{j}\omega)=\frac{K}{\sqrt{1+(\omega\tau)^2}} \tag{2-47}$$

一阶系统的相频特性为

$$\varphi(\omega)=\arctan(-\omega\tau) \tag{2-48}$$

负号表示相位滞后。

3）二阶系统

很多传感器,如振动传感器、压力传感器等属于二阶传感器,它们一般包括运动质量 m、弹性元件 k 和阻尼器 c,这三者组成了一个单自由度二阶系统,其微分方程为

$$m\mathrm{d}^2y/\mathrm{d}t^2+c\mathrm{d}y/\mathrm{d}t+ky=F(t) \tag{2-49}$$

式中：$F(t)$为作用力；y 为位移；m 为运动质量；c 为阻尼系数；k 为弹性刚度。

式(2-49)变换,得

$$\ddot{y}+2\xi\omega_0\dot{y}+\omega_0^2y=k_1F(t) \tag{2-50}$$

式中：$\omega_0=\sqrt{\frac{k}{m}}$ 为固有频率；$\xi=\frac{c}{2\sqrt{km}}$为阻尼系数；$k_1=\frac{1}{m}$为常数。

写成一般的通用形式,得

$$\frac{\ddot{y}}{\omega_0^2}+\frac{2\xi}{\omega_0}\dot{y}+y=\frac{k_1}{\omega_0^2}F(t)=KF(t) \tag{2-51}$$

它的拉氏变换为

$$\left(\frac{\ddot{1}}{\omega_0^2}s^2+\frac{2\xi}{\omega_0}s+1\right)Y(s)=KX(s) \tag{2-52}$$

其传递函数为

$$H(s)=\frac{Y(s)}{X(s)}=\frac{K\omega_0^2}{s^2+2\xi\omega_0s+\omega_0^2} \tag{2-53}$$

式中：$K=\frac{k_1}{\omega_0^2}=\frac{1}{m\omega_0^2}$为静态灵敏度。

其频率特性为

$$H(\mathrm{j}\omega)=\frac{K}{1-\left(\frac{\omega}{\omega_0}\right)^2+2\xi\mathrm{j}\left(\frac{\omega}{\omega_0}\right)} \tag{2-54}$$

幅频特性为

$$|H(\mathrm{j}\omega)|=\frac{K}{\left\{\left[1-\left(\frac{\omega}{\omega_0}\right)^2\right]^2+4\xi^2\left(\frac{\omega}{\omega_0}\right)^2\right\}^{1/2}} \tag{2-55}$$

相频特性为

$$\varphi(\omega)=-\arctan\frac{2\xi\left(\dfrac{\omega}{\omega_0}\right)}{1-\left(\dfrac{\omega}{\omega_0}\right)^2}=-\arctan\frac{2\xi}{\left(\dfrac{\omega_0}{\omega}\right)-\left(\dfrac{\omega}{\omega_0}\right)} \tag{2-56}$$

不同阻尼比情况下相对幅频特性即动态特性与静态灵敏度之比的曲线如图 2-10 所示。

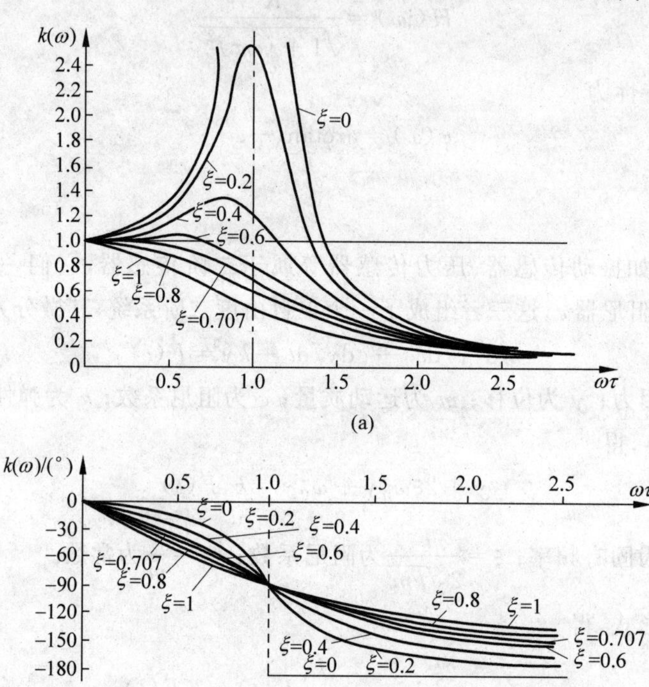

图 2-10　二阶系统的频率特性

当 $\xi\to0$ 时，在 $\omega\tau=1$ 处，$k(\omega)$ 趋近无穷大，这一现象称为谐振。随着 ξ 的增大，谐振现象逐渐不明显。当 $\xi\geqslant0.707$ 时，不再出现谐振，这时 $k(\omega)$ 将随着 $\omega\tau$ 的增大而单调下降。

4. 阶跃输入时的阶跃响应

1) 一阶传感器的阶跃响应

对一阶系统的传感器，设在 $t=0$ 时，x 和 y 均为 0，当 $t>0$ 时，有一单位阶跃信号输入，如图 2-11(a)所示。此时微分方程为

$$(\mathrm{d}y/\mathrm{d}t)+a_0y=b_1(\mathrm{d}x/\mathrm{d}t)+b_0x \tag{2-57}$$

齐次方程通解为

$$y_1=C_1\mathrm{e}^{-t/\tau} \tag{2-58}$$

非齐次方程特解为

$$y_2=1(t>0) \tag{2-59}$$

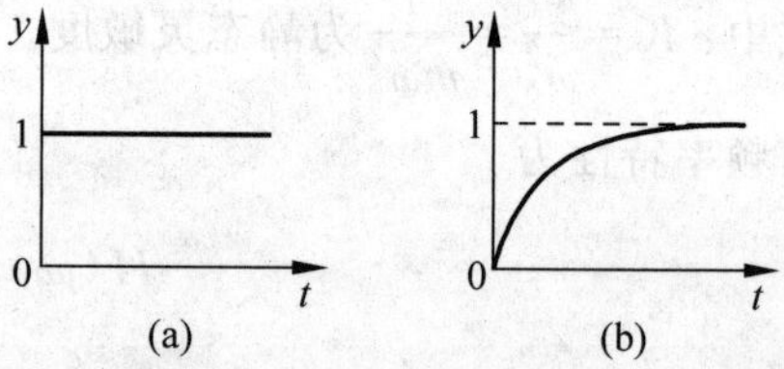

图 2-11　一阶系统阶跃响应

方程解为

$$y=y_1+y_2=C_1\mathrm{e}^{-t/\tau}+1 \tag{2-60}$$

以初始条件 $y(0)=0$ 代入上式，即得 $t=0$ 时，$C_1=-1$，所以

$$y=1-e^{-t/\tau} \tag{2-61}$$

其结果如图 2-11(b)所示，输出的初值为 0，随着时间的推移，y 接近于 1，当 $t=\tau$ 时，$y=0.63$。在一阶系统中，时间常数值是决定响应速度的重要参数。

2）二阶系统的阶跃响应

单位阶跃响应通式为（令 $x=A$）

$$\tau^2 d^2y/dt^2+2\xi\tau dy/dt+y=kA \tag{2-62}$$

式中：ζ 为系统的阻尼比。

特征方程为

$$\lambda^2+2\xi\omega_0\lambda+\omega_0^2=0 \tag{2-63}$$

式中：ω_0 为系统的固有频率。

根据阻尼比的大小不同，分为四种情况。

（1）$0<\xi<1$（有阻尼）：该特征方程具有共轭复数根

$$\lambda_{1,2}=-(\xi\pm j\sqrt{1-\xi^2})/\tau \tag{2-64}$$

方程通解为

$$y(t)=-e^{-\xi t/\tau}\left[A_1\cos\frac{\sqrt{1-\xi^2}}{\tau}t+A_2\sin\frac{\sqrt{1-\xi^2}}{\tau}t\right]+A_3 \tag{2-65}$$

根据 $t\to\infty$，$y\to kA$ 求出 A_3；根据初始条件 $t=0$，$y(0)=0$，$\dot{y}(0)=0$，求出 A_1、A_2，则

$$y(t)=kA\left\{1-\frac{\exp(-\xi t/\tau)}{\sqrt{1-\xi^2}}\sin\left[\frac{\sqrt{1-\xi^2}}{\tau}t+\arctan\frac{\sqrt{1-\xi^2}}{\xi}\right]\right\} \tag{2-66}$$

其曲线如图 2-12 所示，这是一衰减振荡过程，ξ 越小，振荡频率越高，衰减越慢。

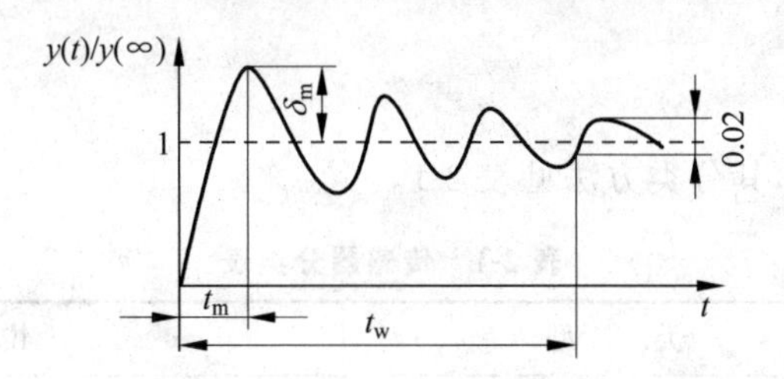

图 2-12　二阶系统的过渡过程（$\xi<1$）

发生时间

$$t_m=\tau\pi\sqrt{1-\xi^2} \tag{2-67}$$

过冲量

$$\delta_m=\exp(-\xi\cdot t_m/\tau) \tag{2-68}$$

稳定时间 $t_w=4\tau/\xi$（设允许相对误差 $\gamma_y=0.02$）。

（2）$\xi=0$（零阻尼）：输出变成等幅振荡，即

$$y(t)=kA[1-\sin(t/\tau+\varphi_0)] \tag{2-69}$$

（3）$\xi=1$（临界阻尼）：特征方程具有重根 $-1/\tau$，过渡函数为

$$y(t)=kA\left[1-\exp(-t/\tau)-\frac{t}{\tau}\exp(-t/\tau)\right] \tag{2-70}$$

(4) $\xi>1$(过阻尼)：特征方程具有两个不同的实根

$$\lambda_{1,2}=-(\xi\pm\sqrt{\xi^2-1})/\tau \tag{2-71}$$

过渡函数为

$$y=kA\times\left[1+\frac{\xi-\sqrt{\xi^2-1}}{2\sqrt{\xi^2-1}}\exp\left(\frac{-\xi+\sqrt{\xi^2-1}}{\tau}t\right)-\frac{\xi+\sqrt{\xi^2-1}}{2\sqrt{\xi^2-1}}\exp\left(\frac{-\xi-\sqrt{\xi^2-1}}{\tau}t\right)\right] \tag{2-72}$$

式(2-71)和式(2-72)表明，当 $\xi\geqslant1$ 时，该系统不再是振荡的，而是由两个一阶阻尼环节组成，前者两个时间常数相同，后者两个时间常数不同。

对于实际传感器，ξ 值一般可适当安排，兼顾过冲量 δ_{m} 不要太大、稳定时间 t_{w} 不要过长的要求。在 $\xi=0.6\sim0.7$ 时，可获得较合适的综合特性。对正弦输入来说，当 $\xi=0.6\sim0.7$ 时，幅值比 $k(\omega)/k$ 在比较宽的范围内变化较小。计算表明，在 $\omega\tau=0\sim0.58$ 时，幅值比变化不超过 5%，相频特性 $\varphi(\omega)$ 接近于线性关系。

对于高阶传感器，在写出运动方程后，可根据具体情况写出传递函数、频率特性等。求出特征方程共轭复根和实根后，可将它们分解为若干个二阶模型和一阶模型研究其过渡函数。有些传感器可能难于写出运动方程，这时可采用实验方法，即通过输入不同频率的周期信号与阶跃信号，以获得该传感器系统的幅频特性、相频特性与过渡函数等。

2.3 传感器的分类和性能指标

2.3.1 分类

传感器的种类很多，其分类方法见表 2-1。

表 2-1 传感器分类表

分类法	类型	说明
按基本效应	物理型、化学型、生物型等	分别以转换中的物理效应、化学效应等命名
按构成原理	结构型	以转换元件结构参数变化实现信号转换
	物性型	以转换元件物理特性变化实现信号转换
按输入量	位移、压力、温度、流量、加速度等	以被测量命名(即按用途分类)
按工作原理	电阻式、热点式、光电式等	以传感器转换信号的工作原理命名
按能量关系	能量转换型(自源型)	传感器输出量直接由被测量能量转换而得
	能量控制型(外源型)	传感器输出量能量由外源供给，但受被测输入量控制
按输出信号类型	模拟型	输出为模拟信号
	数字型	输出为数字信号

传感器有许多分类方法，常用的分类方法有两种：一种是按被测输入量来分；另一种是按传感器的工作原理来分。

1. 按被测量分类

这种方法是根据被测量的性质进行分类，如温度传感器、湿敏传感器、压力传感器、位移传感器、流量传感器、液位传感器、力传感器、加速度传感器、转矩传感器等。

这种分类方法把种类繁多的被测量分为基本被测量和派生被测量两类，见表 2-2。

表 2-2　基本被测量和派生被测量

<table>
<tr><th colspan="2">基本被测量</th><th>派生被测量</th></tr>
<tr><td rowspan="2">位移</td><td>线位移</td><td>长度、厚度、应变、振动、磨损、不平度</td></tr>
<tr><td>角位移</td><td>旋转角、偏转角、角振动</td></tr>
<tr><td rowspan="2">速度</td><td>线速度</td><td>速度、振动、流量、动量</td></tr>
<tr><td>角速度</td><td>转速、角振动</td></tr>
<tr><td rowspan="2">加速度</td><td>线加速度</td><td>振动、冲击、质量</td></tr>
<tr><td>角加速度</td><td>角振动、扭矩、转动惯量</td></tr>
<tr><td>力</td><td>压力</td><td>重量、应力、力矩</td></tr>
<tr><td>时间</td><td>频率</td><td>周期、计数、统计分布</td></tr>
<tr><td colspan="2">温度</td><td>热容量、气体速度、涡流</td></tr>
<tr><td colspan="2">光</td><td>光通量与密度、光谱分布</td></tr>
<tr><td colspan="2">湿度</td><td>水气、水分、露点</td></tr>
</table>

这种分类方法的优点是比较明确地表达了传感器的用途，便于使用者根据其用途选用；缺点是没有区分每种传感器在转换机理上有何共性和差异，不便使用者掌握其基本原理及分析方法。

2. 按传感器工作原理分类

这种分类方法是以工作原理划分，将物理、化学、生物等学科的原理、规律和效应作为分类的依据。

这种分类法的优点是对传感器的工作原理比较清楚，类别少，有利于传感器专业工作者对传感器的深入研究分析；缺点是不便于使用者根据用途选用。

表 2-3 中列出了部分按工作原理分类的传感器。

表 2-3　按工作原理分类

工 作 原 理	传感器举例
电阻式	电位器式、应变式、压阻式等
电感式	差动电感、差动变压器、电涡流式等
热电式	热电偶、热电阻、热敏电阻等
电势式	电磁感应式、压电元件、霍尔元件等

2.3.2　性能指标

传感器要通过若干性能指标来衡量其质量的好坏，如表 2-4 所示。

表 2-4 传感器性能指标

基本参数指标	环境参数指标	可靠性指标	其他指标
量程指标：量程范围、过载能力等 **灵敏度指标**：灵敏度、分辨力、满量程输出等 **精度有关指标**：精度、误差、线性、滞后、重复性、灵敏度误差、稳定性 **动态性能指标**：固定频率、阻尼比、时间常数、频率响应范围、频率特性、临界频率、临界速度、稳定时间等	**温度指标**：工作温度范围、温度误差、温度漂移、温度系数、热滞后等 **抗冲振指标**：允许各向抗冲振的频率、振幅及加速度、冲振所引入的误差 **其他环境参数**：抗潮湿、抗介质腐蚀等能力、抗电磁场干扰能力等	工作寿命、平均无故障时间、保险期、疲劳性能、绝缘电阻、耐压及抗飞弧等	供电方式（直流、交流、频率及波形等）、功率、各项分布参数值、电压范围与稳定度等 外形尺寸、重量、壳体材质、结构特点等 安装方式、馈线电缆等

思考题与习题

1. 传感器的静态特性是什么？由哪些性能指标描述？它们一般可用哪些公式表示？

2. 传感器的线性度是如何确定的？确定拟合直线有哪些方法？传感器的线性度表征了什么含义？为什么不能笼统地说传感器的线性度是多少？

3. 传感器动态特性的主要技术指标有哪些？它们的意义是什么？

4. 传递函数、频率响应函数和脉冲响应函数的定义是什么？它们之间有何联系与区别？

5. 有一温度传感器，当被测介质温度为 t_1，测温传感器显示温度为 t_2 时，可用下列方程表示：

$$t_1 = t_2 + \tau_0 \frac{\mathrm{d}t_2}{\mathrm{d}\tau}$$

当被测介质温度从 25℃突然变化到 300℃时，测温传感器的时间常数 $\tau_0 = 120\mathrm{s}$，试求经过 350s 后该传感器的动态误差。

6. 已知某二阶传感器系统的固有频率为 20kHz，阻尼比为 0.1，若要求传感器的输出幅值误差不大于 3%，试确定该传感器的工作频率范围。

电阻式传感器

电阻式传感器的基本原理是将非电量(如力、位移、形变及加速度等)转换成电阻变化,通过测量电阻达到非电量的测量。

电阻式传感器主要分为应变式电阻传感器和电位器式电阻传感器。应变式电阻传感器测量灵敏度较高,主要应用于电阻值变化小的情况,而电位器式电阻传感器适用于被测对象参数变化较大的场合。

3.1 电阻应变式传感器

电阻应变式传感器是测力与应变的主要传感器,测力范围小到肌肉纤维(5×10^{-5}N),大到登月火箭(5×10^{7}N),精确度可到0.01%~0.1%,有10年以上的校准稳定性。它也是应用最广泛的传感器之一,可用于应变力、压力、转矩、位移、加速度等物理量的测量。传感器的基本原理是将被测的非电量转换成电阻值的变化,再经转换电路变换成电量输出。

电阻应变式传感器主要是利用金属导体和半导体材料制成,具有结构简单、测量精度高、范围大和体积小等优点;其缺点是电阻、半导体会随温度变化,具有非线性,输出信号微弱等。

3.1.1 应变效应

当金属导体在外力作用下发生机械变形时,其电阻值将发生变化,这种现象称为金属的电阻应变效应,用应变灵敏度 K 描述:

$$K=\frac{\frac{\Delta R}{R}}{\frac{\Delta l}{l}}=\frac{\varepsilon_R}{\varepsilon} \tag{3-1}$$

式中：$\varepsilon_R=\dfrac{\Delta R}{R}$表示导体电阻相对变化；$\varepsilon=\dfrac{\Delta l}{l}$表示导体长度相对变化。

设有一根长度为 l、截面积为 S、截面半径为 r、电阻率为 ρ 的金属丝，其电阻为

$$R=\rho\frac{l}{S}=\rho\frac{l}{\pi r^2} \tag{3-2}$$

当受到外力作用后，金属导体变长、变细，S、ρ、l 均发生变化，设发生了 Δl，Δr 变化，对式(3-2)两边取对数，得

$$\ln R=\ln\rho+\ln l-2\ln r-\ln\pi \tag{3-3}$$

对式(3-3)两边取微分，得

$$\frac{dR}{R}=\frac{d\rho}{\rho}+\frac{dl}{l}-2\frac{dr}{r} \tag{3-4}$$

式中：$\dfrac{dR}{R}$表示电阻的相对变化；$\dfrac{d\rho}{\rho}$表示电阻率的相对变化；$\dfrac{dl}{l}=\varepsilon$ 表示金属丝长度的相对变化，称为金属轴向应变或纵向应变；$\dfrac{dr}{r}=\varepsilon_r$ 表示金属的横向应变，称为径向应变。

由材料力学可知

$$\varepsilon_r=-\mu\varepsilon \tag{3-5}$$

式中：μ 为泊松比，其大小一般在 0.2～0.4。则式(3-4)可表示为

$$\frac{dR}{R}=\frac{d\rho}{\rho}+\frac{dl}{l}(1+2\mu)=\frac{d\rho}{\rho}+\varepsilon(1+2\mu) \tag{3-6}$$

所以

$$K=\frac{dR/R}{\varepsilon}=(1+2\mu)+\frac{d\rho/\rho}{\varepsilon} \tag{3-7}$$

它的物理意义是单位应变所引起的电阻相对变化。K 由两部分组成：前一部分是 $1+2\mu$，是受力后由于材料的几何形状发生变化而引起的；后一部分为$\dfrac{d\rho/\rho}{\varepsilon}$，是受力后由于材料的电阻率发生变化而引起的。对于确定的材料，$1+2\mu$ 项是常数，一般金属 $\mu\approx0.2\sim0.4$，因此$(1+2\mu)\approx1.4\sim1.8$，并且由实验证明$\dfrac{d\rho/\rho}{\varepsilon}$也是一个常数，因此灵敏度系数 K 为常数，则得

$$dR/R=K\varepsilon \tag{3-8}$$

式(3-8)表明金属电阻丝的电阻相对变化与轴向应变成正比。

3.1.2　金属电阻应变片结构与材料

金属应变片一般由敏感栅、基底、盖片、引线和黏结剂等组成，如图 3-1 所示。这些部分所选用的材料将直接影响应变片的性能。因此，应根据使用条件和要求合理地加以选择。

1. 敏感栅

由金属细丝绕成栅形。电阻应变片的电阻值为 60Ω、120Ω、200Ω 等多种规格，以 120Ω 最为常用。应变片栅长大小关系到所测应变的准确度，应变片测得的应变大小是应变片栅

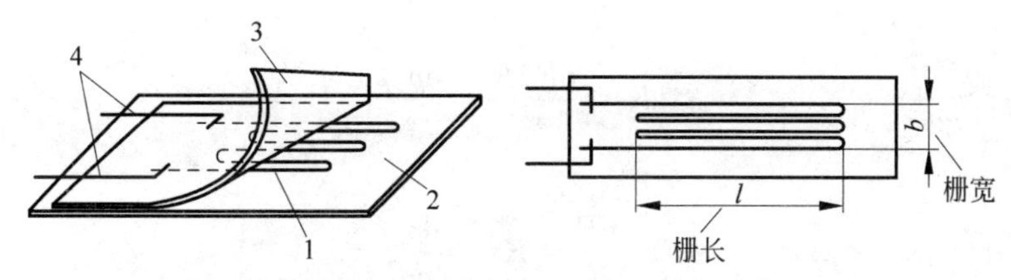

图 3-1　电阻应变片结构示意图

1—敏感栅；2—基底和盖片；3—引线；4—黏结剂

长和栅宽所在面积内的平均轴向应变量。

对敏感栅的材料的要求：

(1) 应变灵敏系数大,并在所测应变范围内保持为常数；

(2) 电阻率高而稳定,以便于制造小栅长的应变片；

(3) 电阻温度系数要小；

(4) 抗氧化能力高,耐腐蚀性能强；

(5) 在工作温度范围内能保持足够的抗拉强度；

(6) 加工性能良好,易于拉制成丝或轧压成箔材；

(7) 易于焊接,对引线材料的热电势小。

对应变片要求必须根据实际使用情况,合理选择。

2. 基底和盖片

基底用于保持敏感栅、引线的几何形状和相对位置,盖片既保持敏感栅和引线的形状和相对位置,还可保护敏感栅。基底的全长称为基底长,其宽度称为基底宽。

3. 引线

引线是从应变片的敏感栅中引出的细金属线。对引线材料的性能要求：电阻率低、电阻温度系数小、抗氧化性能好、易于焊接。大多数敏感栅材料都可制作引线。

4. 黏结剂

用于将敏感栅固定于基底上,并将盖片与基底粘贴在一起。使用金属应变片时,也需用黏结剂将应变片基底粘贴在构件表面某个方向和位置上,以便将构件受力后的表面应变传递给应变计的基底和敏感栅。

常用的黏结剂分为有机和无机两大类。有机黏结剂用于低温、常温和中温,常用的有聚丙烯酸酯、酚醛树脂、有机硅树脂、聚酰亚胺等。无机黏结剂用于高温,常用的有磷酸盐、硅酸盐、硼酸盐等。

3.1.3　半导体压阻效应

半导体材料在某一方向受到作用力时,它的电阻率会发生明显变化,这种现象称为压阻效应。半导体电阻应变片是一种利用半导体材料压阻效应的电阻型传感器。实验证明,在半导体材料中,有

$$1+2\mu \ll \frac{\mathrm{d}\rho/\rho}{\varepsilon} \tag{3-9}$$

则

$$K=\frac{\mathrm{d}R/R}{\varepsilon}=\frac{\mathrm{d}\rho/\rho}{\varepsilon} \tag{3-10}$$

所以

$$\frac{\mathrm{d}R}{R}=K\varepsilon=\frac{\mathrm{d}\rho}{\rho} \tag{3-11}$$

由材料力学可知

$$\frac{\mathrm{d}\rho}{\rho}=\lambda\sigma=\lambda E\varepsilon=K\varepsilon \tag{3-12}$$

式中：σ 为作用于材料的轴向应力；λ 为半导体材料受力方向的压阻系数；E 为半导体材料的弹性模量(杨氏模量)。可得半导体应变片的灵敏度系数为

$$K=\frac{\mathrm{d}R/R}{\varepsilon}=\lambda E \tag{3-13}$$

它比金属应变片的灵敏度系数要大 50～70 倍，有时无需放大可直接测量；但是半导体元件对温度变化敏感，这在很大程度上限制了半导体应变片的应用。

3.1.4　应变片种类

从制作材料的角度，电阻应变片分为金属式电阻应变片和半导体式电阻应变片。

常见的金属式电阻应变片有丝式、箔式和薄膜式三种，丝式应变片是用金属丝粘贴于衬底上，两端引出导线；箔式应变片是用光刻、腐蚀等工艺方法制成的薄箔栅，相比丝式应变片具有更大的表面积、更好的散热，故可以通更大的电流，而且加工方便。薄膜式应变片是用真空镀膜、沉积或溅射的方法，将金属材料在绝缘基底上制成一定形状的薄膜而形成敏感栅。膜的厚度从零点几到几百纳米不等，它可以采用耐高温的金属材料制成，这样就可以实现耐高温环境测量的电阻应变片。

半导体电阻应变片一般分为体型半导体应变片、薄膜型半导体应变片、扩散型半导体应变片和外延型半导体应变片。

体型半导体应变片是将单晶硅锭切片、研磨、腐蚀压焊引线，最后粘贴在锌酚醛树脂或聚酰亚胺的衬底上制成的。

薄膜型半导体应变片是利用真空沉积技术将半导体材料沉积在带有绝缘层的试件上或蓝宝石上制成的。它通过改变真空沉积时衬底的温度来控制沉积层电阻率的高低，从而控制电阻温度系数和灵敏度系数，因而能制造出适于不同试件材料的温度自补偿薄膜应变片。薄膜型半导体应变片吸收了金属应变片和半导体应变片的优点，并避免了它的缺点，是一种较理想的应变片。

扩散型半导体应变片是将 P 型杂质扩散到一个高电阻 N 型硅基底上，形成一层极薄的 P 型导电层，然后用超声波或热压焊法焊接引线而制成。它的优点是稳定性好，机械滞后和蠕变小，电阻温度系数也比一般体型半导体应变片小一个数量级。缺点是由于存在 P-N 结，当温度升高时，绝缘电阻大为下降。新型固态压阻式传感器中的敏感元件硅梁和硅杯等就是用扩散法制成的。

外延型半导体应变片是在多晶硅或蓝宝石的衬底上外延一层单晶硅而制成的。它的优

点是取消了 P-N 结隔离，使工作温度大为提高(可达 300℃以上)。

3.1.5　弹性敏感元件及基本特性

应变片组成传感器一般有两种方式，一种是直接将应变片粘贴在被测量的受力物件上，另一种是将应变片粘贴在弹性元件上，由弹性元件将被测物理量转换为应变。应变式传感器一般采用后一种方式。

物体在外力作用下而改变原来尺寸或形状的现象称为变形，而当外力去掉后物体又能完全恢复其原来的尺寸和形状，这种变形称为弹性变形。具有弹性变形特性的物体称为弹性元件。

弹性元件在应变片测量技术中占有极其重要的地位。它首先把力、力矩或压力变换成相应的应变或位移，然后传递给粘贴在弹性元件上的应变片，通过应变片将力、力矩或压力转换成相应的电阻值。

弹性元件受外力作用下变形大小的量度采用刚度来表示，其定义是弹性元件单位变形下所需要的力，用 C 表示，其数学表达式为

$$C=\lim\frac{\Delta F}{\Delta x}=\frac{\mathrm{d}F}{\mathrm{d}x}\tag{3-14}$$

式中：F 为作用在弹性元件上的外力，单位为牛顿(N)；x 为弹性元件所产生的变形，单位为毫米(mm)。

通常用刚度的倒数来表示弹性元件的特性，称为弹性元件的灵敏度，一般用 S 表示，其表达式为

$$S=\frac{1}{C}=\frac{\mathrm{d}x}{\mathrm{d}F}\tag{3-15}$$

可以看出，灵敏度是单位力作用下弹性元件产生变形的大小，灵敏度大，表明弹性元件软，变形大。如果弹性特性是线性的，则灵敏度为一常数；若弹性特性是非线性的，则灵敏度为一变量，即表示此弹性元件在弹性变形范围内，各处由单位力产生的变形大小是不同的。

常用的弹性元件结构如图 3-2 所示。

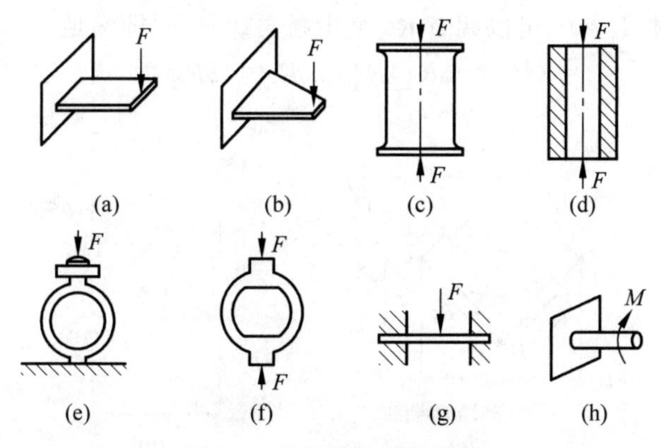

图 3-2　常用弹性元件结构

(a) 等截面悬臂梁；(b) 等强度悬臂梁；(c) 实心圆柱形；(d) 空心圆柱形；(e) 等截面圆环形；(f) 变截面圆环形；(g) 等截面薄板；(h) 扭转轴

3.2 测量电桥

应变片将应变的变化转换成电阻相对变化 $\Delta R/R$，要把电阻的变化转换成电压或电流的变化，才能用电测仪表进行测量。一般应变片阻值变化很小，若 $k_0=2$，应变片电阻 $R=120\Omega$，$\varepsilon_l=1000\mu\varepsilon$ 时电阻变化仅 0.24Ω。要检测微小电阻必须经过放大电路放大输出，通常采用直流电桥或交流电桥实现。

3.2.1 直流电桥

1. 直流电桥平衡条件

如图 3-3(a)所示，E 为电桥电源，G 为检流计（灵敏），R_1 为测量臂，R_2 为平衡臂，R_3，R_4 为比例臂，其等效电路如图 3-3(b)所示。由戴维南定理可得，等效电阻和等效电压源分别为

$$R_i=R_1 /\!/ R_2+R_3 /\!/ R_4 \tag{3-16}$$

$$E'=E\left(\frac{R_1}{R_1+R_2}-\frac{R_3}{R_3+R_4}\right) \tag{3-17}$$

所以检流计中流过的电流为

$$I_g=\frac{E'}{R_i+R_g}=\frac{E\left(\dfrac{R_1}{R_1+R_2}-\dfrac{R_3}{R_3+R_4}\right)}{R_g+\dfrac{R_1R_2}{R_1+R_2}+\dfrac{R_3R_4}{R_3+R_4}}$$

$$=\frac{E(R_1R_4-R_2R_3)}{R_g(R_1+R_2)(R_3+R_4)+R_1R_2(R_3+R_4)+R_3R_4(R_1+R_2)} \tag{3-18}$$

当 $I_g=0$ 时，电桥平衡，平衡条件为

$$R_1R_4=R_2R_3 \tag{3-19}$$

当 $R_1'=R_1+\Delta R_1$ 时，$I_g\neq 0$，可以调节 R_2 使电桥再次平衡，即满足

$$(R_1+\Delta R_1)R_4=(R_2+\Delta R_2)R_3 \tag{3-20}$$

从而可得

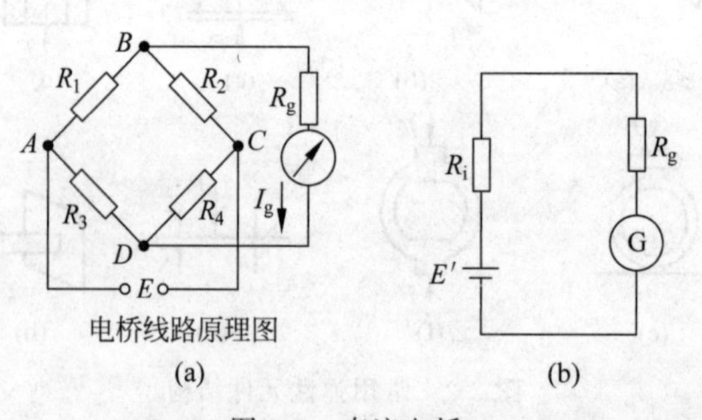

图 3-3 直流电桥

$$\Delta R_1=\frac{R_3}{R_4}\Delta R_2 \tag{3-21}$$

对于平衡条件 $R_1R_4=R_2R_3$，当 $R_1=R_2$，$R_3=R_4$ 时，称第一类对称电桥；当 $R_1=R_3$，$R_2=R_4$ 时，称第二类对称电桥。

2. 非平衡电桥

1）单臂电桥

单臂电桥只有桥臂 R_1 为电阻应变片，当受应变时，其电阻变化为 ΔR_1，而 R_2，R_3，R_4 均为固定电桥。初始时，调节使之平衡，满足平衡条件即 $R_1R_4=R_2R_3$，此时输出电压 u_o 为零。当 $R_1'=R_1+\Delta R_1$ 时，有

$$\begin{aligned}
u_o&=u_i\left(\frac{R_1+\Delta R_1}{R_1+R_2+\Delta R_1}+\frac{R_3}{R_3+R_4}\right)\\
&=u_i\frac{(R_1+\Delta R_1)(R_3+R_4)-R_3(R_1+R_2+\Delta R_1)}{(R_1+R_2+\Delta R_1)(R_3+R_4)}\\
&=u_i\frac{\Delta R_1R_4}{(R_1+R_2+\Delta R_1)(R_3+R_4)}\\
&=u_i\frac{\dfrac{\Delta R_1}{R_1}\dfrac{R_4}{R_3}}{\left(1+\dfrac{R_2}{R_1}+\dfrac{\Delta R_1}{R_1}\right)\left(1+\dfrac{R_4}{R_3}\right)}
\end{aligned} \tag{3-22}$$

令

$$\frac{R_2}{R_1}=\frac{R_4}{R_3}=n \tag{3-23}$$

则

$$u_o=u_i\frac{n\dfrac{\Delta R_1}{R_1}}{\left(1+n+\dfrac{\Delta R_1}{R_1}\right)(1+n)}=u_i\frac{n}{(1+n)^2}\frac{\dfrac{\Delta R_1}{R_1}}{1+\dfrac{1}{1+n}\dfrac{\Delta R_1}{R_1}} \tag{3-24}$$

因为$\dfrac{1}{1+n}\dfrac{\Delta R_1}{R_1}\ll 1$，可进行级数展开，得

$$u_o=u_i\frac{n}{(1+n)^2}\frac{\Delta R_1}{R_1}\left[1-\frac{1}{1+n}\frac{\Delta R_1}{R_1}+\frac{1}{(1+n)^2}\frac{\Delta R_1^2}{R_1^2}-\cdots\right] \tag{3-25}$$

(1) 灵敏度。电桥的电压灵敏度定义为

$$\begin{aligned}
K&=\frac{u_o}{\varepsilon_R}=\frac{u_o}{\Delta R_1/R_1}=u_i\frac{n}{(1+n)^2}\left[1-\frac{1}{1+n}\frac{\Delta R_1}{R_1}+\frac{1}{(1+n)^2}\frac{\Delta R_1^2}{R_1^2}-\cdots\right]\\
&\approx u_i\frac{n}{(1+n)^2}
\end{aligned} \tag{3-26}$$

① 从式(3-26)可以看出，当供桥电压 u_i 增加时，可以提高灵敏度 K，但考虑系统的温升，一般限制供桥电压为 10V 左右或以下。

② 另外，从式(3-26)可以看出，桥臂比 n 的大小是影响灵敏度的一个因素，将灵敏度 K 对 n 求偏导并令其等于零，得

$$\frac{\mathrm{d}K}{\mathrm{d}n}=u_{\mathrm{i}}\frac{1-n}{(1+n)^{3}}=0 \tag{3-27}$$

可得 $n=1$，经计算

$$\frac{\mathrm{d}^{2}K}{\mathrm{d}n^{2}}<0 \tag{3-28}$$

表明当 $n=1$ 时，灵敏度 K 有极大值，令 $R_1=R_2$，$R_3=R_4$，得 $K_{\max}=\frac{1}{4}u_{\mathrm{i}}$。

(2) 非线性误差。电桥的实际输出 u_{o} 为式(3-24)的计算结果，而其理想输出 u'_{o} 为式(3-25)近似得到的结果，即

$$u'_{\mathrm{o}}=u_{\mathrm{i}}\frac{n}{(1+n)^{2}}\frac{\Delta R_1}{R_1} \tag{3-29}$$

所以其非线性误差为

$$\delta=\left|\frac{u_{\mathrm{o}}-u'_{\mathrm{o}}}{u'_{\mathrm{o}}}\right|\times 100\%=\left|\frac{u_{\mathrm{i}}\dfrac{n}{(1+n)^{2}}\dfrac{\dfrac{\Delta R_1}{R_1}}{1+\dfrac{1}{1+n}\dfrac{\Delta R_1}{R_1}}-u_{\mathrm{i}}\dfrac{n}{(1+n)^{2}}\dfrac{\Delta R_1}{R_1}}{u_{\mathrm{i}}\dfrac{n}{(1+n)^{2}}\dfrac{\Delta R_1}{R_1}}\right|$$

$$=\frac{\dfrac{\Delta R_1}{R_1}}{1+n+\dfrac{\Delta R_1}{R_1}}\times 100\% \tag{3-30}$$

当 $n=1$，$\frac{\Delta R_1}{R_1}\ll 1$ 时，有

$$\delta=\frac{\dfrac{\Delta R_1}{R_1}}{2+\dfrac{\Delta R_1}{R_1}}\approx\frac{1}{2}\frac{\Delta R_1}{R_1} \tag{3-31}$$

例题 1：某金属应变片 $K_R=2$，$\varepsilon_l\leqslant 5000\mu\varepsilon$，求 δ。

解：$\varepsilon_R=\frac{\Delta R_1}{R_1}=K_R\varepsilon=2\times 5000\times 10^{-6}=0.01$。

所以，$\delta=\frac{1}{2}\frac{\Delta R_1}{R_1}=\frac{1}{2}\times 0.01=0.5\%$。

例题 2：半导体应变片 $K_R=100$，$\varepsilon_l\leqslant 1000\mu\varepsilon$，求 δ。

解：$\varepsilon_R=\frac{\Delta R_1}{R_1}=K_R\varepsilon=100\times 1000\times 10^{-6}=0.1$。

所以，$\delta=\frac{1}{2}\frac{\Delta R_1}{R_1}=\frac{1}{2}\times 0.1=5\%$。

由两个例题可以看出，当电阻相对变化较小时，其误差还可以接受，但当电阻相对变化较大时，其误差就不能忽略了。

为了减小或消除电桥的非线性误差，可以采取如下几种措施：

① 提高桥臂比。

对于提高桥臂比的方法，由单臂的非线性误差公式可得，提高桥臂比 n，非线性误差将减小，但由灵敏度公式 $K=u_i\frac{n}{(1+n)^2}\approx u_i\frac{1}{n}$ 可知，电桥电压灵敏度也降低了 n 倍，所以为了保持灵敏度不降低，必须相应地提高供电电桥电压。但供桥电压的大小是受限制的。

② 采用差动电桥。

③ 恒流源电桥法。

②、③这两种方法接下来将详细介绍。

2）差动电桥电路

（1）半桥差动电路。电桥的相邻两臂同时接入两个应变片，工作时它们的受力方向相反，即一片受拉力，另一片受压力，如图3-4所示。

设 R_1 增加 ΔR_1；R_2 减少 ΔR_2；当电桥平衡时，有

$$R_1R_4=R_2R_3$$

令 $\frac{R_2}{R_1}=\frac{R_4}{R_3}=n=1$，则 $R_1=R_2=R_3=R_4=R_0$。

测量时，$R_1'=R_1+\Delta R_1$，$R_2'=R_2-\Delta R_2$，设 $\Delta R_1=\Delta R_2=\Delta R$，则电桥输出电压为

$$\begin{aligned}u_o&=u_i\left(\frac{R_1+\Delta R_1}{R_1+\Delta R_1+R_2-\Delta R_2}-\frac{R_3}{R_3+R_4}\right)\\&=u_i\left(\frac{R_0+\Delta R}{2R_0}-\frac{1}{2}\right)=\frac{1}{2}\frac{\Delta R}{R_0}u_i\end{aligned}\tag{3-32}$$

由式(3-32)可见，半桥差动电路没有非线性误差，其电压输出 u_o 与电阻相对变化成正比。其灵敏度为

$$K=\frac{u_o}{\Delta R/R_0}=\frac{1}{2}u_i\tag{3-33}$$

由此可见，其灵敏度比单臂电桥提高一倍。

（2）全桥差动电路，电桥的四个桥臂都接入工作应变片，如图3-5所示。工作时，两个应变片受压力，另外两个受拉力。平衡时，令 $R_1=R_2=R_3=R_4=R_0$，工作时，令 $\Delta R_1=\Delta R_2=\Delta R_3=\Delta R_4=\Delta R$，则

$$u_o=u_i\left(\frac{R_1+\Delta R_1}{R_1+\Delta R_1+R_2-\Delta R_2}-\frac{R_3-\Delta R_3}{R_3-\Delta R_3+R_4+\Delta R_4}\right)=\frac{\Delta R}{R_0}u_i\tag{3-34}$$

由式(3-34)可见，全桥差动电路同样没有非线性误差，其灵敏度为

$$K=\frac{u_o}{\Delta R/R_0}=u_i\tag{3-35}$$

其灵敏度为单臂电桥的4倍。

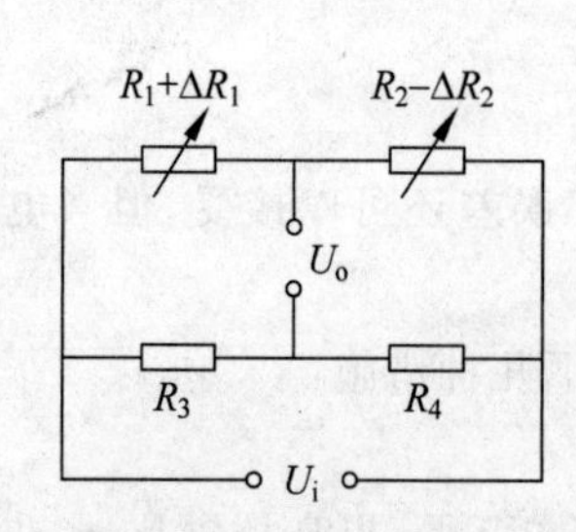

图 3-4　半桥差动电路

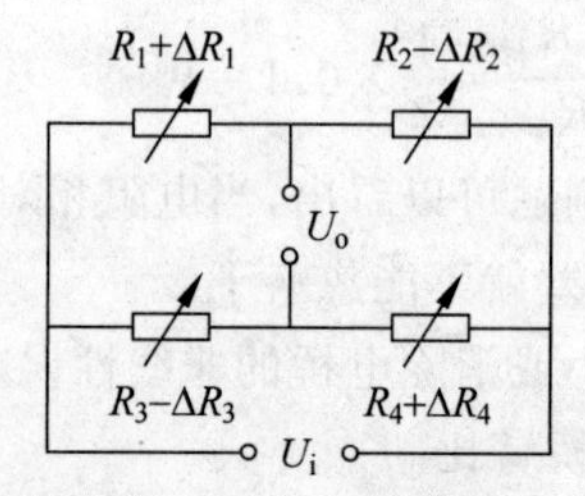

图 3-5　全桥差动电路

3）高内阻恒流源电桥

恒流源电桥的接法是使电桥工作臂支路中的电流不随 ΔR_1 的变化而变化，或者尽量变化小些，从而减小非线性误差，如图 3-6 所示。电桥输出电压为

$$u_o = I\left(\frac{R_3+R_4}{R_1+R_2+R_3+R_4}R_1 - \frac{R_1+R_2}{R_1+R_2+R_3+R_4}R_3\right) = \frac{R_1R_4-R_2R_3}{R_1+R_2+R_3+R_4}I \tag{3-36}$$

初始时满足 $R_1R_4=R_2R_3$ 时，电桥平衡，测量时 $R_1'=R_1+\Delta R_1$，令 $R_1=R_2=R_3=R_4=R_0$，则电桥输出电压为

$$u_o=\frac{R(R+\Delta R)-R^2}{4R+\Delta R}I=I\,\frac{R\Delta R}{4R+\Delta R}=\frac{1}{4}IR\,\frac{\Delta R/R}{1+\frac{1}{4}\Delta R/R} \tag{3-37}$$

对式(3-37)进行级数展开，得

$$u_o=\frac{1}{4}IR\,\frac{\Delta R}{R}\left[1-\frac{1}{4}\,\frac{\Delta R}{R}+\left(\frac{1}{4}\,\frac{\Delta R}{R}\right)^2-\cdots\right] \tag{3-38}$$

则恒流源电桥的灵敏度为

$$K=\frac{u_o}{\Delta R/R_0}=\frac{1}{4}IR\,\frac{\Delta R}{R}\left[1-\frac{1}{4}\,\frac{\Delta R}{R}+\left(\frac{1}{4}\,\frac{\Delta R}{R}\right)^2-\cdots\right]\approx\frac{1}{4}IR \tag{3-39}$$

非线性误差为

$$\delta=\left|\frac{u_o-u_o'}{u_o'}\right|\times 100\%=\left|\frac{\frac{1}{4}IR\,\frac{\Delta R/R}{1+\frac{1}{4}\Delta R/R}-\frac{1}{4}IR\,\frac{\Delta R}{R}}{\frac{1}{4}IR\,\frac{\Delta R}{R}}\right|=\left|\frac{-\frac{1}{4}\,\frac{\Delta R}{R}}{1+\frac{1}{4}\,\frac{\Delta R}{R}}\right| =\frac{1}{4}\,\frac{\Delta R}{R}\left[1-\frac{1}{4}\,\frac{\Delta R}{R}+\left(\frac{1}{4}\,\frac{\Delta R}{R}\right)^2-\cdots\right]\approx\frac{1}{4}\,\frac{\Delta R}{R} \tag{3-40}$$

由式(3-40)可见非线性误差比恒压源单臂桥减少一半。

3. 有源电桥

有源电桥的测量电路如图 3-7 所示，工作应变片安装在运放电路的反馈端，根据运放电路知识可知

$$V_+=\frac{R_3}{R_3+R_4}u_i \tag{3-41}$$

由于 $V_+=V_-$，可得电桥的输出为

$$u_o=\left(1+\frac{R_1}{R_2}\right)V_+-\frac{R_1}{R_2}u_i=\left(1+\frac{R_1}{R_2}\right)\frac{R_3}{R_3+R_4}u_i-\frac{R_1}{R_2}u_i=\frac{R_2R_3-R_1R_4}{(R_3+R_4)R_2}u_i \tag{3-42}$$

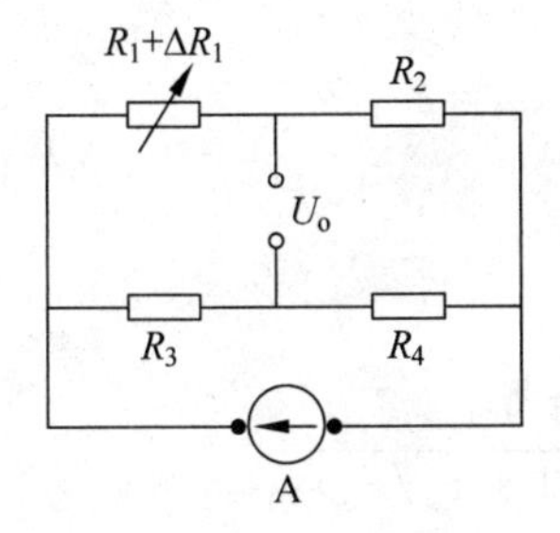

图 3-6　恒流源电桥

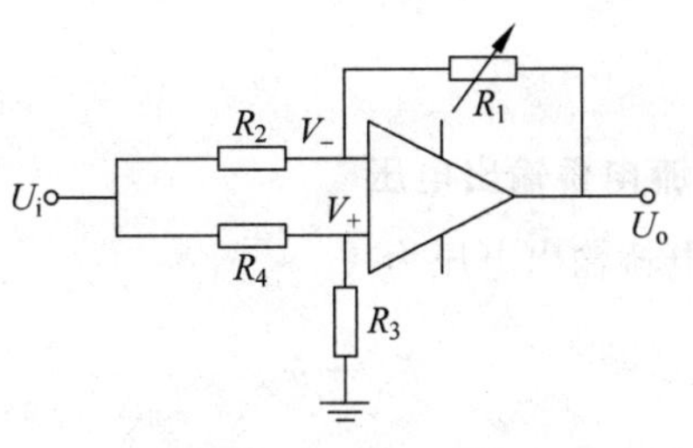

图 3-7　有源电桥电路

当 $u_o=0$ 时，电桥平衡，平衡条件为 $R_1R_4=R_2R_3$。令 $\frac{R_2}{R_1}=\frac{R_4}{R_3}=n$，电桥工作时，若 $R_1'=R_1+\Delta R_1$，则有

$$\begin{aligned}u_o&=\frac{R_2R_3-(R_1+\Delta R_1)R_4}{(R_3+R_4)R_2}u_i=\frac{-\Delta R_1R_4}{(R_3+R_4)R_2}u_i\\&=\frac{(-R_4/R_3)(\Delta R_1/R_1)}{(1+R_4/R_3)(R_2/R_1)}u_i=\frac{-n\Delta R_1/R_1}{(1+n)n}u_i=-\frac{1}{1+n}\frac{\Delta R_1}{R_1}u_i\end{aligned} \tag{3-43}$$

由式(3-43)可知，有源电桥没有非线性误差，其灵敏度为

$$K=\frac{u_o}{\Delta R/R_0}=-\frac{1}{1+n}u_i \tag{3-44}$$

当 $n=1$，$K=-\frac{1}{2}u_i$，若想提高灵敏度，可减小桥臂比 n。

3.2.2　交流供电电桥

直流电桥由于其电源稳定、平衡电路简单，仍是主要测量电路，但一般直流电桥需要放大电路，而通用直流放大器容易产生零漂且易受工频干扰。因此，通常也采用交流电源进行电桥供电，交流电桥的桥臂既可以是纯电阻，也可以包含电容或电感的交流阻抗。

1. 交流电桥的平衡条件

图 3-8 为交流电桥示意图，其中四个桥臂复阻抗分别为 z_1,z_2,z_3,z_4，供桥电压为 $\dot{u}_i$，则交流电桥的输出特征方程为

$$\dot{u}_o=\dot{u}_i\left(\frac{z_1}{z_1+z_2}-\frac{z_3}{z_3+z_4}\right) \tag{3-45}$$

式中：$\dot{u}_o$ 为输出电压，$\dot{u}_i$ 为供桥电压。平衡时，有

$$z_1z_4=z_2z_3 \tag{3-46}$$

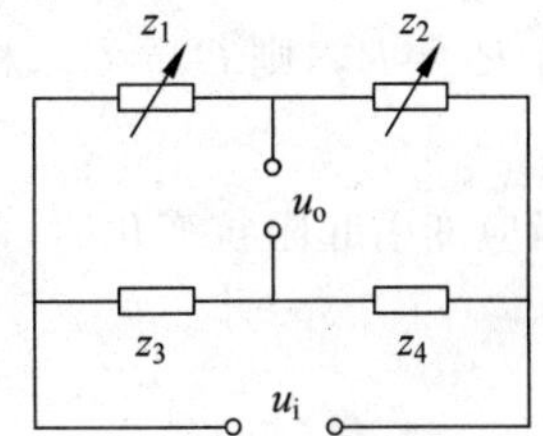

图 3-8　交流电桥

令 $z_i=Z_i\mathrm{e}^{\mathrm{j}\varphi_i}$（$z_i$ 为各桥臂的复数阻抗，Z_i 为复数阻抗的模，φ_i 为复数阻抗的阻抗角 $i=1,2,3,4$），所以

$$Z_1 e^{j\varphi_1} Z_4 e^{j\varphi_4} = Z_2 e^{j\varphi_2} Z_3 e^{j\varphi_3} \tag{3-47}$$

得到交流电桥平衡条件式(3-47),需满足两个方程式,即对臂复数的模积相等,幅角之和相等。

$$\begin{cases} Z_1 Z_4 = Z_2 Z_3 \\ \varphi_1 + \varphi_4 = \varphi_2 + \varphi_3 \end{cases} \tag{3-48}$$

2. 交流电桥输出电压

交流电桥输出电压为

$$\dot{u}_o = \dot{u}_i \frac{(z_4/z_3)(\Delta z_1/z_1)}{(1 + \Delta z_1/z_1 + z_2/z_1)(1 + z_4/z_3)} \tag{3-49}$$

若 $z_1 = z_2 = z_3 = z_4$,且忽略分母项 Δz_1,则交流单桥输出

$$\dot{u}_o = \frac{1}{4} \dot{u}_i \frac{\Delta z_1}{z_1} \tag{3-50}$$

交流半桥输出

$$\dot{u}_o = \frac{1}{2} \dot{u}_i \frac{\Delta z_1}{z_1} \tag{3-51}$$

其中,

$$z_1 = R_1 \mathbin{/\!/} \frac{1}{j\omega C_1} = \frac{R_1}{1 + j\omega R_1 C_1}, \quad \Delta z_1 \approx \frac{\Delta R_1}{(1 + j\omega R_1 C_1)^2}$$

如图 3-9 所示,半桥 z_3, z_4 为固定电阻 R_3, R_4,z_1, z_2 为两个应变片阻值为 R_1, R_2 的电阻,分布电容为 C_1, C_2,电桥平衡时实部、虚部分别相等。交流电桥除满足电阻平衡条件外,还必须要满足电容平衡条件,即

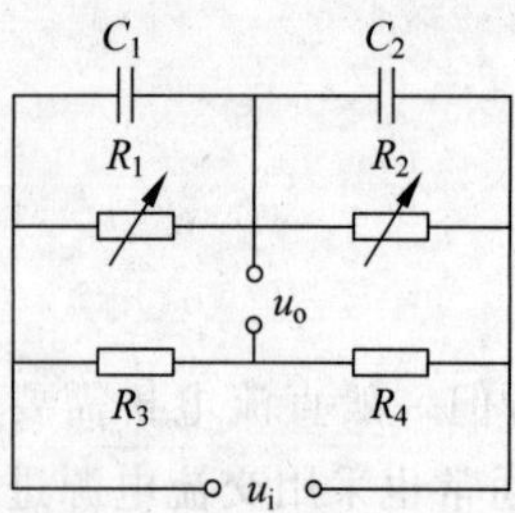

图 3-9 交流半桥

$$Z_1 = \frac{R_1}{\sqrt{1 + (\omega R_1 C_1)^2}}, \quad \varphi_1 = -\arctan(\omega R_1 C_1) \tag{3-52}$$

$$Z_2 = \frac{R_2}{\sqrt{1 + (\omega R_2 C_2)^2}}, \quad \varphi_2 = -\arctan(\omega R_2 C_2) \tag{3-53}$$

$$Z_3 = R_3, \varphi_3 = 0; \quad Z_4 = R_4, \varphi_4 = 0 \tag{3-54}$$

幅值平衡条件 $Z_1 Z_4 = Z_2 Z_3$,则

$$\frac{R_1 R_4}{\sqrt{1 + (\omega R_1 C_1)^2}} = \frac{R_2 R_3}{\sqrt{1 + (\omega R_2 C_2)^2}} \tag{3-55}$$

由式(3-55)解出

$$R_1 C_1 = R_2 C_2 \tag{3-56}$$

若 $R_1 = R_2$,则 $C_1 = C_2$,相位平衡条件:

$$\varphi_1 + \varphi_4 = \varphi_2 + \varphi_3$$

当应变引起阻抗变化时,即 $z_1' = z_1 + \Delta z$,$z_2' = z_2 - \Delta z$ 时,则半桥输出为

$$\dot{u}_o = \left(\frac{1}{1 + \omega^2 R^2 C^2} \frac{\Delta R}{R}\right) \frac{\dot{u}_i}{2} - j\left(\frac{\omega C}{1 + \omega^2 R^2 C^2} \Delta R\right) \frac{\dot{u}_i}{2} \tag{3-57}$$

式(3-57)包含两个分量,前一个分量的相位与供桥电压 $\dot{u}_i$ 同相,称为同相分量;后一个分

量的相位与供桥电压 $\dot{u}_i$ 相位相差 90°,称为正交分量。两个分量均是 ΔR 的调幅波,若采用普通二极管检波电路无法检测出调制信号 ΔR,必须采用相敏检波电路。

实际应用时,一般情况分布电容会很小,满足 $\omega RC \ll 1$,则

$$z = \frac{R}{1 + \mathrm{j}\omega RC} \tag{3-58}$$

所以输出电压在输出、输入同频同相时可写为

$$\dot{u}_o = \frac{1}{4}\dot{u}_i \frac{\Delta z_1}{z_1}, \quad U_o = \frac{1}{4}U_i \frac{\Delta R}{R} \tag{3-59}$$

即信号频率 ω 不高,分布电容 C 很小时,交流应变电桥仍可看成纯电阻性电桥。

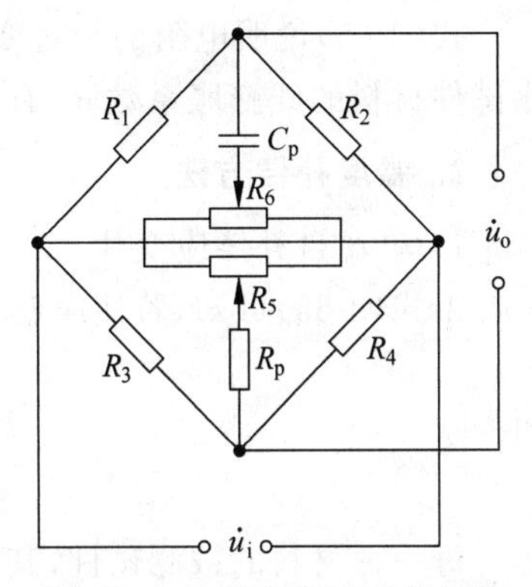

图 3-10　电阻电容调平衡电路

3. 交流电桥调平衡

实际上在初始阶段,交流电桥很难处于平衡状态,只能使零输出尽量小,这样就会产生零位输出,所以必须设置调平衡电路。比较常用的调平衡电路是如图 3-10 所示的电阻电容调平衡电路,图中 R_p 和 R_5 是电阻调平衡电路,C_p 和 R_6 是容抗调平衡电路。

3.2.3　电阻应变片的温度误差及其补偿

1. 温度误差

用作测量应变的金属应变片,希望其阻值仅随应变变化,而不受其他因素的影响。实际上应变片的阻值受环境温度(包括被测试件的温度)影响很大。由于环境温度变化引起的电阻变化与试件应变所造成的电阻变化几乎有相同的数量级,从而产生很大的测量误差,称为应变片的温度误差,又称热输出。因环境温度改变而引起电阻变化的两个主要因素:①应变片的电阻丝(敏感栅)具有一定温度系数;②电阻丝材料与测试材料的线膨胀系数不同。

设环境引起的构件温度变化为 $\Delta t(t - t_0)$ 时,粘贴在试件表面的应变片敏感栅材料的电阻温度系数为 α_t,则

$$R_\alpha = R_o(1 + \alpha_t \Delta t) = R_o + \alpha_t \Delta t = R_o + \Delta R \tag{3-60}$$

式中:R_α 为温度为 t 时应变片的电阻值;R_o 为温度为 t_0 时应变片的电阻值;ΔR 为电阻变化量,则由温度系数引起的电阻相对变化记为

$$\left(\frac{\Delta R}{R_o}\right)_1 = \alpha_t \Delta t \tag{3-61}$$

另外,由于应变片敏感栅材料膨胀系数 β_g 和被测构件材料膨胀系数 β_e 不同,设 $\beta_e > \beta_g$,当 Δt 存在时,引起应变片敏感栅的附加形变为

$$\Delta l = (\beta_e - \beta_g) l_o \Delta t \tag{3-62}$$

式中:l_o 为温度 t_0 时敏感栅长度。则敏感栅产生的附加应变为

$$\varepsilon_{2t} = \frac{\Delta l}{l_o} = (\beta_e - \beta_g)\Delta t \tag{3-63}$$

相应的电阻相对变化记为

$$\left(\frac{\Delta R}{R_{\mathrm{o}}}\right)_{2}=K(\beta_{\mathrm{e}}-\beta_{\mathrm{g}})\Delta t \tag{3-64}$$

K 为应变片灵敏系数。

温度变化形成的总电阻相对变化为

$$\left(\frac{\Delta R}{R}\right)_{t}=\left(\frac{\Delta R}{R_{\mathrm{o}}}\right)_{1}+\left(\frac{\Delta R}{R_{\mathrm{o}}}\right)_{2}=\alpha_{t}\Delta t+K(\beta_{\mathrm{e}}-\beta_{\mathrm{g}})\Delta t \tag{3-65}$$

式(3-65)说明电阻的相对变化除与环境温度变化 Δt 有关外，还与应变片的 α_t，K，β_g 及测试件材料的线膨胀系数 β_e 有关。

2. 温度补偿方法

1）单丝自补偿应变片

由式(3-65)可知，若使应变片在温度变化 Δt 时的热输出值为零，必须使

$$\alpha_{t}+K(\beta_{\mathrm{e}}-\beta_{\mathrm{g}})=0 \tag{3-66}$$

即

$$\alpha_{t}=-K(\beta_{\mathrm{e}}-\beta_{\mathrm{g}}) \tag{3-67}$$

每一种材料的被测试件，其线膨胀系数 β_e 都为确定值，可以在有关的材料手册中查到。在选择应变片时，若应变片的敏感栅是用单一的合金丝制成，并使其电阻温度系数 α_t 和线膨胀系数 β_g 满足式(3-67)的条件，即可实现温度自补偿。具有这种敏感栅的应变片称为单丝自补偿应变片。

单丝自补偿应变片的优点是结构简单，制造和使用都比较方便；但它必须在具有一定线膨胀系数材料的试件上使用，否则不能达到温度自补偿的目的。

2）双丝组合式自补偿应变片

这种应变片是由两种不同电阻温度系数(一种为正值，另一种为负值)的材料串联组成敏感栅，以达到一定的温度范围内在一定材料的试件上实现温度补偿的，如图 3-11 所示。这种应变片的自补偿条件要求粘贴在某种试件上的两段敏感栅随温度变化而产生的电阻增量大小相等，符号相反，即

$$(\Delta R_{\mathrm{a}})t=-(\Delta R_{\mathrm{b}})t$$

3）桥路补偿法

应变片常用的测量电路是电桥，如图 3-12 所示，测量应变时，使用两个应变片：一片贴在被测试件的表面(图中 R_1)，称为工作应变片；另一片贴在与被测试件材料相同的补偿块上(图中 R_2)，称为补偿应变片。在工作过程中补偿块不承受应变，仅随温度发生变形。由于 R_1 与 R_2 接入电桥相邻臂上，造成 ΔR_{1t} 与 ΔR_{2t} 相同，根据电桥理论可知，其输出电压 U_{SC} 与温度无关。当工作应变片感受应变时，电桥将产生相应输出电压。

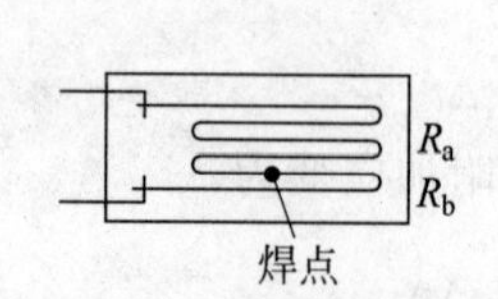

图 3-11　双丝组合补偿法

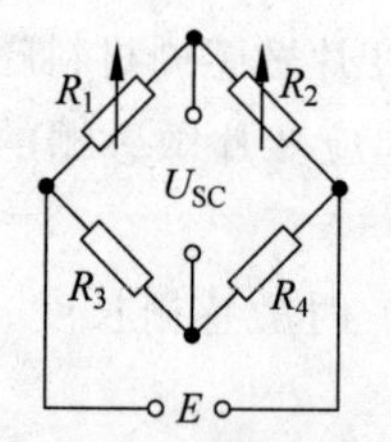

图 3-12　桥路补偿法

3.3 电位器式电阻传感器

在日常工作中，电位器可以说是一种常用的机电元件，广泛应用于各类电器和电子设备中。电位器式电阻传感器可将机械的直线位移或角位移输入量转换为与其成一定函数关系的电阻或电压输出。它除了用于线位移和角位移测量外，还广泛应用于测量压力、加速度、液位等物理量。

电位器式传感器结构简单，体积小，质量轻，价格低廉，性能稳定，对环境条件要求不高，输出信号较大，一般不需放大，并易实现函数关系的转换。但电阻元件与电刷间由于存在摩擦及分辨率有限，故其精度一般不高，动态响应较差，主要适合于测量变化较缓慢的量。电位器式传感器种类较多，根据输入-输出特性的不同，可分为线性电位器和非线性电位器两种；根据结构形式的不同，又可分为绕线式、薄膜式、光电式等。

3.3.1 线绕式电位器

线绕式电位器传感器的工作原理是通过机械结构，使电位器滑臂产生相应的位移，从而改变电路的电阻值，引起电路输出电压的改变，从而达到测量的目的。

线绕式电位器结构如图3-13(a)所示，其中 h 为骨架高度，L 表示总行程，R 表示总电阻，x 为输入位移，R_x 为与 x 对应的电阻值。

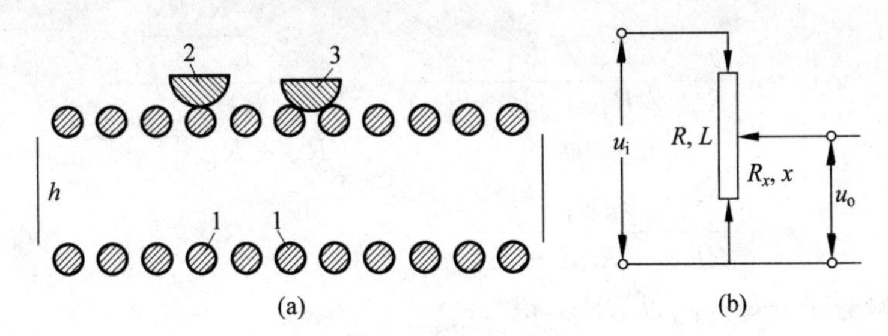

图3-13　线绕式电位器

(a) 结构图；(b) 等效电路图

1—导线；2—电刷在导线上；3—电刷在两匝之间

1. 空载特性

线绕式电位器的空载等效电路如图3-13(b)所示，输出电压为

$$u_o = u_i \frac{R_x}{R} \tag{3-68}$$

也可以用电刷的行程来表示，由于

$$\frac{R_x}{R} = \frac{x}{L} \tag{3-69}$$

所以有

$$u_o = u_i \frac{R_x}{R} = u_i \frac{x}{L} = \frac{u_i}{L} x \tag{3-70}$$

由式(3-70)可知,输出电压 u_o 与输入位移 x 是线性关系。

其电压灵敏度为

$$K_u = \frac{u_i}{L} \tag{3-71}$$

2. 阶梯特性

从理论上讲,电位器的特性曲线是位移 x 的连续函数。但对线绕电位器而言,电刷的直线运动所得到的电阻变化或电压变化是一条阶梯形的曲线,如图 3-14 所示。这种跳跃式的变化是由于导线长被分割为有限匝数造成的。图中小的跳跃是因相邻两匝短路引起的。

$\Delta u = \frac{u_o}{N}$,N 为匝数,其电压分辨率为

$$e = \frac{u_{ow}/N}{u_{ow}} \times 100\% = \frac{1}{N}\% \tag{3-72}$$

其行程分辨率为

$$e_{by} = \frac{L/N}{L} \times 100\% = \frac{1}{N}\% \tag{3-73}$$

3. 电位器的负载特性和非线性误差

具有负载的线绕式电位器等效电路如图 3-15 所示,则加载后输出为

$$u_{oL} = u_i \frac{R_x /\!/ R_L}{R_x /\!/ R_L + (R - R_x)} = u_i \frac{\frac{R_x R_L}{R_x + R_L}}{\frac{R_x R_L}{R_x + R_L} + R - R_x}$$

$$= u_i \frac{R_x R_L}{R R_L + R_x R - R_x^2} \tag{3-74}$$

对式(3-74)右侧分子分母同除以 RR_L,得

$$u_{oL} = u_i \frac{R_x / R}{1 + \frac{R_x}{R_L} - \frac{R_x^2}{R^2}\frac{R}{R_L}} \tag{3-75}$$

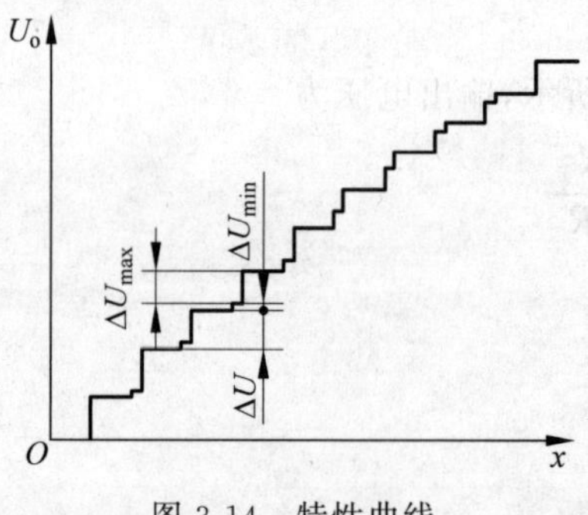

图 3-14　特性曲线

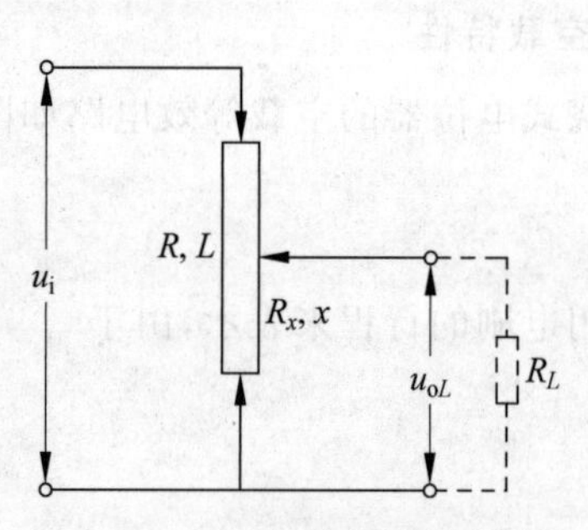

图 3-15　具有负载的等效电路

设 $r=\dfrac{R_x}{R}$ 表示电阻相对变化，$m=\dfrac{R}{R_L}$ 表示负载系数，$X=\dfrac{x}{L}$ 表示电刷相对行程，所以

$$u_{\mathrm{o}}=u_{\mathrm{i}}\frac{r}{1+mr-mr^2} \tag{3-76}$$

用行程来表示相对电压输出为

$$Y=\frac{u_{\mathrm{o}L}}{u_{\mathrm{i}}}=\frac{X}{1+mX(1-X)}=\frac{X}{1+mX-mX^2} \tag{3-77}$$

由式(3-77)可见，电位器的输出电压 u_{o} 与滑臂的相对位移量 X 是非线性关系，只有当 $m=0$，即 $R_L\to\infty$ 时，u_{o} 与 X 才满足线性关系，所以这里的非线性关系完全是负载电阻的接入而引起的。非线性误差为

$$\begin{aligned}\delta_L&=\left|\frac{u_{\mathrm{o}}-u_{\mathrm{o}L}}{u_{\mathrm{o}}}\right|\times 100\%=\left|\frac{u_{\mathrm{i}}X-u_{\mathrm{i}}\dfrac{X}{1+mX(1-X)}}{u_{\mathrm{i}}X}\right|\\&=\left|1-\frac{1}{1+mX(1-X)}\right|\times 100\%\end{aligned} \tag{3-78}$$

图 3-16 表示非线性误差 δ_L 与 X 的关系，图中横坐标为相对行程，即分压比，参变量为 m。由

$$\frac{\mathrm{d}\delta_L}{\mathrm{d}X}=\frac{m(1-2X)}{[1+mX(1-X)]^2}=0 \tag{3-79}$$

$$\begin{aligned}\frac{\mathrm{d}^2\delta_L}{\mathrm{d}X^2}&=\frac{2m(m-3mX+3mX^2-1)}{(1-mX+mX^2)^3}\\&=\frac{-2m}{\left(1-\dfrac{1}{4}m\right)^2}<0\end{aligned} \tag{3-80}$$

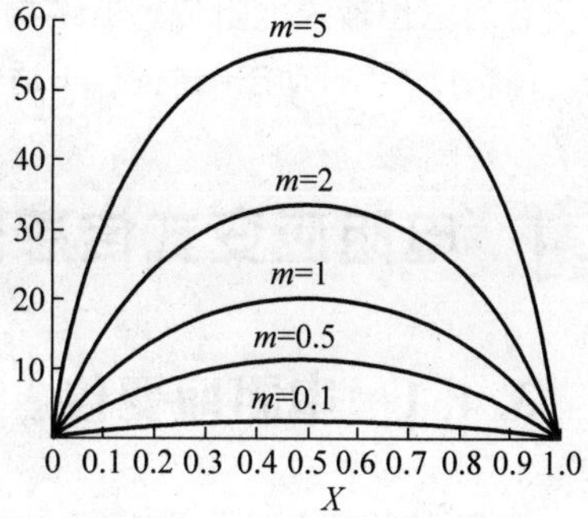

图 3-16　δ_L 与 X 的关系

得，当 $X=\dfrac{1}{2}$ 时，δ_L 取得极大值，即

$$\delta_{L\max}=\frac{m}{m+4} \tag{3-81}$$

如果要求 δ_L 在行程范围内为 1%～2%，则 $4/99<m<8/98$，即 $R_L>(10\sim20)R$。

但有时负载满足不了这个条件，就要采取一些补偿方法。为了改善非线性，在电路上可采用射极输出器或远极跟随器等方法，增大 R_L 的阻值；也有采用特制的非线性结构电位器，如曲线电位器，其骨架形状是一种特殊的函数关系，但此种方法在工艺上不易实现；也有把电位器电阻分成若干段，每段并联不同的电阻，通过分段实现非线性补偿。

3.3.2　其他形式的电位器

线绕电位器性能稳定，应用广泛，但分辨力低，耐磨性差。因此，人们研制了一些其他形式的电位器，如膜式电位器(碳膜和金属膜)、导电塑料电位器，但以上两种电位器共同特点：都是接触式电位器，不耐磨，寿命短。光电式电位器(图 3-17)是以光束代替电刷，属于非接触式。它利用可移动的窄光束照射在其内部的光电导层和导电电极的间隙上时，使光电导

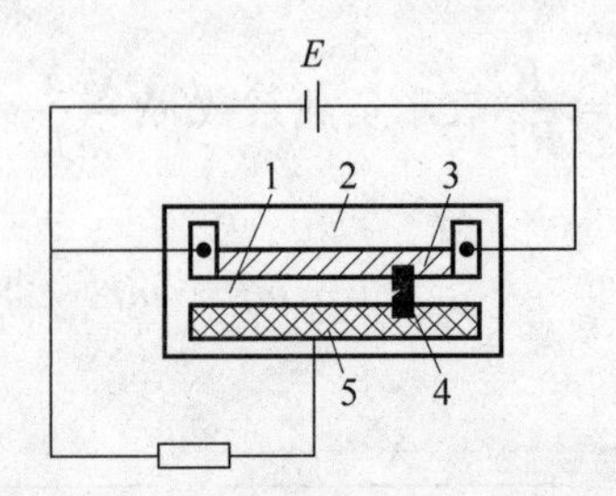

图 3-17　光电式电位器结构示意图

1—光电导层；2—基体；3—电阻带；4—窄光带；5—集电极

层下面沉积的电阻带和导电电极接通，于是随着光束位置不同而改变电阻值。其优点是分辨力高，可靠性好，阻值范围宽（500Ω～15MΩ）；缺点是结构复杂，输出电流小，输出阻抗较高，有滞后。

3.3.3　应用

普通电位器式电阻传感器结构简单，价格便宜，输出功率大，一般情况下可直接接指示仪表。但精度不高，动态响应差，不适宜测量快速变化量，通常用于测量压力、位移、加速度等。

3.4　电阻应变式传感器应用

3.4.1　电阻应变仪

电阻式应变传感器的应用主要分为两大类：

(1) 与弹性元件组合使用，测量力、压力、位移、速度、加速度等物理量（如电子秤）。

(2) 应变片直接粘贴在被测试件上测量构件的应力、应变、形变（一次性使用）；通过电阻应变仪实现应变测量。电阻应变仪是直接测量应变的专用仪器，在科研和工业生产中常常要对构件或组件的应变进行测量。例如，测量高压容器变形时的压力——高压气瓶、高压锅炉、高压锅；机械设备的构件形变研究——火炮炮管、汽车底盘、飞机机翼。

电阻应变仪电路主要包括电桥、振荡器、差动放大器、相敏检波器、滤波器、转换和显示装置，如图 3-18 所示。

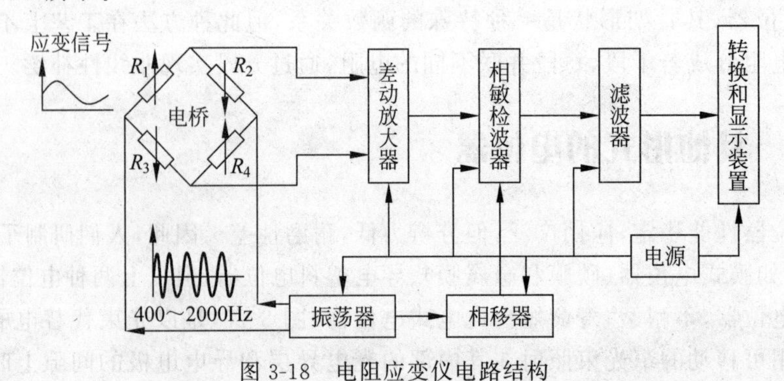

图 3-18　电阻应变仪电路结构

3.4.2 相敏检波器

相敏检波器可以区分正负极性的双相信号，在传感器转换电路中广泛应用，其电路形式较多。相敏检波器有两个作用：一是只对同相信号检波；二是识别调制信号的正负。

开关型相敏检波电路适用于调制信号频率较高的情况，采用集成运算放大器组成整形电路和输出电路，如图 3-19 所示。

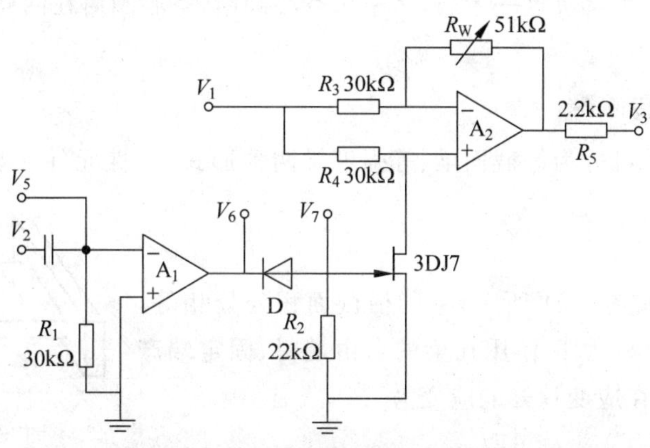

图 3-19 开关型相敏检波电路

3.4.3 力传感器(测力与秤重)

如前所述，力传感器的弹性元件有柱式、梁式、环式、轮辐式等。

1. 柱式力传感器

结构上有空心(筒形)、实心(柱形)两种，在圆筒(柱)上按一定方式粘贴应变片，如图 3-20 所示，应变片均匀贴在圆柱表面中间部分，R_1R_3、R_2R_4 串联摆放在两对臂内，当有偏心应力时，一方受拉、另一方受压产生相反变化，可减小弯矩的影响。横向粘贴应变片为温度补偿片，有提高灵敏度的作用。

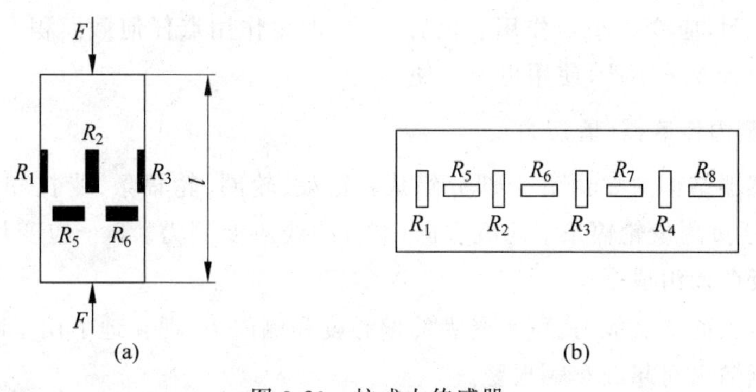

图 3-20 柱式力传感器

(a) 应变片分布；(b) 圆柱面展开图

圆筒(柱)在外力 F 作用下产生形变，对实心圆柱作用产生的应变为

$$\varepsilon=\frac{\Delta l}{l}=\frac{\sigma}{E}=\frac{F}{SE} \tag{3-82}$$

式中：l 为弹性元件的长度；E 为弹性模量；S 为弹性元件的横截面积；σ 为应力，有

$$\sigma=\frac{F}{S} \tag{3-83}$$

可见，应变与力成正比关系，要提高变换灵敏度必须减小横截面积 S，但 S 小抗弯能力差易产生横向干扰。为解决这一矛盾，多采用空心圆筒，空心圆筒在同样横截面积情况下横向刚度大。

2. 悬臂梁式力传感器

悬臂梁弹性元件可分为等截面梁、等强度梁两种形式，弹性元件一端固定，力作用在自由端。

1）等截面梁

等截面梁结构如图 3-21 所示，它的横截面积处处相等，所以称等截面梁。当外力 F 作用在梁的自由端时，固定端产生的应变最大，粘贴在应变片处的应变为

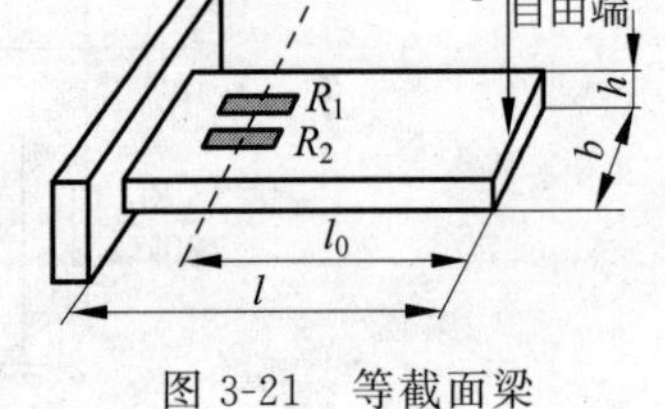

图 3-21　等截面梁

$$\varepsilon=\frac{6Fl_0}{bh^2E} \tag{3-84}$$

式中：l_0 为梁上应变片至自由端的距离；b、h 分别为梁的宽度和厚度。

式(3-84)表明应变片的应变大小与力作用的距离有关，所以应变片应贴在距固定端较近的表面，顺梁的方向上下各贴两只。四个应变片组成全桥，上面两个受压时下面两个受拉，保证对臂同极性、邻臂反极性连接。这种传感器适用于测量 500kg 以下荷重。

2）等强度梁

等强度梁长度方向的截面积按一定规律变化，是一种特殊形式的悬臂梁。如图 3-22 所示，当力作用在自由端时，应变片的应变大小为

$$\varepsilon=\frac{6Fl}{bh^2E} \tag{3-85}$$

式(3-85)表明，应变大小与作用点位置无关，即距作用点任何截面积上应力相等，所以对应变片粘贴位置要求不严，使用更为方便。

3. 轮辐式测力传感器(剪切力)

轮辐式传感器结构主要由五个部分组成：轮毂、轮圈、轮辐条、受拉和受压应变片，如图 3-23 所示。通过测量轮辐条对角线方向(45°)的线应变测力。8 个应变片分别粘贴在四个轮辐条的正反两面组成全桥。

扁平外形有大的抗载能力，可承受大的偏心度和侧向力，埋在地下用于测量行走中的拖车、卡车，可根据输出对超载车辆报警。

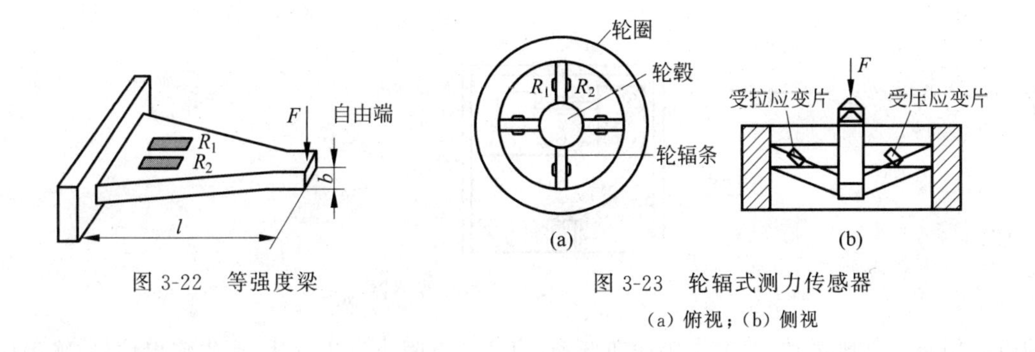

图 3-22　等强度梁

图 3-23　轮辐式测力传感器

(a) 俯视；(b) 侧视

4. 膜片式压力传感器

膜片式压力传感器的弹性敏感元件是一个圆形的金属膜片应变片粘贴在膜片上，如图 3-24 所示。

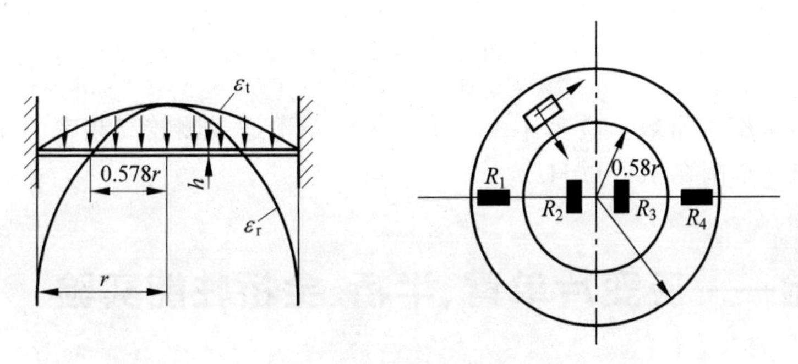

图 3-24　膜片式压力传感器

金属元件的膜片周边被固定；当膜片一面受压力 p 作用时，膜片的另一面有径向应变 ε_r 和切向应变 ε_t，应变值分别为

$$\varepsilon_r = \frac{3p}{8Eh^2}(1-\mu^2)(r^2-3x^2) \tag{3-86}$$

$$\varepsilon_t = \frac{3p}{8Eh^2}(1-\mu^2)(r^2-x^2) \tag{3-87}$$

式中：r 为膜片半径；h 为膜片厚度；E 为膜片弹性模量；μ 为膜片泊松比；x 为任意点与圆心的距离。

膜片中心处，$x=0$，ε_r 与 ε_t 都达到正的最大值，膜片边缘处 $x=r$，切向应变 $\varepsilon_t=0$，径向应变 ε_r 达到负的最大值。径向应变 $\varepsilon_r=0$ 处的位置，在距圆心约为 $0.58r$ 的圆环附近。根据应力分布粘贴四个应变片，R_2、R_3 粘贴在正的最大区域，R_1、R_4 粘贴在负的最大区域，即粘贴在 $0.58r$ 的内外两侧。传感器一般可测量 $10^5 \sim 10^6$ Pa 的压力。

5. 应变式加速度传感器

基本结构由悬臂梁、应变片、质量块 m、基座、外壳组成。悬臂梁（等强度梁）自由端固定质量块，壳体内充满硅油，以产生必要的阻尼，如图 3-25 所示。

测量时，根据所测振动体加速度的方向，把传感器固定在被测部位。当被测点的加速度沿图 3-25 中箭头所示方向时，悬臂梁自由端受惯性力 $F=ma$ 的作用，质量块向箭头 a 相反

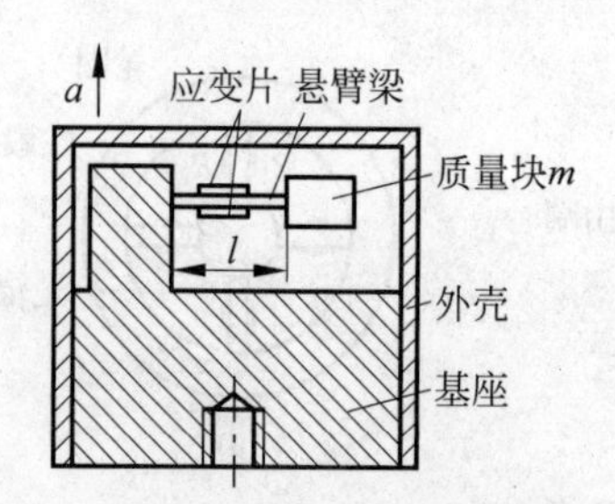

图 3-25 应变式加速度传感器

的方向相对于基座运动，使梁发生弯曲变形，应变片电阻也发生变化，产生输出信号，输出信号大小与加速度成正比。由式(3-85)可得

$$\varepsilon=\frac{6Fl}{bh^2E}=\frac{6ml}{bh^2E}a=Ka \tag{3-88}$$

式中，

$$K=\frac{6ml}{bh^2E} \tag{3-89}$$

当梁确定后，K 为常数。应变片式加速度传感器不适于测较高频率的振动冲击，常用于低频振动测量，范围在 10～60Hz。

3.5 实验——应变片单臂、半桥、全桥性能实验

3.5 实验

思考题与习题

1. 什么是电阻应变效应？怎样利用这种效应制成应变片？
2. 应变片的灵敏度是什么？它的影响因素有哪些？
3. 金属应变片与半导体应变片在工作原理上有何不同？半导体应变片灵敏度范围是多少，金属应变片灵敏度范围是多少？为什么有这种差别？
4. 直流电桥的平衡条件是什么？
5. 电桥灵敏度的表达式是什么？单臂、半桥和全桥电路的性能差别是什么？
6. 用应变片测量时，为什么必须采取温度补偿措施？
7. 一应变片的电阻 $R=120\Omega$，灵敏度 $K=2.05$，用作应变为 $800\mu m/m$ 的传感元件。

求：①ΔR 和 $\Delta R/R$；②若电源电压 $U=3\text{V}$，初始平衡时电桥的输出电压 U_o。

8. 已知：有四个性能完全相同的金属丝应变片(应变灵敏度 $K=2$)，将其粘贴在梁式测力弹性元件上，如图 3-33 所示。在距梁端 l_0 处应变计算公式为

$$\varepsilon=\frac{6Fl_0}{Eh^2b}$$

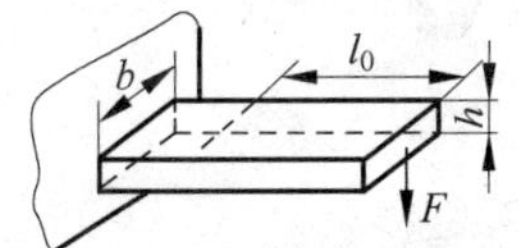

图 3-33　习题 8 用图

设力 $F=100\text{N}$，$l_0=100\text{mm}$，$h=5\text{mm}$，$b=20\text{mm}$，$E=2\times10^5\text{N/mm}^2$。

①说明是一种什么形式的梁。在梁式测力弹性元件距梁端 l_0 处画出四个应变片粘贴位置；②求出各应变片电阻相对变化量；③当桥路电源电压为 6V 时，负载电阻为无穷大，求桥路输出电压 U_o。

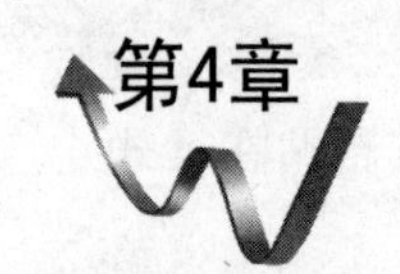

电容式传感器

电容式传感器是将被测的物理量变化转换为电容器的电容变化的传感器，主要用于位移、角度、压力、压差、液面、料位、成分含量等测量。电容式传感器具有结构简单、动态响应好，能实现无接触测量、灵敏度高、分辨力强等优点。

4.1　传感器原理及结构形式

以平板电容器为例，如图 4-1 所示，当不考虑电容器的边缘效应时，其容量为

$$C=\frac{\varepsilon A}{d}=\frac{\varepsilon_r\varepsilon_0 A}{d} \tag{4-1}$$

式中：A 为极板相对覆盖面积；d 为极板间距离；ε_r 为相对介电常数；ε_0 为真空介电常数，$\varepsilon_0=8.85\mathrm{pF/m}$；$\varepsilon$ 表示电容极板间介质的介电常数。

由此可见，电容器的容量取决于 A，d 和 ε 的大小。若将上极板固定，下极板与被测运动物体相连，当运动物体作上、下位移（即 d 变化）或左右位移（即 A 变化）时，将引起电容变化，若两极板间的介质参数 ε 发生变化，也会引起电容变化。通过电路转换为电压、电流输出，即可实现非电量电测。

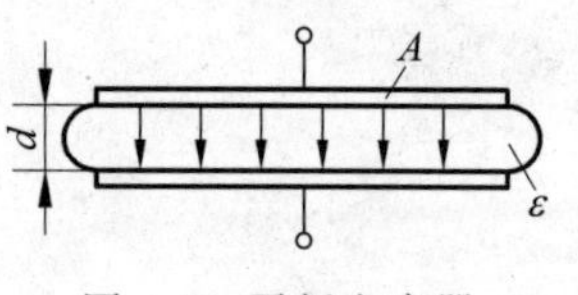

图 4-1　平板电容器

综上所述，电容式传感器可分为变间隙式、变面积式、变介电常数式三种结构形式。如图 4-2 所示，图(a)、(b)是变间隙式，其中图(b)是差动结构；图(c)，(d)，(e)，(f)为变面积式，其中图(d)、(f)为差动结构；图(g)、(h)为变介电常数式。

变间隙式一般用来测量微小的位移（$10^{-2}\sim10^{2}\mu\mathrm{m}$）；变面积式一般用于测量角位移或较大的线位移；变介电常数式常用于固体厚度或液体的液位测量，也用于测定各种介质的湿度、密度等状态参数。

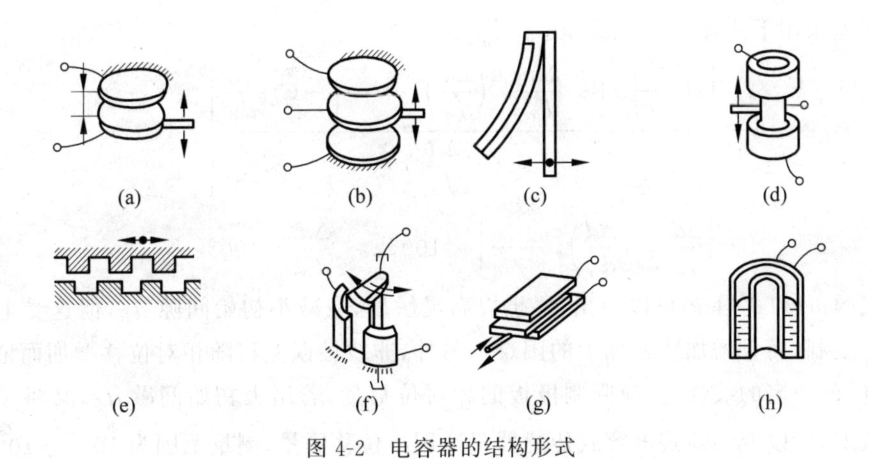

图 4-2　电容器的结构形式

4.2　传感器静态特性

本节以平板电容器为例讨论传感器的静态特性。

4.2.1　变间隙式

设极板间填充的介质为空气，$\varepsilon_r \approx 1$，极板面积为 A，初始间隙为 d_0，则初始电容为

$$C_0 = \frac{\varepsilon_0 A}{d_0} \tag{4-2}$$

工作时，当间隙发生了变化，即 $d_0 \to d_0 - \Delta d$，则

$$C_0 + \Delta C = \frac{\varepsilon_0 A}{d_0 - \Delta d} = \frac{\frac{\varepsilon_0 A}{d_0}}{1 - \frac{\Delta d}{d_0}} = C_0 \frac{1}{1 - \frac{\Delta d}{d_0}} \tag{4-3}$$

由式(4-3)得到电容相对变化

$$\Delta C = C_0 \frac{1}{1 - \frac{\Delta d}{d_0}} - C_0 = C_0 \frac{\frac{\Delta d}{d_0}}{1 - \frac{\Delta d}{d_0}} \tag{4-4}$$

因为$\frac{\Delta d}{d_0} \ll 1$，可进行级数展开，得

$$\Delta C = C_0 \frac{\Delta d}{d_0}\left[1 + \frac{\Delta d}{d_0} + \left(\frac{\Delta d}{d_0}\right)^2 + \cdots\right] \tag{4-5}$$

电容式传感器的灵敏度为

$$K = \frac{\frac{\Delta C}{C_0}}{\Delta d} = \frac{1}{d_0}\left[1 + \frac{\Delta d}{d_0} + \cdots\right] \approx \frac{1}{d_0} \tag{4-6}$$

非线性误差采用下式计算：

$$\delta=\left|\frac{C_0\dfrac{\Delta d}{d_0}\left[1+\dfrac{\Delta d}{d_0}+\left(\dfrac{\Delta d}{d_0}\right)^2+\cdots\right]-C_0\dfrac{\Delta d}{d_0}}{C_0\dfrac{\Delta d}{d_0}}\right|\times 100\%$$

$$=\left[\frac{\Delta d}{d_0}+\left(\frac{\Delta d}{d_0}\right)^2+\cdots\right]\times 100\%\approx\frac{\Delta d}{d_0}\times 100\% \tag{4-7}$$

由式(4-6)和式(4-7)可以看出，要想提高灵敏度，应减小初始间隙 d_0，但这受电容器击穿电压的限制，而且增加装配加工的困难。另外，非线性误差将随相对位移增加而增加。因此，为了保证一定的线性度，应限制极板的相对位移量，若增大初始间歇 d_0，又将影响传感器的灵敏度，所以变间隙式电容式传感器只适用小位移测量，测量范围为 $10^{-2}\sim10^2\mu m$。

为了提高传感器的灵敏度并改善非线性，可以采用差动式结构，如图 4-3 所示，中间极板可以上下运动，使上下两个电容量的大小呈相反方向变化，当中间极板发生 Δd 移动时，上下两个电容器的电容量分别为

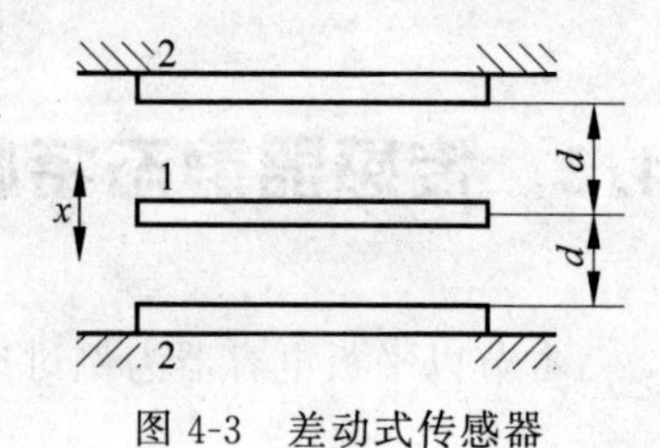

图 4-3 差动式传感器

$$C_1=\frac{\varepsilon_0 A}{d_0-\Delta d} \tag{4-8}$$

$$C_2=\frac{\varepsilon_0 A}{d_0+\Delta d} \tag{4-9}$$

对式(4-8)和式(4-9)进一步处理，得

$$C_1=\frac{\varepsilon_0 A}{d_0}\frac{1}{1-\dfrac{\Delta d}{d_0}}=C_0\left[1+\frac{\Delta d}{d_0}+\left(\frac{\Delta d}{d_0}\right)^2+\cdots\right] \tag{4-10}$$

$$C_2=\frac{\varepsilon_0 A}{d_0}\frac{1}{1+\dfrac{\Delta d}{d_0}}=C_0\left[1-\frac{\Delta d}{d_0}+\left(\frac{\Delta d}{d_0}\right)^2-\cdots\right] \tag{4-11}$$

从而得到输出电容为

$$\begin{aligned}\Delta C&=C_1-C_2=C_0\left[2\frac{\Delta d}{d_0}+2\left(\frac{\Delta d}{d_0}\right)^3+\cdots\right]\\&=2C_0\frac{\Delta d}{d_0}\left[1+\left(\frac{\Delta d}{d_0}\right)^2+2\left(\frac{\Delta d}{d_0}\right)^4+\cdots\right]\\&\approx 2C_0\frac{\Delta d}{d_0}\quad\left(当\frac{\Delta d}{d_0}\ll 1时\right)\end{aligned} \tag{4-12}$$

差动式电容器的灵敏度为

$$K=\frac{\dfrac{\Delta C}{C_0}}{\Delta d}=2\frac{1}{d_0} \tag{4-13}$$

非线性误差为

$$\delta=\left|\frac{2C_0\frac{\Delta d}{d_0}\left[1+\left(\frac{\Delta d}{d_0}\right)^2+\cdots\right]-2C_0\frac{\Delta d}{d_0}}{2C_0\frac{\Delta d}{d_0}}\right|\times 100\%$$

$$=\left[\left(\frac{\Delta d}{d_0}\right)^2+\left(\frac{\Delta d}{d_0}\right)^4+\cdots\right]\times 100\%\approx\left(\frac{\Delta d}{d_0}\right)^2\times 100\% \tag{4-14}$$

由此可见,差动式电容器较单个电容式传感器灵敏度提高一倍,而非线性误差大大减小。

4.2.2 变面积式

如图 4-4 所示为变面积式电容式传感器。以平板电容器为例,初始电容为

$$C_0=\frac{\varepsilon_0 A}{d}=\frac{\varepsilon_0 ab}{d} \tag{4-15}$$

式中：a,b 分别为电容极板的长和宽。

当动极板移动 Δx,即 $a\rightarrow a-\Delta x$ 时,有

$$\begin{aligned}C_0-\Delta C&=\frac{\varepsilon_0(a-\Delta x)b}{d}\\&=\frac{\varepsilon_0 ab}{d}-\frac{\varepsilon_0\Delta xb}{d}\\&=C_0-C_0\frac{\Delta x}{a}\end{aligned} \tag{4-16}$$

所以得到电容变化量为

$$\Delta C=C_0\frac{\Delta x}{a} \tag{4-17}$$

由式(4-17)可知,变面积式平板电容器的输出特性无非线性,其灵敏度为

$$K=\frac{\frac{\Delta C}{C_0}}{\Delta x}=\frac{1}{a} \tag{4-18}$$

而且,该类传感器适合较大位移测量。

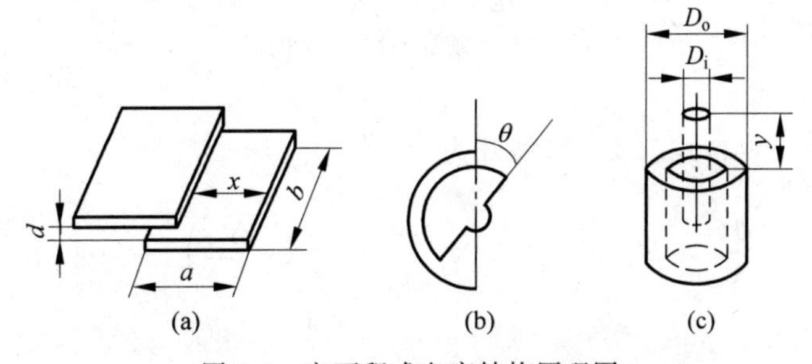

图 4-4　变面积式电容结构原理图

(a) 平板形差动电容；(b) 旋转形差动电容；(c) 圆柱形差动电容

4.2.3 变介电常数

如图 4-5 所示，当某种介质在两固定极板间运动时，相当于 C_1，C_2，C_3 串联，其中 C_2 为可变介质，其介电常数为

$$\varepsilon=\varepsilon_r\varepsilon_0 \tag{4-19}$$

其电容量与介质参数之间的关系为

$$C_0=\frac{\varepsilon_0 A}{a-d+d/\varepsilon_r} \tag{4-20}$$

当介质的 ε_r 变化，即 $\varepsilon_r'=\varepsilon_r+\Delta\varepsilon_r$ 时，有

$$C_0+\Delta C=\frac{\varepsilon_0 A}{a-d+\dfrac{d}{\varepsilon_r+\Delta\varepsilon_r}} \tag{4-21}$$

所以电容的变化量为

$$\Delta C=\frac{\varepsilon_0 A}{a-d+\dfrac{d}{\varepsilon_r+\Delta\varepsilon_r}}-C_0 \tag{4-22}$$

电容的相对变化量为

$$\frac{\Delta C}{C}=N_2\frac{\Delta\varepsilon_r}{\varepsilon_r}\left(\frac{1}{1+N_3\dfrac{\Delta\varepsilon_r}{\varepsilon_r}}\right) \tag{4-23}$$

式中：$N_2=\dfrac{1}{1+\dfrac{(a-d)\varepsilon_r}{d}}$为灵敏度因子；$N_3=\dfrac{1}{1+\dfrac{d}{(a-d)\varepsilon_r}}$为非线性因子。

当 $d=a$ 时，$N_2=1$，$N_3=0$，相当于一种介质。

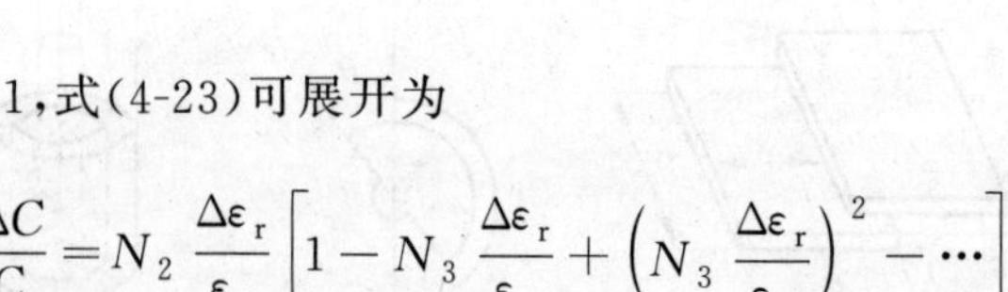

图 4-5 变介电常数的电容式传感器原理图

(a) 结构示意图；(b) 等效电路图

一般地，$N_3\dfrac{\Delta\varepsilon_r}{\varepsilon_r}\ll 1$，式(4-23)可展开为

$$\frac{\Delta C}{C}=N_2\frac{\Delta\varepsilon_r}{\varepsilon_r}\left[1-N_3\frac{\Delta\varepsilon_r}{\varepsilon_r}+\left(N_3\frac{\Delta\varepsilon_r}{\varepsilon_r}\right)^2-\cdots\right] \tag{4-24}$$

其灵敏度为

$$K=\frac{\dfrac{\Delta C}{C_0}}{\Delta\varepsilon_r}\approx N_2\frac{1}{\varepsilon_r} \tag{4-25}$$

非线性误差为

$$\delta = N_3 \frac{\Delta\varepsilon_r}{\varepsilon_r} \times 100\% \tag{4-26}$$

结构上，称$\frac{d}{a-d}$为间隙比，则当$\frac{d}{a-d}$增大时，N_2 增大，N_3 减小，K 增大，δ 降低。

利用变介电常数的电容式传感器可以测量介质厚度，也可以测量介质的位移，测量示意图如图 4-6 所示，整个电容器的电容值大小为

$$C_a = \frac{\varepsilon_0 bx}{a-d+d/\varepsilon_r} + \frac{\varepsilon_0 b(l-x)}{a} \tag{4-27}$$

式中：l 为电容器的长度；b 为电容器的宽度；x 为进入到电容器极板内的位移。

通过式(4-27)就可以通过测量电容器电容值的大小来测量介质的位移大小。

电容式液位计中所使用的电容式传感器元件就属于这一类，图 4-7(a)所示为电容式液位计结构示意图，它等效为两个不同介质的电容器并联，如图 4-7(b)所示。

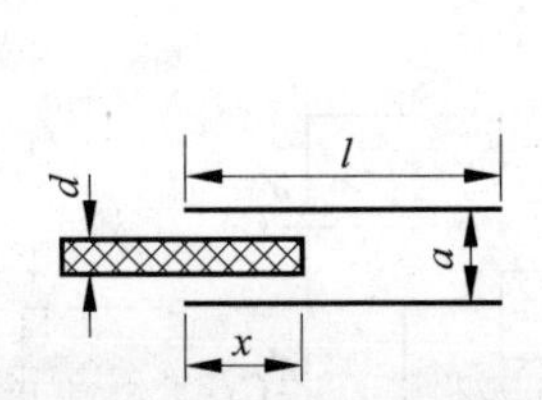

图 4-6　测量介质位移示意图

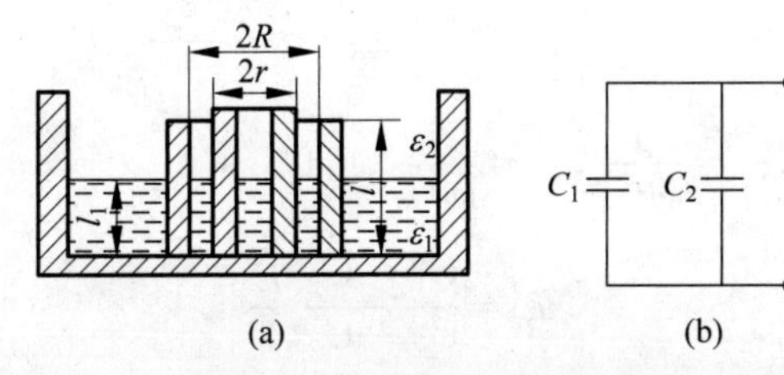

图 4-7　电容式液位计原理图

(a) 结构示意图；(b) 等效电路图

设气体介质部分之间电容量为

$$C_2 = \frac{2\pi(l-l_1)\varepsilon_2}{\ln\frac{R}{r}} \tag{4-28}$$

设液体介质之间电容量为

$$C_1 = \frac{2\pi l_1\varepsilon_1}{\ln\frac{R}{r}} \tag{4-29}$$

则总电容量为

$$\begin{aligned} C = C_1 + C_2 &= \frac{2\pi l_1\varepsilon_1}{\ln\frac{R}{r}} + \frac{2\pi(l-l_1)\varepsilon_2}{\ln\frac{R}{r}} = \frac{2\pi}{\ln\frac{R}{r}}(l_1\varepsilon_1 + l\varepsilon_2 - l_1\varepsilon_2) \\ &= \frac{2\pi}{\ln\frac{R}{r}}l\varepsilon_2 + \frac{2\pi}{\ln\frac{R}{r}}l_1(\varepsilon_1 - \varepsilon_2) = A + Bl_1 \end{aligned} \tag{4-30}$$

式中：$A=\frac{2\pi}{\ln\frac{R}{r}}l\varepsilon_2$；$B=\frac{2\pi}{\ln\frac{R}{r}}(\varepsilon_1-\varepsilon_2)$。可以看出电容器的容量 C 与液位为线性关系。

4.3 电容式传感器测量电路

电容式传感器将被测物理量变换为电容变化后，必须采用测量电路将其转换为电压、电流或频率信号。电容式传感器的测量电路种类很多，下面介绍几种常用测量电路。

4.3.1 变压器电桥

如图 4-8 所示，两个差动电容式传感器 C_1 和 C_2 与变压器的两个次级线圈组成四臂交流电桥，两个次级线圈的输出电压为$\frac{\dot{E}}{2}$，假设负载 $R_L \to \infty$，则电桥的输出电压为

$$\dot{u}_o = -\frac{z_1}{z_1+z_2}\dot{E} + \frac{1}{2}\dot{E} = \frac{z_2-z_1}{z_1+z_2}\frac{\dot{E}}{2} \tag{4-31}$$

式中，$z_1=\frac{1}{j\omega C_1}$，$z_2=\frac{1}{j\omega C_2}$，所以

$$\dot{u}_o = \frac{C_1-C_2}{C_1+C_2}\frac{\dot{E}}{2} \tag{4-32}$$

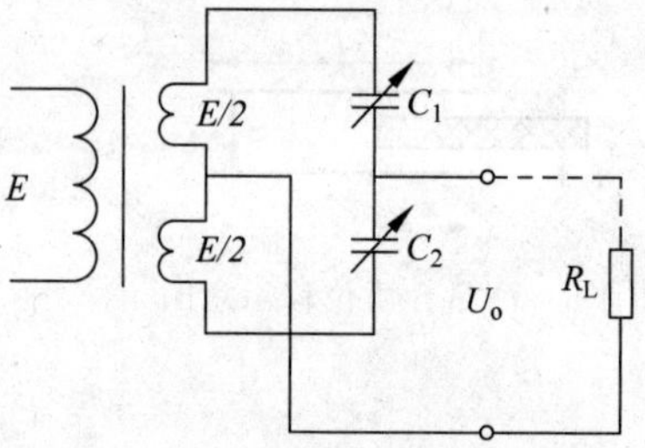

对于变间隙式电容传感器，$C_1=\frac{\varepsilon_0 A}{d_0-\Delta d}$，$C_2=\frac{\varepsilon_0 A}{d_0+\Delta d}$，电桥输出电压为

图 4-8 变压器电桥原理图

$$\dot{u}_o = \frac{1}{2}\frac{\Delta d}{d_0}\dot{E} \tag{4-33}$$

对于变面积式电容式传感器，$C_1=\frac{\varepsilon_0(a+\Delta x)b}{d}$，$C_2=\frac{\varepsilon_0(a-\Delta x)b}{d}$，电桥输出电压为

$$\dot{u}_o = \frac{1}{2}\frac{\Delta x}{a}\dot{E} \tag{4-34}$$

由式(4-33)和式(4-34)，不论变间隙式还是变面积式电容式传感器，其输出电压与输入位移均为线性关系。

4.3.2 差动脉冲调宽电路

差动脉冲调宽电路如图 4-9 所示，A_1、A_2 是两个电压比较器，C_1、C_2 为两个差动式传感器的电容，双稳态触发器的输出为 Q、$\bar{Q}$，高电平为 U，低电平为 0。U_r 为比较电平，$0<U_r<U$，差动脉冲调宽电路工作过程如下：

(1) 设起始时，$Q=1$，$\bar{Q}=0$，则 A 点电压 $u_A=U$，B 点电压 $u_B=0$，u_A 通过 R_1 对 C_1 充电。

(2) 当 F 点电压 u_F 由 $0 \to U$ 充电过程中，越过 U_r 时，比较器 A_1 翻转，触发器发生变

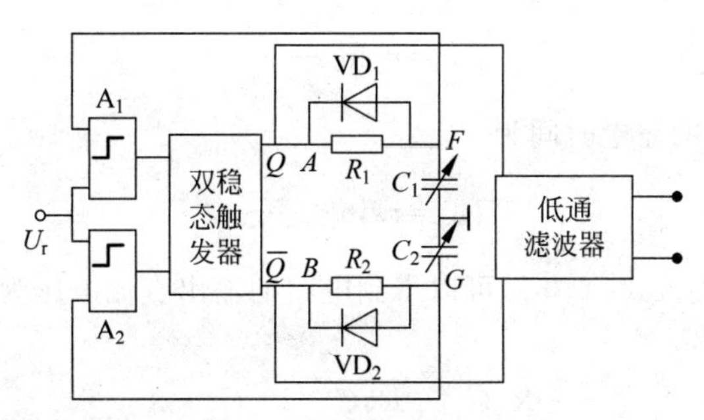

图 4-9 差动脉冲调宽电路

化，则 $Q=0$，$\bar{Q}=1$，此时 u_B 通过 R_2 对 C_2 充电，而 C_1 通过 VD_1 放电。

(3) 当 G 点电压 u_G 由 $0\rightarrow U$ 充电过程中，越过 U_r 时，比较器 A_2 翻转，触发器发生变化，于是 $Q=1$，$\bar{Q}=0$，重复(1)～(3)过程，周而复始，形成振荡。

图 4-10 描述了差动脉冲调宽电路的各点电压波形图，其中图(a)表示当 $C_1=C_2$ 时，两个电容充电时间相等，$T_1=T_2$，u_{AB} 为对称方波，A，B 两点间平均电压为零。当 $C_1\neq C_2$ 时，两个电容的充放电时间 $T_1\neq T_2$，A，B 两点间平均电压不再是零，输出直流电压 U_o，A，B 两点间电压经低通滤波后获得，应等于 A，B 两点间电压平均值 u_A 与 u_B 之差。图(b)表示当 $C_1>C_2$，$T_1>T_2$ 时电路各点电压波形图。

$$U_o=\overline{u_A}-\overline{u_B}=\frac{T_1}{T_1+T_2}U-\frac{T_2}{T_1+T_2}U=\frac{T_1-T_2}{T_1+T_2}U \tag{4-35}$$

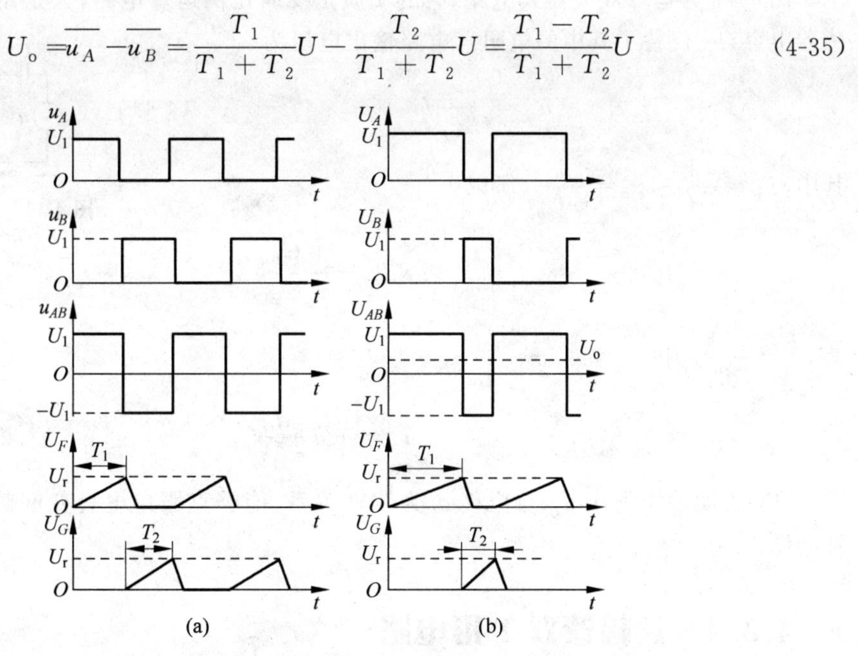

图 4-10 差动脉冲调宽电路各点电压波形图

由于 U 的值是已定的，因此输出直流电压 U_o 随 T_1T_2 而变，亦即随 C_1 和 C_2 的充电时间而变。由

$$u(T_1)=U_r=U-Ue^{-\frac{T_1}{\tau_1}} \tag{4-36}$$

可以得到电容 C_1 的充电时间为

$$T_1=\tau_1\ln\frac{U}{U-U_{\mathrm{r}}} \tag{4-37}$$

同理可以得到电容 C_2 的充电时间为

$$T_2=\tau_2\ln\frac{U}{U-U_{\mathrm{r}}} \tag{4-38}$$

将式(4-37)、式(4-38)代入式(4-35)，可以得到电路的输出直流电压为($R_1=R_2$，$\tau_1=R_1C_1$，$\tau_2=R_2C_2$)

$$U_{\mathrm{o}}=\frac{R_1C_1-R_2C_2}{R_1C_1+R_2C_2}U=\frac{C_1-C_2}{C_1+C_2}U \tag{4-39}$$

对于差动变间隙式和变面积式传感器，其电压输出分别为

$$U_{\mathrm{o1}}=\frac{\Delta d}{d_0}U,\quad U_{\mathrm{o2}}=\frac{\Delta x}{a}U \tag{4-40}$$

由此可知，不论对于变间隙式还是变面积式电容传感器均能获得线性输出，无需附加解调，只需经过低通滤波器简单引出就能直接获得线性输出。

4.3.3 运算放大器式电路

图 4-11 为运算放大器式电路，它的实质是反向比例运算电路，只是用固定电容 C 和传感器电容 C_x 代替了其中的电阻。电路输出电压为

$$\dot{u}_{\mathrm{o}}=-\frac{z_x}{z_0}\dot{u} \tag{4-41}$$

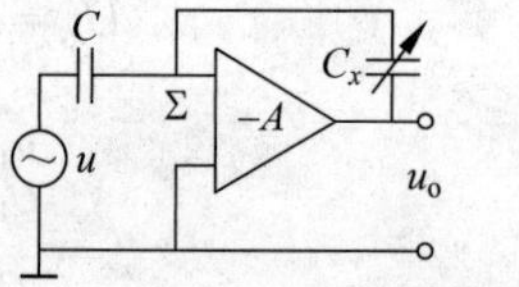

图 4-11 运算放大器式电路

其中，$z_x=\frac{1}{\mathrm{j}\omega C_x}$，$z_0=\frac{1}{\mathrm{j}\omega C_0}$，所以

$$\dot{u}_{\mathrm{o}}=-\frac{C_0}{C_x}\dot{u} \tag{4-42}$$

若 $C_x=\frac{\varepsilon_0 A}{d}$，则

$$\dot{u}_{\mathrm{o}}=-\dot{u}\,\frac{d}{\varepsilon_0 A}C_0 \tag{4-43}$$

式(4-43)说明输出电压 $\dot{u}_{\mathrm{o}}$ 与位移 d 为线性关系，能够克服单电容变间隙式传感器的非线性问题。

4.3.4 二极管双 T 形电路

电路原理如图 4-12(a)所示。供电电压是幅值为 $\pm U_E$、周期为 T、占空比为 50%的方波。若将二极管理想化，则当电源为正半周时，电路等效成典型的一阶电路，如图 4-12(b)所示。其中二极管 VD_1 导通、VD_2 截止，电容 C_1 被以极短的时间充电，其影响可不予考虑，电容 C_2 的电压初始值为 U_E。根据一阶电路时域分析的三要素法，可直接得到电容 C_2 的电流 i_{C_2}。

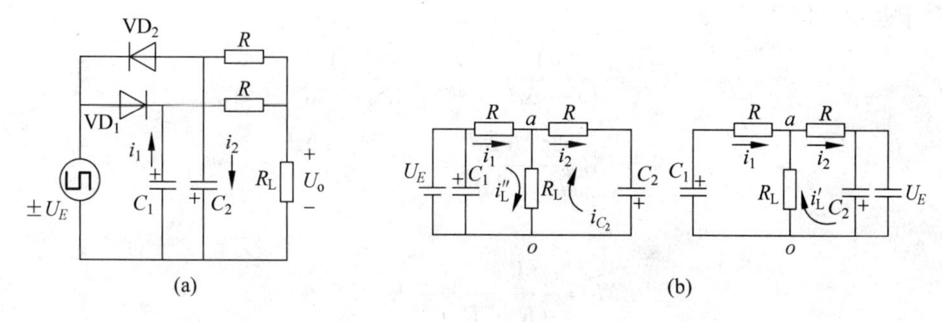

图 4-12　二极管双 T 形电路

当电路一开始接通，假设电源为正半周，则 C_1 首先充电，其电压为 E，当 $t=t_1$ 时，进入负半周，C_2 被立即充电，其电压为 $-E$，但此时 C_1 上的电荷还来不及放电，电压仍为 U_E，由图 4-12(b)可知，在 t_1 瞬间时 a 点与 o 点电位相等，$i'_{\mathrm{L}}=0$，以后 C_1 开始放电，a 点电位将低于 o 点电位，i'_{L} 逐渐增大。当 $t=t_2$ 时，又开始正半周，情况与负半周类似。在 t_2 瞬间时 a 点与 o 点电位相等，$i''_{\mathrm{L}}=0$。以后 C_2 开始放电，a 点电位将高于 o 点电位，i''_{L} 逐渐增大。其方向与 i'_{L} 相反。当 $C_1=C_2$ 时，由于电路对称，所以 i'_{L} 和 i''_{L} 波形相同，方向相反，通过 R_{L} 上的平均电流为零。当 $C_1\neq C_2$ 时，i'_{L} 和 i''_{L} 波形不相同，通过 R_{L} 上的平均电流不为零，因此产生输出电压 U_{o}。

为了求得输出电压的平均值，先要求出电流的平均值。为此，先对负半周列方程：

$$\begin{cases} u_{\mathrm{c1}}=U_E-\dfrac{1}{C_1}\displaystyle\int_0^t i_1\,\mathrm{d}t=i_1R-i'_{\mathrm{L}}R_{\mathrm{L}} \\ u_{\mathrm{c1}}=U_E=i'_{\mathrm{L}}R_{\mathrm{L}}+i_2R \\ i_1=i_2-i'_{\mathrm{L}} \end{cases} \tag{4-44}$$

由式(4-44)解得

$$i'_{\mathrm{L}}(t)=\frac{E}{R+R_{\mathrm{L}}}\left[1-\exp\left(-\frac{R+R_{\mathrm{L}}}{RC_1(R+2R_{\mathrm{L}})}t\right)\right] \tag{4-45}$$

同理，对于正半周电路列方程也可解得

$$i''_{\mathrm{L}}(t)=\frac{E}{R+R_{\mathrm{L}}}\left[1-\exp\left(-\frac{R+R_{\mathrm{L}}}{RC_2(R+2R_{\mathrm{L}})}t\right)\right] \tag{4-46}$$

输出电流在一周期内的平均值

$$I_{\mathrm{L}}=\frac{1}{T}\int_0^T[i''_{\mathrm{L}}(t)-i'_{\mathrm{L}}(t)]\mathrm{d}t \tag{4-47}$$

最终可得输出电压平均值

$$U_{\mathrm{o}}=I_{\mathrm{L}}R_{\mathrm{L}}\approx\frac{R(R+2R_{\mathrm{L}})}{(R+R_{\mathrm{L}})^2}R_{\mathrm{L}}U_Ef(C_1-C_2) \tag{4-48}$$

式中：$f=\dfrac{1}{T}$ 为电源频率。

由此可见，输出电压不仅与电源电压 U_E 的幅值大小有关，而且还与电源频率有关，因此除了要稳压外，还须稳频。

对于差动变间隙式传感器

$$C_1=\frac{\varepsilon_0 A}{d_0-\Delta d},\quad C_2=\frac{\varepsilon_0 A}{d_0+\Delta d}$$

$$U_o=M\frac{2\varepsilon_0 A\Delta d}{d_0^2-\Delta d^2}\approx M\frac{2\varepsilon_0 A\Delta d}{d_0^2} \tag{4-49}$$

式中，

$$M=\frac{R(R+2R_L)}{(R+R_L)^2}R_L Ef$$

这是由于输出电压与 C_1-C_2 有关，而不是与 $\frac{C_1-C_2}{C_1+C_2}$ 有关，因此对于这种差动式传感器来说，原理上也只能减少非线性，而不能完全消除非线性。该电路线路简单，可全部放在探头内，大大缩短了电容引线，减小了分布电容的影响；输出阻抗为 R，而与电容无关，克服了电容式传感器高内阻的缺点，适用于具有线性特性的单组式和差动式电容式传感器。

4.3.5　调频电路

调频电路原理如图 4-13 所示，电容式传感器作为 LC 振荡器谐振回路的一部分，当被测量使电容 C 变化时，就使谐振频率 f 发生变化，再将频率的变化通过鉴频器变换为幅值的变化，经过放大后，用仪表指示或记录仪记录。

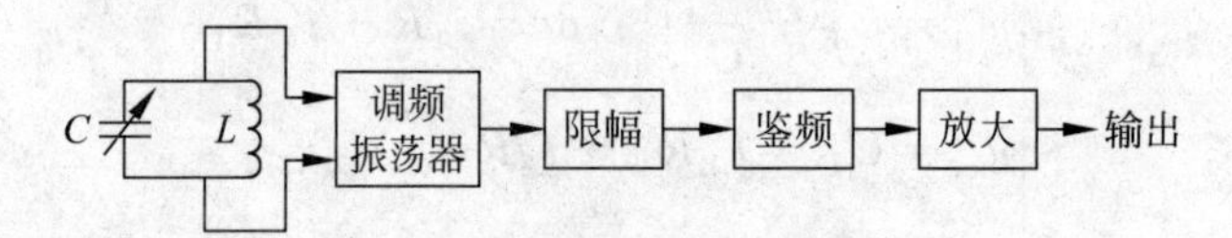

图 4-13　调频电路原理框图

设初始电容为 C_0，则调频振荡器的振荡频率为

$$f_0=\frac{1}{2\pi\sqrt{LC_0}} \tag{4-50}$$

当电容发生变化时，即 $C_0\to C_0+\Delta C$，有

$$f^2=\frac{1}{4\pi^2}\frac{1}{(C_0+\Delta C)L}=\frac{1}{4\pi^2 LC_0}\frac{1}{1+\frac{\Delta C}{C_0}}=f_0^2\left[1-\frac{\Delta C}{C_0}+\left(\frac{\Delta C}{C_0}\right)^2-\cdots\right] \tag{4-51}$$

对于变间隙式电容式传感器，有

$$\frac{\Delta C}{C_0}=-\frac{\Delta d}{d_0} \tag{4-52}$$

代入式(4-51)，得

$$f^2\approx f_0^2\left(1+\frac{\Delta d}{d_0}\right) \tag{4-53}$$

所以，由泰勒级数展开得

$$f=f_0\left(1+\frac{\Delta d}{d_0}\right)^{1/2}=f_0+\Delta f=f_0\left[1+\frac{1}{2}\frac{\Delta d}{d_0}-\frac{1}{4}\left(\frac{\Delta d}{d_0}\right)^2\cdots\right]$$

$$\approx f_0\left(1+\frac{1}{2}\frac{\Delta d}{d_0}\right) \tag{4-54}$$

当$\frac{\Delta d}{d_0}\ll 1$时，有

$$\Delta f \approx \frac{1}{2}\frac{\Delta d}{d_0}f_0 \tag{4-55}$$

调频电路灵敏度高，易于和数字式仪表及计算机相连。但振荡频率受温度和电缆电容影响，输出具有非线性。

4.4 电容式传感器设计问题

1. 等效电路

前面对各种类型的电容式传感器的灵敏度和非线性的讨论，都是在将电容式传感器视为纯电容条件下进行的。这在大多数实用情况下是允许的。因为对于大多数电容器，除了在高温、高湿度条件下工作，它的损耗通常可以忽略，但是，在严格的条件下，电容器的损耗和电感效应不可忽略时，电容式传感器的等效电路如图4-14所示。图中，R_p为并联损耗电阻，它代表极板间的泄漏电阻和极板间的介质损耗，反映电容器在低频时的损耗。

串联电阻R_s代表引线电阻、电容器支架和极板的电阻，这个值在低频时是极小的。随着频率增高而产生的趋肤效应，它的值也增大。但是，即使在几兆赫频率下工作时，R_s仍然是很小的。因此，只有在很高的工作频率时，才要加以考虑。

电感L是电容器本身的电感和引线电感，它与电容器的结构、引线的长度有关。如果用电缆与电容式传感器相连接，则L应包括电缆的电感。

C_p是分布电容，简化等效电路图如图4-15所示，设等效电容为C_e，得

$$\frac{1}{j\omega C_e}=j\omega L+\frac{1}{j\omega(C+C_p)}=\frac{1-\omega^2L(C+C_p)}{j\omega(C+C_p)} \tag{4-56}$$

则

$$C_e=\frac{C+C_p}{1-\omega^2L(C+C_p)} \tag{4-57}$$

由此可见，等效电容的大小与传感器固有电感和引线电感有关，因此，在实际应用时必须与标定时的条件相同，否则会带入测量误差。

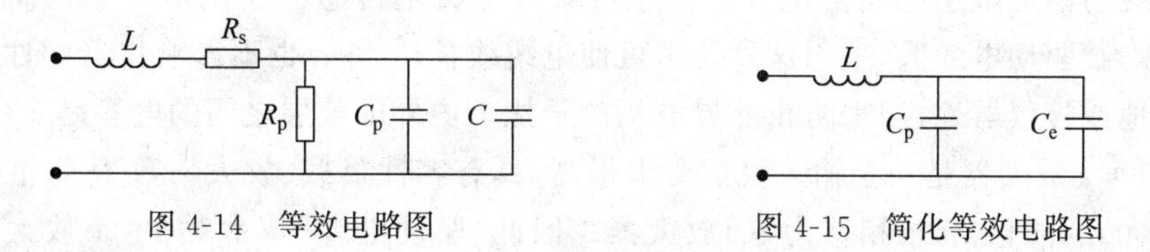

图4-14　等效电路图　　图4-15　简化等效电路图

2. 边缘效应

适当减小极间距，使电极直径或边长与间距比增大，可减小边缘效应的影响，但易产生

击穿并有可能限制测量范围。电极应做得极薄使之与极间距相比很小,这样也可减小边缘电场的影响。此外,可在结构上增设等位环来消除边缘效应,其原理图如图 4-16 所示。等位环 3 与电极 2 在同一平面上并将电极 2 包围,且与电极 2 电绝缘但等电位,这就能使电极 2 的边缘电力线平直,电极 1 和 2 之间的电场基本均匀,而发散的边缘电场发生在等位环 3 外周不影响传感器两极板间电场。

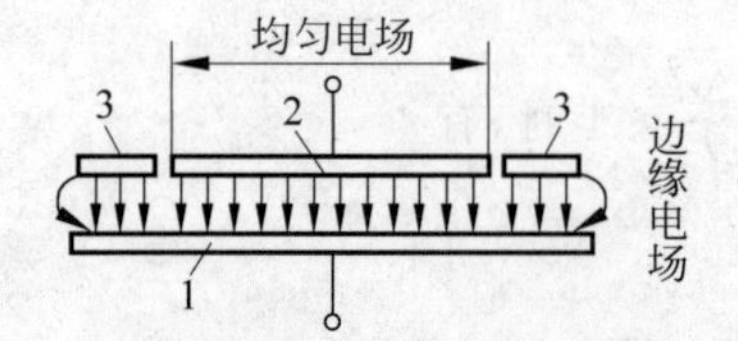

图 4-16 带有等位环的平板电容式传感器结构原理图

1、2—电极;3—等位环

3. 减少寄生参数的影响

寄生电容与传感器电容相并联,影响传感器灵敏度,而它的变化则为虚假信号,影响仪器的精度,必须加以消除和减小。可采用方法如下。

1) 增加传感器原始电容值

采用减小极片或极筒间的间距(平板式间距为 0.2~0.5mm,圆筒式间距为 0.15mm),增加工作面积或工作长度来增加原始电容值,但受加工及装配工艺、精度、示值范围、击穿电压、结构等限制。一般电容值变化在 10^{-3}~10^{3}pF,相对值变化在 10^{-6}~1。

2) 注意传感器的接地和屏蔽

图 4-17 为采用接地屏蔽的圆筒形电容式传感器。图中可动极筒与连杆固定在一起随被测量移动。可动极筒与传感器的屏蔽壳(良导体)同为地,因此当可动极筒移动时,固定极筒与屏蔽壳之间的电容值将保持不变,从而消除了由此产生的虚假信号。引线电缆也必须屏蔽在传感器屏蔽壳内。为减小电缆电容的影响,应尽可能使用短而粗的电缆线,缩短传感器至电路前置级的距离。

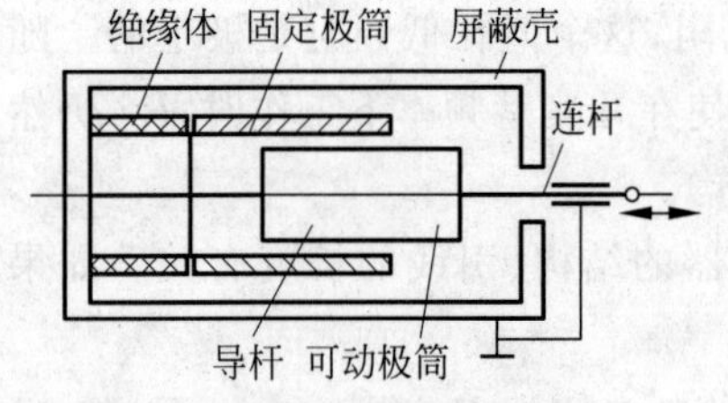

图 4-17 接地屏蔽圆筒形电容式传感器示意图

3) 集成化

将传感器与测量电路本身或其前置级装在一个壳体内,省去传感器的电缆引线。这样,寄生电容大为减小而且易固定不变,使仪器工作稳定。但这种传感器因电子元件的特点而不能在高、低温或环境差的场合使用。

4) 采用“驱动电缆”(双层屏蔽等位传输)技术

当电容式传感器的电容值很小,而因某些原因(如环境温度较高),测量电路只能与传感器分开时,可采用“驱动电缆”技术,如图 4-18 所示。传感器与测量电路前置级间的引线为双屏蔽层电缆,其内屏蔽层与信号传输线(即电缆芯线)通过 1∶1 放大器成为等电位,从而消除了芯线与内屏蔽层之间的电容。由于屏蔽线上有随传感器输出信号变化而变化的电压,因此称为“驱动电缆”。采用这种技术可使电缆线长达 10m 也不影响仪器的性能。外屏蔽层接大地或接仪器地,用来防止外界电场的干扰。内外屏蔽层之间的电容是 1∶1 放大器的负载。1∶1 放大器是一个输入阻抗要求很高、具有容性负载、放大倍数为 1(准确度要求达 1/10 000)的同相(要求相移为零)放大器。因此“驱动电缆”技术对 1∶1 放大器要求很高,电路复杂,但能保证电容式传感器的电容值小于 1pF 时也能正常工作。当电容式传感器的初始电容值很大(几百微法)时,只要选择适当的接地点仍可采用一般的同轴屏蔽电缆,电缆可以长达 10m,仪器仍能正常工作。

5）采用运算放大器法

图 4-19 是利用运算放大器的虚地来减小引线电缆寄生电容 C_P 的原理图。图中电容式传感器的一个电极经电缆芯线接运算放大器的虚地 Σ 点，电缆的屏蔽层接仪器地，这时与传感器电容相并联的为等效电缆电容 $C_P/(1+A)$，因而大大地减小了电缆电容的影响。外界干扰因屏蔽层接仪器地，对芯线不起作用。

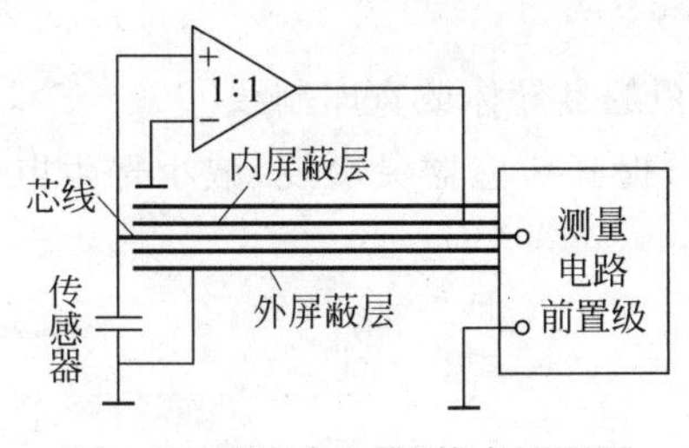

图 4-18　“驱动电缆”技术原理图

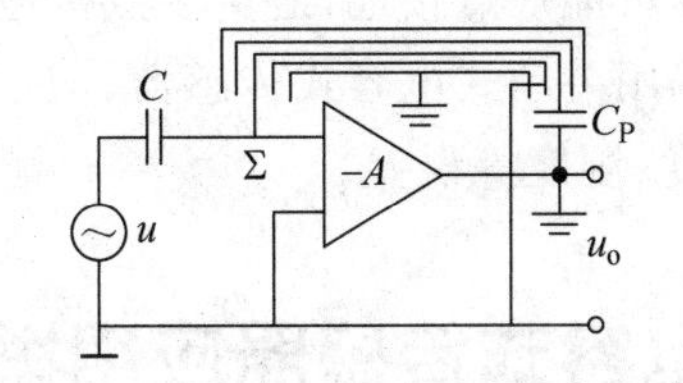

图 4-19　利用运算放大器式电路虚地点减小电缆电容原理图

传感器的另一电极接大地，用来防止外电场的干扰。若采用双屏蔽层电缆，其外屏蔽层接大地，干扰影响就更小。实际上，这是一种不完全的“驱动电缆”技术，结构较简单。开环放大倍数 A 越大，精度越高。选择足够大的 A 值可保证所需的测量精度。

6）整体屏蔽法

将电容式传感器和所采用的转换电路、传输电缆等用同一个屏蔽壳屏蔽起来，正确选取接地点可减小寄生电容的影响和防止外界的干扰。图 4-20 是差动电容式传感器交流电桥所采用的整体屏蔽系统，屏蔽层接地点选择在两固定辅助阻抗臂 Z_3 和 Z_4 中间，使电缆芯线与其屏蔽层之间的寄生电容 C_{P1} 和 C_{P2} 分别与 Z_3 和 Z_4 相并联。如果 Z_3 和 Z_4 比 C_{P1} 和 C_{P2} 的容抗小得多，则寄生电容 C_{P1} 和 C_{P2} 对电桥平衡状态的影响就很小。

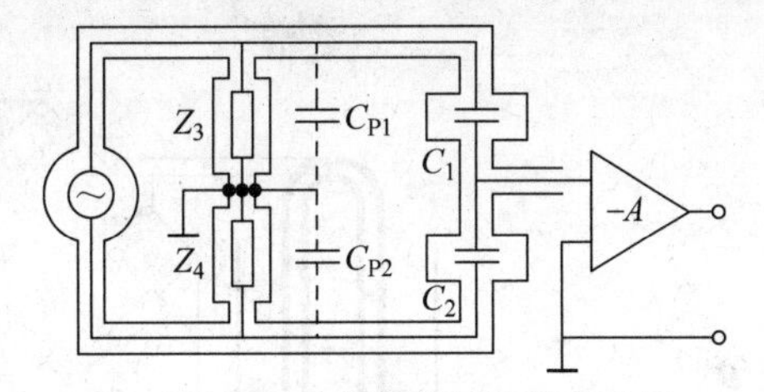

图 4-20　交流电容电桥的屏蔽系统

最易满足上述要求的是变压器电桥，这时 Z_3 和 Z_4 是具有中心抽头并相互紧密耦合的两个电感线圈，流过 Z_3 和 Z_4 的电流大小基本相等但方向相反。因 Z_3 和 Z_4 在结构上完全对称，所以线圈中的合成磁通近于零，Z_3 和 Z_4 仅为其绕组的铜电阻及漏感抗，它们都很小。结果寄生电容 C_{P1} 和 C_{P2} 对 Z_3 和 Z_4 的分路作用即可被削弱到很低的程度而不致影响交流电桥的平衡。

还可以再加一层屏蔽，所加外屏蔽层接地点则选在差动式电容传感器两电容 C_1 和 C_2 之间。这样进一步降低了外界电磁场的干扰，而内外屏蔽层之间的寄生电容等效作用在测量电路前置级，不影响电桥的平衡，因此在电缆线长达 10m 以上时仍能测出 1pF 的电容。

电容式传感器的原始电容值较大（几百皮法）时，只要选择适当的接地点仍可采用一般的同轴屏蔽电缆。电缆长达 10m 时，传感器也能正常工作。

4. 防止和减小外界干扰

当外界干扰（如电磁场）在传感器上和导线之间感应出电压并与信号一起输送至测量电

路时就会产生误差。干扰信号足够大时，仪器无法正常工作。此外，接地点不同所产生的接地电压差也是一种干扰信号，也会给仪器带来误差和故障。防止和减小干扰的措施归纳为：

（1）屏蔽和接地。传感器壳体、导线、传感器与测量电路前置级等。

（2）增加原始电容量，降低容抗。

（3）导线和导线之间要离得远，线要尽可能短，最好成直角排列，若必须平行排列时，可采用同轴屏蔽电缆线。

（4）尽可能一点接地，避免多点接地。地线要用粗的良导体或宽印制线。

（5）采用差动式电容式传感器，减小非线性误差，提高传感器灵敏度，减小寄生电容的影响和温度、湿度等误差。

4.5　电容式传感器应用举例

4.5.1　自平衡电桥电路油箱液位测量

图 4-21 所示为一种电容式油箱工作原理图，由电桥、放大器、两相电动机、减速器和指针表盘等部件组成。电容式传感器 C_x 接入电桥一个臂，C_0 为固定标准电容器，R_3，R_4 为固定电阻，R 为调整电桥平衡的电位器，其电刷与指针同轴相连，该轴经减速器由两相电动机来带动。

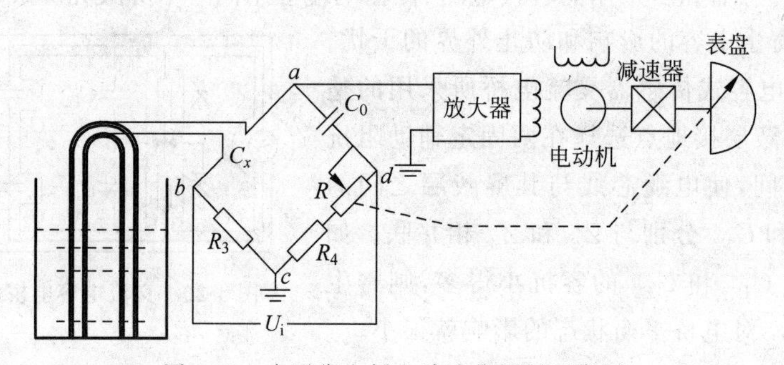

图 4-21　自平衡电桥电路液位测量示意图

当油箱无油（$h=0$），设电容 $C_x=C_{x0}$，电刷位于 0 点，$R=0$，指针指 0，电桥无输出，$u_{ac}=0$，电动机不转，系统处于平衡，即平衡条件为

$$\frac{C_{x0}}{C_0}=\frac{R_4}{R_3} \tag{4-58}$$

当油量变化，$h\neq 0$，设 $C_x=C_{x0}+\Delta C$，而 $\Delta C=k_1 h$，此时电桥不再平衡，输出电压 $u_{ac}\neq 0$，输出电压信息经放大器放大，带动电动机转动，经减速器，带动指针和 R 同时转动，当达到某位置时，电桥再次平衡，则

$$\frac{C_{x0}+\Delta C}{C_0}=\frac{R_4+R}{R_3} \tag{4-59}$$

所以

$$R=\frac{R_3}{C_0}C_{x0}-R_4+\frac{R_3}{C_0}\Delta C=\frac{R_3}{C_0}k_1 h \tag{4-60}$$

R 为线性电位器，则

$$\theta = k_2 R \tag{4-61}$$

所以

$$\theta = \frac{R_3}{C_0} k_1 k_2 h = Kh \tag{4-62}$$

式中，

$$K = \frac{R_3}{C_0} k_1 k_2 \tag{4-63}$$

由此可见，指针示数与油箱中的液位呈线性关系。

4.5.2 电容式压力传感器

电容式压力传感器结构示意图如图 4-22 所示，它包含金属弹性膜片、两个镀有金属的玻璃球，膜片左右两侧充满硅油。当两室分别承受低压 P_L 和高压 P_H 时，硅油能将压差传递到测量膜片，压差大小为

$$\Delta P = P_H - P_L \tag{4-64}$$

当 $P_H = P_L$ 时，膜片处于中间位置，$C_1 = C_2$；当有差压作用时，测量膜片产生形变：$P_H > P_L$ 时，膜片向右弯曲，$C_1 < C_2$；$P_H < P_L$ 时，膜片向左弯曲，$C_1 > C_2$。前级电路将这种电容变化通过电路转换，变为电压或电流的变化即可实现压力测量。

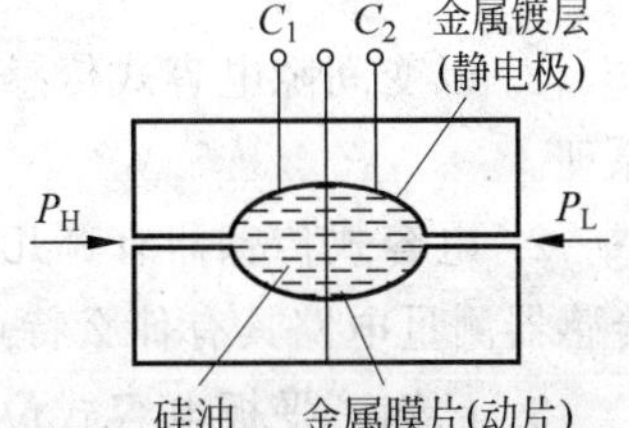

图 4-22　电容式压力传感器

4.5.3 电容板材在线测厚仪

电容测厚仪用于测量金属带材在轧制过程中的厚度变化。其工作原理如图 4-23 所示。

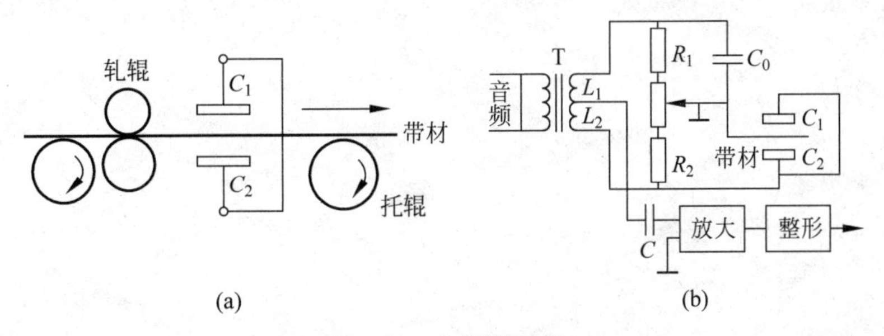

图 4-23　电容测厚仪

在带材上下两侧各安装一块极板，把这两块极板用导线连接起来作为传感器的一个极板，带材是电容的动极板，总电容 $C = C_1 + C_2$ 作为桥臂，带材上下波动时总的电容量 C 不变，而带材的厚度变化使电容 C 变化，采用变压器式输出电桥电路，或用集成运放电路输出与带材厚度关系。

电容测厚仪的结构比较简单，信号输出的线性度好，分辨力也比较高，因此在自动化厚度检测中应用广泛。

4.6 实验——电容式传感器的位移实验

4.6 实验

思考题与习题

1. 以变间隙电容式传感器为例说明差动式传感器可以提高灵敏度以及减小非线性的原理。

2. 电容式传感器有哪几类测量电路？各有什么特点？差动脉冲调宽电路用于电容式传感器测量电路具有什么特点？

3. 已知一平板电容式位移传感器，极板间介质为空气，极板尺寸 $a=b=4\text{mm}$，极板间隙 $\delta_0=0.5\text{mm}$。求传感器静态灵敏度。极板沿 a 方向移动 2mm 时，电容量是多少？

4. 差动式变极距型电容式传感器，若初始容量 $C_1=C_2=80\text{pF}$，初始距离 $\delta_0=4\text{mm}$，当动极板相对于定极板位移了 $\Delta\delta=0.75\text{mm}$ 时，试计算其非线性误差。若改为单极平板电容，初始值不变，其非线性误差有多大？

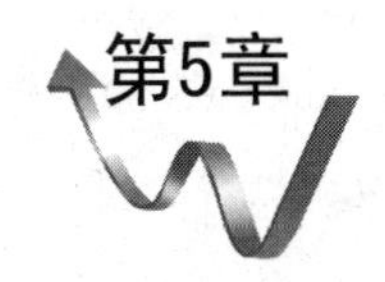

电感式传感器

电感式传感器是基于电磁感应定律利用电感元件把被测物理量的变化转换成电感的自感系数 L 和互感系数 M 的变化，再由测量电路转换为电压(或电流)信号，实现位移、压力、流量等非电量电测。既可以用于静态测量，又可以用于动态测量。

电感式传感器是一种结构型传感器，其结构简单，工作可靠，输出重复性好，线性度优良，具有较高的灵敏度和分辨力，可在工业频率下稳定工作。

按其结构原理的不同，可将其分为自感型和互感型两类传感器。

5.1 自感型传感器

5.1.1 变磁阻式电感式传感器

1. 结构与工作原理

变磁阻式电感式传感器由线圈、铁芯和衔铁组成，其结构原理如图 5-1 所示，铁芯一般固定不动，其上绕有 N 匝线圈，衔铁可移动，铁芯和衔铁之间有气隙，气隙厚度为 δ_0，传感器运动部分与衔铁相连，衔铁移动时气隙厚度发生变化引起磁路的磁阻 R_m 变化，使电感线圈的电感值 L 变化。

线圈的电感量为

$$L=\frac{\Psi}{I}=\frac{N\Phi}{I} \tag{5-1}$$

式中：Ψ 为链过线圈的总磁链；Φ 为穿过线圈的总磁通；I 为线圈电流。由于

$$\Phi=\frac{IN}{R_m} \tag{5-2}$$

由式(5-1)和式(5-2)可得

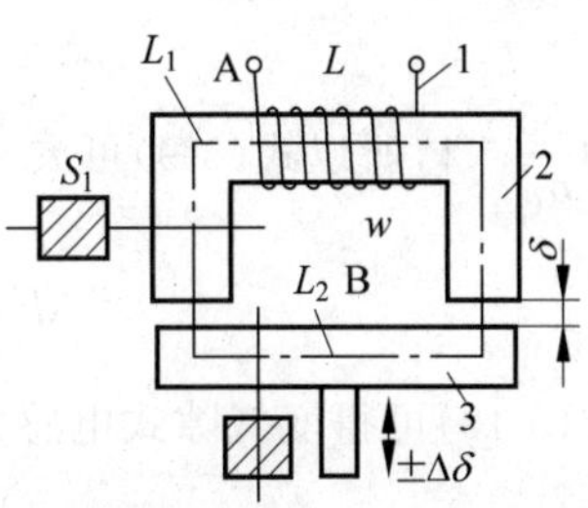

图 5-1 变磁阻式传感器原理图

1—线圈；2—铁芯；3—衔铁

$$L = \frac{N}{I}\frac{IN}{R_m} = \frac{N^2}{R_m} \tag{5-3}$$

由磁路的物理特性，可知其磁阻为

$$R_m = \frac{l_A}{\mu_A S_A} + \frac{l_B}{\mu_B S_B} + \frac{2\delta}{\mu_0 S} \tag{5-4}$$

式中：l_A, l_B, δ 分别为铁芯 A 和衔铁 B 气隙磁路长度；μ_A, μ_B, μ_0 分别为铁芯 A 和衔铁 B 气隙磁路磁导率；S_A, S_B, S 分别为铁芯 A 和衔铁 B 气隙磁路的截面积。

一般来说，$\mu_A, \mu_B \gg \mu_0$，所以

$$R_m \approx \frac{2\delta}{\mu_0 S} \tag{5-5}$$

则可得线圈的电感值为

$$L = \frac{N^2 \mu_0 S}{2\delta} \tag{5-6}$$

可见当线圈匝数 N 确定后，只要气隙厚度 δ 或气隙磁路面积 S 发生变化，就可以改变电感线圈的电感值。因此，变磁阻式传感器又可以分为变气隙厚度型（上下运动）和变气隙截面积型（前后左右运动），如图 5-2 所示。

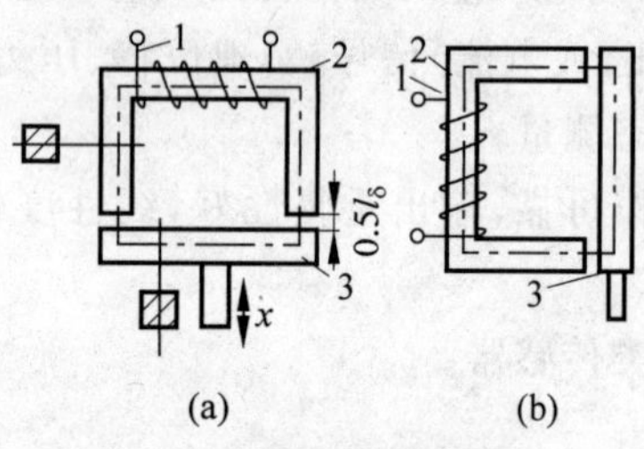

图 5-2 变磁阻式传感器形式

（a）气隙式；（b）变截面式

1—线圈；2—铁芯；3—衔铁

2. 静态特性

以变气隙式传感器为例，分析其静态特性。设初始气隙厚度为 δ_0，初始电感量为

$$L_0 = \frac{N^2 \mu_0 S}{2\delta_0} \tag{5-7}$$

当厚度变为 $\delta_0 - \Delta\delta$ 时，其电感变为

$$L_0 + \Delta L = \frac{N^2 \mu_0 S}{2(\delta_0 - \Delta\delta)} = \frac{N^2 \mu_0 S}{2\delta_0} \frac{1}{1 - \frac{\Delta\delta}{\delta_0}} = L_0 \frac{1}{1 - \frac{\Delta\delta}{\delta_0}} \tag{5-8}$$

其电感变化量为

$$\Delta L = L_0 \frac{\frac{\Delta\delta}{\delta_0}}{1 - \frac{\Delta\delta}{\delta_0}} \tag{5-9}$$

因为 $\frac{\Delta\delta}{\delta_0} \ll 1$，所以式(5-9)可展开为

$$\Delta L = L_0 \frac{\Delta\delta}{\delta_0}\left[1 + \frac{\Delta\delta}{\delta_0} + \left(\frac{\Delta\delta}{\delta_0}\right)^2 + \cdots\right] \tag{5-10}$$

由式(5-10)可得变气隙式电感式传感器的灵敏度为

$$K = \frac{\Delta L}{\Delta\delta} = \frac{L_0}{\delta_0}\left[1 + \frac{\Delta\delta}{\delta_0} + \left(\frac{\Delta\delta}{\delta_0}\right)^2 + L\right] \approx \frac{L_0}{\delta_0} \tag{5-11}$$

非线性误差为

$$\delta_L=\left|\frac{\Delta L-\Delta L'}{\Delta L'}\right|\times 100\%=\left|\frac{L_0\dfrac{\frac{\Delta\delta}{\delta_0}}{1-\frac{\Delta\delta}{\delta_0}}-L_0\dfrac{\Delta\delta}{\delta_0}}{L_0\dfrac{\Delta\delta}{\delta_0}}\right|\times 100\%$$

$$=\left|\frac{1}{1-\dfrac{\Delta\delta}{\delta_0}}-1\right|=\left|\frac{\Delta\delta}{\delta_0}+\left(\frac{\Delta\delta}{\delta_0}\right)^2+L\right|\approx\frac{\Delta\delta}{\delta_0}\times 100\% \tag{5-12}$$

其中，实际电感变化量为

$$\Delta L=L_0\frac{\dfrac{\Delta\delta}{\delta_0}}{1-\dfrac{\Delta\delta}{\delta_0}} \tag{5-13}$$

线性化处理后的电感变化量为

$$\Delta L'=L_0\frac{\Delta\delta}{\delta_0} \tag{5-14}$$

由此可见，电感变化与气隙厚度变化为非线性关系，其非线性误差随$\frac{\Delta\delta}{\delta_0}$变化，而灵敏度的大小取决于$\frac{L_0}{\delta_0}$的变化。所以要减小非线性，则需要减小测量范围，而要提高灵敏度，则δ_0应尽量小，测量的范围也会变小，所以变间隙式电感式传感器用于小位移比较精确，一般取$\Delta\delta/\delta_0=0.1\sim0.2(1\sim2\text{mm}/10\text{mm})$。为减小非线性误差，实际测量中多采用差动形式。

5.1.2 差动式电感式传感器

1. 结构和工作原理

差动式电感传感器由两个相同的线圈L_1、L_2和磁路组成，其结构原理图如图5-3所示。当被测量通过导杆使衔铁(左右)位移时，两个回路中磁阻发生大小相等、方向相反的变化，形成差动形式。

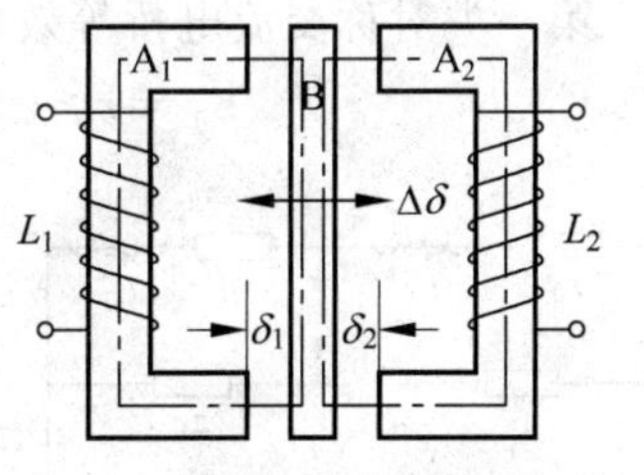

图5-3　差动式电感传感器结构

2. 静态特性

当衔铁移动时，两个电感一个增加另一个减小变化时，其电感值L_1、L_2分别为

$$L_1=\frac{N^2\mu_0 S}{2(\delta_0+\Delta\delta)}=\frac{N^2\mu_0 S}{2\delta_0}\left(\frac{1}{1-\dfrac{\Delta\delta}{\delta_0}}\right)=L_0\left[1+\frac{\Delta\delta}{\delta_0}+\left(\frac{\Delta\delta}{\delta_0}\right)^2+\cdots\right] \tag{5-15}$$

$$L_2=\frac{N^2\mu_0 S}{2(\delta_0-\Delta\delta)}=L_0\left[1-\frac{\Delta\delta}{\delta_0}+\left(\frac{\Delta\delta}{\delta_0}\right)^2-\cdots\right] \tag{5-16}$$

总的电感变化量为

$$\Delta L = L_1 - L_2 = 2L_0\left[\frac{\Delta\delta}{\delta_0} + \left(\frac{\Delta\delta}{\delta_0}\right)^3 + L\right] \tag{5-17}$$

当$\frac{\Delta\delta}{\delta_0} \ll 1$时，对式(5-17)进行线性处理，忽略高次项，得

$$\Delta L = 2L_0\frac{\Delta\delta}{\delta_0} \tag{5-18}$$

由式(5-18)可知，差动式电感式传感器的灵敏度为

$$k = \frac{\Delta L}{\Delta\delta} = 2\frac{L_0}{\delta_0} \tag{5-19}$$

比较单线圈，差动式的灵敏度提高了一倍。

差动式电感式传感器的非线性误差为

$$\delta_L = \left|\frac{2L_0\left[\frac{\Delta\delta}{\delta_0} + \left(\frac{\Delta\delta}{\delta_0}\right)^3 + L\right] - 2L_0\frac{\Delta\delta}{\delta_0}}{2L_0\frac{\Delta\delta}{\delta_0}}\right|$$

$$= \left(\frac{\Delta\delta}{\delta_0}\right)^2 + \left(\frac{\Delta\delta}{\delta_0}\right)^4 + L \approx \left(\frac{\Delta\delta}{\delta_0}\right)^2 \times 100\% \tag{5-20}$$

与单线圈相比，多乘了$\frac{\Delta\delta}{\delta_0}$因子，非线性误差大大减小，线性度得到改善。另外，差动式的两个电感结构可抵消部分温度、噪声干扰。

5.2 电感式传感器测量电路

5.2.1 交流电桥

1. 第一类对称接法

第一类对称交流电桥等效电路如图5-4所示，其中，

$$z_1 = r_0 + j\omega L_1,\quad z_2 = r_0 + j\omega L_2,\quad z_3 = z_4 = R$$

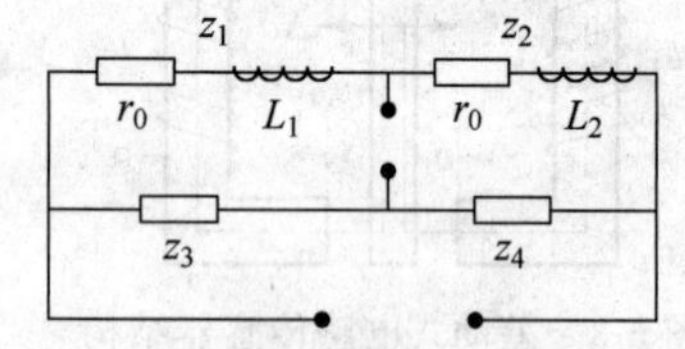

图5-4 交流电桥等效电路1

电桥的输出电压为

$$\dot{u}_o = \frac{z_2}{z_1 + z_2}\dot{E} - \frac{z_4}{z_3 + z_4}\dot{E}$$

$$= \frac{\dot{E}}{2}\frac{j\omega(L_2 - L_1)}{2r_0 + j\omega(L_1 + L_2)} \tag{5-21}$$

当$\omega L \gg r_0$时，有

$$\dot{u}_o = \frac{\dot{E}}{2}\frac{L_1 - L_2}{L_1 + L_2} \tag{5-22}$$

将$L_1 = \frac{N^2\mu_0 S}{2(\delta_0 + \Delta\delta)}$，$L_2 = \frac{N^2\mu_0 S}{2(\delta_0 - \Delta\delta)}$代入式(5-22)，得

$$\dot{u}_o = \frac{\dot{E}}{2}\frac{\Delta\delta}{\delta_0} \tag{5-23}$$

所以第一类对称交流电桥的电压灵敏度为

$$k = \frac{u_0}{\Delta\delta} = \frac{1}{2}\frac{\dot{E}}{\delta_0} \tag{5-24}$$

2. 第二类对称接法

第二类对称交流电桥等效电路如图5-5所示，其中，

$$z_1 = r_0 + \mathrm{j}\omega L_1,\quad z_3 = r_0 + \mathrm{j}\omega L_3,\quad z_2 = z_4 = R$$

设电感 L_1 和 L_3 的初始值为

$$L_{10} = L_{30} = L_0 = \frac{N^2\mu_0 S}{\delta} \tag{5-25}$$

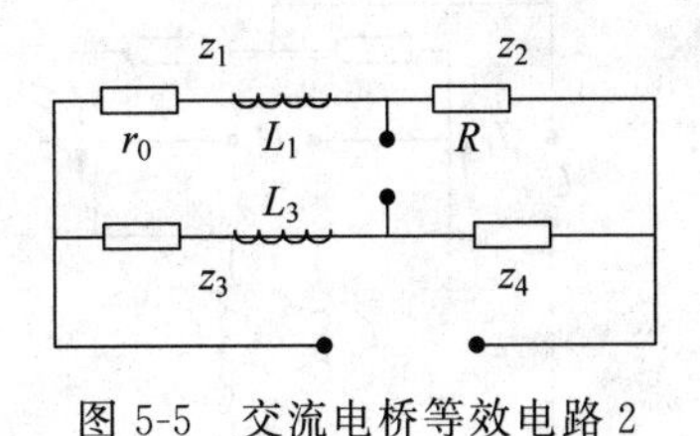

图5-5　交流电桥等效电路2

则电桥的输出电压为

$$\begin{aligned}\dot{u}_o &= \left(\frac{R}{R + r_0 + \mathrm{j}\omega L_1} - \frac{R}{R + r_0 + \mathrm{j}\omega L_3}\right)\dot{E}\\ &= \frac{R\mathrm{j}\omega(L_3 - L_1)}{(R + r_0)^2 - \omega^2 L_1 L_3 + \mathrm{j}\omega(R + r_0)(L_1 + L_3)}\dot{E}\end{aligned} \tag{5-26}$$

当差动工作时，即 $L_1 = L_0 - \Delta L_1, L_3 = L_0 - \Delta L_3$，式(5-26)中

$$\omega^2 L_1 L_3 = \omega^2(L_0 - \Delta L_1)(L_0 + \Delta L_3) \approx \omega^2 L_0^2 + \omega^2 L_0(\Delta L_3 - \Delta L_1) \tag{5-27}$$

则

$$\dot{u}_o = \frac{R\mathrm{j}\omega(L_3 - L_1)}{(R + r_0)^2 - \omega^2 L_0^2 - \omega^2 L_0(\Delta L_3 - \Delta L_1) + \mathrm{j}\omega(R + r_0)(L_1 + L_3)}\dot{E} \tag{5-28}$$

因为 $r_0 \ll R$，且有 $R \approx \omega L_0$，得

$$\begin{aligned}\dot{u}_o &= \frac{R\mathrm{j}\omega(L_3 - L_1)}{-\omega^2 L_0(\Delta L_3 - \Delta L_1) + \mathrm{j}\omega(R + r_0)(L_1 + L_3)}\dot{E}\\ &= \dot{E}\frac{L_3 - L_1}{L_1 + L_3}\left(\frac{1}{1 + \mathrm{j}\dfrac{\Delta L_3 - \Delta L_1}{L_1 + L_3}}\right)\\ &\approx \dot{E}\frac{L_3 - L_1}{L_1 + L_3}\left(1 - \mathrm{j}\frac{\Delta L_3 - \Delta L_1}{L_1 + L_3}\right)\end{aligned} \tag{5-29}$$

又因为 $\dfrac{\Delta L_3 - \Delta L_1}{L_1 + L_3} \approx \pm\dfrac{\Delta\delta}{\delta_0}$，所以交流电桥的输出电压近似为

$$\dot{u}_o = \frac{\Delta\delta}{\delta_0}\left(1 - \mathrm{j}\frac{\Delta\delta}{\delta_0}\right) \tag{5-30}$$

其输出的幅值和相位角为

$$|\dot{u}_o| = \frac{\Delta\delta}{\delta_0}\sqrt{1 + \left(\frac{\Delta\delta}{\delta_0}\right)^2} \approx \dot{E}\frac{\Delta\delta}{\delta_0},\quad \varphi = \arctan\frac{\Delta\delta}{\delta_0} \tag{5-31}$$

其电压灵敏度为

$$k = \frac{u_o}{\Delta\delta} = \frac{E}{\delta_0} \tag{5-32}$$

由式(5-32)可见,第二类对称接法交流电桥的灵敏度要高于第一类接法,但有相移。

5.2.2 紧耦合电感臂电桥

紧耦合电感臂电桥等效电路如图 5-6 所示,其中 z_1,z_2 为差动传感器,L_c 为两个紧耦合线圈。设负载阻抗 $z_L \to \infty$,其中两个紧耦合线圈电路等效图如图 5-7 所示。

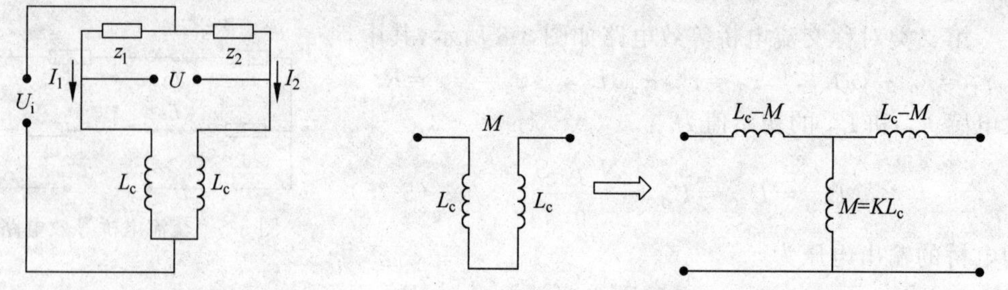

图 5-6 紧耦合电感臂电桥等效电路　　　图 5-7 紧耦合线圈等效电路

K 为紧耦合系数,即

$$K=\frac{M}{L_c}=\begin{cases}\pm 1, & \text{紧耦合时}\\ 0, & \text{不耦合时}\end{cases} \tag{5-33}$$

当初始状态时,$z_1=z_2=z_0$,$I_1=I_2$,I_1、I_2 均从同名端流入,则 $K=1$,即 $M=L_c$,则 $u_o=0$,具有稳定良好零点。当电桥工作时,$z_1=z_0-\Delta z$,$z_2=z_0+\Delta z$,所以 $I_1 \neq I_2$,$\Delta I=I_1-I_2$,ΔI 由一个同名端流入,从另一个同名端流出,如图 5-8 所示,此时 $K=-1$,$M=-L_c$,则等效电路如图 5-9 所示。

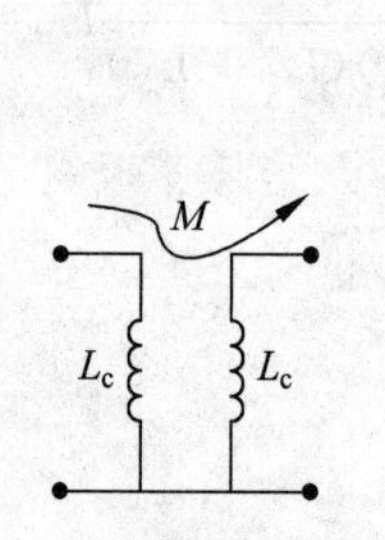

图 5-8 耦合线圈工作示意图

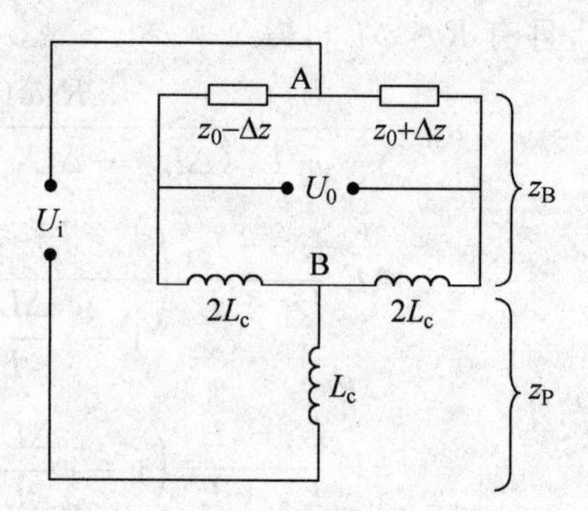

图 5-9 紧耦合电感臂电桥工作等效电路

设图 5-9 中,A、B 间电压为 u_i',则电桥输出电压为

$$u_o=u_i'\left(\frac{j\omega 2L_c}{z_0-\Delta z+j\omega 2L_c}-\frac{j\omega 2L_c}{z_0+\Delta z+j\omega 2L_c}\right)\approx u_i'\frac{j\omega 2L_c}{(z_0+j\omega 2L_c)^2}\cdot 2\Delta z \tag{5-34}$$

图 5-9 中,z_B 和 z_P 分别为

$$\begin{aligned}z_B&=\frac{(z_0-\Delta z+j\omega 2L_c)(z_0+\Delta z+j\omega 2L_c)}{z_0-\Delta z+j\omega 2L_c+z_0+\Delta z+j\omega 2L_c}\\&=\frac{(z_0+j\omega 2L_c)^2-\Delta z^2}{2(z_0+j\omega 2L_c)}\approx\frac{1}{2}(z_0+j\omega 2L_c)\end{aligned} \tag{5-35}$$

$$z_{\mathrm{P}}=-\mathrm{j}\omega L_{\mathrm{c}} \tag{5-36}$$

所以 A、B 间电压为

$$u_{\mathrm{i}}'=\frac{z_{\mathrm{B}}}{z_{\mathrm{B}}+z_{\mathrm{P}}}u_{\mathrm{i}}=\frac{\frac{1}{2}(z_0+\mathrm{j}\omega 2L_{\mathrm{c}})}{\frac{1}{2}(z_0+\mathrm{j}\omega 2L_{\mathrm{c}})-\mathrm{j}\omega L_{\mathrm{c}}}u_{\mathrm{i}}=\frac{z_0+\mathrm{j}\omega 2L_{\mathrm{c}}}{z_0}u_{\mathrm{i}} \tag{5-37}$$

将式(5-37)代入式(5-34)，得

$$u_{\mathrm{o}}=u_{\mathrm{i}}\frac{z_0+\mathrm{j}\omega 2L_{\mathrm{c}}}{z_0}\frac{\mathrm{j}\omega 2L_{\mathrm{c}}}{(z_0+\mathrm{j}\omega 2L_{\mathrm{c}})^2}\cdot 2\Delta z=2u_{\mathrm{i}}\frac{\mathrm{j}\omega 2L_{\mathrm{c}}}{z_0+\mathrm{j}\omega 2L_{\mathrm{c}}}\frac{\Delta z}{z_0} \tag{5-38}$$

设 $z_0=\mathrm{j}\omega L$（L 为传感器电感），则

$$u_{\mathrm{o}}=4u_{\mathrm{i}}\frac{\frac{L_{\mathrm{c}}}{L}}{1+2\frac{L_{\mathrm{c}}}{L}}\frac{\Delta L}{L} \tag{5-39}$$

紧耦合电感臂电桥的电压灵敏度为

$$K_{\mathrm{B1}}=\frac{u_{\mathrm{o}}}{\frac{\Delta L}{L}}=\frac{4\frac{L_{\mathrm{c}}}{L}}{1+2\frac{L_{\mathrm{c}}}{L}}u_{\mathrm{i}} \tag{5-40}$$

当 $K=0$ 时，$2L_{\mathrm{c}}$ 换成 L_{c}，u_{i}' 换为 u_{i}，则为不耦合电桥，其电桥输出为

$$u_{\mathrm{o}}=2u_{\mathrm{i}}\frac{\frac{L_{\mathrm{c}}}{L}}{\left(1+\frac{L_{\mathrm{c}}}{L}\right)^2}\frac{\Delta L}{L} \tag{5-41}$$

不耦合电桥的电压灵敏度为

$$K_{\mathrm{B2}}=\frac{u_{\mathrm{o}}}{\frac{\Delta L}{L}}=\frac{2\frac{L_{\mathrm{c}}}{L}}{\left(1+\frac{L_{\mathrm{c}}}{L}\right)^2}u_{\mathrm{i}} \tag{5-42}$$

比较式(5-40)和式(5-42)可知，紧耦合电桥的电压灵敏度高于不耦合电桥，尤其当 $L_{\mathrm{c}}/L\gg 1$ 时，灵敏度为常数，且其零点稳定，如图 5-10 所示。

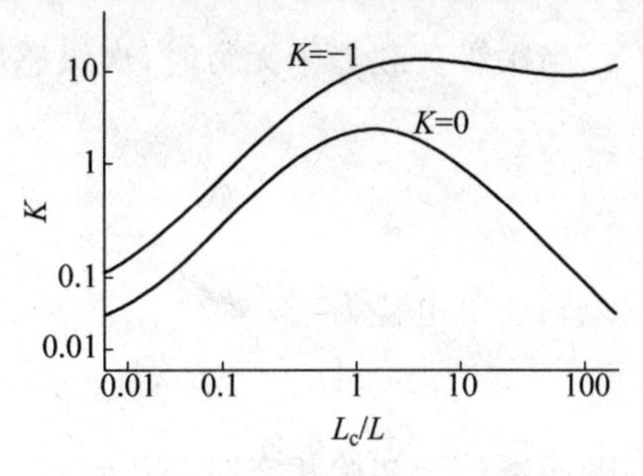

图 5-10　紧耦合和不耦合电感臂电桥灵敏度曲线

5.3　互感型电感式传感器

5.3.1　结构及工作原理

1. 结构

把被测的非电量变化转换成为线圈互感量的变化的传感器称为互感型电感式传

感器。

其结构如图 5-11 所示，骨架上绕制线圈，中间为初级线圈，两边为次级线圈，结构对称，铁芯在骨架中间可左右移动。这种传感器根据变压器的基本原理制成，并将次级线圈绕组用差动形式连接，故也称差动变压器。

2. 工作原理

互感型电感式传感器等效电路如图 5-12 所示，e_1 为初级激励电压，L_1，R_1 为初级线圈电感、电阻，M_1，M_2 为互感系数，L_{21}，R_{21}，L_{22}，R_{22} 分别为次级线圈电感值、电阻值，e_{21}，e_{22} 为次级线圈感应电动势。

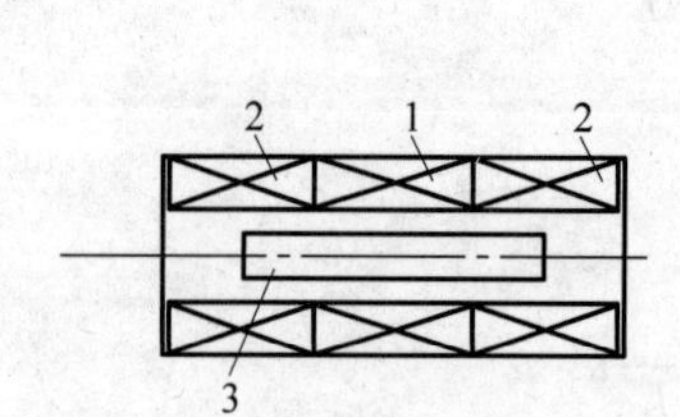

图 5-11　互感型传感器结构图

1—初级线圈；2—次级线圈；3—衔铁

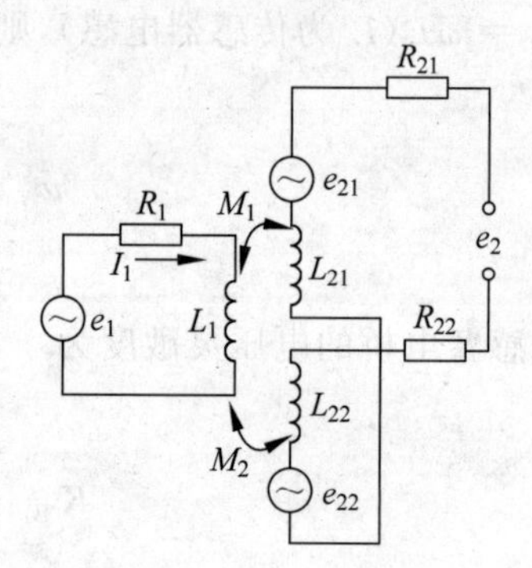

图 5-12　互感型传感器结构图

当次级负载趋于无穷时，次级感应电动势 e_{21}，e_{22} 分别为

$$\dot{e}_{21} = -\mathrm{j}\omega M_1 \dot{I}_1 \tag{5-43}$$

$$\dot{e}_{22} = -\mathrm{j}\omega M_2 \dot{I}_1 \tag{5-44}$$

则差动输出电势为

$$\dot{e}_2 = \dot{e}_{21} - \dot{e}_{22} = -\mathrm{j}\omega(M_1 - M_2)\dot{I}_1 \tag{5-45}$$

当变压器处于初始状态时，$M_1 = M_2$，$\dot{e}_2 = 0$。

当铁芯偏离中心位置，$M_1 \neq M_2$。

设

$$M_1 = M + \Delta M_1,\quad M_2 = M - \Delta M_2$$

在一定工作范围内，令 $\Delta M_1 = \Delta M_2 = \Delta M$，则差动输出电势为

$$\dot{e}_2 = -\mathrm{j}\omega(M_1 - M_2)\dot{I}_1 = -\mathrm{j}2\omega\,\frac{\dot{e}_1}{R_1 + \mathrm{j}\omega L_1}\Delta M \tag{5-46}$$

由衔铁偏离中心的位移与差动变压器输出电势的关系可实现非电量电测，如图 5-13 所示。

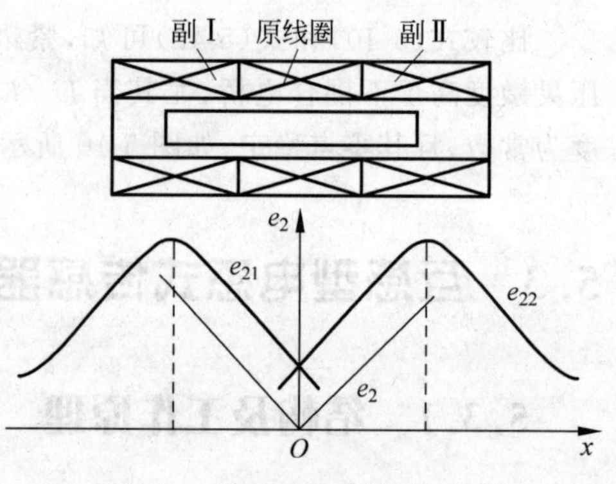

图 5-13　差动变压器测量示意图

5.3.2 测量电路

互感式电感式传感器输出是交流电压，若采用交流电压表测量，只能反映铁芯偏离中心位置的位移大小，而不能反映其移动的方向。为了实现既能测量铁芯位移大小又能测量其移动方向，常用的测量电路包括差动相敏检波电路和差动整流电路。

1. 差动相敏检波电路

常用相敏检波电路如图 5-14(a)所示。图中，R_1，R_2，R_3，V_1，N_1 构成相敏检波电路，R_4，R_5，R_6，N_2 构成低通滤波器，E_1 为激励电压，u_3，u_4 为相敏输出和滤波器输出。E_2 为移相器输出，E_1 与 E_2 相差 180°，且 E_2 幅度很大，为方波。

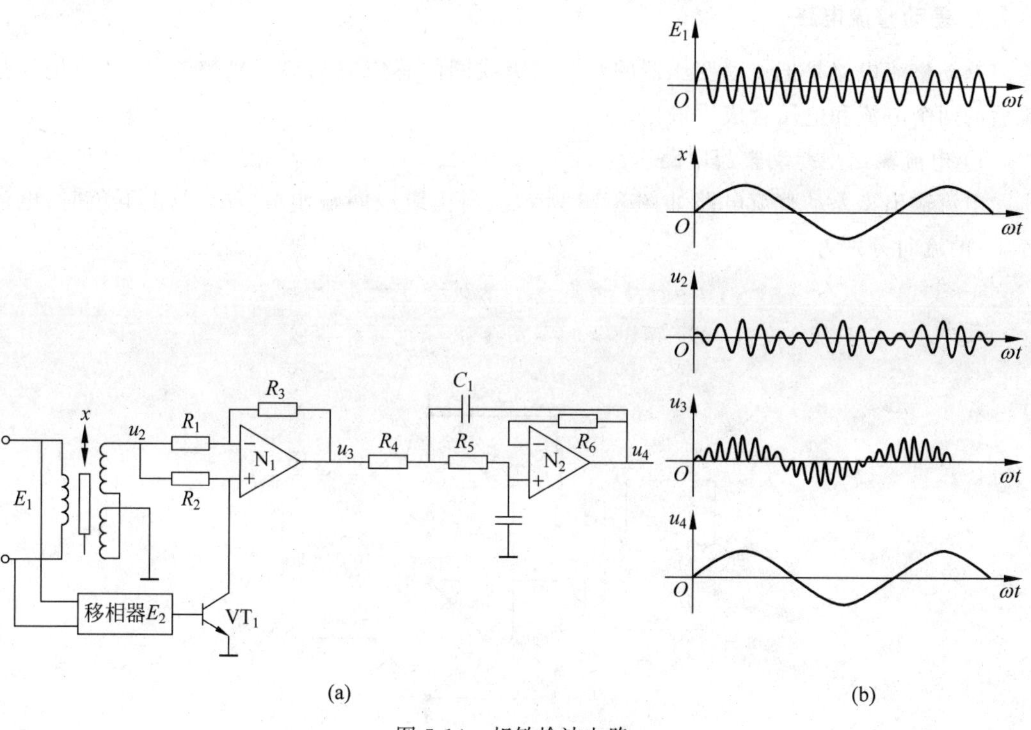

图 5-14 相敏检波电路

(a) 电路；(b) 各点波形

1）当铁芯正向移动，x 为正，u_2 与 E_1 同相位

(1) E_1 为正，E_2 为负，晶体管 VT_1 截止，电路等效如图 5-15(a)所示，放大倍数为

$$K=\left(1+\frac{R_3}{R_1}\right)-\frac{R_3}{R_1}=1 \tag{5-47}$$

(2) E_1 为负，E_2 为正，晶体管 VT_1 导通，等效电路如图 5-15(b)所示，放大倍数为

$$K=-\frac{R_3}{R_1}=-1 \tag{5-48}$$

2）当铁芯反向移动，$x<0$，u_2 与 E_1 反相位

(1) E_1 为正，E_2 为负，晶体管 VT_1 截止，$K=1$；

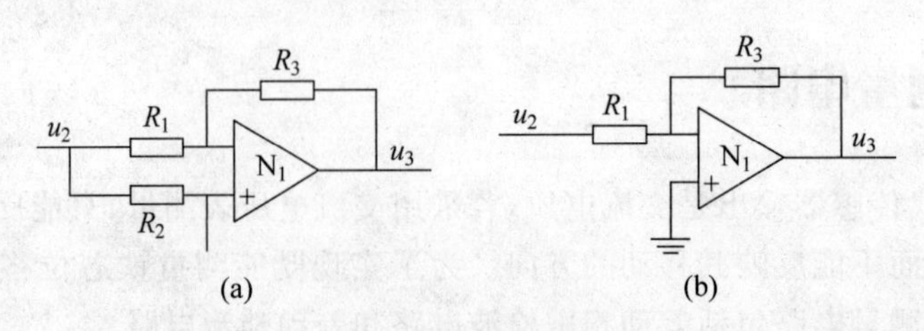

图 5-15　等效电路

(2) E_1 为负,E_2 为正,晶体管 VT_1 导通,$K=-1$。

输出波形如图 5-14(b)所示,可见可以通过对 u_4 的测量来鉴别铁芯偏离中心位置的位移大小和方向。

2. 差动整流电路

差动整流电路是把差动变压器的两个次级线圈的感应电动势分别整流,然后再把经整流后的两个电流和电压合成后输出。

1) 电流输出型差动整流电路

电流输出型差动整流电路如图 5-16 所示。当次级线圈输出 u_1,u_2 上正下负时,电流 i_1,i_2 的流向分别为

$$i_1: u_1 \to 1 \to 2 \to a \to b \to 3 \to 4 \to u_1$$

$$i_2: u_2 \to 5 \to 7 \to b \to a \to 6 \to 8 \to u_2$$

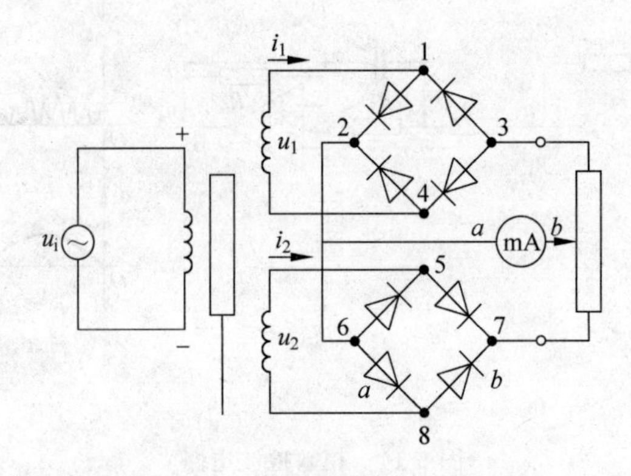

图 5-16　差动整流电路(电流型)

当次级线圈输出 u_1,u_2 上负下正时,电流 i_1,i_2 的流向分别为

$$i_1: u_1 \to 4 \to 2 \to a \to b \to 3 \to 1 \to u_1$$

$$i_2: u_2 \to 8 \to 7 \to b \to a \to 6 \to 5 \to u_2$$

由此可见,不论 u_1,u_2 极性如何,i_1:$a \to b$,i_2:$b \to a$,所以

$$x>0,\quad u_1>u_2,\quad i_1>i_2,\quad \Delta i=i_1-i_2>0$$

$$x<0,\quad u_1<u_2,\quad i_1<i_2,\quad \Delta i=i_1-i_2<0$$

$$x=0,\quad \Delta i=i_1-i_2=0$$

这样,通过电流表显示的大小和方向就可以测量铁芯偏离中心位置的大小和方向。

2）电压输出型差动整流电路

电压输出型差动整流电路如图 5-17 所示。如传感器的一个次级线圈的输出瞬时电压极性，在 f 点为“＋”，e 点为“－”，则电流路径是 $fgdche$（图 5-17(a)）。反之，如 f 点为“－”，e 点为“＋”，则电流路径是 $ehdcgf$。可见，无论次级线圈的输出瞬时电压极性如何，通过电阻 R 的电流总是从 d 到 c。同理可分析另一个次级线圈的输出情况。输出的电压波形如图 5-17(b)所示，其值为 $U_{SC}=e_{ab}+e_{cd}$。所以，可以通过电压输出的大小和方向来测量铁芯偏离中心位置的大小和方向。

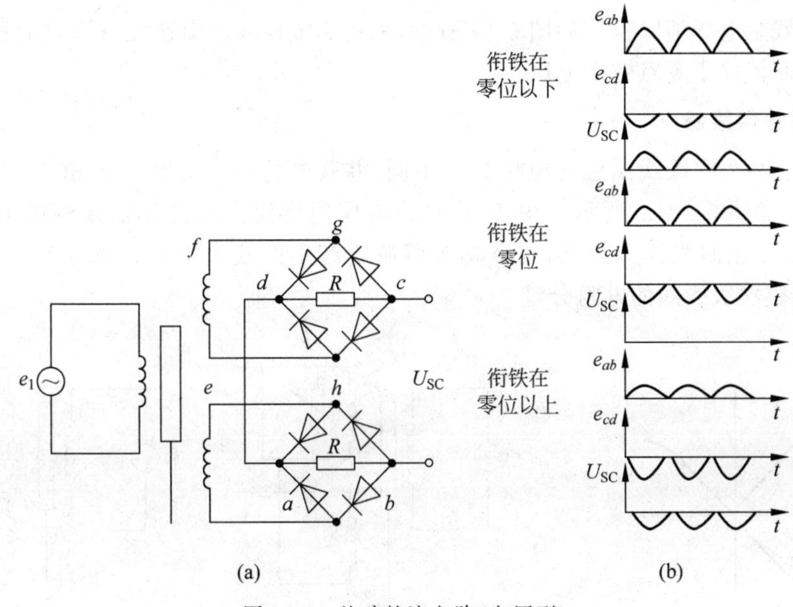

图 5-17　差动整流电路(电压型)

5.3.3 零点残余电压

从理论上讲，铁芯处于中间位置时输出电压应为零，而实际输出 $U_0\neq0$，在零点上总有一个最小的输出电压，这个铁芯处于中间位置时最小不为零的电压称为零点残余电压，如图 5-18 中的 e_{20} 值。图中虚线为理想线，实线为实际特性曲线。零点残余电压会造成零点附近的不灵敏区，还会使放大器末级趋向饱和，影响电路正常工作。零点残余电压波形复杂，包含了基波同相成分、基波正交成分、二次及三次谐波和较小的电磁干扰波。

产生零点残余电压的原因是：①由于两个次级线圈绕组电气参数(M 互感、L 电感、R 内阻)不同，工艺上很难保证几何尺寸完全相同；②初级线圈中铜损电阻及导磁材料的铁损和材质的不均匀，线圈匝间电容的存在等因素，使激励电流与所产生的磁通相位不同；③电源中高次谐波、线圈寄生电容的存在等，使实际的特性曲线总有最小输出。

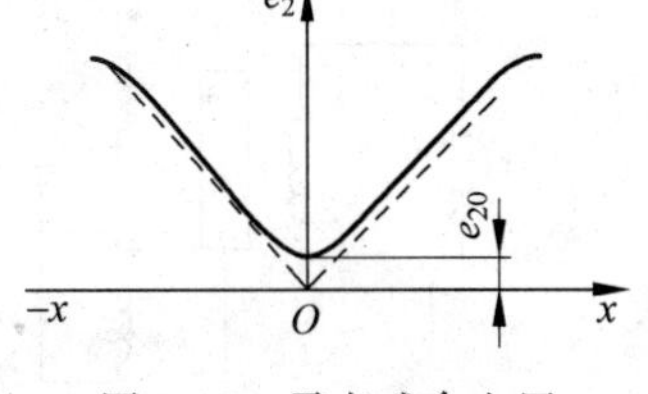

图 5-18　零点残余电压

以下为消除零点残余电压方法。

1. 从设计和工艺上保证结构对称性

为保证线圈和磁路的对称性，首先，要求提高加工精度，线圈选配成对，采用磁路可调节结构。其次，应选高磁导率、低矫顽力、低剩磁感应的导磁材料。并应经过热处理，消除残余应力，以提高磁性能的均匀性和稳定性。由高次谐波产生的因素可知，磁路工作点应选在磁化曲线的线性段。

2. 选用合适的测量线路

采用相敏检波电路不仅可鉴别衔铁移动方向，而且可把衔铁在中间位置时，因高次谐波引起的零点残余电压消除掉。如图 5-19 所示，采用相敏检波后衔铁反行程时的特性曲线由 1 变到 2，从而消除了零点残余电压。

3. 采用补偿线路

(1) 由于两个次级线圈感应电压相位不同，并联电容可改变其一的相位，也可将电容 C 改为电阻，如图 5-20(a)所示。由于 R 的分流作用将使流入传感器线圈的电流发生变化，从而改变磁化曲线的工作点，减小高次谐波所产生的残余电压。图 5-20(b)中串联电阻 R 可以调整次级线圈的电阻分量。

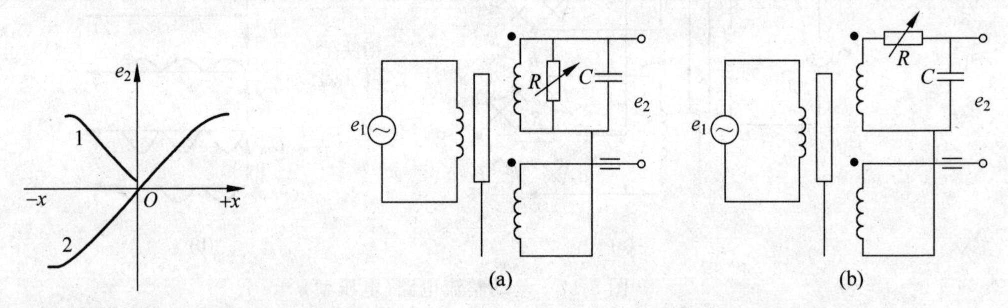

图 5-19　采用相敏检波后的输出特性

图 5-20　调相位式残余电压补偿电路

(2) 并联电位器 W 用于电气调零，改变两次级线圈输出电压的相位，如图 5-21 所示。电容 C ($0.02\mu F$)可防止调整电位器时使零点移动。

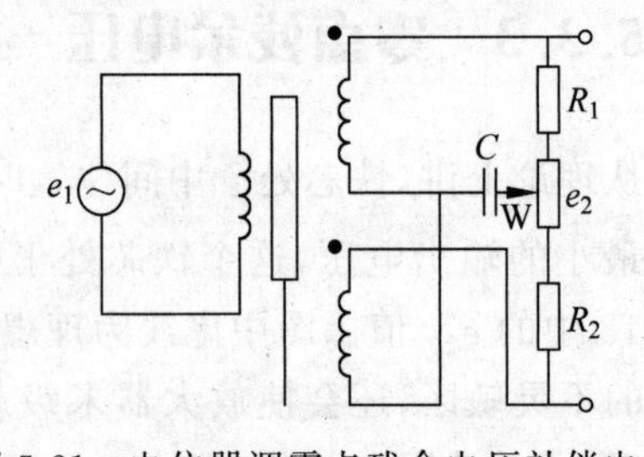

图 5-21　电位器调零点残余电压补偿电路

(3) 接入 R_0(几百千欧)或补偿线圈 L_0(几百匝)，绕在差动变压器的初级线圈上以减小负载电压，避免负载不是纯电阻而引起较大的零点残余电压。电路如图 5-22 所示。

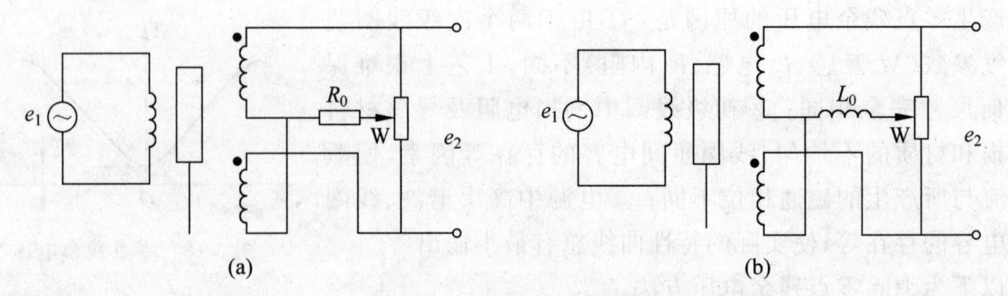

图 5-22　R 或 L 补偿电路

5.4　应用举例

电感式传感器一般用于静态和动态的接触测量，可直接用于位移测量，也可以测量与位移有关的任何机械量，如振动、加速度、应变等。

1. 差动变压器式加速度传感器

用于测定振动物体的频率和振幅时其激磁频率必须是振动频率的10倍以上，才能得到精确的测量结果。可测量的振幅为0.1～5mm，振动频率为0～150Hz，如图5-23所示。

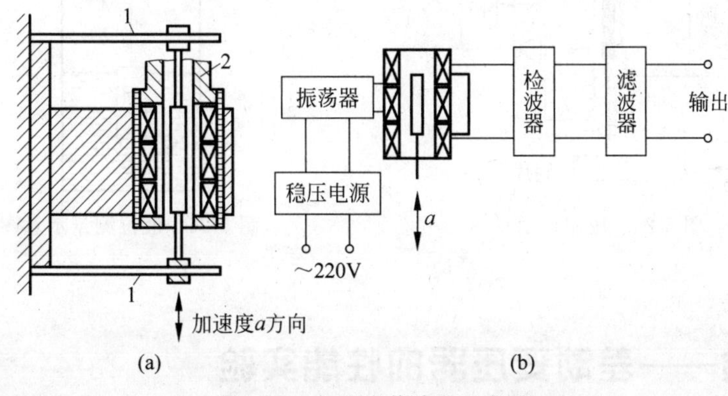

图5-23　加速度传感器示意图

1—弹性支承；2—差动变压器

2. 微压力变送器

将差动变压器和弹性敏感元件(膜片、膜盒和弹簧管等)相结合，可以组成各种形式的压力传感器，如图5-24所示。这种变送器可分挡测量$-5\times10^5\sim6\times10^5\,\mathrm{N/m^2}$压力，输出信号电压为0～50mV，精度为1.5级。

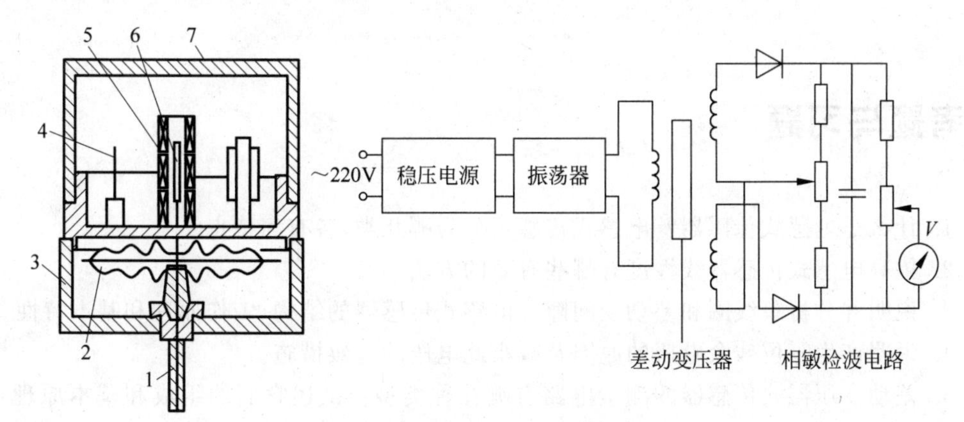

图5-24　微压力变送器示意图

1—接头；2—膜盒；3—底座；4—线路板；5—差动变压器；6—衔铁；7—罩壳

3. 压差计

当压差变化时，腔内膜片位移使差动变压器次级电压发生变化，输出与位移及压差成正比，如图 5-25 所示。

4. 液位测量

沉筒式液位计将水位变化转换成位移变化，再转换为电感的变化，差动变压器的输出反映液位高低，如图 5-26 所示。

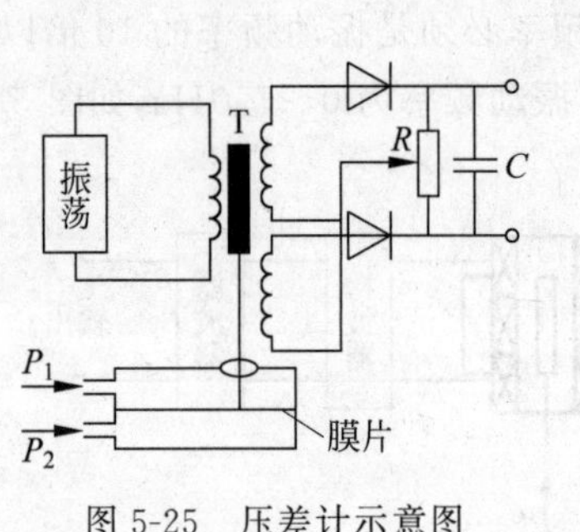

图 5-25 压差计示意图

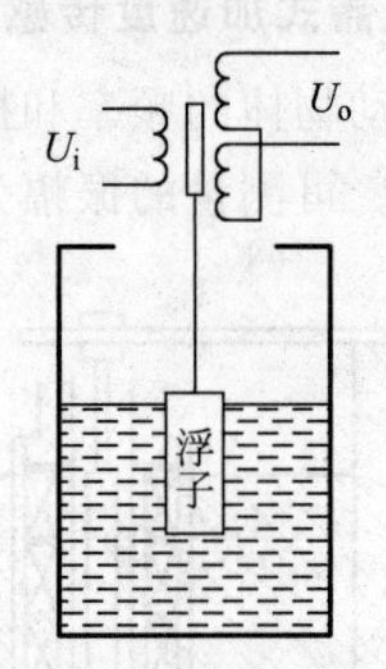

图 5-26 液位测量示意图

5.5 实验——差动变压器的性能实验

5.5 实验

思考题与习题

1. 什么是电感式传感器？电感式传感器分为哪几类，各有何特点？

2. 提高电感式传感器线性度有哪些有效的方法？

3. 说明并分析单线圈和差动变间隙式电感式传感器的结构、工作原理和基本特性。

4. 说明产生零位残余电压的原因及减小此电压的有效措施。

5. 差动变压器式传感器的测量电路有哪几种类型？试述它们的组成和基本原理。为什么这类电路可以消除零点残余电压？

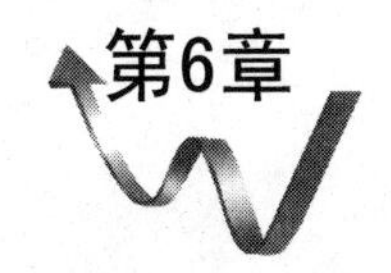

电涡流式传感器

当导体置于交变磁场或在磁场中运动时，通过导体的磁通发生变化，会在金属里感应电动势，该电动势在金属导体中产生电流，电流的流线形成闭合回线，似水中漩涡，通常为电涡流，这种现象称为电涡流效应。

电涡流式传感器是建立在电涡流效应原理上的一种非接触式传感器，能够对位移、厚度、表面温度、速度、应力、材料损伤等被测量进行测量，在大型旋转机械状态的在线监测与故障诊断中得到广泛应用。

6.1 工作原理

6.1.1 基本工作原理

如图6-1所示，一块电导率为σ，磁导率为μ，厚度为t，温度为T的金属板，在相距x处有一个半径为r的线圈，当线圈中通以正弦交流电I_1时，则线圈周围产生磁场H_1，H_1在金属板内产生感应电势，形成涡流I_2，I_2产生磁场H_2与H_1相反，抵消部分磁场，因而线圈阻抗z变化。

$$I_1 \rightarrow H_1 \rightarrow I_2 \rightarrow H_2 \tag{6-1}$$

（H_2抵消H_1）

由此可见，线圈阻抗z与金属导体的电导率σ、磁导率μ、线圈的几何参数(r,t,x)、激励电流频率(I,ω)以及线圈到金属导体的距离x等参数有关，则线圈阻抗可表示为

$$z = f_1(\sigma,\mu,r,t,x,I,\omega) \tag{6-2}$$

当导体确定，r、t、I、μ、σ、ω为常数，则z只与x有关，可实现距离测量；当r、t、I、ω确定，x固定，则z与σ、μ有关，可用于探伤、硬度检测。

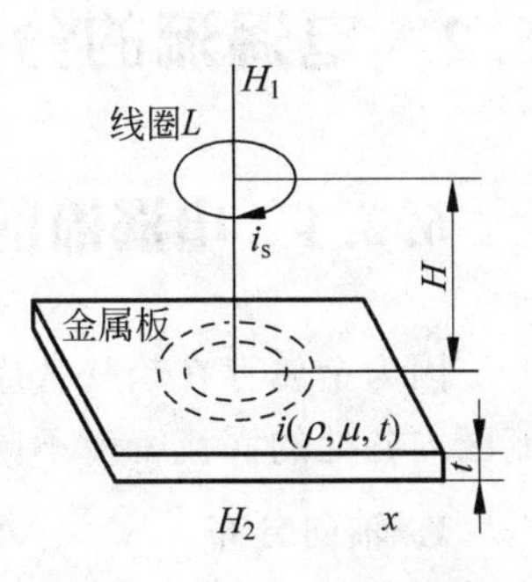

图6-1 电涡流作用原理

6.1.2 等效电路及阻抗特性

由于无法从精确列出线圈阻抗与线圈到被测距离等参数之间的函数关系，我们根据涡流的分布，把涡流所在范围近似看成一个单匝短路的次级线圈，其等效电路如图 6-2 所示。

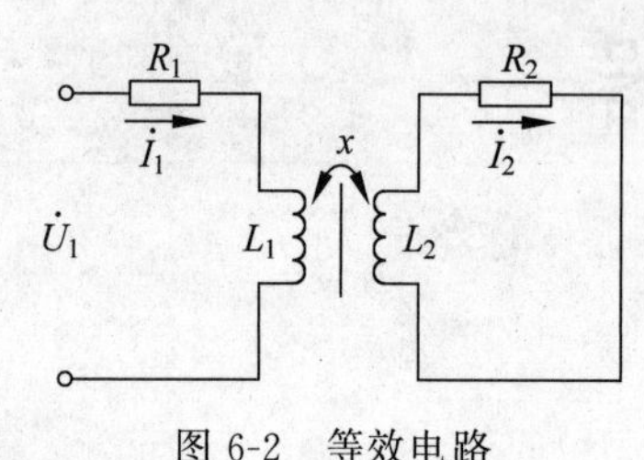

图 6-2 等效电路

线圈远离被测体时，相当于次级开路，原线圈阻抗为

$$Z_1=R_1+\mathrm{j}\omega L_1 \tag{6-3}$$

当线圈靠近金属导体时，初次级线圈通过互感相互作用，列出回路方程为

$$\begin{cases}R_1I_1+\mathrm{j}\omega L_1I_1-\mathrm{j}\omega MI_2=U_1\\-\mathrm{j}\omega MI_1+R_2I_2+\mathrm{j}\omega L_2I_2=0\end{cases} \tag{6-4}$$

求解得

$$I_1=\frac{u}{R_1+\dfrac{\omega^2M^2}{R_2^2+(\omega L_2)^2}R_2+\mathrm{j}\left[\omega L_1-\dfrac{\omega^2M^2}{R_2^2+(\omega L_2)^2}\omega L_2\right]} \tag{6-5}$$

$$I_2=\mathrm{j}\omega\frac{MI_1}{R_2+\mathrm{j}\omega L_2}=\frac{M\omega^2L_2I_1+\mathrm{j}\omega MR_2I_1}{R_2^2+(\omega L_2)^2} \tag{6-6}$$

线圈等效阻抗为

$$z=R_1+\frac{\omega^2M^2}{R_2^2+(\omega L_2)^2}R_2+\mathrm{j}\left[\omega L_1-\omega L_2\frac{\omega^2M^2}{R_2^2+(\omega L_2)^2}\right] \tag{6-7}$$

等效电阻和电感分别为

$$R=R_1+\frac{\omega^2M^2}{R_2^2+(\omega L_2)^2}R_2 \tag{6-8}$$

$$L=L_1-\frac{L_2\omega^2M^2}{R_2^2+(\omega L_2)^2} \tag{6-9}$$

可见，凡是引起次级线圈回路变化的物理量 R_2，L_2，M 均可以引起传感器线圈等效 R_1，L_1 的变化。另外，被测体的电阻率 ρ、磁导率 μ、线圈与被测体间的距离 X、激励线圈的角频率 ω，都通过涡流效应和磁效应与线圈阻抗 Z 发生关系。

6.2 电涡流的分布和强度

6.2.1 电涡流的分布

因为金属存在趋肤效应，电涡流只存在于金属导体的表面薄层内，存在一个涡流区，涡流区内各处的涡流密度不同，存在径向分布和轴向分布。

1. 轴向分布

由于趋肤效应涡流只在表面薄层存在，沿磁场 H 方向（轴向）也是分布不均匀的，如

图 6-3 所示，距离金属表面 x 处，涡流按指数规律衰减，导体中距表面 x 处电涡流密度为

$$j_x = j_0 \mathrm{e}^{-\frac{x}{t}} \tag{6-10}$$

式中，

$$t = \sqrt{\frac{\rho}{\mu_0 \mu_r \pi f}} \tag{6-11}$$

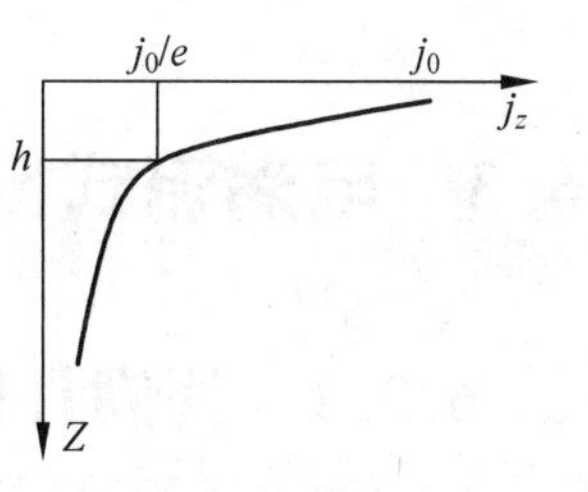

图 6-3 轴向电流密度分布

其中，j_x 为金属导体中离表面距离为 x 处的电涡流密度；j_0 为金属导体表面上的电涡流密度，即最大电涡流密度；t 为电涡流密度等于 j_0/e 处离开导体表面的距离(即趋肤深度)；x 为金属导体中某点距离表面的距离。当 $x/t=5.3$ 时，$j_x/j_0 \leqslant 0.5\%$。

2. 径向分布

电磁场在半径方向也不可能波及无限大的范围，而有一定的径向形成范围，所以电涡流密度又是距离 x 和半径 r 的函数，而对于一定的距离 x 来说，电涡流密度 j 仅是 x 的函数。

由经验公式，环电流随半径的变化规律可表示为

$$j_r = \begin{cases} j_0 \nu^4 \mathrm{e}^{-4(1-\nu)}, & 0 \leqslant r \leqslant r_{\mathrm{os}} \\ j_0 \nu^{14} \mathrm{e}^{14(1-\nu)}, & r \geqslant r_{\mathrm{os}} \end{cases} \tag{6-12}$$

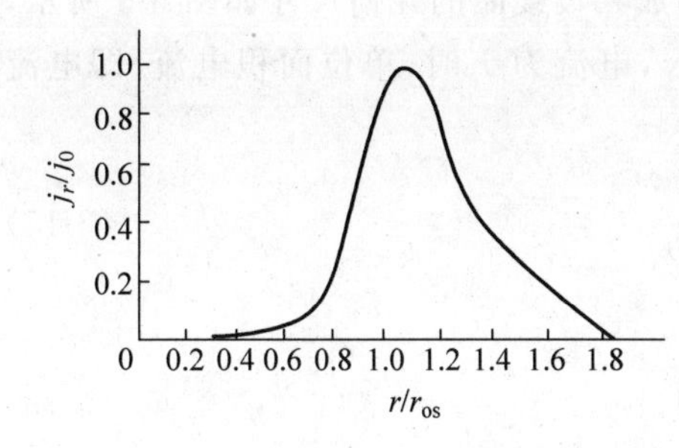

图 6-4 电涡流密度分布曲线

式中：$\nu = \dfrac{r}{r_{\mathrm{os}}}$，$r_{\mathrm{os}}$ 为线圈外半径；j_0 为 $\nu=1$ 处的最大电涡流密度(即 $j=j_0$)。

$r=0$，$r=\infty$ 时，$j_r=0$。

当 $r \leqslant 0.457 r_{\mathrm{os}}$ 或 $r \geqslant 1.80 r_{\mathrm{os}}$ 时，$j_r \leqslant j_0 \times 0.5\%$。

当 $j_r/j_0 \leqslant 0.5\%$ 可忽略不计时，可得金属导体最小尺寸：外半径为 $1.8 r_{\mathrm{os}}$，内半径为 $0.457 r_{\mathrm{os}}$，厚度 $5.3t$，圆环状导体与无穷大金属导体效应相同。由式(6-12)作出 j_r-r 曲线，如图 6-4 所示。

6.2.2 电涡流强度

当线圈与被测体距离改变时，电涡流密度发生变化，强度也要变化。根据线圈-导体系统，金属表面电涡流强度 I_2 与距离 x 是非线性关系，随 x/r_{os} 上升而下降，如图 6-5 所示，即

$$I_2 = I_1 \left[1 - \frac{x}{\sqrt{x^2 + r_{\mathrm{os}}^2}}\right] \tag{6-13}$$

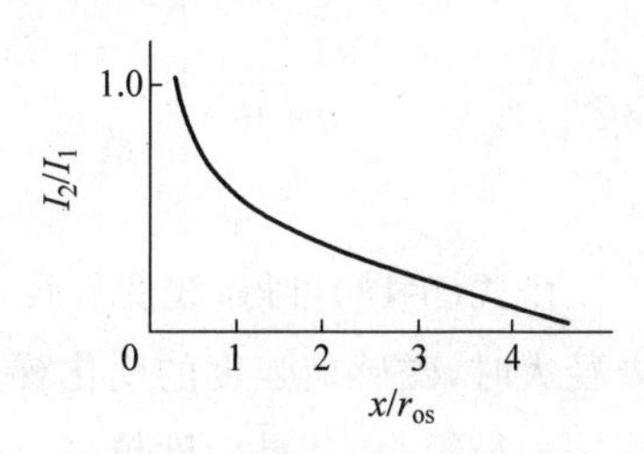

图 6-5 电涡流强度与距离关系

式中：I_1 为线圈激励电流；I_2 为金属导体中的等效电流(涡流)。$x=0$ 处，$I_2=I_1$；$x/r_{\mathrm{os}}=1$，$I_2=0.3I_1$，I_2 只有在 $x/r_{\mathrm{os}} \ll 1$ 时才能有较好的线性和灵敏度(测微位移)，当 $x > r_{\mathrm{os}}$ 时电涡流就很弱了，所以测大位移时线圈直径要大。

6.3 电涡流式传感器的设计

6.3.1 线圈几何尺寸与传感器灵敏度、非线性的关系

对于传感器来讲，总是希望其灵敏度高，线性范围大。对于电涡流式传感器，主要受线圈产生的磁场分布情况影响，要使传感器有一定大的线性范围，线圈的磁场轴向分布范围要大，要使其灵敏度高，则需使被测体在轴向移动时涡流损耗功率的变化要大，即轴向磁场强度变化的梯度要大。

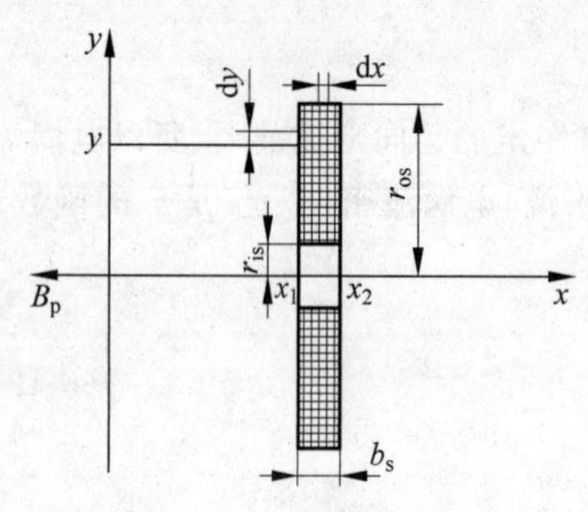

图 6-6 电涡流线圈的几何尺寸

对于单匝线圈，由毕奥-萨伐尔定律得轴上的磁感应强度为

$$B_{p}=\frac{\mu_{0}I}{2}\frac{r^{2}}{(x^{2}+r^{2})^{3/2}} \tag{6-14}$$

式中：μ_0 为真空磁导率；I 为激励电流强度；r 为圆导线半径；x 为轴上点离单匝载流圆导线的距离。

载流扁平线圈产生的磁场可以认为由相应的圆导线的磁场叠加而成。设线圈的几何尺寸如图 6-6 所示，当线圈匝数为 N，电流为 I 时，单位面积电流，即电流密度为

$$j=\frac{NI}{(r_{os}-r_{is})b_{s}} \tag{6-15}$$

通过面元 $\mathrm{d}x\mathrm{d}y$ 的电流为

$$i=\frac{NI}{(r_{os}-r_{is})b_{s}}\mathrm{d}x\mathrm{d}y \tag{6-16}$$

此电流在距 x 处产生的磁场为

$$\mathrm{d}B_{p}=\frac{\mu_{0}i}{2}\frac{r^{2}}{(x^{2}+r^{2})^{3/2}}=\frac{\mu_{0}}{2}\frac{NI}{(r_{os}-r_{is})b_{s}}\frac{y^{2}}{(x^{2}+r^{2})^{3/2}}\mathrm{d}x\mathrm{d}y \tag{6-17}$$

整个载流扁平面线圈在轴线上 x 处所产生的磁感应强度为

$$\begin{aligned}B_{p}&=\int_{x}^{x+b_{s}}\int_{r_{is}}^{r_{os}}\frac{\mu_{0}}{2}\frac{NI}{(r_{os}-r_{is})b_{s}}\frac{y^{2}}{(x^{2}+r^{2})^{3/2}}\mathrm{d}x\mathrm{d}y\\&=\frac{\mu_{0}}{2}\frac{NI}{(r_{os}-r_{is})b_{s}}\left[(x+b_{s})\ln\frac{r_{is}+\sqrt{r_{is}^{2}+(x+b_{s})^{2}}}{r_{os}+\sqrt{r_{os}^{2}+(x+b_{s})^{2}}}-x\ln\frac{r_{is}+\sqrt{r_{is}^{2}+x^{2}}}{r_{os}+\sqrt{r_{os}^{2}+x^{2}}}\right]\end{aligned} \tag{6-18}$$

由式(6-18)可得，线圈外径小时，磁感应强度变化梯度大，磁场轴向分布范围小；线圈外径大时，磁感应强度的变化梯度小，磁场轴向分布范围大。也就是说，电涡流式传感器的线圈外径越小，其灵敏度越高，而线性范围越小；反之，线圈外径越大，其线性范围越大，而灵敏度越低。而线圈内径的变化对传感器的灵敏度影响不大。

6.3.2　被测材料形状和大小对传感器测量的影响

1. 被测物体材料对传感器测量的影响

如前所述，金属导体的磁导率、电导率影响着线圈的阻抗变化，也必将影响传感器灵敏度的变化。一般来说，被测材料的电导率越高，灵敏度也越高，但被测物为磁体时，磁导率大小与涡流损耗程度呈相反作用，因此与非磁体相比，灵敏度低。所以，一般对被测体加工过程中都要进行消磁处理。另外，当被测体表面有电镀层且当其厚度不均匀时都会影响电涡流的贯穿深度，影响测量。

2. 被测物体大小和形状对传感器测量的影响

由电涡流的径向分布可知，当被测体平板的半径与线圈外半径一样大时，电涡流密度最大，而当大于线圈外半径1.8倍时或者小于0.457倍时，电涡流密度小于最大值的5%。所以，被测体平板的半径做到大于线圈外半径的1.8倍以上就可以充分有效地利用电涡流效应，而不影响其测量灵敏度。而被测体为圆柱体时，它的直径应做到线圈外半径的3.5倍以上。同样，被测体环的厚度一般应在0.2mm以上，才不会影响测量。

6.4　测量电路

电涡流式传感器的测量任务就是把被测非电量的变化转化为线圈的等效阻抗的变化，然后再转化为电压或者频率的变化，从而实现测量。主要采用谐振电路实现测量。

谐振法测量就是把传感器线圈和电容并联组成LC并联谐振回路。当电路工作时，并联谐振回路的谐振频率为

$$f_0=\frac{1}{2\pi\sqrt{LC}} \tag{6-19}$$

发生谐振时，回路的等效阻抗最大，其值为

$$z_{\max}=\frac{L}{R'C} \tag{6-20}$$

式中：R'为回路的等效损耗电阻。

当电感L发生变化时，回路中等效阻抗和谐振频率都随着电感L的变化而变化，由此可以利用测量回路阻抗或谐振频率的方法来间接反映出传感器的被测值。所以，谐振法包括调幅法和调频法两种测量电路。

1. 恒定频率调幅(AM)测量电路

调幅式测量电路如图6-7所示。

石英振荡器产生稳频、稳幅高频(100kHz～1MHz)振荡电流用于激励电涡流线圈。金属材料在高频磁场中产生电涡流，引起电涡流线圈端电压的衰减，再经高放、检波、低放电路，最终输出的直流电压U_o反映了金属体对电涡流线圈的影响。例如，当被测导体移近传感器线圈时，线圈的等效电感L发生变化，LC谐振回路的谐振频率改变，回路等效阻抗减

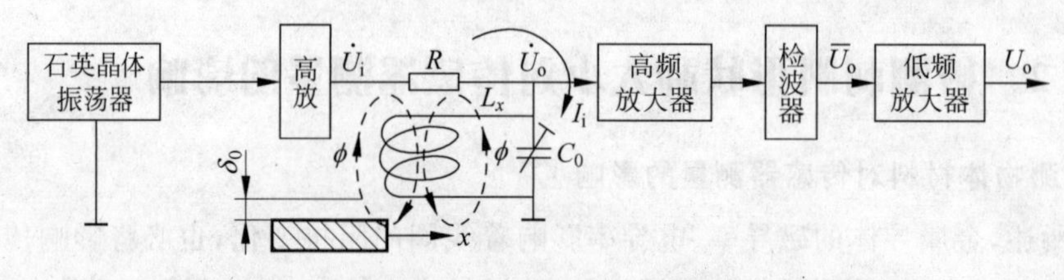

图 6-7　调幅式测量电路

小，输出幅值也减小；当被测导体远离传感器线圈时，回路等效阻抗增大，输出电压也随之增大，从而实现测量的要求。

2. 调频(FM)电路

调频式测量电路如图 6-8 所示。它与调幅式测量电路的区别在于取 LC 回路的谐振频率作为输出量。

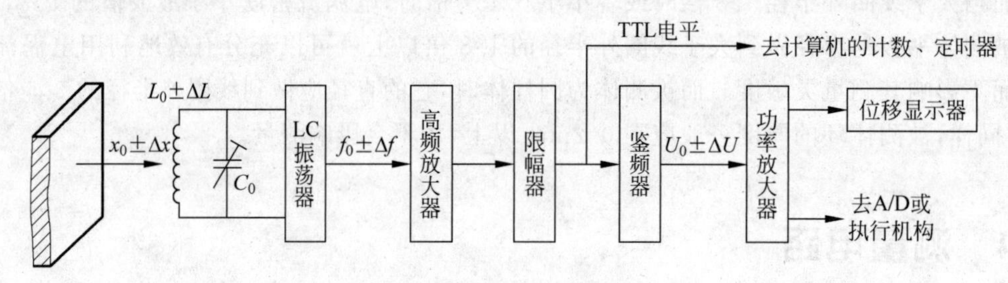

图 6-8　调幅式测量电路

当电涡流线圈与被测体的距离 x 改变时，电涡流线圈的电感量 L 也随之改变，引起 LC 振荡器的输出频率变化，此频率可直接用计算机测量。如果要用模拟仪表进行显示或记录时，必须使用鉴频器，将 Δf 转换为电压 ΔU_o。

6.5　电涡流式传感器应用

电涡流式传感器以其长期工作可靠性好、测量范围宽、灵敏度高、分辨率高、响应速度快、抗干扰力强、不受油污等介质的影响、结构简单等优点，在大型旋转机械状态的在线监测与故障诊断中得到广泛应用。

电涡流式传感器的应用主要是通过位移变化测量其他各种物理量，包括厚度测量、转速测量、位移测量、振动测量，另外还可以进行材料探伤、金属零件计数、尺寸检测和粗糙度检测等。

1. 厚度测量

1）低频透射式涡流厚度传感器

低频透射式涡流厚度传感器测量示意图如图 6-9 所示，在金属板的上下方分别设有发射传感器线圈 L_1 和接收传感器线圈 L_2，L_1 加低频电压 U_1 时，L_1 上产生交变磁通。无金属板时，磁通直接耦合至 L_2，L_2 产生感应电压；如果金属板放置两线圈之间，线圈 L_1 在金属板中产生电涡流，磁场能量受到损耗，使达到 L_2 的磁通减弱，最终使 L_2 上感应电动势减弱。金属板越厚，涡流磁能损失越多，下线圈 L_2 上感应电动势输出 U_2 越小。通过测量 U_2 检测金属板的厚度。透射式涡流传感器可检测 1～100mm 范围。

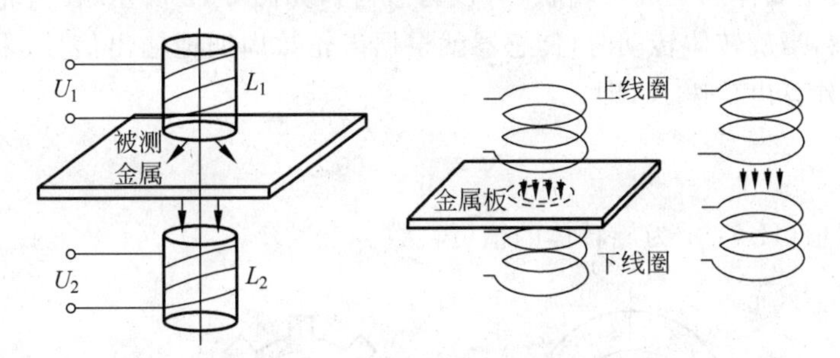

图 6-9　透射式涡流厚度传感器测量示意图

2）高频反射式涡流厚度传感器

为克服带材不平或因振动引起的干扰，可采用两个电涡流式传感器 S_1、S_2 分别放置在被测金属两侧，同时检测两个方向距离 x_1、x_2。当带材厚度不变时，两传感器与上下表面距离和为常数，则传感器输出电压之和（假设为 $2U$）数值不变；当带材厚度变化 $\Delta\delta$ 时，输出电压变为 $2U\pm\Delta U$，将 ΔU 放大输出，就可以测量带材厚度变化。实际应用时，给定厚度 δ，当厚度变化时与厚度变化值 $\Delta\delta$ 的代数和就是被测带材厚度。测量电路示意图如图 6-10 所示。

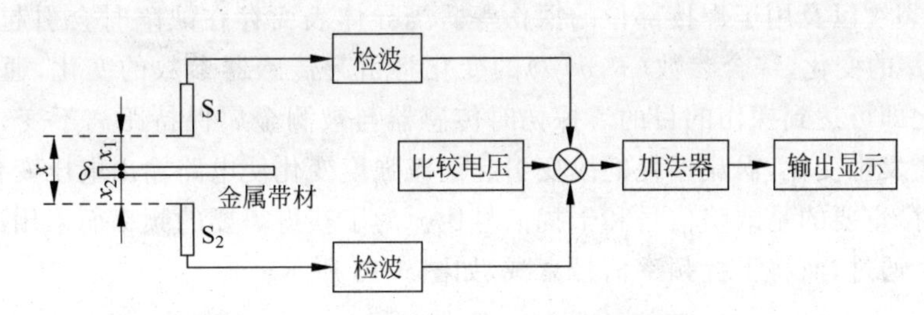

图 6-10　高频反射式涡流厚度传感器测量示意

2. 振幅测量

采用电涡流式传感器可以实现无接触振动振幅测量，如测量轴的振动波形，如图 6-11(a) 所示，将多个电涡流式传感器安装在轴的附近，采用多通道指示仪输出并记录，获得轴的各个位置的瞬时振幅，就可以测量出轴的瞬时振动分布形状。也可以测量轴的径向振动和叶片的振幅，如图 6-11(b)和(c)所示。

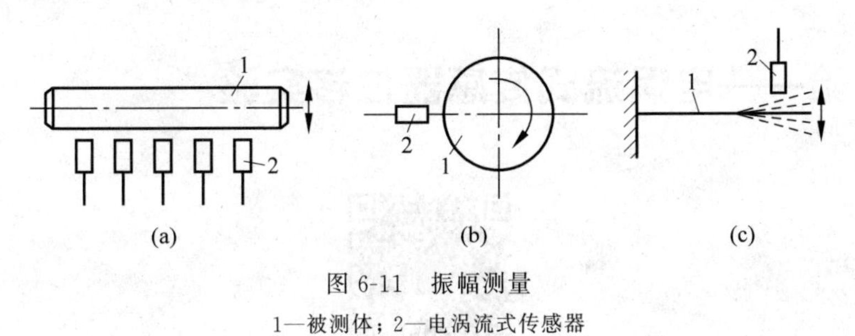

图 6-11　振幅测量

1—被测体；2—电涡流式传感器

3. 转速测量

把一个旋转金属体加工成齿轮状(可以为多齿),如图 6-12 所示,在齿轮旁边安装一个电涡流式传感器,当旋转体转动时,传感器就根据齿轮数周期地输出信号,采用频率计测出其频率,就可以计算出转速 N,即

$$N=\frac{f}{n}\times 60 \tag{6-21}$$

式中:f 为频率值(Hz);n 为旋转体的槽(齿)数。

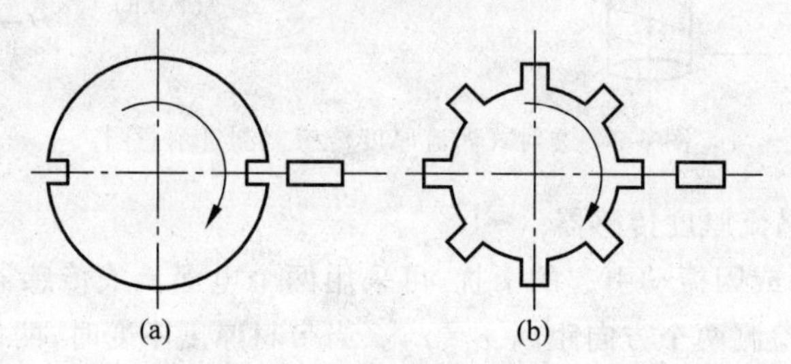

图 6-12 转速测量示意图

4. 涡流探伤

由于趋肤效应,导体表面电涡流密度最大,表面信息量最大,可以用来检查金属的表面裂纹、热处理裂纹以及用于焊接部位的探伤等。当导体表面存在缺陷时会引起金属的电阻率 ρ、磁导率 μ 的变化,综合参数(x,ρ,μ)的变化将引起传感器参数的变化,通过测量传感器参数的变化即可达到探伤的目的。探伤时传感器与被测金属保持距离不变,如果有裂纹导体电阻率会发生变化,涡流损耗的改变引起涡流强度变化使电路输出电压变化。

在探伤时,重要的是缺陷信号和干扰信号比。为了获得需要的频率而采用滤波器,使某一频率的信号通过,而将干扰频率信号衰减,如图 6-13 所示。

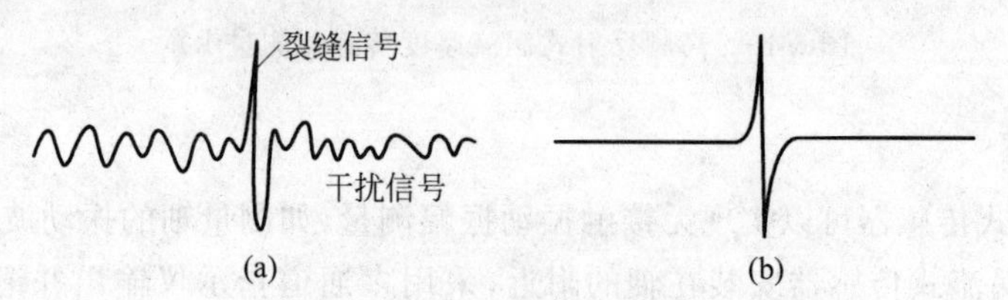

图 6-13 涡流探伤信息处理

(a) 比较浅的裂缝信号;(b) 经过幅值甄别后的信号

6.6 实验——电涡流式传感器位移实验

6.6 实验

思考题与习题

1. 什么叫电涡流效应？电涡流式传感器的基本工作原理是什么？

2. 电涡流式传感器的基本特性有哪些？

3. 电涡流式传感器可以进行哪些物理量的检测？能否测量非金属物体？为什么？

4. 试用电涡流式传感器设计一在线检测的钢球计数装置，请画出检测原理框图和电路原理框图。

第7章

压电式传感器

压电式传感器以电介质的压电效应为基础,外力作用下在电介质表面产生电荷,从而实现非电量测量,是一种典型的发电型传感器。

压电传感元件是力敏感元件,所以它能测量最终能变换为力的那些物理量,如力、压力、加速度等。

压电式传感器具有响应频带宽、灵敏度高、信噪比大、结构简单、工作可靠、重量轻等优点。近年来,由于电子技术的飞速发展,随着与之配套的二次仪表以及低噪声、小电容、高绝缘电阻电缆的出现,压电式传感器的使用更为方便。因此,在工程力学、生物医学、石油勘探、声波测井、电声学、导航等许多技术领域中获得了广泛的应用。

7.1 压电效应

7.1.1 概念

自然界中32种晶体点阵,分为中心对称和非对称两大类,其中非中心对称的有21种,20种具有压电效应,压电现象是晶体缺乏中心对称引起的。

压电效应分为正压电效应和逆压电效应两种情形。

1. 正压电效应

某些晶体(电介质),受到一定方向上的机械外力作用使它变形时,其内部就产生极化现象(类似于铁磁体的磁化现象),同时在晶体的两个表面上产生符号相反的电荷(或产生内部电场),当外力去掉后,又重新恢复不带电状态的现象。当作用力方向改变时,电荷极性也随着改变。这种现象称为正压电效应。

2. 逆压电效应

当在晶体(电介质)的极化方向施加外部电场,这些晶体(电介质)就在一定方向上产生机械变形或机械应力，当外加电场消失则晶体(电解质)机械形变或机械应力也随之消失的现象，称为逆压电效应。

压电效应表明压电元件可以将机械能转换为电能，也可以将电能转换为机械能。

7.1.2　压电效应分析

自然界许多晶体具有压电效应，但十分微弱，研究发现石英晶体、钛酸钡、锆钛酸铅是优良的压电材料。压电材料可以分为两类：压电晶体、压电陶瓷。

1. 石英晶体压电效应分析

石英晶体(SiO_2)又称水晶体(或单晶体)，天然结构的石英晶体呈现一个正六面体的形状，在晶体学中它可用三根互相垂直的轴来表示，如图7-1所示，其中纵向轴 $Z—Z$ 称为光轴；经过正六面体棱线，并垂直于光轴的 $X—X$ 轴称为电轴；与 $X—X$ 轴和 $Z—Z$ 轴同时垂直的 $Y—Y$ 轴(垂直于正六面体的棱面)称为机械轴。

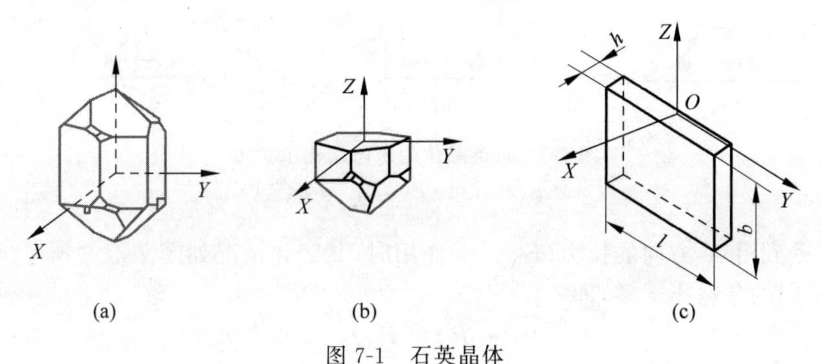

图7-1　石英晶体
(a) 石英晶体外形；(b) 坐标系；(c) 切片

通常把沿电轴 $X—X$ 方向的力作用下产生电荷的压电效应称为“纵向压电效应”，而把沿机械轴 $Y—Y$ 方向的力作用下产生电荷的压电效应称为“横向压电效应”，沿光轴 $Z—Z$ 方向受力则不产生压电效应。

石英晶体具有压电效应，是由其内部结构决定的。组成石英晶体的硅离子 Si^{4+} 和氧离子 O^{2-} 在 Z 平面投影，如图7-2(a)所示。为讨论方便，将这些硅、氧离子等效为图7-2(b)中正六边形排列，图中“+”代表 Si^{4+}，“−”代表 $2O^{2-}$。

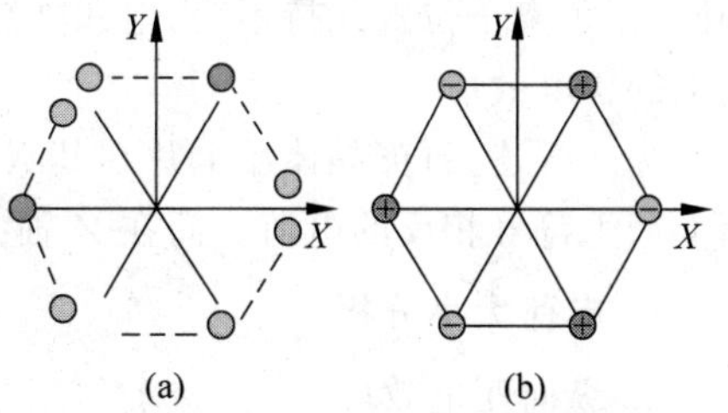

图7-2　硅氧离子排列示意图
(a) 硅氧离子在 Z 平面上的投影；
(b) 等效为正六边形排列的投影

当作用力 $F_X=0$ 时，如图7-3(a)所示，正、负离子(即 Si^{4+} 和 $2O^{2-}$)正好分布在正六边形顶角上，形成三个互成120°夹角的偶极矩 P_1、P_2、P_3 相等，即

$$\overline{P_1}=\overline{P_2}=\overline{P_3}=q\times l \qquad (7\text{-}1)$$

式中：q 为电荷量；l 为正负电荷之间的距离。此时正负电荷中心重合，电偶极矩的矢量和等于零，不呈现极性，即

$$\overline{P_1}+\overline{P_2}+\overline{P_3}=0 \tag{7-2}$$

当晶体受到沿 X 方向的压力($F_X<0$)作用时,晶体沿 X 方向将产生收缩,正、负离子相对位置随之发生变化,如图 7-3(b)所示。此时正、负电荷中心不再重合,电偶极矩在 X 方向的分量大于零,即

$$(\overline{P_1}+\overline{P_2}+\overline{P_3})_X>0 \tag{7-3}$$

在 Y、Z 方向上的分量都为零,即

$$(\overline{P_1}+\overline{P_2}+\overline{P_3})_Y=0 \tag{7-4}$$

$$(\overline{P_1}+\overline{P_2}+\overline{P_3})_Z=0 \tag{7-5}$$

由此看出,在 X 轴正方向上产生正电荷、Y 轴的反方向上产生负电荷,在 Y、Z 轴方向则不出现电荷。

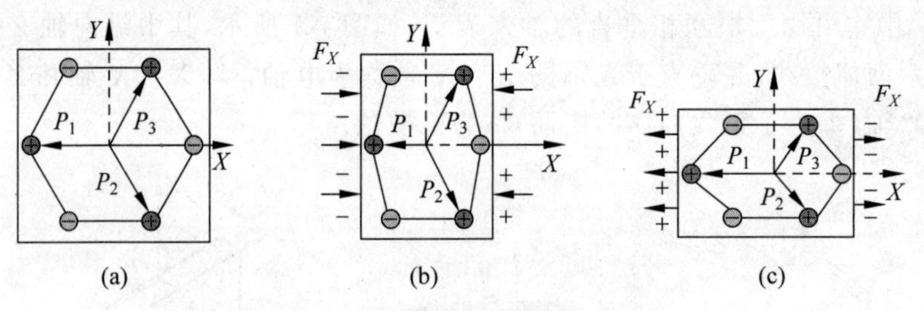

图 7-3 石英晶体的压电结构示意图

(a) $F_X=0$; (b) $F_X<0$; (c) $F_X>0$

当晶体受到沿 X 方向的拉力($F_X>0$)作用时,其变化情况如图 7-3(c)所示。此时电偶极矩在 X 方向的分量小于零,即

$$(\overline{P_1}+\overline{P_2}+\overline{P_3})_X<0 \tag{7-6}$$

而在 Y、Z 轴方向的分量都等于零。所以在 X 轴的正方向上产生负电荷,其相反方向上产生正电荷,在 Y、Z 轴方向上不产生电荷。

在 Y 轴方向上施加外力 F_Y 时,当 $F_Y>0$ 时,其效果与图 7-3(b)$F_X<0$ 时的情况相似,当 $F_Y<0$ 时,其效果与图 7-3(c)$F_X>0$ 时的情况相似。

当在 Z 轴方向上施加外力 F_Z 时,因为晶体沿 X 方向和沿 Y 方向所产生的正应变完全相同,正负离子位置保持不变,电偶极矩在各个方向上的分量和都为零,所以不产生任何方向上的压电效应。

综上所述,石英晶体压电片在其 X 轴或 Y 轴方向上施加外力 F 时,均在 X 轴的两个截面上产生符号相反的电荷。而在 Z 轴方向上施加外力时,不会产生任何的压电效应。

2. 电荷大小分析

1) 纵向压电效应

沿着 $X—X$ 方向作用力,与 $X—X$ 轴垂直面上产生电荷,在晶体的线性弹性范围内,极化强度 P_{XX} 与应力 σ_{XX} 成正比,即

$$P_{XX}=d_{11}\sigma_{XX}=d_{11}\frac{F_X}{lb} \tag{7-7}$$

式中:F_X 为沿晶轴 X 方向施加的压缩力;d_{11} 为压电系数,当受力方向和变形不同时,压电系数也不同,一般石英晶体的压电系数 $d_{11}=2.3\times10^{-12}\mathrm{C\cdot N^{-1}}$;$l$,$b$ 分别为石英晶片

的长度和宽度。

面极化强度 P_{XX} 等于晶体表面的电荷密度，即

$$P_{XX}=\frac{q_{XX}}{lb} \tag{7-8}$$

式中：q_{XX} 为垂直于 x 轴平面上的电荷，所以

$$q_{XX}=d_{11}F_X \tag{7-9}$$

$q_{m,n}$ 下标 m，n 的意义是：m 表示产电荷的面的轴向，n 表示施加作用力的轴向。在石英晶体中下标 1 对应 X 轴，2 对应 Y 轴，3 对应 Z 轴。

另外，根据逆压电效应，在 X 轴方向上施加外电压 U_X 作用下，则产生晶体形变 Δt，

$$\Delta t=d_{11}U_X \tag{7-10}$$

式中：t 是压电片的厚度，相应应变为

$$\frac{\Delta t}{t}=d_{11}\frac{U_X}{t}=d_{11}E_X \tag{7-11}$$

式中：E_X 为 X 轴方向的电场强度。

2）横向压电效应

作用力沿着 Y—Y 方向，电荷仍在与 X—X 垂直的面上产生，则

$$q_{XY}=d_{12}\frac{lb}{bh}F_Y=d_{12}\frac{l}{h}F_Y \tag{7-12}$$

而 $d_{12}=-d_{11}$，所以

$$q_{XY}=-d_{11}\frac{l}{h}F_Y \tag{7-13}$$

面极化强度为

$$P_{XY}=d_{12}\sigma_{XY}=d_{12}\frac{F_Y}{bh} \tag{7-14}$$

电荷密度为

$$q_{XY}=P_{XY}lb \tag{7-15}$$

另外，设逆压电效应产生的形变 Δl，在 X 轴方向上外加电场 U_X，则

$$\Delta l=-d_{11}\frac{l}{h}U_X \tag{7-16}$$

其相对应变为

$$\frac{\Delta l}{l}=-d_{11}\frac{U_X}{h}=-d_{11}E_X \tag{7-17}$$

综上所述，无论是正压电效应还是逆压电效应，其作用力（或应变）与电荷（或电场强度）之间都呈线性关系；晶体在哪个方向上有正压电效应，则在此方向上一定存在逆压电效应；石英晶体不是在任何方向上都存在压电效应。

3. 压电陶瓷的压电效应

压电陶瓷属于铁电体一类的物质，是人工制造的多晶压电材料，它具有类似铁磁材料磁畴结构的电畴结构。电畴是分子自发形成的区域，它有一定的极化方向，从而存在一定的电场。在无外电场作用时，各个电畴在晶体上杂乱分布，它们的极化效应被相互抵消，因此原

始的压电陶瓷内极化强度为零，如图 7-4 所示。

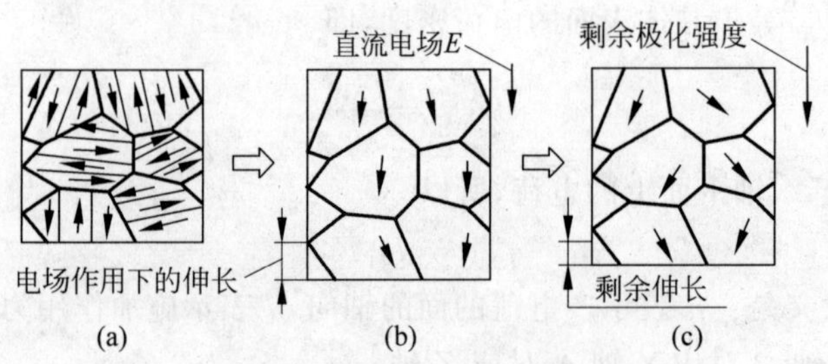

图 7-4 压电陶瓷极化效应

(a) 极化处理前；(b) 极化处理中；(c) 极化处理后

但是，当把电压表接到陶瓷片的两个电极上进行测量时，却无法测出陶瓷片内部存在的极化强度。这是因为陶瓷片内的极化强度总是以电偶极矩的形式表现出来，即在陶瓷的一端出现正束缚电荷，另一端出现负束缚电荷。由于束缚电荷的作用，在陶瓷片的电极面上吸附了一层来自外界的自由电荷。这些自由电荷与陶瓷片内的束缚电荷符号相反而数量相等，它起着屏蔽和抵消陶瓷片内极化强度对外界的作用。所以，电压表不能测出陶瓷片内的极化程度，如图 7-5 所示。

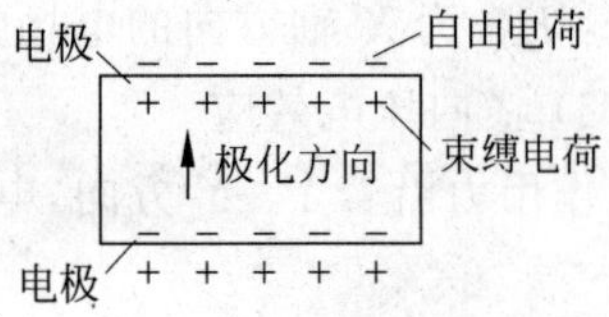

图 7-5 陶瓷片内束缚电荷与电极上吸附的自由电荷示意图

如果在陶瓷片上加一个与极化方向平行的压力 F，如图 7-6 所示，陶瓷片将产生压缩形变(图中虚线)，片内的正、负束缚电荷之间的距离变小，极化强度也变小。因此，原来吸附在电极上的自由电荷，有一部分被释放，而出现放电荷现象。当压力撤销后，陶瓷片恢复原状(这是一个膨胀过程)，片内的正、负电荷之间的距离变大，极化强度也变大，因此电极上又吸附一部分自由电荷而出现充电现象。这种由机械效应转变为电效应，或者由机械能转变为电能的现象，就是正压电效应。

同样，若在陶瓷片上加一个与极化方向相同的电场，如图 7-7 所示，由于电场的方向与极化强度的方向相同，所以电场的作用使极化强度增大。这时，陶瓷片内的正负束缚电荷之间距离也增大，也就是说，陶瓷片沿极化方向产生伸长形变(图中虚线)。同理，如果外加电场的方向与极化方向相反，则陶瓷片沿极化方向产生缩短形变。这种由于电效应而转变为机械效应或者由电能转变为机械能的现象，就是逆压电效应。

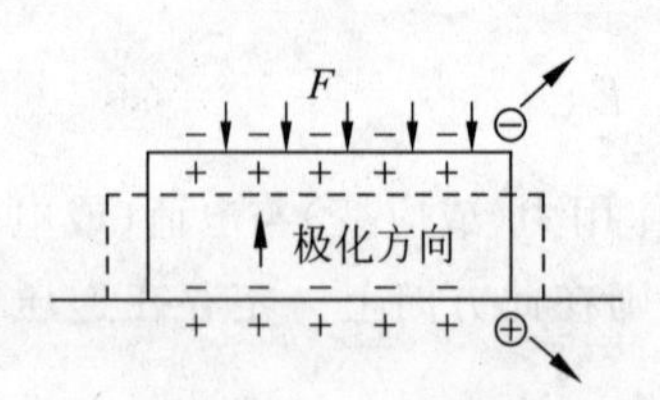

图 7-6 正压电效应示意图

实线代表形变前的情况，虚线代表形变后的情况

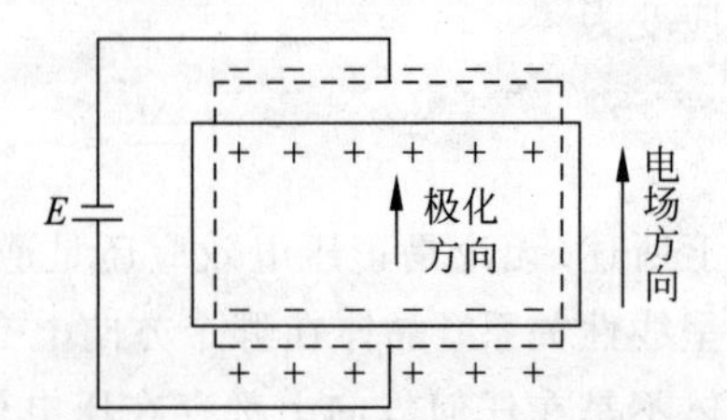

图 7-7 逆压电效应示意图

实线代表形变前的情况，虚线代表形变后的情况

由此可见，压电陶瓷之所以具有压电效应，是由于陶瓷内部存在自发极化。这些自发极化经过极化工序处理而被迫取向排列后，陶瓷内即存在剩余极化强度。如果外界的作用(如

压力或电场的作用)能使此极化强度发生变化,陶瓷就出现压电效应。此外,还可以看出,陶瓷内的极化电荷是束缚电荷,而不是自由电荷,这些束缚电荷不能自由移动。所以,在陶瓷中产生的放电或充电现象,是通过陶瓷内部极化强度的变化,引起电极面上自由电荷的释放或补充的结果。

7.2　压电材料简介

压电材料主要包括:压电晶体,如石英等;压电陶瓷,如钛酸钡、锆钛酸铅等;压电半导体,如硫化锌、碲化镉等。

对压电材料特性要求:

(1) 转换性能。要求具有较大的压电常数。

(2) 力学性能。压电元件作为受力元件,希望它的机械强度高、刚度大,以期获得宽的线性范围和高的固有振动频率。

(3) 电性能。希望具有高电阻率和大介电常数,以减弱外部分布电容的影响并获得良好的低频特性。

(4) 环境适应性强。温度和湿度稳定性要好,要求具有较高的居里点,获得较宽的工作温度范围。

(5) 时间稳定性。要求压电性能不随时间变化。

7.2.1　石英晶体

石英(SiO_2)是一种具有良好压电特性的压电晶体。其介电常数和压电系数的温度稳定性相当好,在常温范围内这两个参数几乎不随温度变化,如图7-8与图7-9所示。

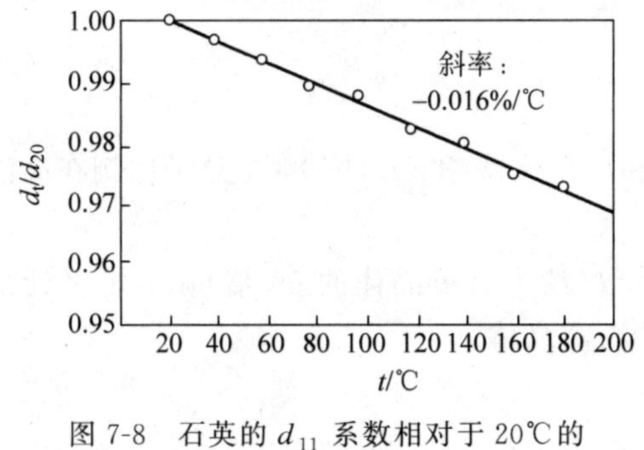

图7-8　石英的 d_{11} 系数相对于20℃的 d_{11} 温度变化特性

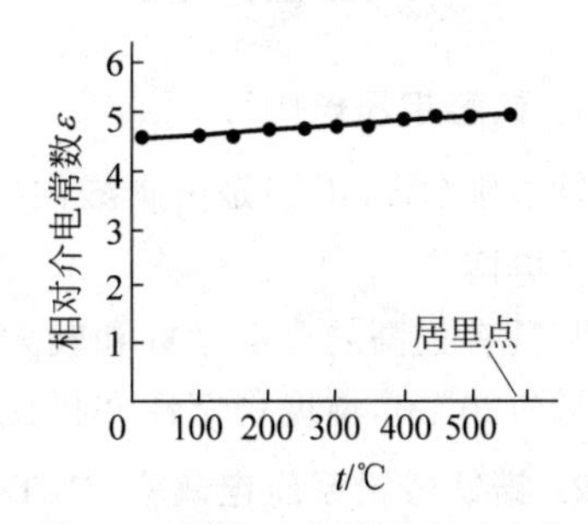

图7-9　石英在高温下相对介电常数的温度特性

由图7-8可见,在20～200℃范围内,温度每升高1℃,压电系数仅减少0.016%。但是当到573℃时,它完全失去了压电特性,这就是它的居里点。

石英晶体的突出优点是性能非常稳定,机械强度高,绝缘性能也相当好。但石英材料价格昂贵,且压电系数比压电陶瓷低得多,因此一般仅用于标准仪器或要求较高的传感器中。

因为石英是一种各向异性晶体，因此，按不同方向切割的晶片，其物理性质(如弹性、压电效应、温度特性等)相差很大。为此在设计石英传感器时，应根据不同使用要求正确地选择石英片的切型。

石英晶片的切型符号表示方法包括 IRE 标准规定的切型符号表示法和习惯符号表示法。

IRE 标准规定的切型符号包括一组字母(X、Y、Z、t、l、b)和角度。用 X、Y、Z 中任意两个字母的先后排列顺序，表示石英晶片厚度和长度的原始方向；用字母 t(厚度)、l(长度)、b(宽度)表示旋转轴的位置。当角度为正时，表示逆时针旋转；当角度为负时，表示顺时针旋转。例如：(YXl)35°切型，其中第一个字母 Y 表示石英晶片在原始位置(即旋转前的位置)时的厚度沿 Y 轴方向，第二个字母 X 表示石英晶片在原始位置时的长度沿 X 轴方向，第三个字母 l 和角度 35°表示石英晶片绕长度逆时针旋转 35°，如图 7-10 所示。

又如($XYtl$)5°/−50°切型，它表示石英晶片原始位置的厚度沿 X 轴方向，长度沿 Y 轴方向，先绕厚度 t 逆时针旋转 5°，再绕长度 l 顺时针旋转 50°，如图 7-11 所示。

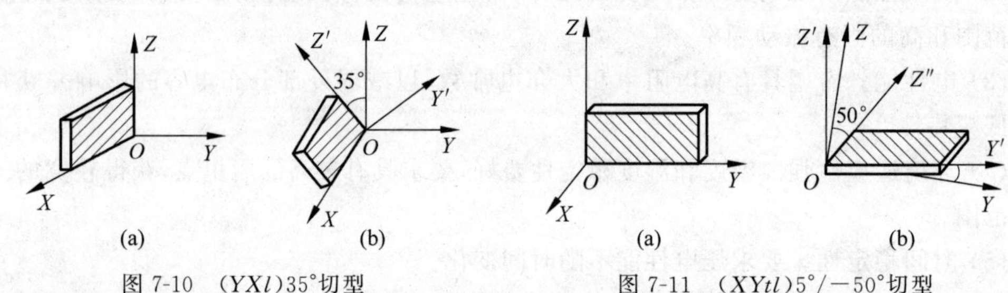

图 7-10　(YXl)35°切型

(a) 石英晶片原始位置；(b) 石英晶片的切割方位

图 7-11　($XYtl$)5°/−50°切型

(a) 石英晶片原始位置；(b) 石英晶片的切割方位

习惯符号表示法是石英晶体特有的表示法，它由两个大写的英文字母组成，如 AT、BT、CT、DT、NT、MT 和 FC 等。

7.2.2　压电陶瓷

1. 钛酸钡压电陶瓷

钛酸钡($BaTiO_3$)是由碳酸钡($BaCO_3$)和二氧化钛(TiO_2)按 1∶1 分子比例在高温下合成的压电陶瓷。

它具有很高的介电常数和较大的压电系数(约为石英晶体的 50 倍)。不足之处是居里温度低(120℃)，温度稳定性和机械强度不如石英晶体。

2. 锆钛酸铅系压电陶瓷(PZT)

锆钛酸铅是由 $PbTiO_3$ 和 $PbZrO_3$ 组成的固溶体 $Pb(Zr、Ti)O_3$。它与钛酸钡相比，压电系数更大，居里温度在 300℃以上，各项机电参数受温度影响小，时间稳定性好。此外，在锆钛酸中添加一种或两种其他微量元素(如铌、锑、锡、锰、钨等)还可以获得不同性能的 PZT 材料。因此，锆钛酸铅系压电陶瓷是目前压电式传感器中应用最广泛的压电材料。

3. 压电聚合物

聚二氟乙烯(PVF_2)是目前发现的压电效应较强的聚合物薄膜，这种合成高分子薄膜就其对称性来看，不存在压电效应，但是它们具有“平面锯齿”结构，存在抵消不了的偶极子。经延展和拉伸后可以使分子链轴成规则排列，并在与分子轴垂直方向上产生自发极化偶极子。当在膜厚方向加直流高压电场极化后，就可以成为具有压电性能的高分子薄膜。这种薄膜有可挠性，并容易制成大面积压电元件。这种元件耐冲击、不易破碎、稳定性好、频带宽。为提高其压电性能，还可以掺入压电陶瓷粉末，制成混合复合材料（PVF_2-PZT）。

4. 压电半导体材料

如 ZnO、CdS、ZnO、CdTe，这种力敏器件具有灵敏度高、响应时间短等优点。此外，用 ZnO 作为表面声波振荡器的压电材料，可测取力和温度等参数。

7.2.3 压电元件结构形式

在实际应用中为提高灵敏度，使表面有足够的电荷，常常把两片、四片压电元件组成在一起使用。由于压电材料有极性，因此存在连接方法，双片连接时有如下两种方式。

1. 压电元件并联

按⊕⊖⊖⊕连接为并联形式，如图 7-12(a)所示，此种连接方式，输出电荷大小为单个压电片的 2 倍，即 $Q'=2Q$；输出电压不变，即 $U'=U$，电容大小增加一倍，即 $C'=2C$，所以该种形式适用于测量慢变信号并且以电荷作为输出量的场合。

2. 压电元件串联

按⊕⊖⊕⊖连接为串联形式，如图 7-12(b)所示，此种连接方式，输出电压大小为单个压电片的 2 倍，即 $U'=2U$；输出电荷不变，即 $Q'=Q$，电容大小为单个压电片的一半，即 $C'=\frac{C}{2}$，所以该形式适用于以电压作为输出信号，其测量电路输入阻抗很高的场合。

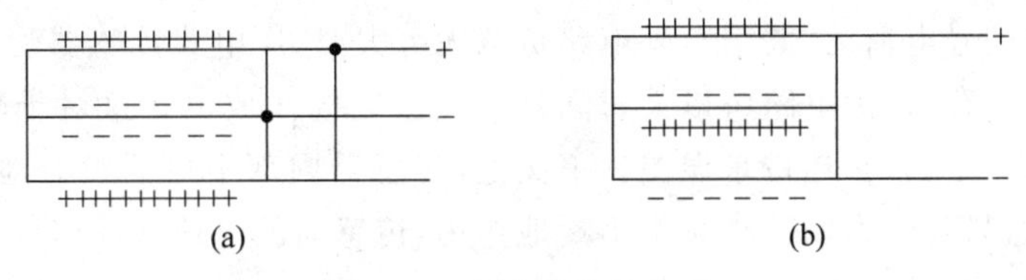

图 7-12　压电片连接方式

(a) 并联；(b) 串联

7.3 压电式传感器的测量电路

7.3.1 压电式传感器等效电路

1. 等效原理

压电晶体在受外力作用下，其电极表面产生正负极性的电荷，因此可以看成一个静电发生器，其类似一个以压电材料为电介质的电容器 C_a，如图 7-13 所示。

其电容量为

$$C_{\mathrm{a}}=\frac{\varepsilon S}{t}=\frac{\varepsilon_{\mathrm{r}}\varepsilon_{0}S}{t} \tag{7-18}$$

当两极板聚集异性电荷时，则两极板间呈现一定的电压，其大小为

$$U_{\mathrm{a}}=\frac{q}{C_{\mathrm{a}}} \tag{7-19}$$

2. 等效电路图

由上述等效原理可知，压电式传感器可等效为电压源 U_{a} 和一个电容器 C_{a} 的串联电路，如图 7-14(a)所示；也可等效为一个电荷源 q 和一个电容器 C_{a} 的并联电路，如图 7-14(b)所示。

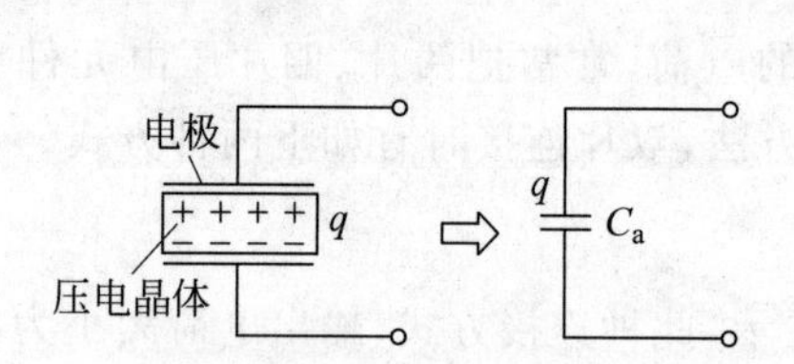

图 7-13　压电式传感器等效原理

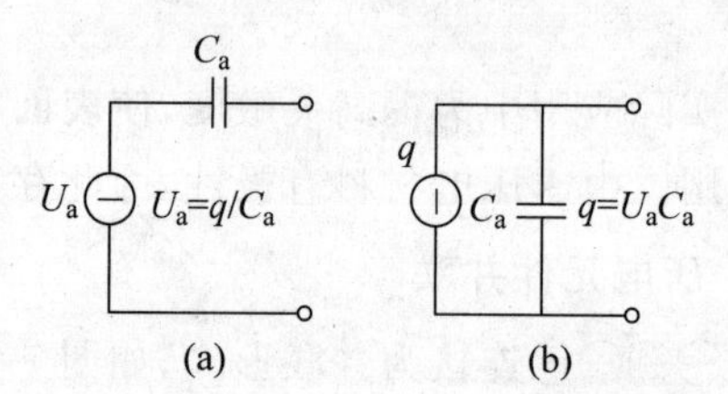

图 7-14　压电式传感器等效原理

(a) 电压等效电路；(b) 电荷等效电路

等效电压源的电压大小为

$$U_{\mathrm{a}}=\frac{q}{C_{\mathrm{a}}} \tag{7-20}$$

等效电荷源的电荷量大小为

$$q=C_{\mathrm{a}}U_{\mathrm{a}} \tag{7-21}$$

传感器内部信号电荷无“漏损”，外电路负载无穷大时，压电式传感器受力后产生的电压或电荷才能长期保存，否则电路将以某时间常数按指数规律放电。这对于静态标定以及低频准静态测量极为不利，必然带来误差。事实上，传感器内部不可能没有泄漏，外电路负载也不可能无穷大，只有外力以较高频率不断地作用，传感器的电荷才能得以补充，因此，压电晶体不适合于静态测量。

压电式传感器在测量时要与测量电路相连接，于是就得考虑电缆电容 C_{e}(分布电容)，放大器的输入电阻 R_{i}，输入电容 C_{i} 以及压电式传感器的泄漏电阻 R_{a}。考虑这些因素，压电式传感器的完整等效电路就如图 7-15 所示，它们的作用是等效的。

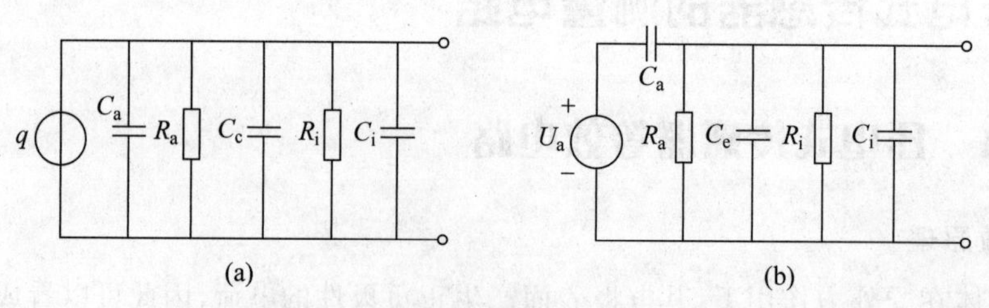

图 7-15　压电式传感器的完整等效电路

(a) 电荷源；(b) 电压源

由此可见，压电式传感器的绝缘电阻 R_a 与前置放大器的输入电阻 R_i 相并联。为保证传感器和测试系统有一定的低频或准静态响应，要求压电式传感器绝缘电阻应保持在 $10^{13}\Omega$ 以上，才能使内部电荷泄漏减少到满足一般测试精度的要求。与上述相适应，测试系统则应有较大的时间常数，即前置放大器要有相当高的输入阻抗，否则传感器的信号电荷将通过输入电路泄漏，即产生测量误差。

7.3.2 测量电路

压电式传感器的前置放大器有两个作用，即把压电式传感器的高输出阻抗变换成低阻抗输出和放大压电式传感器输出的弱信号。

前置放大器形式分为：电压放大器，其输出电压与输入电压(传感器的输出电压)成正比；电荷放大器，其输出电压与输入电荷成正比。

1. 电压放大器

电压放大器的原理图如图 7-16(a)所示，图 7-16(b)为简化等效图。

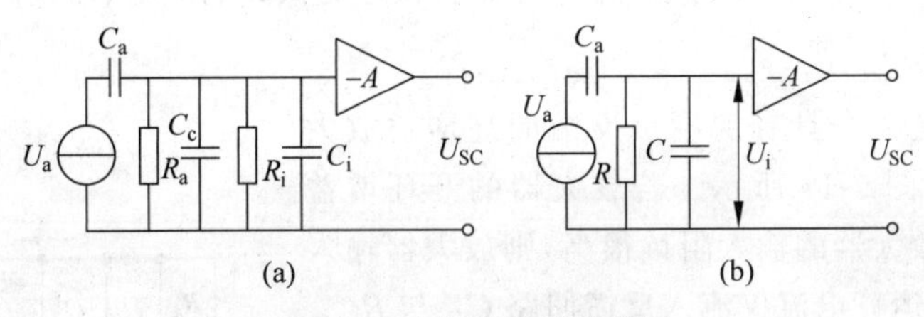

图 7-16　电压放大器原理图

图 7-16(b)中等效电阻为

$$R=\frac{R_a\cdot R_i}{R_a+R_i} \tag{7-22}$$

等效电容为

$$C=C_c+C_i \tag{7-23}$$

当压电元件所承受的所用力为

$$F=F_m\sin\omega t \tag{7-24}$$

式中：F_m 为作用力的幅值，则在外力作用下，根据压电效应，产生的电荷值为

$$Q=d\cdot F=d\cdot F_m\sin\omega t \tag{7-25}$$

压电元件产生的电压值为

$$U_a=\frac{Q}{C_a}=\frac{d\cdot F_m\sin\omega t}{C_a} \tag{7-26}$$

则放大器输入为

$$\begin{aligned}U_i&=U_a\frac{R\ /\!/\ \frac{1}{j\omega C}}{\frac{1}{j\omega C}+\left(R\ /\!/\ \frac{1}{j\omega C}\right)}=\frac{j\omega RC_aU_a}{1+j\omega R(C+C_a)}\\&=\frac{j\omega R}{1+j\omega R(C+C_a)}d\cdot F\end{aligned} \tag{7-27}$$

当$\omega R(C+C_a)\gg 1$时，式(7-27)可简化为

$$U_i \approx \frac{d}{C+C_a}F = \frac{d}{C_i+C_a+C_e}F \tag{7-28}$$

其幅值为

$$U_{im} \approx \frac{dF_m}{C_i+C_a+C_e} \tag{7-29}$$

由此可见，放大器的输入U_{im}与作用力F的频率无关，因此具有较好的高频响应特性；另外由式(7-29)可知，当改变压电式传感器的引线电缆长度时，其电缆电容C_e的变化将引起放大器输入信号U_{im}的变化。因此，在测量中通常需要电缆长度固定，保证C_e为常数，否则会产生测量误差。

电压灵敏度为

$$K_u = \frac{U_{im}}{F_m} \approx \frac{d}{C_i+C_a+C_e} \tag{7-30}$$

可见，电压灵敏度与电路电容大小成反比关系，所以一般要求放大器的内阻R_i增大，电容C降低，满足$\omega R(C+C_a)\gg 1$条件，并且传感器有较好的低频响应，从而提高灵敏度。

2. 电荷放大器

电荷放大器是一个具有深度负反馈的高增益放大器，其基本电路如图7-17所示。若放大器的开环增益A_0足够大，并且放大器的输入阻抗很高，则放大器输入端几乎没有分流，运算电流仅流入反馈回路C_F与R_F。

放大器的输入电荷为

$$Q_i = Q - Q_F \tag{7-31}$$

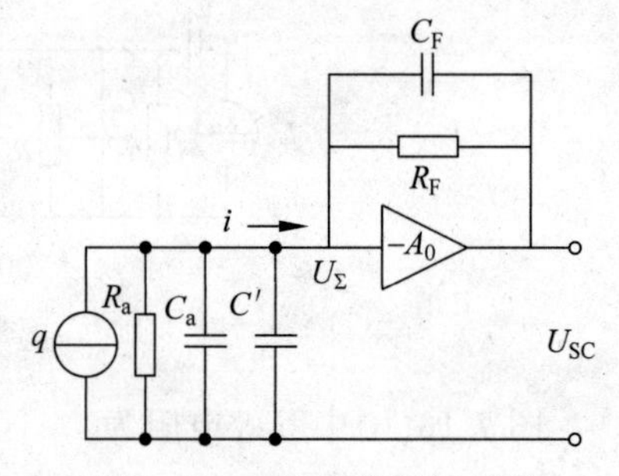

图7-17　电荷放大器原理图

式中：Q为传感器的电荷；Q_F为放大器的反馈电荷，其大小为

$$Q_F = (U_\Sigma - U_{SC})C_F \tag{7-32}$$

式中：U_Σ为放大器输入电压；U_{SC}为放大器输出电压；C_F为反馈电容。式(7-32)变换为

$$Q_F = \left(-\frac{U_{SC}}{A_0} - U_{SC}\right)C_F = -(1-A_0)\frac{U_{SC}}{A_0}C_F \tag{7-33}$$

从电路图可知，放大器的输入电荷为

$$Q_i = U_\Sigma(C_a + C') = -\frac{U_{SC}}{A_0}C \tag{7-34}$$

式中：$C=C_a+C'=C_a+C_e+C_i$。

将式(7-33)、式(7-34)代入式(7-31)，得

$$U_{SC} = -\frac{A_0 Q}{C+(1+A_0)C_F} \tag{7-35}$$

当$(1+A_0)C_F\gg C$时，则

$$U_{SC} \approx -\frac{Q}{C_F} \tag{7-36}$$

可见当A_0足够大时，输出电压与A_0无关，只取决于输入电荷q和反馈电容C_F，改变

C_F 的大小便可得到所需的电压输出。C_F 一般取值 $10^2 \sim 10^4$ pF。

其灵敏度为

$$K_Q = \frac{U_{SC}}{Q} = -\frac{1}{C_F} \tag{7-37}$$

可见，其大小取决于反馈电容 C_F 的大小。另外与电压放大器不同，电缆电容 C_F 与放大器输入电容 C_i 不会对输出 U_{SC} 产生影响，故电缆引线长度变化不会带来测量误差。

由上述分析可知，运算放大器的开环放大倍数 A_0 对精度有影响，所产生的误差大小为

$$\delta = \frac{U'_{SC} - U_{SC}}{U'_{SC}} = \frac{-\frac{Q}{C_F} - \left(-\frac{A_0 Q}{C + (1+A_0)C_F}\right)}{-\frac{Q}{C_F}}$$

$$= \frac{C + C_F}{(1+A_0)C_F + C} \tag{7-38}$$

例如，当 $C = 10^4$ pF，$C_F = 100$pF，要求误差 $\delta \leqslant 1\%$ 时，可得放大器的增益应满足 $A_0 \geqslant 10^4$，对线性集成运算放大器来说，这一要求是不难达到的。

7.4 压电式传感器应用

7.4.1 压电式测力传感器

压电式测力传感器是利用压电元件直接实现力-电转换的传感器，应用在拉力、压力工作的场合下，一般采用双片或多片石英晶体作压电元件，也可以利用其他弹性材料做的敏感元件来测量力，如通过弹性膜、盒等把压力收集转换成力，再传递给压电元件。

1. 单向力传感器

单向力传感器结构如图 7-18 所示，它仅用来测量单向的压力，如机床动态切削力的测量。利用石英晶体的纵向压电效应，实现力-电转换。它利用两块晶片作传感元件，被测力通过传力上盖 1 使石英晶片 2 沿电轴方向受压力作用，由于纵向压电效应使石英晶片在电轴方向上出现电荷，两块晶片沿电轴方向并联叠加，负电荷由电极 3 输出，压电晶片正电荷一侧与底座连接。两片压电晶片并联可提高灵敏度。压力元件弹性变形部分的厚度较薄，其厚度由测力大小决定。这种结构的单向力传感器体积小、质量轻(10g)，固有频率高(50～60kHz)，可检测高达 5000N 的动态力，分辨力为 10^{-3}N。

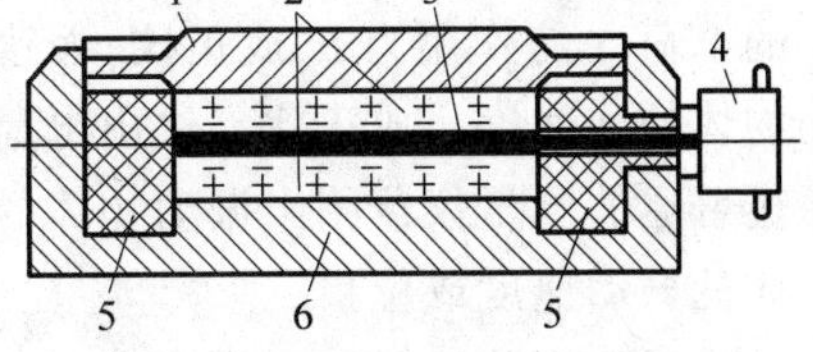

图 7-18　压电式单向力传感器

1—传力上盖；2—石英晶片；3—电极；4—电极引出插头；5—绝缘材料；6—底座

2. 双向力传感器

双向力传感器主要用于测量垂直分力和切向分力，以及测量互相垂直的两个切向分力。

其结构如图 7-19 所示，两组石英晶片分别测量两个分力，下面一组采用 xy 切型，测量轴向力。上面一组采用 yx 切型，晶片的厚度方向为 y 轴方向，最大电荷灵敏度方向平行于 x 轴，在平行于 x 轴的剪切应力作用下，产生厚度剪切变形。

7.4.2　压电式加速度传感器

目前，压电式加速度传感器的结构形式主要有压缩型、剪切型和复合型三种。这里以压缩型为例介绍其工作原理。

图 7-20 为压缩型压电加速度传感器的结构原理图，由压电元件、质量块、硬弹簧、外壳等组成。压电元件一般由两块压电晶片组成，放在基座上，上面放置质量块，质量块一般采用密度比较大的金属钨或合金制成，这样既能保证重量又不增大体积。硬弹簧的作用是对压电元件施加预压缩载荷，目的是消除质量块与压电元件之间，以及压电元件本身之间因加工问题造成的接触不良而带来的非线性误差，并且保证传感器在交变力的作用下正常工作。整个组件封装在一个刚度较大的金属外壳中。

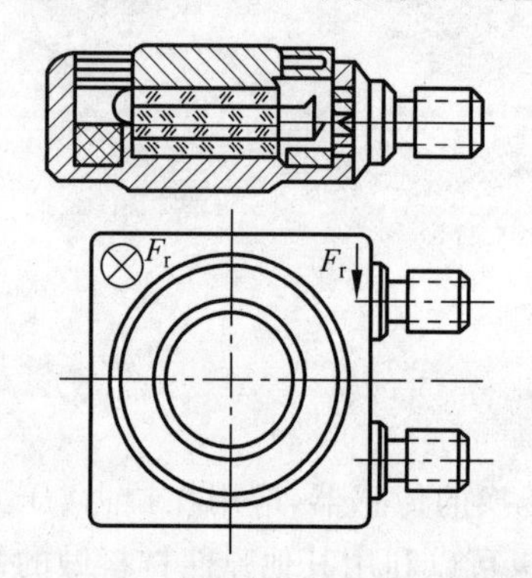

图 7-19　压电式双向力传感器

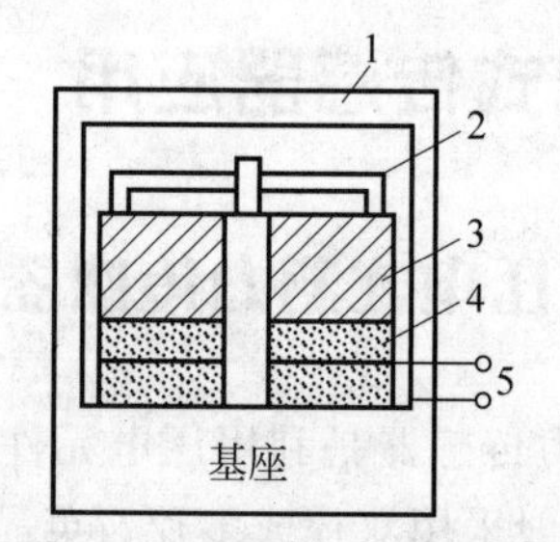

图 7-20　压缩型压电加速度传感器结构原理图

1—外壳；2—硬弹簧；3—质量块；4—压电片；5—输出线

测量时，基座固定在待测物体上，当物体振动时，由于惯性的原因，质量块感受到同样的振动，这样就有一个与加速度成正比的惯性力作用在压电片上，压电片在外力 F 的作用下产生压电效应，在它的两个表面上产生电荷。根据压电式传感器的测量电路可知，传感器产生的电荷 q 与作用力 F 成正比，而这个作用力又和振动加速度成正比，所以电荷 q 就和振动物体的加速度 a 成正比。输出电荷量由传感器输出线引出，输入到前置放大器后就可以通过普通的测量仪器测出振动物体的加速度，如在放大器中加入积分电路，就可以测出振动物体的振动速度或位移。

为了提高传感器的灵敏度，一般选择压电系数大的压电陶瓷片，若增加质量块质量会影响被测振动，同时会降低振动系统的固有频率，因此一般不采用增加质量办法来提高传感器灵敏度。此外，增加压电片数目和采用合理的连接方法也可以提高传感器灵敏度。

7.4.3　压电式超声传感器

频率高于 20kHz 的机械波称为超声波，由于其波长比较短，人耳无法听见。超声波传感器具有多种用途，利用它的各种物理特性，可以实现超声波测距、测厚、测流量、无损探伤、超声成像，如防盗报警系统、自动门启闭装置、汽车倒车传感器及各种电子设备的遥控装置等。随着信息技术的迅猛发展，新的超声波应用领域越来越广泛，而且不断得到扩展。

超声波传感器习惯上称为超声波换能器，或超声波探头。超声波传感器有压电式、磁致伸缩刷、电磁式，其中最常用的是压电式。

压电式超声波探头主要有压电晶体和压电陶瓷，利用压电材料的压电效应工作，分为发射、接收两部分。发射元件利用压电材料的逆压电效应，将高频电振动转换为机械振动产生超声波，是将电能转换为机械能的过程；接收元件利用压电材料的正压电效应，将超声波振动转换为电信号，是将机械能转换为电能的过程，如图 7-21 所示。

压电式超声波传感器结构如图 7-22 所示，主要由压电晶片、吸收块(阻尼块)、保护膜、引线、金属外壳等组成。压电片为两面镀银的圆形薄片，超声波频率 f 与原片厚度成反比；阻尼块的作用是吸收声能，降低晶片的机械品质因数，其目的是防止电脉冲停止时晶片会继续振荡，使分辨率变差。

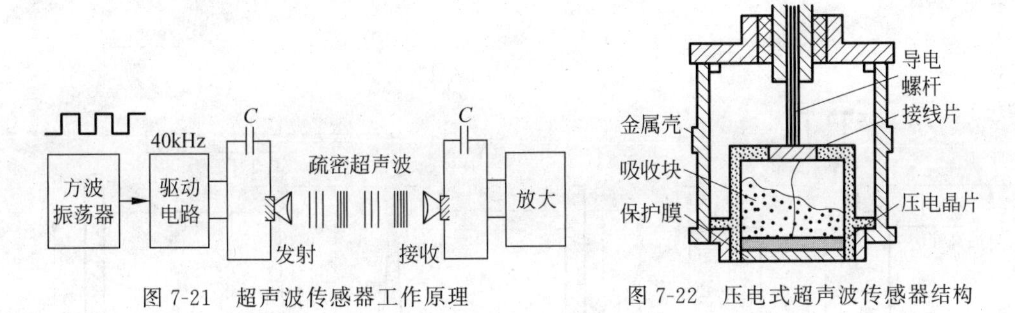

图 7-21 超声波传感器工作原理

图 7-22 压电式超声波传感器结构

超声波传感器基本电路包括振荡发射电路、检测电路两部分。超声波发射电路如图 7-23 所示，由反向器组成 RC 振荡器，经门电路完成功率放大，经电容 C_P 耦合传送给超声波振子产生超声波信号。电容 C_P 的作用是防止传感器长期处于直流电压下工作。

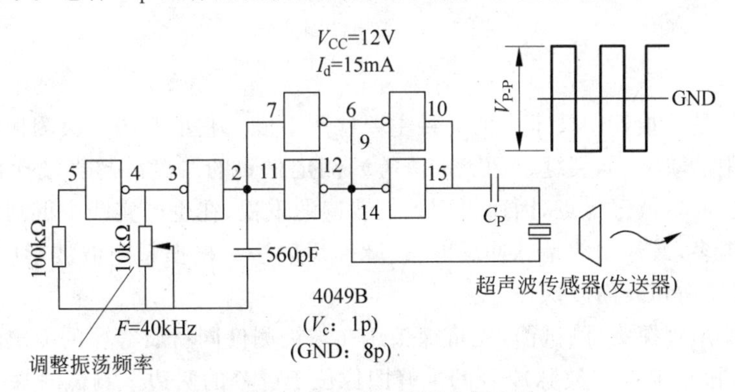

图 7-23 压电式超声波发射电路

由于接收到的超声波信号极其微弱，需要高增益的放大电路用于检测反射波。图 7-24 为超声波检测电路，输出的高频信号电压接检波、放大、开关电路输出或报警。

利用超声波的特性，可做成各种超声波传感器，配上不同的电路，可制成各种超声波仪

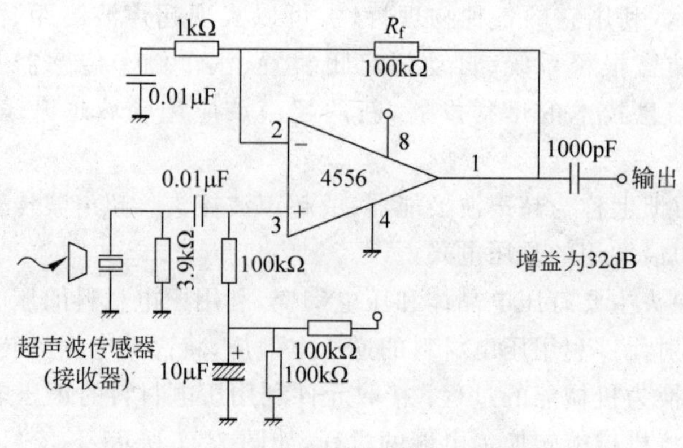

图 7-24　压电式超声波检测电路

器及装置，应用于工业生产、医疗、家电行业中。

超声波的应用主要是利用它的透射和反射特性，利用这种特性，可以测量出液位的高度，如图 7-25 为超声波测液位的示意图，其中图 7-25(a)为液位测量，图 7-25(b)为液位差的测量示意图。

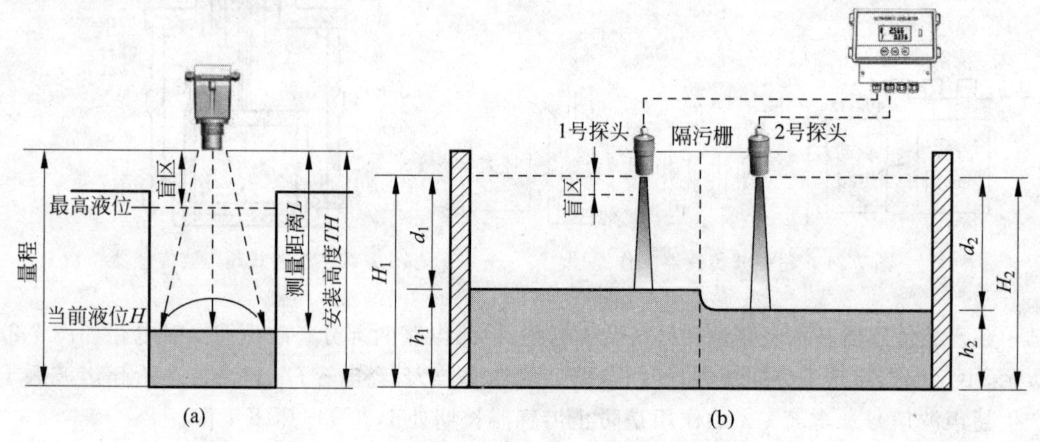

图 7-25　超声波测液位
(a) 液位测量；(b) 液位差测量

超声波探伤是无损探伤技术中的一种主要检测手段。它主要用于检测板材、管材、锻件和焊缝等材料中的缺陷(如裂缝、气孔、夹渣等)，测定材料的厚度。超声波探伤具有检测灵敏度高、速度快、成本低等优点，因而得到人们普遍的重视，在生产实践中得到广泛应用。超声波探伤方法很多，最常用的是脉冲反射法、脉冲反射法。根据超声波波形的不同，又分为纵波探伤、横波探伤和表面波探伤。

纵波探伤使用直探头，测试前，先将探头压在与被测件同材质等厚的无缺陷试件上调整显示屏，使发射脉冲 T 和回波脉冲 B 的尖峰图像位于屏幕的两边。测试时探头放于被测工件上，在工件上来回移动进行检测，探头发出的纵波超声波以一定速度向工件内部传播，如工件中没有缺陷，则超声波传到工件底部才发生反射，在显示屏上只出现脉冲 T 和底脉冲 B，如图 7-26(a)所示。如工件中有缺陷，一部分声脉冲中缺陷处产生反射，另一部分继续传播到工件底面产生反射。显示屏上除出现脉冲 T 和底脉冲 B 外，还会出现缺陷脉冲

F，如图 7-26(b)所示。显示屏上的水平亮线为扫描线，其长度与工件的厚度成正比。通过缺陷脉冲 F 在显示屏上的位置可确定缺陷中工件中的位置；通过缺陷脉冲的幅度大小可判读缺陷当量的大小，缺陷面积大，缺陷脉冲幅度就高。移动探头还可确定缺陷大致长度。

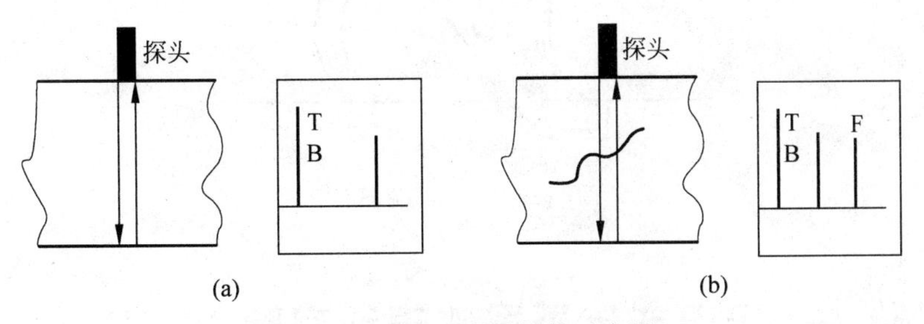

图 7-26　超声波纵波探伤示意图

(a) 无缺陷时波形；(b) 有缺陷时波形

横波探伤法多采用斜探头进行探伤。超声波的一个显著特点是当超声波波束中心线与缺陷截面积垂直时，探头灵敏度最高，但如遇到如图 7-27 所示的缺陷时，用直探头探测虽然可探测出缺陷存在，但并不能真实反映缺陷大小。如果用斜探头探测，则探伤效果较佳。因此实际应用中，应根据不同缺陷性质、取向，采用不同的探头进行探伤。有些工件的缺陷性质及取向事先不能确定，为了保证探伤质量则应采用几种不同的探头进行多次探测。

表面波探伤主要是检测工件表面附近的缺陷存在与否，如图 7-28 所示。当超声波的入射角超过一定值后，折射角可达到 90°，这时固体表面受到超声波能量引起的交替变化的表面张力作用，质点在介质表面的平衡位置附近作椭圆轨迹振动，这种振动称为表面波。当工件表面存在缺陷时，表面波被反射回探头，可以在显示屏上显示出来。

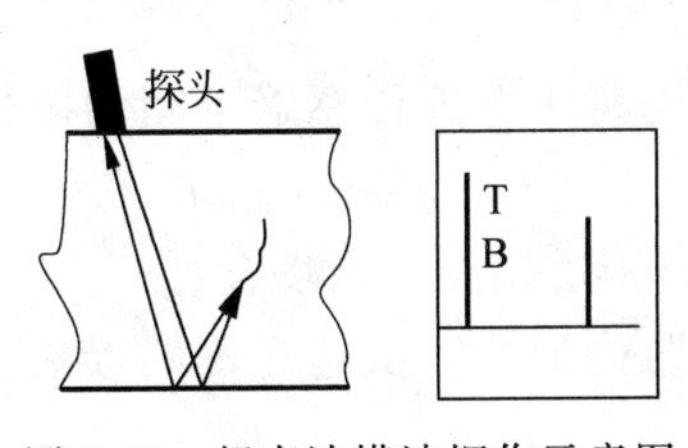

图 7-27　超声波横波探伤示意图

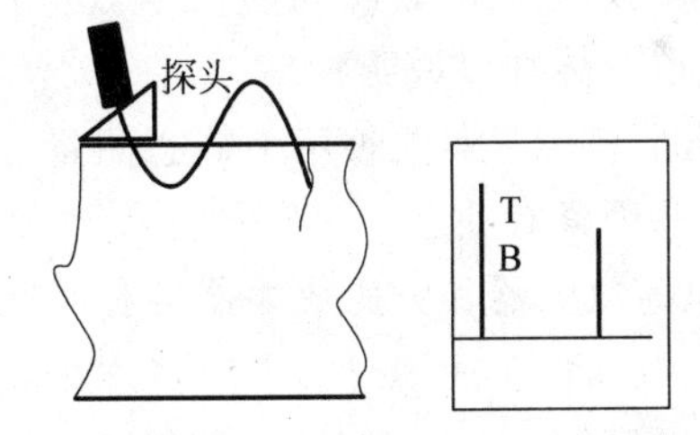

图 7-28　超声波表面波探伤示意图

随着电子技术的不断发展，目前所使用的探伤仪大都采用数字显示或点阵液晶显示，并使用单片机进行处理，从而使探伤仪的准确度和精度大大提高。

7.4.4　压电式流量计

将压电超声换能器按图 7-29 所示安装在管道上，压电超声换能器每隔一段时间(0.01s)发射端和接收端互换一次。在顺流和逆流的情况下，发射和接收的相位差与流速成正比。这样的仪表称为压电式流量计。

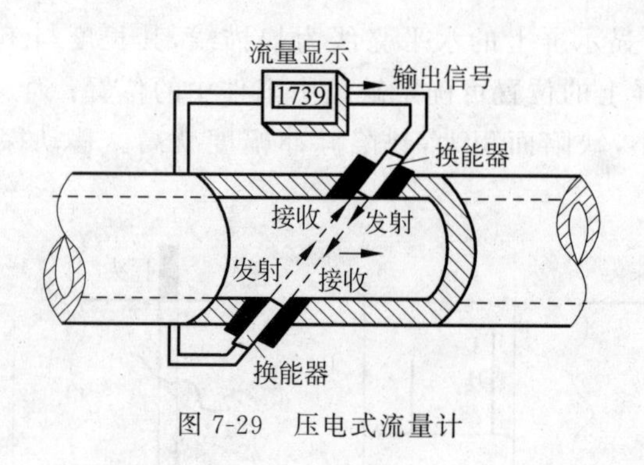

图 7-29　压电式流量计

7.5　实验——压电式传感器测振动实验

7.5　实验

思考题与习题

1. 什么是正压电效应和逆压电效应？纵向压电效应和横向压电效应的区别是什么？试结合压电晶体加以说明。

2. 压电式传感器能否用于静态测量？为什么？说明压电式传感器可测动态信号频率范围与哪些因素有关。

3. 电荷放大器和电压放大器各有何特点？它们分别适用于什么场合？

4. 压电元件在使用时常采用多片串联或并联的结构形式。试述在不同接法下输出电压、电荷、电容的关系，它们适用于何种应用场合？

5. 已知电压前置放大器输入电阻及总电容分别为 $R=1\text{M}\Omega$，$C=100\text{pF}$，求与压电加速度计相配测 1Hz 振动时幅值误差是多少。

6. 用石英晶体加速度计及电荷放大器测量加速度，已知：加速度计灵敏度为 5pC/g，电荷放大器灵敏度为 50mV/pC，当机器加速度达到最大值时，相应输出电压幅值为 2V，试求该机器的振动加速度。

7. 一压电加速度计，专用电缆的长度为 1.2m，电缆电容为 100pF，压电片本身电容为 1000pF。出厂标定电压灵敏度为 100V/g，若使用中改用另一根长 2.9m 的电缆，其电容量为 300pF，其电压灵敏度如何改变？

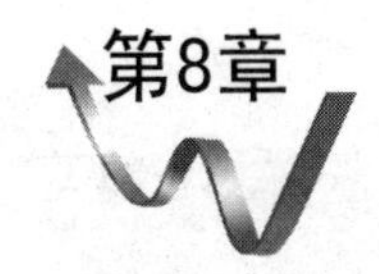

电动势式传感器

电动势式传感器包括磁电式传感器和霍尔传感器，它们的输出量都是电势，故归类为电动势式传感器。

8.1 磁电式传感器

磁电式传感器是利用电磁感应原理，通过检测磁场的变化将运动的速度、位移、振动等物理量转换成线圈中的感应电势输出。

导体和磁场发生相对运动时，在导体两端有感应电动势输出，磁电感应式传感器工作时不需要外加电源，可直接将被测物体的机械能转换为电量输出。故它是一种有源传感器，它具有结构简单、性能稳定、输出阻抗小等优点。

8.1.1 工作原理

根据电磁感应定律，N 匝线圈在磁场中运动切割磁力线，线圈内产生感应电动势 e 的大小与穿过线圈磁通 ϕ 变化率有关，即

$$e=-N\frac{\mathrm{d}\phi}{\mathrm{d}t} \tag{8-1}$$

线圈绕组中的感应电势与磁场 B、线圈的匝数 N 及运动速度有关，整个线圈中所产生的电动势可以表示为

$$e=-NBl_{\mathrm{a}}\frac{\mathrm{d}x}{\mathrm{d}t}=-NBl_{\mathrm{a}}v \tag{8-2}$$

式中：$v=\frac{\mathrm{d}x}{\mathrm{d}t}$为线圈与磁体相对直线运动的线速度；$l_{\mathrm{a}}$ 为每匝线圈的平均长度。

对于旋转线圈产生的感应电动势为

$$e=NBA\frac{\mathrm{d}\theta}{\mathrm{d}t}=NBA\omega \tag{8-3}$$

式中：$\omega=\frac{\mathrm{d}\theta}{\mathrm{d}t}$为线圈的角速度；$A$ 为线圈的截面积。

在传感器中，当结构已定时，B、A、N、l 都是常数，感应电动势就与线圈对磁场的相对运动速度$\frac{\mathrm{d}\theta}{\mathrm{d}t}$或$\frac{\mathrm{d}x}{\mathrm{d}t}$成正比，因此磁电式传感器可直接用于测量线速度与角速度。由于速度与位移、加速度之间存在一定的积分或微分关系，因此，如果在感应电动势的测量电路中接入一微分电路，其输出就与运动的加速度成正比；如果在测量电路中加一积分电路，则其输出就与位移成正比。

8.1.2 结构

磁电式传感器由磁钢、线圈、弹簧、阻尼器和壳体等组成，是典型的二阶系统，根据原理，有两种磁电感应式传感器：恒磁通式和变磁通式。

1. 恒磁通式

恒磁通式传感器，即恒定磁场，运动部件可以是线圈也可以是磁铁，通常用作机械振动测量。从其结构上又可以分为两种形式：动圈式（永久磁铁与壳体固定）和动铁式（线圈与壳体固定），如图 8-1 所示。

2. 变磁通式

变磁通式传感器又称为变磁阻式传感器，线圈和磁铁部分都是静止的，与被测物连接而运动的部分是用导磁材料制成的，在运动中，它们改变磁路的磁阻，因而改变贯穿线圈的磁通量，在线圈中产生感应电动势。如用来测量转速，线圈中产生感应电动势的频率作为输出，而感应电动势的频率取决于磁通变化的频率。

其结构上可分为开磁路和闭磁路两种，如图 8-2 所示。

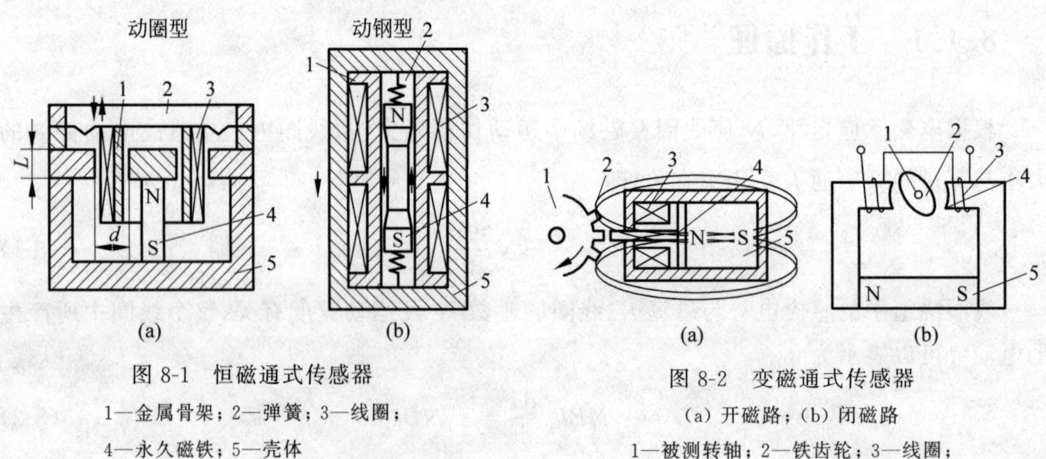

图 8-1 恒磁通式传感器

1—金属骨架；2—弹簧；3—线圈；4—永久磁铁；5—壳体

图 8-2 变磁通式传感器

(a) 开磁路；(b) 闭磁路

1—被测转轴；2—铁齿轮；3—线圈；4—软铁；5—永久磁铁

8.1.3　传感器的输出特性

对于结构确定的磁电式传感器，由式(8-2)可知，传感器电势输出正比于振动速度，则传感器的灵敏度为

$$k=\frac{e}{\frac{\mathrm{d}x}{\mathrm{d}t}}=-NBl_{\mathrm{a}} \tag{8-4}$$

可见，灵敏度的大小取决于磁场 B 的大小和导线长度 l_{a} 的大小，B 值大，则灵敏度也大，所以一般要选择 B 值大的永久磁体；另外，增长导线长度 l_{a} 也可以提高灵敏度，但这要考虑如下两种情况：

(1) 传感器线圈导线电阻与负载电阻(测量仪表内阻)的匹配问题。为了能使测量仪表从传感器获得最大功率，必须使线圈导线电阻与测量仪表内阻相等。

(2) 线圈的温升。当传感器接上负载后，线圈中有电流流过，就会产生热量。而传感器电阻、负载电阻都会受到温度变化的影响，从而改变测量回路中的电流大小，就会使测量结果带来误差。一般情况下，随着温度升高，传感器电阻、负载电阻阻值都变大，而永久磁铁产生的感应电动势变小，从而回路中电流变小。为了补偿温度变化带来的影响，一般在传感器的磁铁下安置一个热磁分路。这样总磁通就由气隙中的磁通和热磁分路中的磁通两部分组成，而热磁分路的特点是当温度升高时，分到热磁分路的磁通减少，这样虽然总的磁通也降低了，但分到气隙中的那部分磁通没有变或者有所增加，从而使产生的感应电动势不变或增加，保证测量回路中的电流基本不变，起到温度补偿作用。

理论上讲，传感器输出特性曲线是线性的，但实际输出特性曲线不是线性的，原因是当振动速度很小时($v<v_{\mathrm{a}}$)，惯性力不足以克服传感器活动部件的静摩擦力，因此线圈与磁铁不存在相对运动，因此无输出；当 $v>v_{\mathrm{a}}$ 超过 v_{b} 时，惯性力克服静摩擦力，有相对运动，但摩擦阻尼使输出特性非线性；当速度超过 v_{b} 达到 v_{c} 时惯性太大超过弹性形变范围，输出出现饱和，如图 8-3 所示。

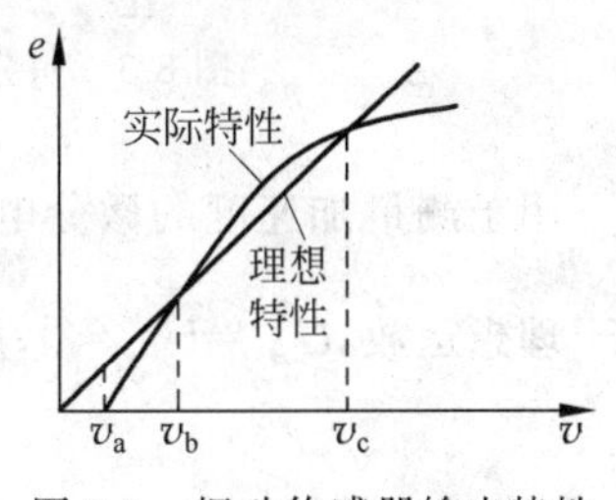

图 8-3　振动传感器输出特性

这种传感器的输出在很小和很大情况下是非线性的，但实际的工作范围较大，实用性较强。

8.1.4　测量电路

由磁电式传感器的工作原理可知，它本质上是速度传感器，磁铁与线圈之间相对运动时，能量全被弹簧吸收，磁路线圈切割磁力线产生正比于速度的感应电动势，由此输出可直接获得速度信号。在实际测量中，它通常还被用来测量运动的位移和加速度，一般在测量电路中接入积分电路可测量位移信号，而接入微分电路可测量加速度信号，可以通过开关切换来达到不同的测量目的。其测量电路框图如图 8-4 所示。

图 8-4 中，当开关在"1"位置时，输出信号直接送主放大器，输出速度信号；当在"2"位置时，信号经过积分电路，输出位移信号；当在"3"位置时，信号经过微分电路，输出加速度信号。另外，由于磁电式传感器具有较高的输出信号，所以一般不需要高增益的放大器，用

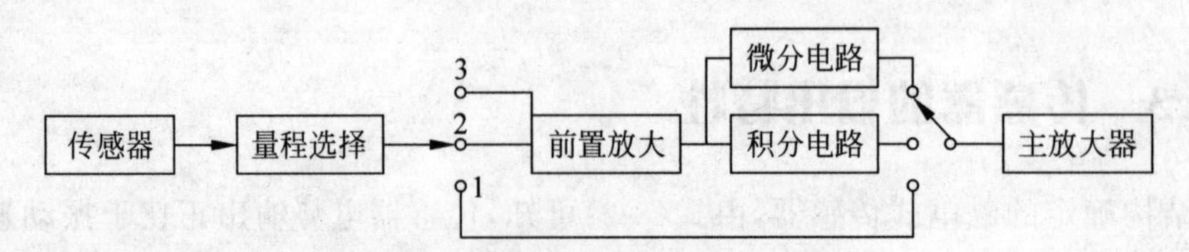

图 8-4 磁电式传感器测量电路框图

一般晶体管放大器即可。

用于测量位移的积分电路如图 8-5 所示。

对于理想运放，$U_{+}=U_{-}=0$，所以 $I_{\mathrm{i}}=I_{\mathrm{f}}=\dfrac{U_{\mathrm{i}}}{R}$。

设电容上初始电压为零，输出电压是输入电压对时间积分，即

$$U_{\mathrm{o}}(t)=-\frac{1}{C}\int_{0}^{t}I_{\mathrm{f}}\,\mathrm{d}t=-\frac{1}{RC}\int_{0}^{t}U_{\mathrm{i}}\,\mathrm{d}t \tag{8-5}$$

所以，有

$$U_{\mathrm{o}}(t)\propto\int_{0}^{t}U_{\mathrm{i}}\,\mathrm{d}t\propto vt=x \tag{8-6}$$

式中：v 表示振动速度；x 表示振动位移。其输出曲线如图 8-6 所示。

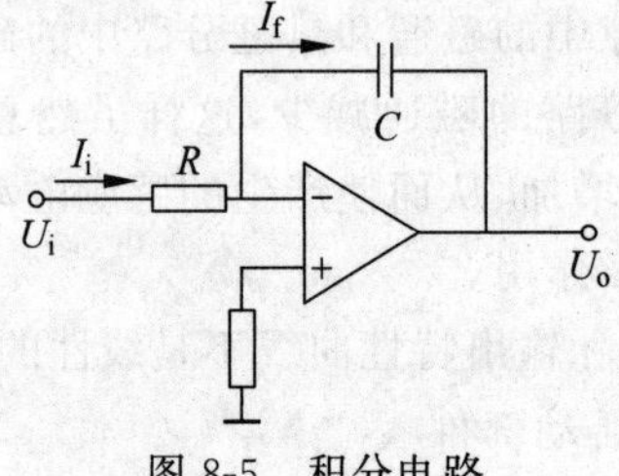

图 8-5 积分电路

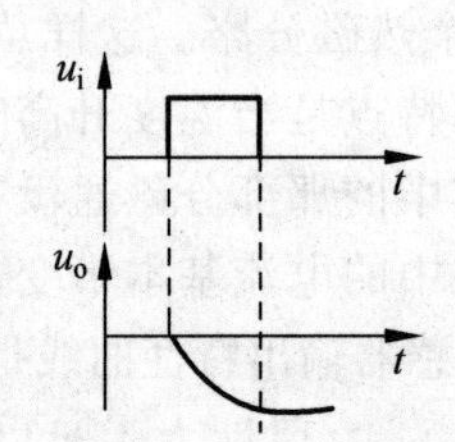

图 8-6 积分电路输出曲线

用于测量加速度的微分电路如图 8-7 所示。

对于理想运放，$U_{+}=U_{-}=0$，所以 $I_{\mathrm{i}}=I_{\mathrm{f}}=C\dfrac{\mathrm{d}U_{\mathrm{i}}}{\mathrm{d}t}$，则

$$U_{\mathrm{o}}(t)=-I_{\mathrm{f}}R_{\mathrm{f}}=-RC\frac{\mathrm{d}U_{\mathrm{i}}}{\mathrm{d}t} \tag{8-7}$$

$$U_{\mathrm{o}}(t)\propto\frac{\mathrm{d}U_{\mathrm{i}}}{\mathrm{d}t}\propto a=\frac{\mathrm{d}v}{\mathrm{d}t} \tag{8-8}$$

式中：v 表示振动速度；a 表示加速度。其输出曲线如图 8-8 所示。

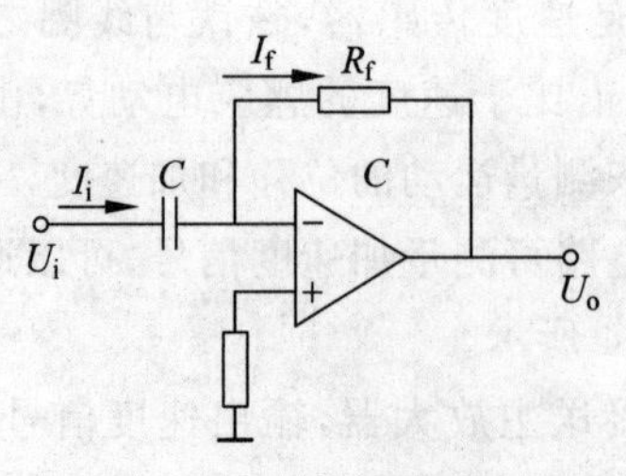

图 8-7 微分电路

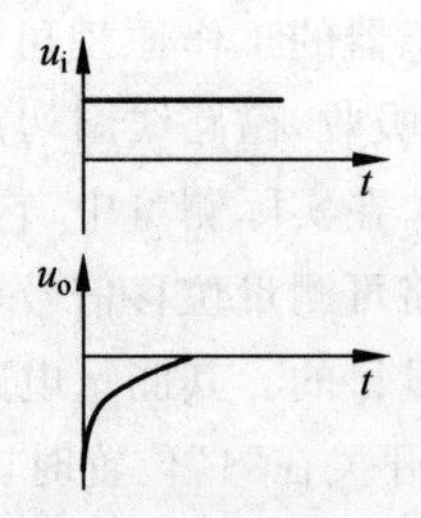

图 8-8 微分电路输出曲线

8.1.5 应用

1. 动圈式振动速度传感器

动圈式振动速度传感器结构如图 8-9 所示，这种惯性式传感器，不需要静止的参考基准，使用时把振动传感器和被测振动体固定在一起，当被测体振动时，传感器的壳体和永久磁铁随之一起振动，而轴心、阻尼环和工作线圈由于惯性并不随之振动，这样线圈就和磁铁产生相对运动，切割磁力线产生正比于振动速度的感应电动势，通过引线接入测量电路即可实现振动速度的测量，它是一种典型的发电型传感器。

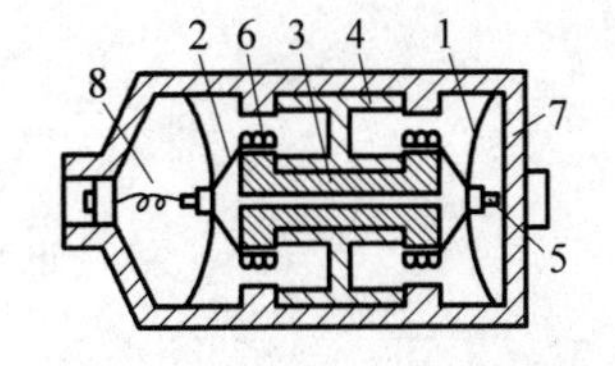

图 8-9　动圈式振动速度传感器

1—弹簧片；2—阻尼环；3—磁铁；4—铝支架；5—芯轴；6—线圈；7—壳体；8—引线

若在测量电路中接入积分电路和微分电路后，也可测量振动体的振幅和加速度。

这种传感器广泛应用于各种机械振动监测，比如监测飞机在飞行中发动机振动变化趋势，监测到的振动信号经滤波电路将其他频率信号衰减后，准确测量出发动机的振动速度。当振动量超过规定值时，发出报警信号，飞行员可随时采取紧急措施，避免事故发生。其监测原理图如图 8-10 所示。

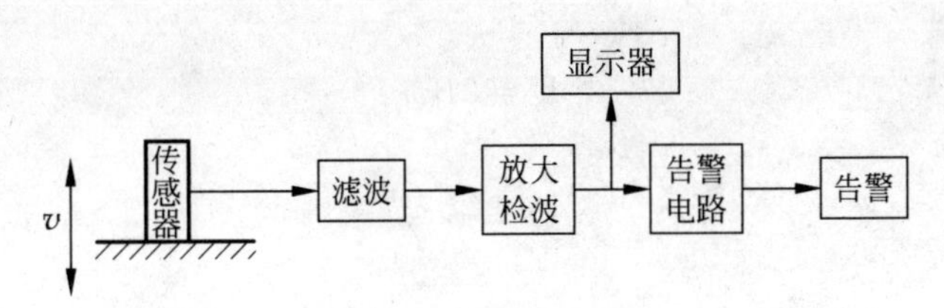

图 8-10　机械振动监测系统原理框图

2. 磁电式扭矩传感器

磁电式扭矩传感器检测示意图如图 8-11 所示。圆盘齿引起磁通量变化，在线圈中感应出交流电压，当扭矩作用在转轴上时，两个磁电传感器输出的感应电压 u_1、u_2 存在相位差，相位差与扭矩的扭转角成正比，传感器可以将扭矩引起的扭转角转换成相位差的电信号。

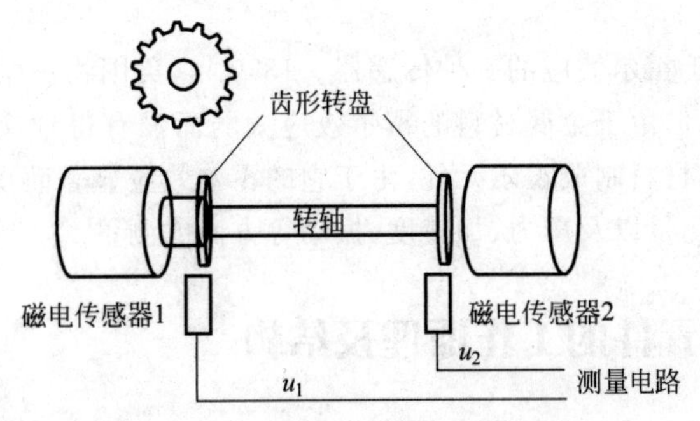

图 8-11　磁电式扭矩传感器检测示意图

3. 电磁流量计

在电磁流量计中,测量管内的导电介质相当于法拉第试验中的导电金属杆,上下两端的两个电磁线圈产生恒定磁场。当有导电介质流过时,则会产生感应电压。管道内部的两个电极测量产生的感应电压。测量管道通过不导电的内衬(橡胶、特氟隆等)实现与流体和测量电极的电磁隔离。测量原理示意图如图 8-12 所示。

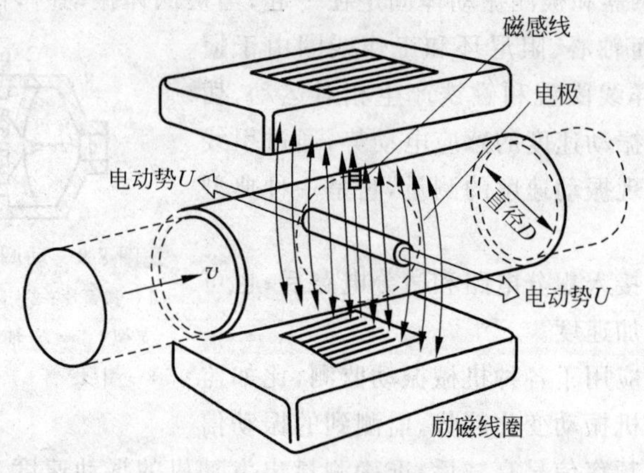

图 8-12 电磁流量计测量原理示意图

恒定磁场的磁感应强度为 B,流体管道的半径为 r,流体的平均流速为 v,则电极产生的感应电动势为

$$U = 2Bvr \tag{8-9}$$

流体的流量为

$$Q = \pi r^2 v \tag{8-10}$$

所以,有

$$U = \frac{2B}{\pi r} Q \tag{8-11}$$

可见,当感应电动势与液体流量成正比,可实现流量测量。

8.2 霍尔传感器

霍尔传感器是基于霍尔效应的一种传感器。1879 年,美国物理学家霍尔首先在金属材料中发现了霍尔效应,但由于金属材料的霍尔效应太弱而没有得到应用。随着半导体技术的发展,开始用半导体材料制成霍尔元件,由于它的霍尔效应显著而得到应用和发展。霍尔传感器广泛用于电磁测量以及压力、加速度、振动等方面的测量。

8.2.1 霍尔元件的工作原理及结构

1. 霍尔效应

半导体薄片置于磁感应强度为 B 的磁场中,磁场方向垂直于薄片,当有电流 I 流过薄片时，在垂直于电流和磁场的方向上将产生电动势 E_H（与控制电流 I 和磁感应强度 B 的乘积成比例），这种现象称为霍尔效应。图 8-13 为霍尔效应原理示意图。

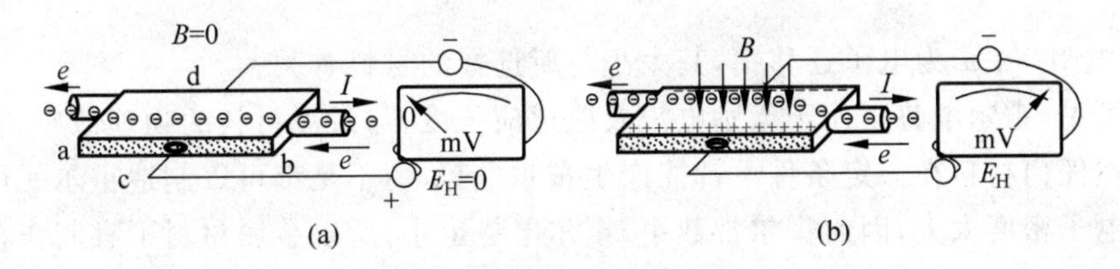

图 8-13　霍尔效应原理示意图

(a) $B=0$；(b) $B>0$

作用在半导体薄片上的磁场强度 B 越强，霍尔电势也就越高。

2. 工作原理

设在半导体薄片上通以电流 I，在垂直方向施加磁感强度为 B 的磁场，如图 8-14 所示。电子在磁场中受洛伦兹力 f_1 作用，其大小为

$$f_1 = evB \tag{8-12}$$

式中：e 为电子电荷；v 为电子运动平均速度；B 为磁场的磁感应强度。

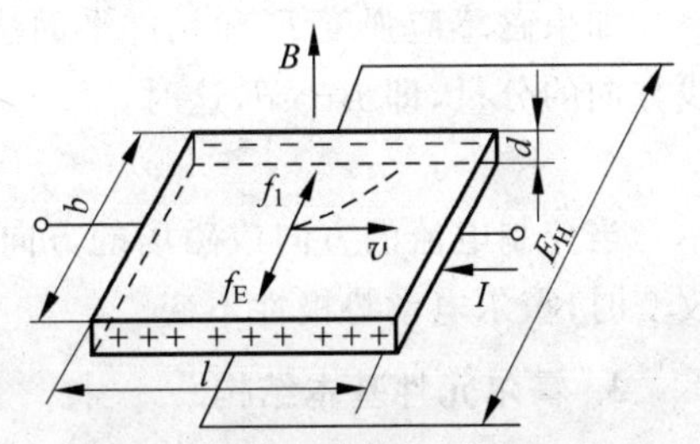

图 8-14　霍尔效应形成原理示意图

电子除了沿电流反方向定向运动外，还在 f_1 的作用下向上漂移，结果使金属导电板上底面积累电子，而下底面积累正电荷，从而形成了附加内电场 E_H，称为霍尔电场。

霍尔电场的出现，使定向运动的电子除了受洛伦兹力作用外，还受到霍尔电场的作用力，此力阻止电荷继续积累，电场力为

$$f_E = -eE_H = -e\frac{U_H}{b} \tag{8-13}$$

式中：U_H 为电位差，即霍尔电势；b 为半导体薄片的宽度。

随着上、下底面积累电荷的增加，霍尔电场增加，电子受到的电场力也增加，当电子所受洛伦兹力与霍尔电场作用力大小相等、方向相反时，即 $f_E = f_1$ 时，即

$$-e\frac{U_H}{b} = evB \tag{8-14}$$

由电流定义可知

$$I = -nevS = -nevld \tag{8-15}$$

式中：n 为电子浓度；S 为导体横截面积。可以得到霍尔电势为

$$U_H = \frac{IB}{ned} = k_H IB \tag{8-16}$$

式中，

$$k_H = \frac{1}{ned} \tag{8-17}$$

称为霍尔灵敏度，表示在单位磁感应强度和单位控制电流时霍尔电势的大小。

另外，定义霍尔系数为

$$R_{\mathrm{H}}=\frac{1}{ne}=\rho\mu \tag{8-18}$$

式中，ρ 为电阻率；μ 为电子迁移率，其大小与所选择的材料有关。

由此可见，霍尔电势正比于激励电流及磁感应强度，与载流材料的物理性质和几何尺寸有关。虽然任何材料在一定条件下都能产生霍尔电势，但不是都可以制造霍尔元件，金属材料的自由电子密度太大，因而霍尔常数小，霍尔电势也小，所以金属材料不宜制作霍尔元件。而绝缘材料载流子迁移率极低，也不适用。而半导体材料电阻率 ρ 较大，电子迁移率 μ 适中，非常适于制作霍尔元件，半导体中电子迁移率一般大于空穴的迁移率，所以霍尔元件多采用 n 型半导体（多电子）。目前常用的霍尔元件材料有锗、硅、砷化铟、锑化铟等半导体材料。

另外，从霍尔灵敏度可以看出，其大小与 n，e，d 成反比，所以为了提高灵敏度，霍尔元件常制成薄片形状，一般霍尔元件厚度只有 1μm 左右。

如果磁感应强度 B 和元件平面法线成一角度 θ 时，则作用在元件上的有效磁场是其法线方向的分量，即 $B\cos\theta$，这时，

$$U_{\mathrm{H}}=k_{\mathrm{H}}IB\cos\theta \tag{8-19}$$

当控制电流的方向或磁场的方向改变时，输出电动势的方向也改变，当磁场与电流同时改变时，霍尔电动势极性不变。

3. 霍尔元件基本结构

霍尔元件由霍尔片、引线和壳体组成，如图 8-15(a)所示。

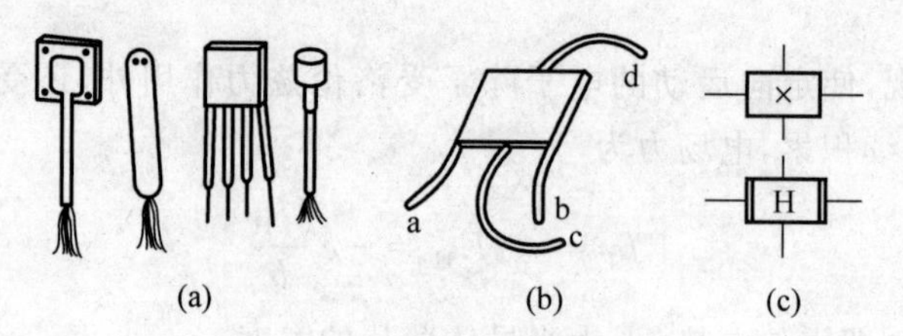

图 8-15　霍尔元件外形和符号

(a) 外形；(b) 结构；(c) 符号

霍尔片是一块矩形半导体单晶薄片，引出四根引线，如图 8-15(b)所示。a，b 两根引线加激励电压或电流，称为激励电极；c，d 引线为霍尔输出引线，称为霍尔电极。霍尔元件壳体由非导磁金属、陶瓷或环氧树脂封装而成。在电路中霍尔元件可用两种符号表示，如图 8-15(c)所示。

4. 基本电路

霍尔元件的基本电路如图 8-16 所示，控制电流由电源 E 提供，R_{W} 调节控制电流的大小，R_{L} 为负载电阻，可以是放大器的内阻或指示器内阻。被测物理量是 I、B 或者 IB 乘积的函数，通过测量霍尔电势 U_{H} 就可知道被测量的大小。霍尔效应建立的时间极短（$10^{-12}\sim10^{-14}$ s），I 既可以是直流，也可以是交流。

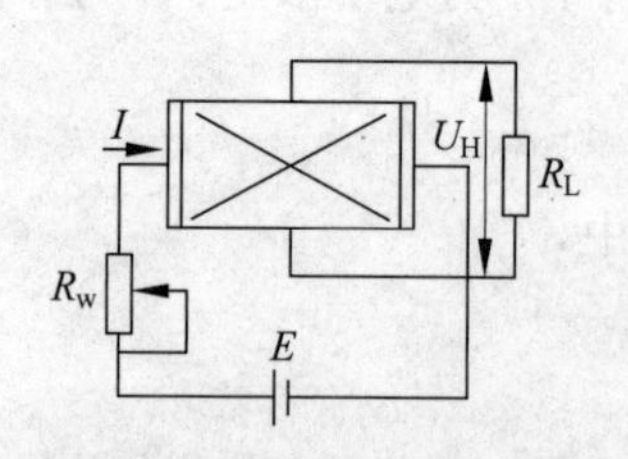

图 8-16　霍尔元件基本电路

8.2.2 霍尔元件特性

1. 额定控制电流和最大允许控制电流

当霍尔元件有控制电流使其本身在空气中产生10℃温升时，对应的控制电流值称为额定控制电流；以元件允许的最大温升限制所对应的控制电流值称为最大允许控制电流。

2. 输入电阻和输出电阻

控制电极间的电阻称为输入电阻；霍尔电极之间的电阻称为输出电阻。上述电阻值是在磁感应强度为零且环境温度在20℃时确定的。

3. 不等位电势 U_0 及其补偿

理论上讲，当霍尔元件所处位置的磁感应强度 B 为零时，不管霍尔元件的控制电极间是否有电流，霍尔电势应该为零。但实际上，当霍尔元件的控制电极的电流不为零时，存在一定大小的霍尔电势，这时测得的空载霍尔电势称不等位电势。

产生这一现象的原因包括如下两点：

(1) 霍尔电极安装位置不对称（工艺上的原因）或不在同一等电位面上，如图8-17(a)所示；

(2) 半导体材料不均匀造成了电阻率不均匀或是几何尺寸不均匀，如图8-17(b)所示。

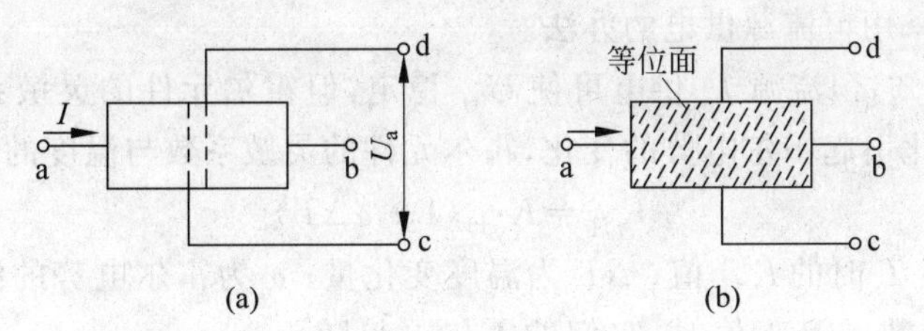

图8-17 霍尔元件不等位电势产生原因示意图

(a) 两电极不在同一等电位面上；(b) 等电位面歪斜

不等位电势 U_o 与额定控制电流 I 之比，为元件的不等位电阻 r_0，即

$$r_0=\frac{U_o}{I} \tag{8-20}$$

由此可以看出，不等位电势就是控制电流流经不等位电阻所产生的电压。

在分析不等位电势时，可以把霍尔元件视为一个四臂电阻电桥，如图8-18所示。不等位电势就相当于电桥的初始不平衡输出电压。理想情况下，当霍尔电极2,2′处于同一等势面上时，即 $R_1=R_2=R_3=R_4$ 时，不等位电势 $U_0=0$。

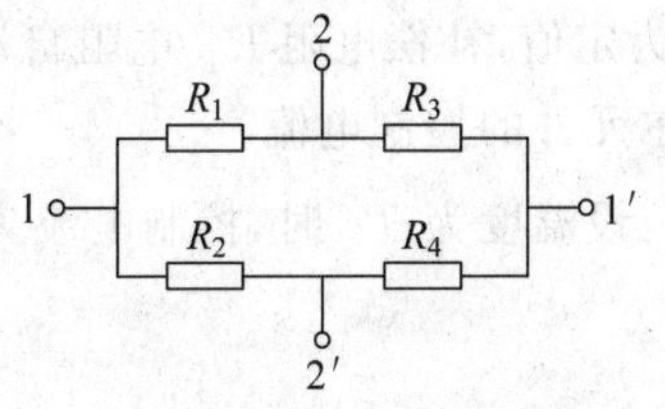

图8-18 霍尔元件的等效电桥电路

当两个霍尔电极不在同一等势面上，由于不等位电阻的存在，此四个电阻值不相等，则电桥不平衡。为使其达到平衡，可在阻值较大的桥臂上并联电阻，或在两个桥臂上同时并联电阻，如图8-19所示。

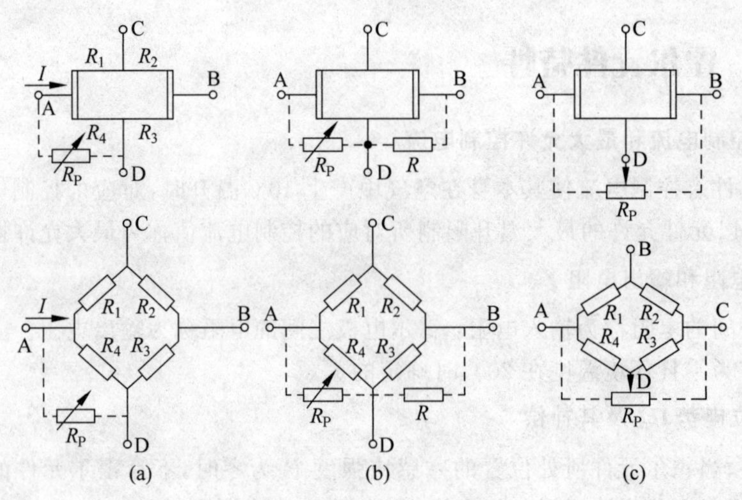

图 8-19 不等位电势补偿电路

4. 温度误差及补偿

霍尔元件是采用半导体材料制成的，因此它们的许多参数都具有较大的温度系数。当温度变化时，霍尔元件的载流子浓度、迁移率、电阻率及霍尔系数都将发生变化，从而使霍尔元件产生温度误差。为了减少霍尔元件的温度误差，除了选用温度系数小的元件或者采用恒温措施外，可以采用恒流源供电的办法。

由式(8-16)可知，恒流源 I_s 供电可使 U_H 稳定，但霍尔元件的灵敏系数也是温度的函数，它随温度的变化引起霍尔电势的变化，霍尔元件的灵敏系数与温度的关系为

$$K_H = K_{H0}(1+\alpha\Delta T) \tag{8-21}$$

式中：K_{H0} 为温度 T 时的 K_H 值；ΔT 为温度变化量；α 为霍尔电势的温度系数。大多数霍尔元件的温度系数 α 是正值时，它们的霍尔电势随温度的升高而增加 $1+\alpha\Delta T$ 倍，可通过让控制电流 I_s 相应地减小，能保持 $K_H I_s$ 不变就抵消了灵敏系数值增加的影响。

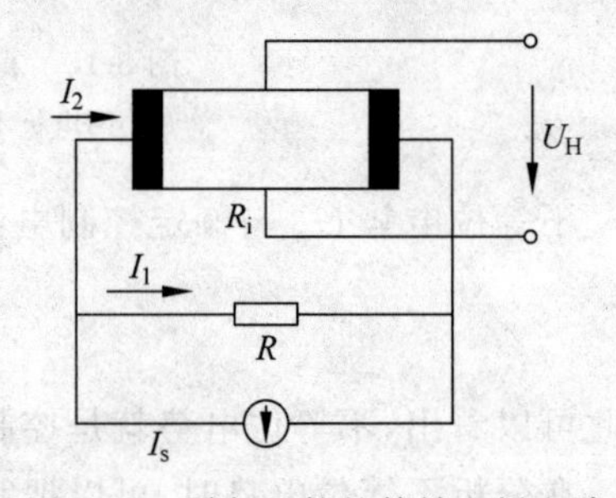

图 8-20 霍尔元件的等效电桥电路

具体的补偿办法可以在霍尔元件的控制电极上并联一个合适的补偿电阻 R_P，如图 8-20 所示，当霍尔元件的输入电阻随温度升高而增加时，由于恒流源电源 I_s 为定值，补偿电阻 R_P 电阻自动地加强分流，减少了霍尔元件的控制电流。

设温度为 T_0 时，控制电流为

$$I_{20} = \frac{R_{P0}}{R_{P0}+R_{i0}} I_s \tag{8-22}$$

温度升到 T 时，电路中各参数变为

$$R_P = R_{P0}(1+\beta\Delta T) \tag{8-23}$$

$$R_i = R_{i0}(1+\delta\Delta T) \tag{8-24}$$

式中：δ 为霍尔元件输入电阻温度系数；β 为分流电阻温度系数。当温度发生变化时，控制

电流为

$$I_2=\frac{R_P}{R_P+R_i}I_s=\frac{R_{P0}(1+\beta\Delta T)}{R_{P0}(1+\beta\Delta T)+R_{i0}(1+\delta\Delta T)}I_s \tag{8-25}$$

为使霍尔电势不变，补偿电路必须满足升温前、后的霍尔电势不变，即

$$U_{H0}=K_{H0}I_{20}B=U_H=K_HI_2B \tag{8-26}$$

由此可得

$$K_{H0}I_{20}=K_HI_2 \tag{8-27}$$

将式(8-22)和式(8-25)代入式(8-27)，得

$$K_{H0}\frac{R_{P0}}{R_{P0}+R_{i0}}I_s=K_{H0}(1+\alpha\Delta T)\frac{R_{P0}(1+\beta\Delta T)}{R_{P0}(1+\beta\Delta T)+R_{i0}(1+\delta\Delta T)}I_s \tag{8-28}$$

经整理，忽略 $\alpha\beta\Delta T^2$ 高次项后得补偿电阻 R_{P0} 的大小为

$$R_{P0}=\frac{\delta-\beta-\alpha}{\alpha}R_{i0} \tag{8-29}$$

当霍尔元件选定后，它的输入电阻 R_{i0} 和温度系数 δ 及霍尔电势温度系数 α 可以从元件参数表中查到(R_{i0} 可以测量出来)，用上式即可计算出分流电阻 R_{P0} 及所需的分流电阻温度系数 β 值。由于 $\beta\ll\delta$，$\alpha\ll\delta$，故上式可以简化为

$$R_{P0}=\frac{\delta}{\alpha}R_{i0} \tag{8-30}$$

一般地，α 约$(2\sim10)\times10^{-4}$/℃，δ 约 10^{-2}/℃，所以 $R_{P0}=(10\sim50)R_{i0}$，其中 R_{i0} 可直接在无外磁场和室温条件下测得。

5. 灵敏度 K_H

霍尔元件在单位磁感应强度和单位控制电流作用下的空载霍尔电动势，称为霍尔元件的灵敏度。

6. 寄生直流电势

当没有外加磁场，霍尔元件用交流控制电流时，霍尔电极的输出有一个直流电势，它是霍尔元件零位误差的一部分。控制电极和霍尔电极与基片的连接是非完全欧姆接触时，会产生整流效应。两个霍尔电极焊点的不一致，引起两电极温度不同，产生温差电势。

7. 霍尔电势温度系数

在一定磁感应强度和单位控制电流下，温度每变化 1℃时，霍尔电势变化的百分率，称为霍尔电势温度系数，单位为 1/℃。

8. 霍尔元件的连接

为了得到较大的霍尔电动势输出，当元件的工作电流为直流时，可把几个霍尔元件输出串联起来，但控制电流极应该并联，如图 8-21(a)所示。不能连接成图 8-21(b)，因为控制电流极串联时，有大部分控制电流将被相连的霍尔电势极短接，如图 8-21(b)中箭头所示，而使元件不能正常工作。

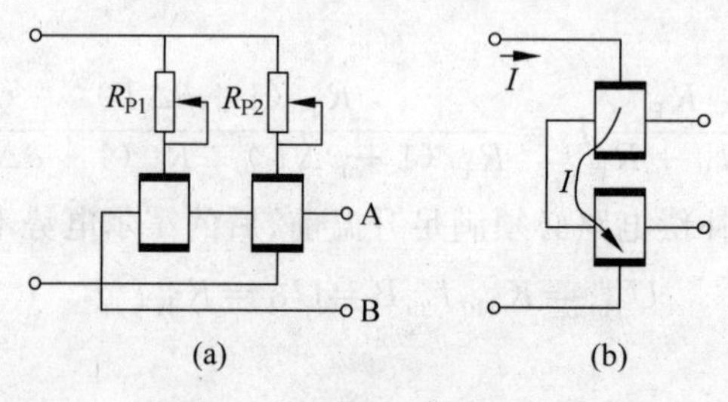

图 8-21 霍尔元件的连接

(a) 正确接法；(b) 错误接法

8.2.3 集成霍尔器件

霍尔集成电路的外形结构与霍尔元件完全不同，其引出线形式由电路功能决定，根据内部测量电路和霍尔元件工作条件的不同，分为线性和开关型两种。

1. 线性霍尔集成电路

线性集成电路是将霍尔元件和恒流源、线性差分放大器和射极跟随器等做在一个芯片上，输出电压为伏级，比直接使用霍尔元件方便得多。线性霍尔集成电路的特点是输出电压与外加磁感应强度 B 呈线性关系，较典型的线性霍尔器件如 UGN3501、UGN3503 等，其功能框图和输出特性如图 8-22 所示。这类电路有很高的灵敏度和优良的线性度，适用于各种磁场检测，其特性参数参见表 8-1。

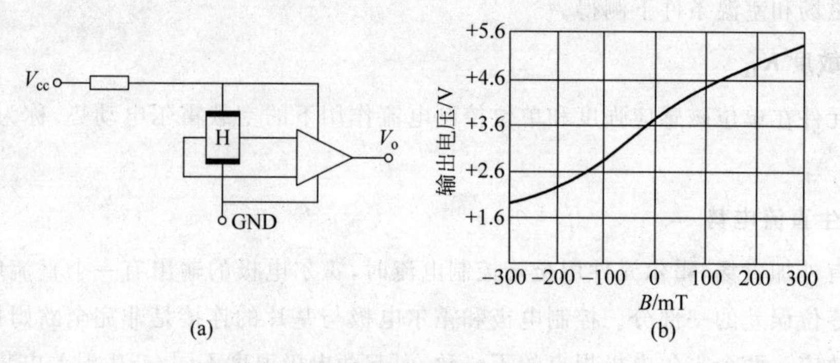

图 8-22 线性霍尔器件 UGN3501

(a) 功能框图；(b) 输出特性

表 8-1 线性霍尔电路的特性参数

型号	V_{cc}/V	线性范围/mT	工作温度/℃	灵敏度 S/(mV/mT)			静态输出电压 V_o/V		
				min	typ	max	min	typ	max
UGN3501	8～12	±100	－20～＋85	3.7	7.0	—	2.5	3.6	5.0
UGN3503	4.5～6	±90	－20～＋85	7.5	13.5	30.0	2.25	2.5	2.75

2. 开关型霍尔集成电路

开关型霍尔集成电路又称霍尔数字电路，是将霍尔元件、稳压电路、差分放大器、施密特触发器、OC门(集电极开路输出门)等电路做在同一个芯片上,如图8-23所示。

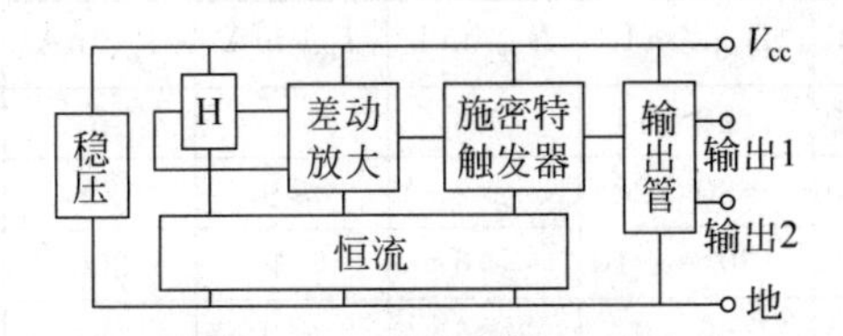

图8-23　开关型霍尔集成电路组成

当外加磁场强度超过规定的工作点阈值 B_{OP} 时,OC门由高阻态变为导通状态,输出变为低电平,之后,磁感应强度再增加,仍然保持导通状态;当外加磁场强度低于释放点阈值 B_{RP} 时,OC门重新变为高阻态,输出高电平。我们称 B_{OP} 为工作点,B_{RP} 为释放点,$B_{OP}-B_{RP}=B_H$,称为回差。回差的存在使开关电路的抗干扰能力增强。霍尔开关电路的功能框图如图8-24所示。其中图8-24(a)表示集电极开路(OC)输出,图8-24(b)表示双输出。它们的特性如图8-25所示,图8-25(a)表示普通霍尔开关,图8-25(b)表示锁定型霍尔开关的输出特性。

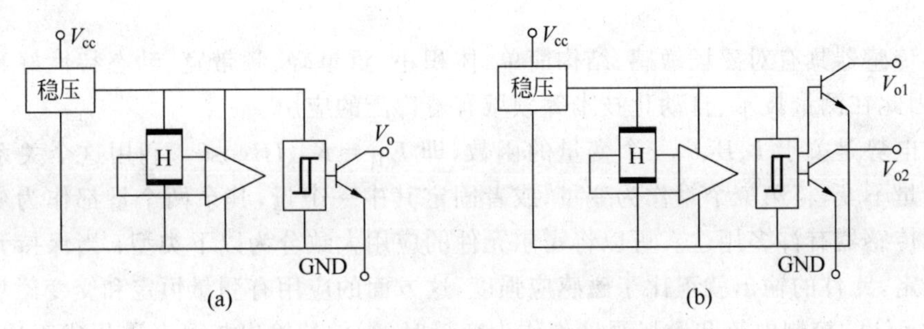

图8-24　开关型霍尔集成电路功能框图

(a) 单OC输出;(b) 双OC输出

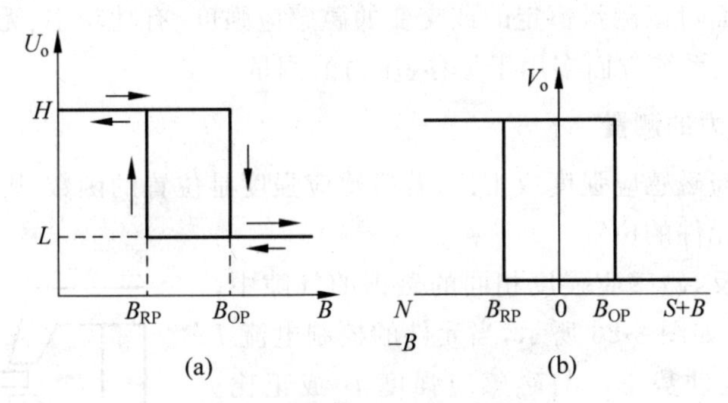

图8-25　开关型霍尔集成电路输出特性

(a) 开关型输出特性;(b) 锁定型输出特性

一般规定,当外加磁场的南极(S级)接近霍尔电路外壳上打有标志的一面时,作用到霍尔电路上的磁场方向为正,北极接近标志面时为负。锁定型霍尔开关电路的特点是,当外加磁场 B 正向增加达到 B_{OP} 时,电路导通,之后无论 B 增加或减小,甚至将 B 去除,电路都保持导通状态,只有达到负向的 B_{RP} 时,才改变截止态,因而称为锁定型。霍尔开关电路的特性参数如表8-2所示。

表 8-2 开关型霍尔电路特性参数

型号	V_{cc}/V	B_{OP}/mT	B_{RP}/mT	B_H/mT	I_{cc}/mA	I_o/mA	V_o/sat①	I_{off}/μA	备注
CS1018	4.8～18	−14～20	−20～14	≥6	≤12	5	≤0.4	≤10	
CS1028	4.5～24	−28～30	−30～28	≥2	≤9	25	≤0.4	≤10	
CS2018	4.0～20	10～20	−20～−10	≥6	≤30	300	≤0.6	≤10	互补输出
CS302	3.5～24	0～6	−6～0	≥6	≤9	5	≤0.4	≤10	
UGN3119	4.5～24	16.5～50	12.5～45	≥5	≤9	25	≤0.4	≤10	
A3144	4.5～24	7～35	5～33	≥2	≤9	25	≤0.4	≤10	
UGN3140	4.5～24	7～20	5～18	≥2	≤9	25	≤0.4	≤10	
A3121	4.5～24	13～35	8～30	≥5	≤9	20	≤0.4	≤10	
UGN3175	4.5～24	1～25	−25～−10	≥2	≤8	50	≤0.4	≤10	锁定

① sat 表示饱和电压。

8.2.4 霍尔传感器的应用

霍尔传感器具有对磁场敏感、结构简单、体积小、重量轻、频带宽、动态特性好和寿命长等优点，因此在测量技术、自动化技术等领域有着广泛的应用。

霍尔电势是关于 I、B、θ 三个变量的函数，即 $E_H = K_H IB\cos\theta$。利用这个关系可以使其中两个量不变，将第三个量作为变量，或者固定其中一个量，其余两个量都作为变量。这使得霍尔传感器有许多用途。可以将霍尔元件的应用大致分为以下类型：当保持元件的控制电流恒定，元件的输出就正比于磁感应强度，这方面的应用有测量恒定和交变磁场的高斯计等；当元件的控制电流和磁场强度都作为变量时，元件的输出与两者乘积成正比，可以用作乘法器、功率计等。

在电磁测量方面可以测量恒定的或交变的磁感应强度、有功功率、无功功率、相位、电能等参数；在自动检测系统方面多用于位移、压力的测量。

1. 微位移和压力的测量

因为霍尔电势与磁感应强度成正比，若磁感应强度是位置的函数，则霍尔电势的大小就可以用来反映霍尔元件的位置。

在两个极性相反，磁感应强度相同的磁钢的气隙中，放置一个霍尔元件，如图 8-26 所示，当元件的控制电流 I 恒定不变时，霍尔电动势 E_H 与磁感应强度 B 成正比。若磁场在一定范围内，沿 x 方向的变化梯度 $\frac{dB}{dx}$ 为一常数，则霍尔元件沿 x 方向移动时霍尔电动势的变化为

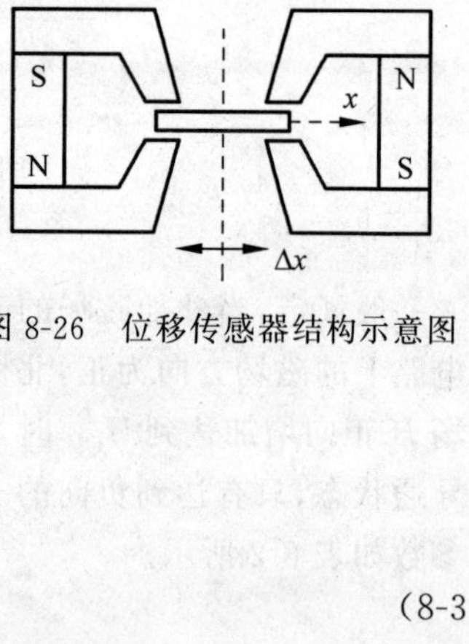

S
N
N
S
x
Δx

图 8-26 位移传感器结构示意图

$$\frac{dE_x}{dx} = K_H I \frac{dB}{dx} = K \tag{8-31}$$

式中：K 为位移传感器输出灵敏度。

将式(8-31)积分后得

$$E_H = Kx \tag{8-32}$$

式(8-32)说明霍尔电动势与位移量呈线性关系。霍尔电动势的极性反映了元件位移的方向。磁场梯度越大,灵敏度也越高;磁场梯度越均匀,输出线性度越好。当 $x=0$,即元件位于磁场中间位置时,霍尔电动势 $E_{\mathrm{H}}=0$,这是由于在此位置元件受到方向相反、大小相等的磁通作用的结果。

基于霍尔效应制成的位移传感器一般可以用来测量 1～2mm 的小位移,其特点是惯性小、响应速度快。利用这一原理还可以测量其他物理量,如压力、加速度、压差、液位、流量等。

图 8-27 为霍尔式压力传感器结构示意图,它由弹簧管、磁铁和霍尔片等组成,弹簧管一端固定,另一端安装霍尔元件,当输入压力增加时,弹簧管变形,使处于恒定梯度磁场中的霍尔元件产生相应的位移。从霍尔元件的输出即可线性地测量出压力的大小。

图 8-28 为霍尔式加速度传感器结构示意图,霍尔加速度传感器有一个竖放的带状弹簧,一端夹紧,另一端固定着永久磁铁,以作为振动质量。在永久磁铁上面是带有信号处理集成电路的霍尔传感器,在下面有一块铜阻尼板。如果传感器感受到横向加速度,则传感器的弹簧质量系统离开它的静止位置而变化,变化程度与加速度大小有关。运动的磁铁在霍尔元件中产生霍尔电压,经过信号处理电路处理后输出信号电压,它随加速度增加而线性增加。加速度范围约在 $\pm 1g$,传感器频率很低,只有几赫兹,并有动力阻尼作用。

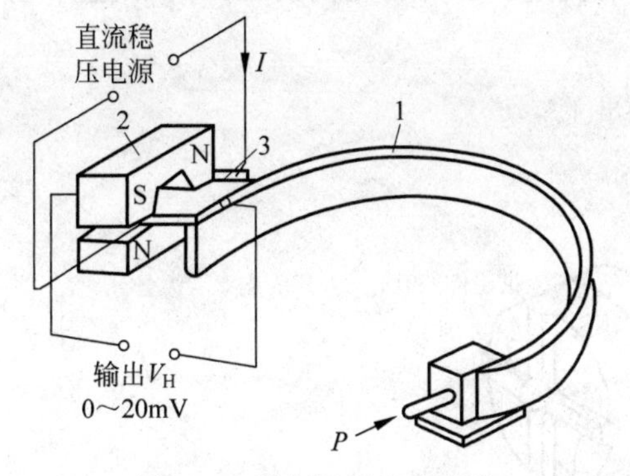

图 8-27　霍尔式压力传感器

1—弹簧管;2—磁铁;3—霍尔片

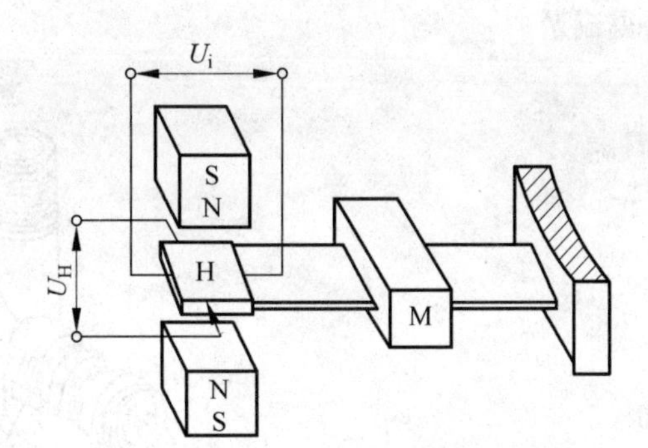

图 8-28　霍尔式加速度传感器

2. 转速测量

在被测转速的转轴上安装一个齿盘,也可选取机械系统中的一个齿轮,将线性霍尔器件及磁路系统靠近齿盘。齿盘的转动使磁路的磁阻随气隙的改变而周期性地变化(即齿轮的齿对准磁极时磁阻减小,磁通量增大;而齿间隙对准磁极时,磁阻增大,磁通量减小),这样随着磁通量的变化,霍尔元件便输出一个个脉冲信号,霍尔器件输出的微小脉冲信号经隔直、放大、整形后可以确定被测物的转速。另外,可以将磁性转盘的输入轴与被测转轴相连,当被测转轴转动时,磁性转盘随之转动,固定在磁性转盘附近的霍尔传感器便可在每一个小磁铁通过时产生一个相应的脉冲,检测出单位时间的脉冲数,便可知被测转速。磁性转盘上小磁铁数目的多少决定了传感器测量转速的分辨率。旋转传感器磁体设置示意图如图 8-29 所示,其中图 8-29(a)为径向磁极式,图 8-29(b)为轴向磁极式,图 8-29(c)为遮断式。

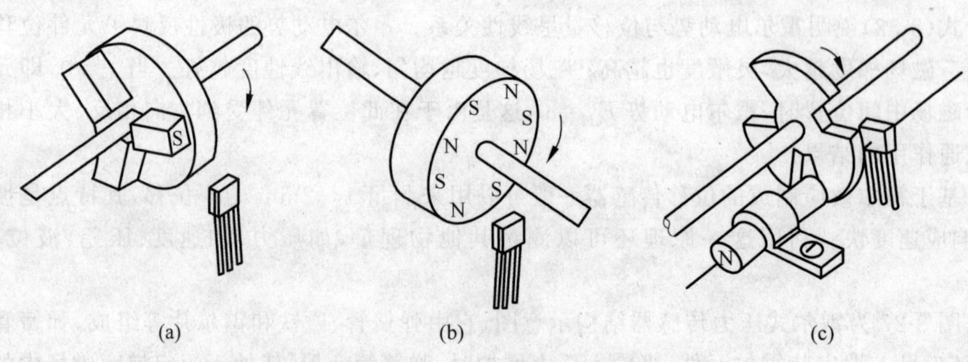

图 8-29 旋转传感器磁体设置

(a) 径向磁极式；(b) 轴向磁极式；(c) 遮断式

由此可知，可对转动物体实施转数、转速、角度、角速度等物理量的检测。如果在转轴上固定一个叶轮和磁体，用流体(气体、液体)去推动叶轮转动，便可构成流速、流量传感器。在车轮转轴上装上磁体，在靠近磁体的位置上装上霍尔开关电路，可制成车速表、里程表等。

图 8-30 为霍尔流量计示意图，它的壳体内装有一个带磁体的叶轮，磁体旁装有霍尔开关电路，被测流体从管道一端通入，推动叶轮带动与之相连的磁体转动，经过霍尔器件时，电路输出脉冲电压，由脉冲的数目，可以得到流体的流速。若知管道的内径，可由流速和管径求得流量。

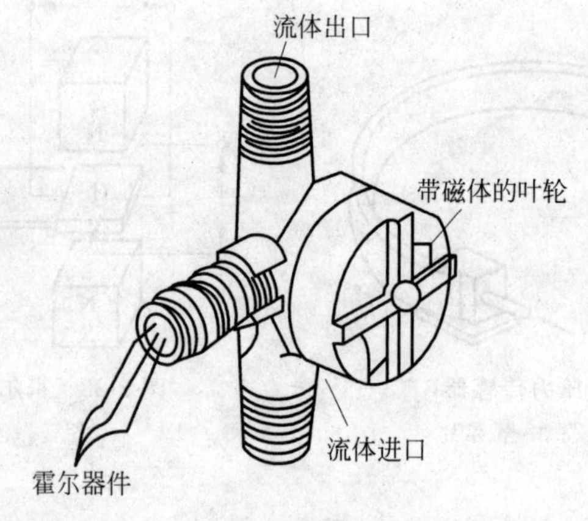

图 8-30 霍尔流量计

在 ABS(汽车制动防抱死装置)中，速度传感器是十分重要的部件。ABS 的工作原理示意图如图 8-31(a)所示。图中，1 是车速齿轮传感器；2 是压力调节器；3 是控制器。在制动过程中，控制器 3 不断接收来自车速齿轮传感器 1 和车轮转速相对应的脉冲信号并进行处理，得到车辆的滑移率和减速信号，按其控制逻辑及时准确地向制动压力调节器 2 发出指令，调节器及时准确地作出响应，使制动气室执行充气、保持或放气指令，调节制动器的制动压力，以防止车轮抱死，起到抗侧滑、甩尾的作用，提高制动安全及制动过程中的可驾驭性。在这个系统中，霍尔传感器作为车轮转速传感器，是制动过程中的实时速度采集器，是 ABS 中的关键部件之一，在车轮的安装位置如图 8-31(b)所示。

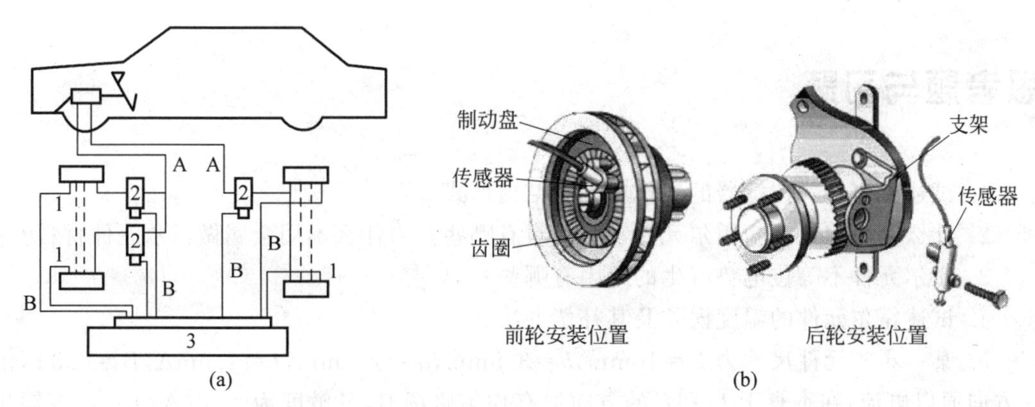

图 8-31　霍尔转速传感器在 ABS 中的应用

(a) 工作示意图；(b) 传感器安装示意图

3. 霍尔传感器在无损探伤中的应用

铁磁材料受到磁场激励时，因其磁导率高，磁阻小，磁力线都集中在材料内部。若材料均匀，磁力线分布也均匀。如果材料中有缺陷，如小孔、裂纹等，在缺陷处，磁力线会发生弯曲，使局部磁场发生畸变。用霍尔探头检出这种畸变，经过数据处理，可辨别出缺陷的位置、性质(孔或裂纹)和大小(如深度、宽度等)，这就是霍尔传感进行无损探伤的工作原理。霍尔无损探伤已在炮膛探伤、管道探伤、海用缆绳探伤、船体探伤以及材料检验等方面得到广泛应用。图 8-32 为两种用于无损探伤的探头结构。

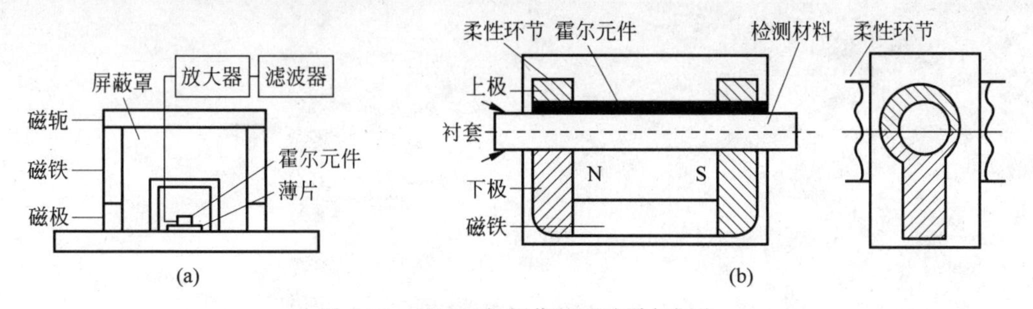

图 8-32　用于无损探伤的两种霍尔探头

(a) 检测线材用；(b) 检测板材用

8.3　实验——霍尔传感器测转速实验

8.3　实验

思考题与习题

1. 试述磁电势式传感器的工作原理和结构形式。

2. 什么是霍尔效应？霍尔元件常用材料有哪些？为什么不用金属做霍尔元件材料？

3. 霍尔元件不等位电势产生的原因有哪些？

4. 试述霍尔元件的温度误差及其补偿办法。

5. 某一霍尔元件尺寸为 $L=10\text{mm}$，$b=3.5\text{mm}$，$d=1.0\text{mm}$，$I=1.0\text{mA}$，$B=0.3\text{T}$，沿 L 方向通以电流，在垂直于 L 和 b 的方向加有均匀磁场 B，灵敏度为 22V(A.T)，试求输出霍尔电势及载流子浓度。

6. 试分析霍尔元件输出接有负载时，利用恒压源和输入回路串联电阻进行温度补偿的条件。

7. 霍尔元件灵敏度 $K_H=40\text{V(A.T)}$，控制电流 $I=3.0\text{mA}$，写出它置于 $(1\sim5)\times10^{-4}\text{T}$ 线性变化的磁场中输出的霍尔电势范围。

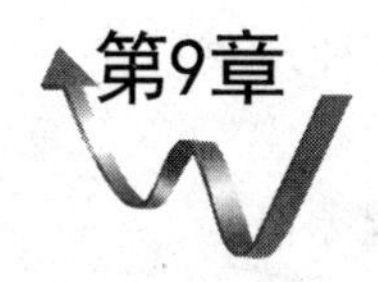

温度传感器

温度是诸多物理现象中具有代表性的物理量，是现代生活中不可缺少的信息内容，更是科学实验与工业过程控制中检测的重要参数。许多生产过程和日常生活都是在一定温度范围内进行的，这都离不开温度传感器。

温度传感器利用某种材料或元件与温度有关的物理特性，能将温度变化转化为电量变化。它主要包括将温差转换为热电动势的热电偶；将温度转换为电阻变化的热电阻；利用半导体材料电阻随温度变化测温的热敏电阻；利用晶体管 PN 结的电流、电压随温度变化的集成温度传感器。

温度传感器按价格和性能可分为：热膨胀温度传感器，如液体、气体的玻璃式温度计、体温计，结构简单，应用较广泛；家电、汽车上使用的温度传感器，它们测温范围小（环境温度）、成本低、价格便宜、用量大，性能差别不大；工业上使用的温度传感器，性能价格差别比较大，因为传感器的精度直接关系到产品质量和控制过程，通常价格比较昂贵。下面分别讨论几种常见的热电式传感器。

9.1 热电偶

热电偶是目前温度测量中使用最普遍的传感元件之一。它除具有结构简单、测量范围宽、准确度高、热惯性小，输出信号为电信号便于远传或信号转换等优点外，还能用来测量流体、固体以及固体壁面的温度。微型热电偶还可用于快速及动态温度的测量。

9.1.1 热电效应

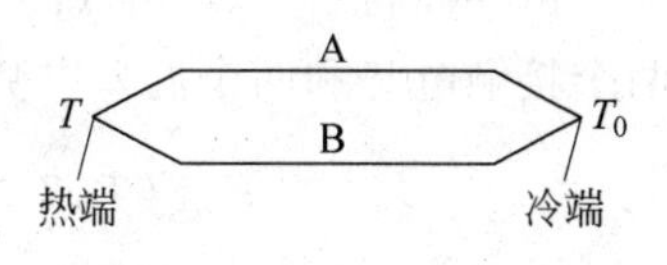

图 9-1 热电偶原理图

A，B 两种不同导体或半导体组成闭合回路，如图 9-1 所示，称为热电极。如果导体 A 和 B 两接点温度不同即 $T \neq T_0$，温度为 T 的称为工作端或热端，温度为 T_0 的称为自由端或冷端，则此闭合回路中产生电势，形成热电流，这种现象称为热电效应。这种现象早在1821年首先由西拜克(Seeback)发现，所以又称西拜克效应。

回路中所产生的电动势，叫热电势。热电势由两部分组成，即接触电势和温差电势。

1. 接触电势(玻尔电势)

接触电势原理如图9-2所示。由于A,B两种不同金属自由电子密度不同，当两种金属接触在一起时，在接点处会产生电子扩散，浓度大的向浓度小的金属扩散。浓度高的失去电子显正电，浓度低的得到电子显负电。当扩散达到动态平衡时，得到稳定的接触电势。

设金属A,B中的自由电子密度分别为 N_A，N_B，在温度 T 端的接触电势为

$$E_{AB}(T)=\frac{kT}{e}\ln\frac{N_A}{N_B} \tag{9-1}$$

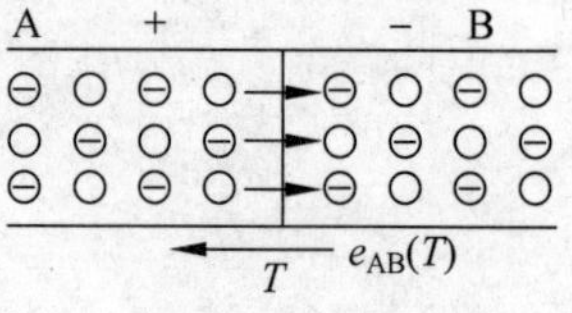

图9-2　接触电势原理图

在温度 T_0 端的接触电势为

$$E_{AB}(T_0)=\frac{kT_0}{e}\ln\frac{N_A}{N_B} \tag{9-2}$$

式中：e 为单位电荷，$e=1.6\times10^{-19}$C；k 为玻耳兹曼常数，$k=1.38\times10^{-23}$J/K。

在闭合回路中，总的接触电势为

$$E_{AB}(T)-E_{AB}(T_0)=\frac{k}{e}(T-T_0)\ln\frac{N_A}{N_B} \tag{9-3}$$

由式(9-3)可知，当 $T=T_0$ 时，$E_{AB}(T)-E_{AB}(T_0)=0$，说明金属A,B两接点温度相同时，没有热电势存在；当 $N_A=N_B$ 时，$E_{AB}(T)-E_{AB}(T_0)=0$，即A,B两电极材料相同，也没有热电势存在。

2. 温差电势(汤姆逊电势)

单一导体两端温度不同，高温端自由电子动能大，向低温端扩散，高温端失去电子，低温端得到电子形成温差电势，温差电势原理如图9-3所示。导体A的温差电势为

$$E_A(T,T_0)=\int_{T_0}^{T}\sigma_A\mathrm{d}T \tag{9-4}$$

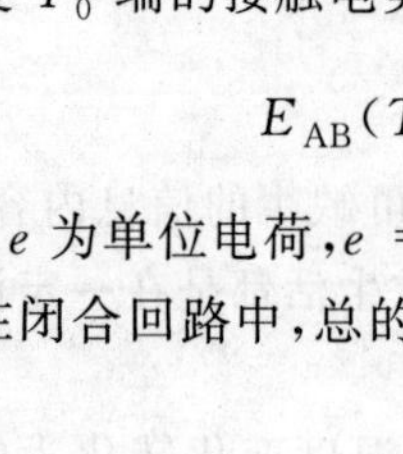

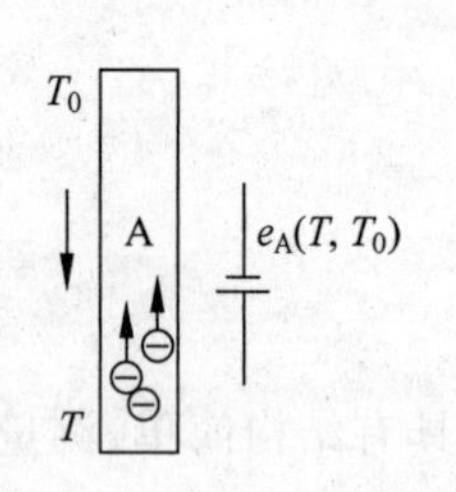

图9-3　温差电势原理图

式中：$E_A(T,T_0)$ 为导体A两端温度为 T，T_0 时形成的温差电动势；T，T_0 分别为高、低端的绝对温度；σ_A 为汤姆逊系数，表示导体A两端的温度差为1℃时所产生的温差电动势，例如在0℃时，铜的汤姆逊系数为 $\sigma=2\mu$V/℃。

A,B两种导体构成回路中的温差电势为

$$E_A(T,T_0)-E_B(T,T_0)=\int_{T_0}^{T}(\sigma_A-\sigma_A)\mathrm{d}T \tag{9-5}$$

3. 总电动势

由导体材料A,B组成的闭合回路，其接点温度分别为 T，T_0，如果 $T>T_0$，则必存在着两个接触电势和两个温差电势，回路总电势：

$$E_{AB}(T,T_0)=e_{AB}(T)-e_{AB}(T_0)+\int_{T_0}^{T}(\sigma_A-\sigma_B)\mathrm{d}T \tag{9-6}$$

一般温差电势相对接触电势要小得多，往往在计算时忽略不计。

综上所述，热电偶回路热电势只与组成热电偶的材料及两端温度有关，与热电偶的长度、粗细无关；只有用不同性质的导体（或半导体）才能组合成热电偶；相同材料不会产生热电势，因为当 A，B 两种导体是同一种材料时，$\ln(N_A/N_B)=0$，也即 $E_{AB}(T,T_0)=0$；只有当热电偶两端温度不同，热电偶的两导体材料不同时才能有热电势产生。

导体材料确定后，热电势的大小只与热电偶两端的温度有关。如果使 $E_{AB}(T_0)=$常数，则回路热电势 $E_{AB}(T,T_0)$ 就只与温度 T 有关，而且是 T 的单值函数，即

$$E_{AB}(T,T_0)=f(T) \tag{9-7}$$

这就是利用热电偶测温的原理。

对于由几种不同材料串联组成的闭合回路，接点温度分别为 T_1、T_2、…、T_n，冷端温度为零度的热电势。其热电势为

$$E=E_{AB}(T_1)+E_{BC}(T_2)+\cdots+E_{NA}(T_n) \tag{9-8}$$

9.1.2　热电偶基本定律

1. 中间导体定律

一个由几种不同导体材料连接成的闭合回路，只要它们彼此连接的接点温度相同，则此回路各接点产生的热电势的代数和为零。如在热电偶回路中，串入第三种导体 C（中间导体），只要 C 两端温度相同，则对于回路电势无影响，如图 9-4 所示，即

$$E_{ABC}(T,T_0)=E_{AB}(T,T_0) \tag{9-9}$$

证明：忽略温差电势，回路中总的电动势为

$$E_{ABC}(T,T_0)=E_{AB}(T)+E_{BC}(T_0)+E_{CA}(T_0) \tag{9-10}$$

如果各接点温度相同 $T=T_0$，则

$$E_{AB}(T_0)+E_{BC}(T_0)+E_{CA}(T_0)=0 \tag{9-11}$$

即

$$E_{BC}(T_0)+E_{CA}(T_0)=-E_{AB}(T_0) \tag{9-12}$$

所以

$$E_{ABC}(T,T_0)=E_{AB}(T)-E_{AB}(T_0)=E_{AB}(T-T_0) \tag{9-13}$$

根据上述原理，可以在热电偶回路中接入电位计 E，只要保证电位计与连接热电偶处的接点温度相等，就不会影响回路中原来的热电势，接入的方式如图 9-5 所示。

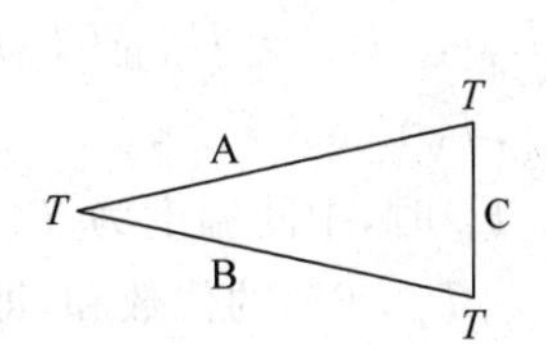

图 9-4　中间导体定律示意图

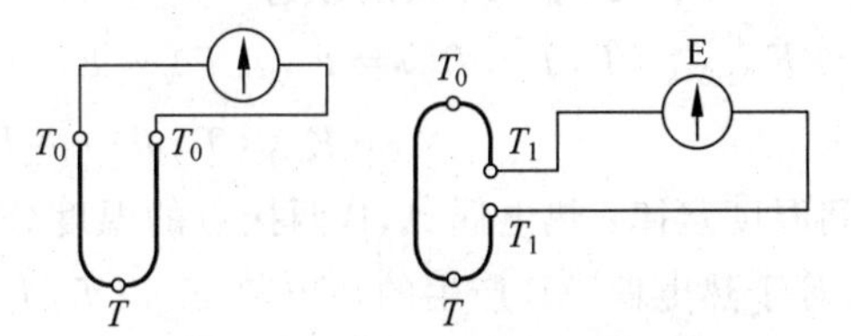

图 9-5　电位计接入热电偶回路

2. 标准电极定律

两种导体 A，B 分别与第三导体 C 组成热电偶，设接触点温度为 T，T_0，则由导体 A，B 组成热电偶的电动势，等于由 A，C 组成热电偶和由 C，B 组成热电偶电动势的代数和，即

$$E_{AB}(T,T_0)=E_{AC}(T,T_0)+E_{CB}(T,T_0) \tag{9-14}$$

C 导体称为标准电极，一般用金属铂(Pt)。

证明：忽略温差电势，则

$$E_{AC}(T,T_0)=E_{AC}(T)-E_{AC}(T_0) \tag{9-15}$$

$$E_{CB}(T,T_0)=E_{CB}(T)-E_{CB}(T_0) \tag{9-16}$$

将上两式相加，得

$$\begin{aligned}E_{AC}(T,T_0)+E_{CB}(T,T_0)&=E_{CB}(T)-E_{CB}(T_0)+E_{AC}(T)-E_{AC}(T_0)\\&=[E_{AC}(T)+E_{CB}(T)]-[E_{AC}(T_0)+E_{CB}(T_0)]\\&=E_{AB}(T)-E_{AB}(T_0)\\&=E_{AB}(T,T_0)\end{aligned} \tag{9-17}$$

由此可见，任意几个热电极与一标准电极组成热电偶产生的热电动势已知时，就可以很方便地求出这些热电极彼此任意组合时的热电动势。

例：A　C

铂铑$_{30}$-铂　$E_{AC}(1085.4,0)=13.976\text{mV}$

铂铑$_6$-铂　$E_{BC}(1085.4,0)=8.354\text{mV}$

铂铑$_{30}$-铂铑$_6$　$E_{AB}(1085.4,0)=(13.976-8.354)\text{mV}=5.622\text{mV}$

3. 连接导体定律与中间温度定律

连接导体定律：热电偶 A,B 与连接导体 A′,B′相连，如图 9-6 所示，连接点温度为 T_n，整个回路中所产生的热电势等于热电偶 A,B 产生的热电势 $E_{AB}(T,T_n)$与连接导体 A′,B′所产生的热电势 $E_{A'B'}(T_n,T_0)$之代数和，即

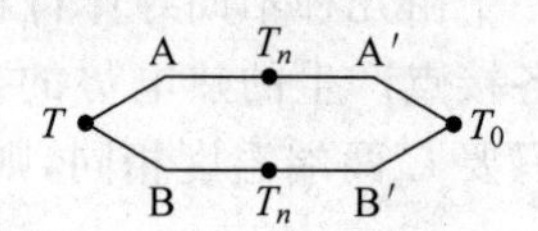

图 9-6　连接导体定律示意图

$$E_{ABA'B'}(T,T_n,T_0)=E_{AB}(T,T_n)+E_{A'B'}(T_n,T_0) \tag{9-18}$$

证明：回路中总的热电势为

$$E_{ABB'A'}(T,T_n,T_0)=E_{AB}(T)+E_{BB'}(T_n)+E_{B'A'}(T_0)+E_{AA'}(T_n) \tag{9-19}$$

式中，

$$\begin{aligned}E_{BB'}(T_n)+E_{AA'}(T_n)&=\frac{kT_n}{e}\left(\ln\frac{N_B}{N_{B'}}+\ln\frac{N_{A'}}{N_A}\right)=\frac{kT_n}{e}\left(\ln\frac{N_{A'}}{N_{B'}}-\ln\frac{N_A}{N_B}\right)\\&=E_{A'B'}(T_n)-E_{AB}(T_n)\end{aligned} \tag{9-20}$$

且 $E_{B'A'}(T_0)=-E_{A'B'}(T_0)$，所以有

$$\begin{aligned}E_{ABB'A'}(T,T_n,T_0)&=E_{AB}(T)-E_{AB}(T_n)+E_{A'B'}(T_n)-E_{A'B'}(T_0)\\&=E_{AB}(T,T_n)+E_{A'B'}(T_n,T_0)\end{aligned} \tag{9-21}$$

中间温度定律：热电偶 A,B 两接点的温度分别为 T,T_0 时，中间温度为 T_n，所产生的热电势，等于热电偶 AB 产生的热电势 $E_{AB}(T,T_n)$与 $E_{AB}(T_n,T_0)$的代数和，即

$$E_{AB}(T,T_0)=E_{AB}(T,T_n)+E_{AB}(T_n,T_0) \tag{9-22}$$

利用连接导体定律，当满足 A=A′,B=B′时，则可以证明中间温度定律。

根据中间温度定律，可以确定热电偶冷端温度不为零时的热电势，即

$$\begin{aligned}E_{AB}(T,T_0)&=E_{AB}(T)-E_{AB}(T_0)=E_{AB}(T)-E_{AB}(0)+E_{AB}(0)-E_{AB}(T_0)\\&=E_{AB}(T)-E_{AB}(0)-[E_{AB}(T_0)-E_{AB}(0)]\\&=E_{AB}(T,0)-E_{AB}(T_0,0)\end{aligned} \tag{9-23}$$

对于 $E_{AB}(T,T_0)$，当参考温度 $T_0 \neq 0$℃时，其大小是热端 T 和冷端 T_0 分别对 0℃的热电势之差。

9.1.3 热电偶的材料与结构

1. 热电偶常用材料

热电偶材料一般应满足：热电性质稳定，不随时间变化；具有足够的物理、化学稳定性，不易氧化腐蚀；材料稳定系数小，导电率高；热电偶产生的热电势要大，输出为线性或接近线性特性；材料复制性好，价格适中。

1）铂-铂铑热电偶

铂-铂铑热电偶是工业上应用的一种贵金属热电偶，电偶丝直径为 0.5mm，实验室用可更细些。正极为质量分数分别为 90%铂和 10%铑冶炼而成的合金丝，负极为铂丝。其主要用于测量 1000℃以上的高温，测量温度可长时间维持在 1300℃，短时间可测量 1600℃，其材料性能稳定，测量准确度较高，所以可做成标准热电偶或基准热电偶，用于实验室或校验其他热电偶。其缺点是材料属于贵金属，成本较高，热电势较弱，在高温还原性气体中(如气体中含 CO，H_2 等)易被侵蚀，需要用保护套管。

2）镍铬-镍硅(镍铝)热电偶

镍铬-镍硅(镍铝)热电偶是工业用非贵金属热电偶中性能比较稳定的一种，电偶丝直径为 1.2～2.5mm，正极采用质量分数分别为 88.4%～89.7%镍、9%～10%铬，0.6%硅，0.3%锰，0.4%～0.7%钴冶炼而成的合金丝，负极为 95.7%～97%镍，2%～3%硅，0.4%～0.7%钴冶炼而成的合金丝。其测量温度可长时间维持在 1000℃，短时间可测量 1300℃。其优点是价格比较便宜，在工业上广泛应用，材料复现性好，输出热电势大，高温下抗氧化能力强。

3）镍铬-康铜热电偶

镍铬-康铜热电偶是工业常用的一种热电偶，其电偶丝直径为 1.2～2mm，正极为镍铬合金，负极为 56%铜和 44%的镍冶炼而成的合金丝。其测量温度可长期维持在 600℃，短时间可测量 800℃。其特点是输出的热电势在常用热电偶中最大，价格比较便宜，工业上应用广泛，但气体硫化物对该热电偶有腐蚀作用，康铜易氧化变质，适于在还原性或中性介质中使用。

4）铂铑$_{30}$-铂铑$_{6}$ 热电偶

铂铑$_{30}$-铂铑$_{6}$ 热电偶正极为 70%铂、30%铑冶炼而成的合金，负极为用 94%铂、6%铑冶炼而成的合金，可测量更高的高温，测量温度可长时间维持在 1600℃，短时间可达到 1800℃。其特点是材料性能稳定，测量精度高，但在还原性气体中易被腐蚀，低温输出热电势极小。另外，电偶丝属于贵金属，制作成本高。

2. 特殊用途的热电偶材料

1）铱和铱合金热电偶

如铱$_{50}$ 铑-铱$_{10}$ 钌热电偶，它能在氧化性气氛中测量高达 2100℃的高温。

2）钨铼热电偶

它是 20 世纪 60 年代发展起来的，是目前一种较好的高温热电偶，可使用在真空惰性气体介质或氢气介质中，但高温抗氧能力差。国产钨铼-钨铼 20 热电偶使用温度范围 300～

2000℃，分度精度为1%。

3）金铁-镍铬热电偶

主要用在低温测量，可在2～273K范围内使用，灵敏度约为10μV/℃。

4）钯-铂铱15热电偶

它是一种高输出性能的热电偶，在1398℃时的热电势为47.255mV，比铂-铂铑$_{10}$热电偶在同样温度下的热电势高出3倍，因而可配用灵敏度较低的指示仪表，常应用于航空工业。

5）铁-康铜热电偶

灵敏度高，约为53μV/℃，线性度好，价格便宜，可在800℃以下的还原性介质中使用。主要缺点是铁极易氧化，采用发蓝处理后可提高抗锈蚀能力。

6）铜-康铜热电偶

热电偶的热电势略高于镍铬-镍硅热电偶，约为43μV/℃。复现性好，稳定性好，精度高，价格便宜。缺点是铜易氧化，广泛用于20～473K的低温实验室测量中。

3. 常用热电偶结构类型

1）工业用热电偶

图9-7为典型工业用热电偶结构示意图，由热电偶丝、绝缘套管、保护套管以及接线盒等部分组成。实验室用时，也可不装保护套管，以减小热惯性。

2）铠装热电偶

铠装热电偶断面如图9-8所示，由热电偶丝、绝缘材料、金属套管三者拉细组合而成一体。又由于它的热端形状不同，可分为四种形式：碰底型；不碰底型；露头型；帽型。

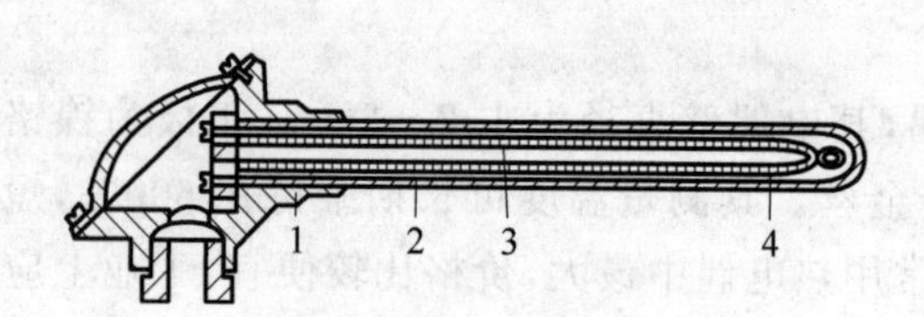

图9-7 工业用热电偶结构示意图

1—接线盒；2—保险套管；3—绝缘套管；4—热电偶丝

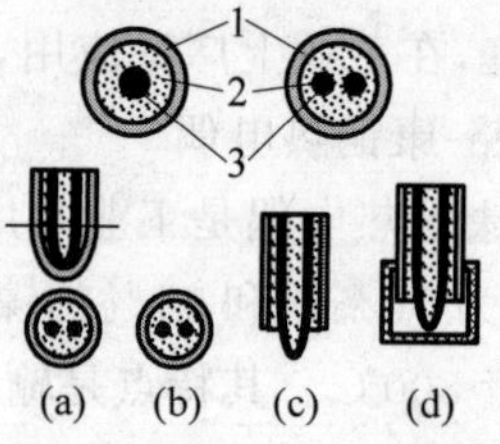

图9-8 铠装式热电偶断面结构示意图

(a) 碰底型；(b) 不碰底型；(c) 露头型；(d) 帽型

1—金属套管；2—绝缘材料；3—热电极

铠装热电偶的优点是小型化(直径从12mm到0.25mm)、寿命长、热惯性小，使用方便。测温范围在1100℃以下的有镍铬-镍硅、镍铬-考铜铠装式热电偶。

3）快速反应薄膜热电偶

快速反应薄膜热电偶是用真空蒸镀等方法，使两种热电极材料蒸镀到绝缘板上而形成薄膜装热电偶。如图9-9所示，其热接点极薄，在0.01～0.1μm。因此，特别适用于对壁面温度的快速测量。安装时，用黏结剂将它黏结在被测物体壁面上。目前我国试制的有铁-镍、铁-康铜和铜-康

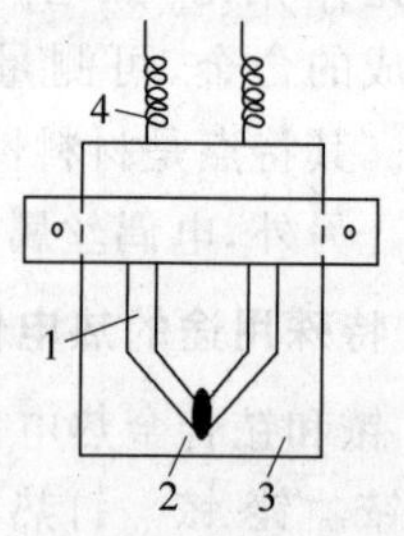

图9-9 快速反应薄膜热电偶

1—热电极；2—热接点；

3—绝缘基板；4—引出线

铜三种，尺寸为 60mm×6mm×0.2mm；绝缘基板用云母、陶瓷片、玻璃及酚醛塑料纸等；测温范围在 300℃以下；反应时间仅为几毫秒。

4）快速消耗微型热电偶

图 9-10 为一种测量钢水温度的热电偶。它是用直径为 0.05～0.1mm 的铂铑$_{10}$-铂铑$_{30}$热电偶装在 U 形石英管中，再铸以高温绝缘水泥，外面再用保护钢帽所组成。这种热电偶使用一次就焚化，但它的优点是热惯性小，只要注意它的动态标定，测量精度可达±(5～7)℃。

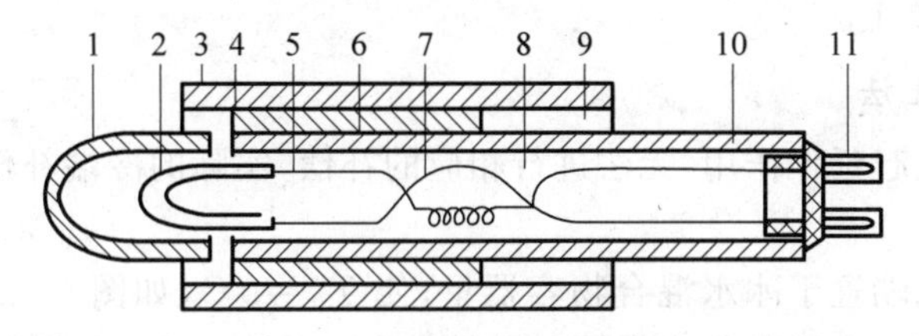

图 9-10 快速消耗微型热电偶

1—钢帽；2—石英；3—纸环；4—绝热泥；5—冷端；6—绝缘纸管；7—棉花；8—补偿导线；9—套管；10—塑料插座；11—簧片与引出线

9.1.4 热电偶的冷端温度补偿

1. 冷端补偿的概念

由热电偶测温原理知道，热电势输出可表示为

$$E_T = E_{AB}(T, T_0) = E_{AB}(T) - E_{AB}(T_0) = f(T) - f(T_0) \tag{9-24}$$

可以看出，E_T 是 T 和 T_0 的二元函数。要使 E_T 成为热端 T 的单值函数关系，则需要 $T_0=0$℃或为恒定常数 C，也就是说热电偶的输出电动势只有在冷端温度不变的条件下，才与工作端温度成单值函数关系。实际应用时，由于热电偶冷端离工作端很近，且又处于大气中，其温度受到测量对象和周围环境温度波动的影响，因而冷端温度难以保持恒定，这样会发生测量误差。所以在实际运用中，要对冷端 T_0 采取稳定措施或补偿措施。

2. 补偿导线法（又称延伸热电极法）

要保证热电偶冷端的温度不变，可以把热电极加长使自由端远离工作端，放置到恒温或温度波动较小的地方，但这在使用贵金属热电偶时将使投资增加。解决上述矛盾的方法是采用一种特殊导线，将热电偶的冷端延伸出来，故又称延伸热电极法，如图 9-11 所示。图中 A，B 是热电偶，工作端温度为 T，冷端温度为 T'_0（变化不定），A′，B′为补偿导线，T_0 是仪表与 A′，B′连接点的温度（即延伸后的新冷端温度），其数值基本稳定。

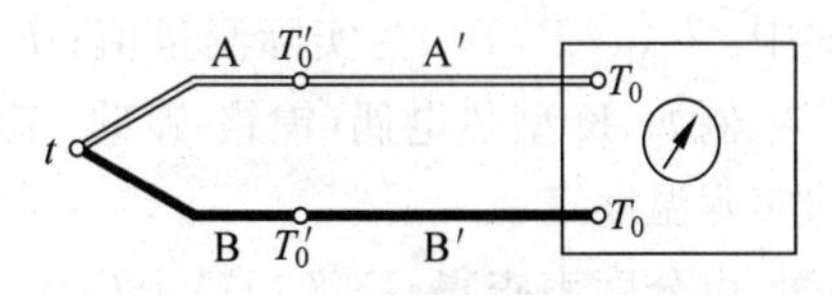

图 9-11 补偿导线在回路中连接

补偿导线是由价格低廉的两种不同成分导体组成的热电偶，在一定的温度范围内，具有和所连接的热电偶相同的热电性能，所以从热电特性来看，可以认为 A′，B′分别是 A，B 的延长，热电偶的冷端也由 T'_0处移向 T_0 处，总热电动势仅与 T_0 及 T 有关，T'_0的变化不再影响其数值。

由连接导体定律可知

$$E_T = E_{AB}(T, T'_0) + E_{A'B'}(T'_0, T_0) \tag{9-25}$$

因为补偿导线具有与热电偶相同的热电特性，所以

$$E_{AB}(T'_0, T_0) = E_{A'B'}(T'_0, T_0) \tag{9-26}$$

将式(9-26)代入式(9-25)，得

$$E_T = E_{AB}(T, T'_0) + E_{AB}(T'_0, T_0) = E_{AB}(T, T_0) \tag{9-27}$$

如果此时 T_0 恒定为 0℃，则仪表测出的热电动势就对应着工作端的温度 T；如果 T_0 不等于 0℃，则需要校正。

3. 冷端温度校正法

补偿导线作用仅起延伸作用，无法进行相应的补偿，实际的冷端补偿采用以下几种。

1）冰点槽法

把热电偶的参比端置于冰水混合物容器里，使 $T_0=0$℃，如图 9-12 所示。这种办法仅限于科学实验中使用。为了避免冰水导电引起两个连接点短路，必须把连接点分别置于两个玻璃试管里，浸入同一冰点槽，使相互绝缘。

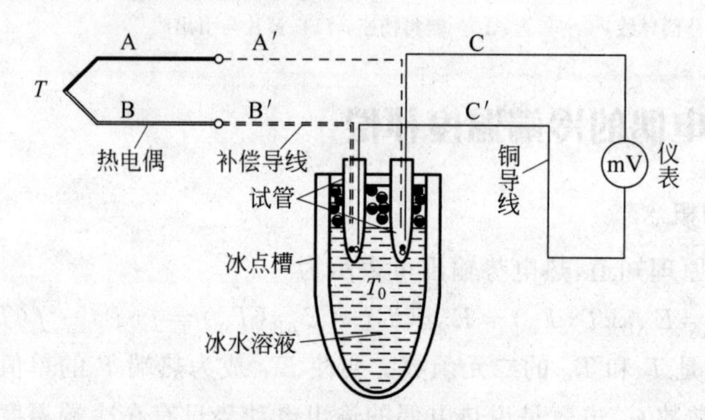

图 9-12　冰点槽法冷端补偿

2）冷端温度计算校正法

一般与热电偶配套使用的指示仪表刻度是根据分度表数值，而分度表是在 $T_0=0$℃时得到的，所以当 $T_0 \neq 0$℃时，指示仪的示值就必须加以修正，修正方法如下：

$$E_{AB}(T, T_0) = E_{AB}(T) - E_{AB}(T_0) = E_{AB}(T, 0) - E_{AB}(T_0, 0) \tag{9-28}$$

利用中间温度定律，即引入中间温度 0℃，则测量的真实值为

$$E_{AB}(T, 0) = E_{AB}(T, T_0) + E_{AB}(T_0, 0) \tag{9-29}$$

式中：$E_{AB}(T, T_0)$为实际测量值；$E_{AB}(T_0, 0)$为校正值。

例如，K 型热电偶（镍铬-镍硅）工作时，$T_0=30$℃，测得 $E_K(T, T_0)=39.17\text{mV}$，求真实的实际温度 T。

由分度表查得，$E_K(30℃, 0℃)=1.20\text{mV}$，则

$$\begin{aligned} E_K(T, 0℃) &= E_K(T, T_0) + E_K(T_0, 0℃) \\ &= (39.17 + 1.20)\text{mV} = 40.37\text{mV} \end{aligned} \tag{9-30}$$

然后，查分度表求出真实的温度 $T=977$℃。

3）补偿电桥法

如图 9-13 所示，热电偶与直流电桥串联组成一个补偿测量电路。其最终的电压输出为

$$u = e_{ab} + u_{ba} \tag{9-31}$$

其中，桥路（又称自动补偿电桥）是一个等臂桥，其中一个桥臂电阻 R_{Cu} 是由温度系数较大的铜电阻组成，其阻值随温度变化而变化，另三个臂电阻是由温度系数较小的锰铜电阻组成，其补偿过程分析如下：

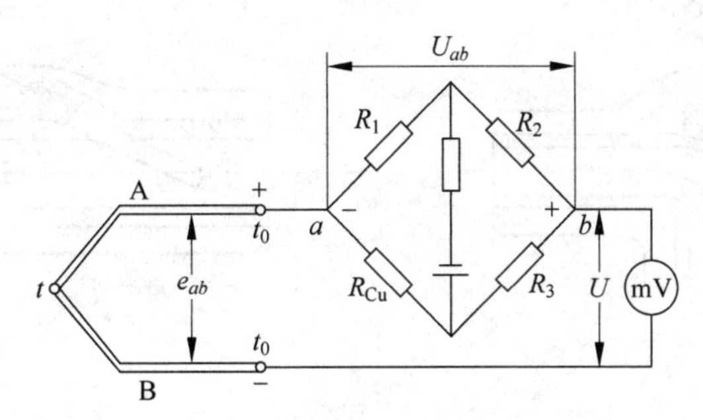

图 9-13　补偿电桥法

电桥输出为

$$u_{ba} = E\left(\frac{R_2}{R_2 + R_3} - \frac{R_1}{R_{Cu} + R_1}\right) \tag{9-32}$$

(1) 假设，温度 $T_0 = 20℃$，$R_{Cu} = R_1 = R_2 = R_3$，电桥初始平衡，则 $u_{ba} = 0$，对热电势无补偿输出。

(2) 当 $T_0 > 20℃$ 时，则 $e_{ab}(T, T_0)$ 减小，而 R_{Cu} 增大，这样导致 u_{ba} 增大，则最终电压输出 u 不变，得到补偿。

(3) 当 $T_0 < 20℃$ 时，则 $e_{ab}(T, T_0)$ 增大，而 R_{Cu} 减小，这样导致 u_{ba} 减小，则最终电压输出 u 不变，得到补偿。

所以当选择合适的铜电阻，可以使得电桥产生的不平衡电压 u_{ba} 正好补偿由于冷端温度 T_0 变化波动而引起的热电势变化量，而在 $T_0 = 20℃$ 电桥平衡无补偿时，可将指示仪表的零点进行调整，直接调节到 20℃ 为起始零点即可。

4) 软件处理法

在计算机系统中，可以采用软件处理的方法实现热电偶冷端温度补偿。例如，冷端温度 T_0 恒定，但 $T_0 \neq 0℃$，只需对采样数据的处理中添加一个与冷端温度对应的系数即可。如果冷端温度 T_0 经常波动，可利用其他温度传感器，把 T_0 信号输入计算机，按照运算公式设计一些程序，便能自动修正，后一种情况必须在采样通道中增加冷端温度传感器。对于多点测量，各个热电偶的冷端温度不相同，要分别采样。若测量点用的通道数太多，则可利用补偿导线把所有的冷端接到同一温度处，只用一个冷端温度传感器和一个修正 T_0 的输入通道即可。冷端集中还可提高多点巡回检测的速度。

9.1.5　热电偶的选择、安装使用和校验

1. 热电偶的选择、安装使用

热电偶的选用应该根据被测介质的温度、压力、介质性质、测温时间长短来选择热电偶和保护套管。其安装地点要有代表性，安装方法要正确。图 9-14 是安装在管道上常用的两

种方法。在工业生产中，热电偶常与毫伏计联用(XCZ 型动圈式仪表)或与电子电位差计联用，后者精度较高，且能自动记录。另外，也可通过与温度变送器经放大后再接指示仪表，或作为控制用的信号。

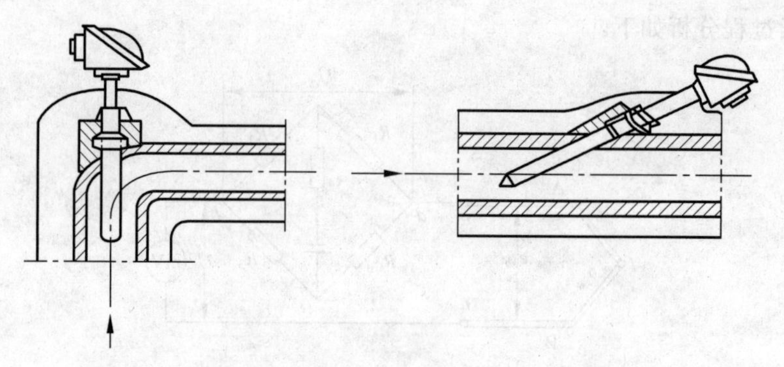

图 9-14　管道用测量热电偶安装图

2. 热电偶的定期校验

热电偶在使用过程中，热端受到氧化、腐蚀作用和高温下热电偶材料发生再结晶，会引起热电特性发生变化，使测温误差越来越大。所以，必须定期地进行校验，以确定其误差大小。当其误差超出规定范围时，要更换热电偶或把原来热电偶的热端剪去一段，重新焊接，经校验后再使用。新焊制的热电偶也要通过实验确定它的热电特性。校验的方法是用标准热电偶与被校验的热电偶装在同一校验炉中进行对比，误差超过规定允许值为不合格。图 9-15 为热电偶校验装置示意图，最佳校验方法可查阅有关标准获得。

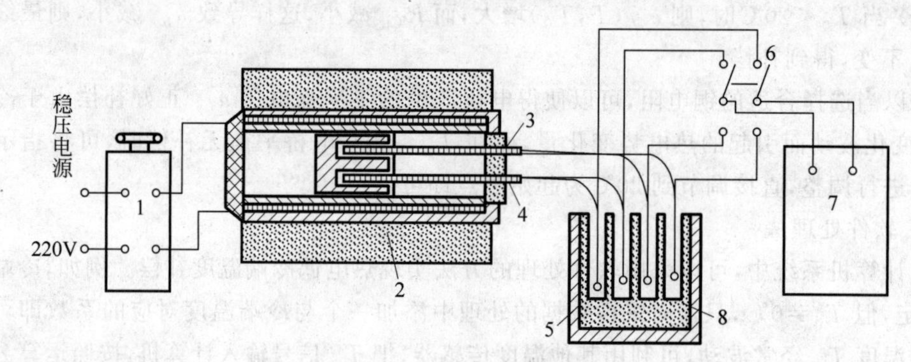

图 9-15　热电偶校验图

1—调压变压器；2—管式电炉；3—标准热电偶；4—被校热电偶；5—冰瓶；6—切换开关；7—测试仪表；8—试管

工业热电偶的允许偏差，如表 9-1 所示。

表 9-1　工业热电偶允许偏差

热电偶分度号	校验温度/℃	热电偶允许偏差/℃			
		温度	偏差	温度	偏差
LB-3	600,800,1000,1200	0～600	±2.4	>600	占所测热电势的±0.4%
EU-2	400,600,800,1000	0～400	±4	>400	占所测热电势的±0.75%
EA-2	300,400,600	0～300	±4	>300	占所测热电势的±1%

9.1.6　热电偶测温电路

1. 热电偶测量某点温度电路

热电偶测温电路由如图 9-16 所示三部分组成：①热电偶；②毫伏测量电路或毫伏测量仪表；③连接热电偶和毫伏测量电路的补偿导线与铜线。

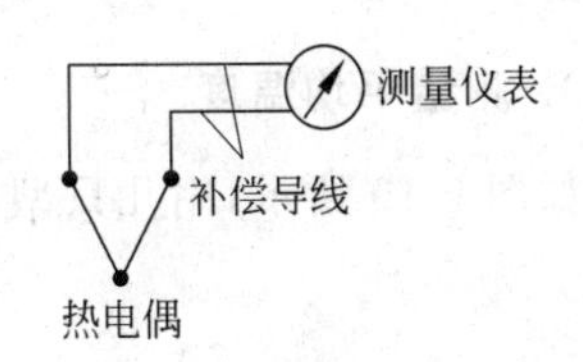

图 9-16　热电偶测温电路示意图

热电偶测温原理图如图 9-17 所示。

热电偶产生的毫伏信号经放大电路后由 VT 端输出。它可作为 A/D 转换接口芯片的模拟量输入。

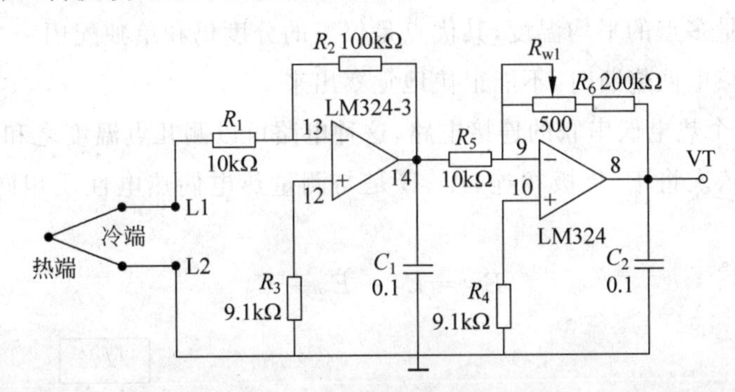

图 9-17　热电偶测温电路原理图

第 1 级反相放大电路，根据运算放大器增益公式：

$$U_{O1}=-R_2\times\frac{U_{L1}}{R_1}=-10\times U_{L1}\tag{9-33}$$

增益为 10。

第 2 级反相放大电路，根据运算放大器增益公式：

$$V_{VT}=U_O=-(R_{w1}+R_6)\times\frac{U_{O1}}{R_5}=-\frac{200+R_{w1}}{10}\times U_{O1}\tag{9-34}$$

增益为 20。

总增益为 200，由于选用的热电偶测温范围为 0～200℃，热电动势 0～10mV，对应放大电路的输出电压为 0～2V。

2. 测量两点之间温度差

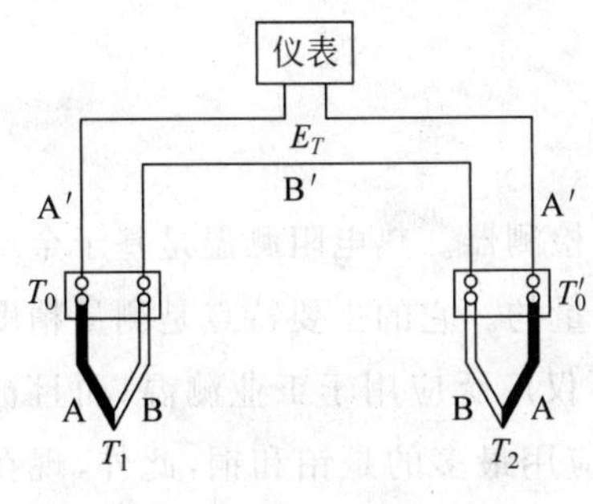

图 9-18　热电偶测温差电路

图 9-18 是测量两点之间温度差(T_1-T_2)的一种方法。将两个同型号的热电偶配用相同的补偿导线，其接线应使两热电动势反向串联，互相抵消，此时仪表便可测得 T_1 和 T_2 间的温度差值。

设回路内总电动势为 E_T，根据热电偶的工作原理有

$$E_T=E_{AB}(T_1)+E_{BB'}(T_0)+E_{B'B}(T_0')+E_{BA}(T_2)+E_{AA'}(T_0')+E_{A'A}(T_0)\tag{9-35}$$

因为 A′,B′为补偿导线，其热电性质与 A,B 相同，所以认

为 $E_{BB'}(T_0)=0$；同理，$E_{B'B}(T'_0)=0$，$E_{AA'}(T'_0)=0$，$E_{A'A}(T_0)=0$，所以

$$E_T=E_{AB}(T_1)+E_{BA}(T_2)=E_{AB}(T_1)-E_{AB}(T_2) \tag{9-36}$$

如果连接导线用普通铜导线，则必须保证两热电偶的冷端温度相同，否则测量结果是不正确的。

3. 测量平均温度

如图 9-19 所示，用几只型号特性相同的热电偶并联在一起，则输出热电势为

$$E_T=\frac{1}{3}(E_1+E_2+E_3) \tag{9-37}$$

式中：E_1，E_2，E_3 为单支热电偶的热电动势。

使用此法测量多点的平均温度，其优点是仪表的分度仍和单独配用一个热电偶时一样；缺点是当有一支热电偶烧断时，不能很快地觉察出来。

图 9-20 是几个热电偶串联的连接电路，这种电路可以测几点温度之和。它是把几只相同型号的热电偶依次将正、负极相连，A′，B′是与测量热电偶热电性质相同的补偿导线，回路的总电动势为

$$E_T=E_1+E_2+E_3 \tag{9-38}$$

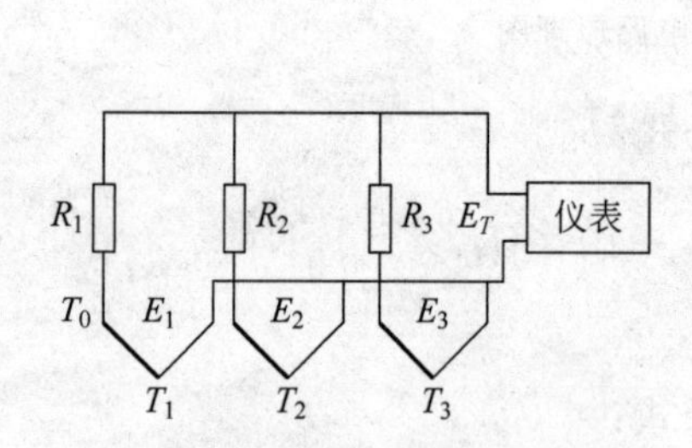

图 9-19　热电偶测平均温度电路

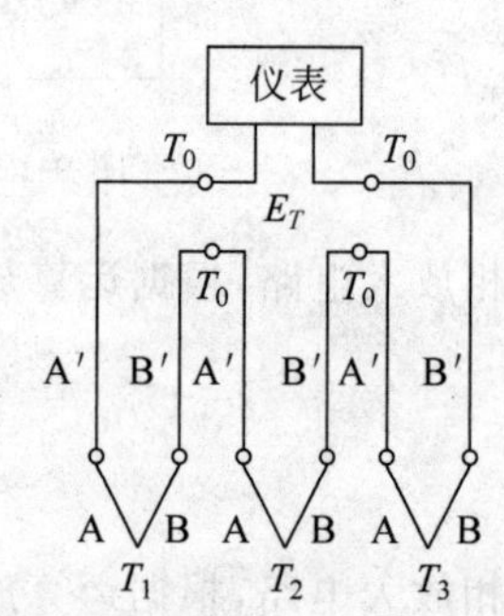

图 9-20　热电偶测三点温度和电路

这种电路输出的热电动势大，可感受较小的信号，可以避免热电偶并联电路的缺点，只要有一支热电偶断路，则总的热电动势消失，可以立即发现有热电偶断路。当个别热电偶短路时，将会引起仪表示值的显著下降。

9.2　热电阻

热电阻是中低温区(－200～500℃)最常用的一种温度检测器。热电阻测温是基于金属导体的电阻值随温度的增加而增加这一特性来进行温度测量的。它的主要特点是测量精度高，性能稳定。其中铂热电阻的测量精确度是最高的，它不仅广泛应用于工业测温，而且被制成标准的基准仪。热电阻大都由纯金属材料制成，目前应用最多的是铂和铜，此外，现在已开始采用镍、锰和铑等材料制造热电阻。

9.2.1 常用热电阻

1. 铂电阻

铂电阻在氧化性介质中，甚至在高温下，它的物理、化学性能稳定，因此不仅用作工业上的测温元件，而且还作为复现温标的基准器。

温度在 0～850℃范围内，铂电阻的阻值与温度的关系为

$$R_t = R_0(1 + At + Bt^2) \tag{9-39}$$

温度在－200～0℃范围内，铂电阻的阻值与温度的关系为

$$R_t = R_0[1 + At + Bt^2 + C(t - 100)t^3] \tag{9-40}$$

式中：R_t 和 R_0 分别为温度 t 和 0℃时的电阻值；A,B,C 为系数，$A = 3.9684 \times 10^{-3}$/℃，$B = -5.847 \times 10^{-7}$/℃^{2}，$C = -4.22 \times 10^{-12}$/℃^{4}。

铂电阻在医疗、电机、工业、温度计算、卫星、气象、阻值计算等高精温度设备的应用范围非常之广泛，有 PT100 和 PT1000 等系列产品。

2. 铜电阻

铂电阻虽然优点多，但价格昂贵。在测量精度要求不高且温度较低的场合，铜电阻得到广泛应用。在－50～150℃的温度范围内，铜电阻的阻值与温度近似呈线性关系，可表示为

$$R_t = R_0(1 + at) \tag{9-41}$$

式中：R_t 和 R_0 分别为温度 t 和 0℃时的电阻值；$a = 4.25 \times 10^{-3}$/℃为铜电阻温度系数。

铜电阻的缺点是电阻率较低，电阻体的体积较大，热惯性较大，在 100℃以上时容易氧化，因此只能用于低温及没有侵蚀性的介质中。

3. 其他热电阻

近年来，对低温和超低温测温方面，采用了新型热电阻。

铟电阻：用 99.999%高纯度的铟绕成电阻，可在室温到 4.2K 温度范围内使用。4.2～15K 温度范围内，灵敏度比铂高 10 倍。缺点是材料软，复制性差。

锰电阻：在 63～2K 温度范围内，电阻随温度变化大，灵敏度高。缺点是材料脆，难拉制成丝。

碳电阻：适合作液氦温域的温度计，价廉，对磁场不敏感，但热稳定性较差。

工业上常用金属热电阻。从电阻随温度的变化来看，大部分金属导体都有这个性质，但并不是都能用作测温热电阻，作为热电阻的金属材料一般要求：尽可能大而且稳定的温度系数、电阻率要大(在同样灵敏度下减小传感器的尺寸)、在使用的温度范围内具有稳定的化学物理性能、材料的复制性好、电阻值随温度变化要有间值函数关系(最好呈线性关系)。

9.2.2 热电阻主要种类

1. 普通型热电阻

从热电阻的测温原理可知，被测温度的变化是直接通过热电阻阻值的变化来测量的，因此，热电阻体的引出线等各种导线电阻的变化会给温度测量带来影响。

2. 铠装热电阻

铠装热电阻是由感温元件(电阻体)、引线、绝缘材料、不锈钢套管组合而成的坚实体,它的外径一般为 $\phi2\sim8\text{mm}$,最小可达 $\phi0.25\text{mm}$。与普通型热电阻相比,它有下列优点:

(1) 体积小,内部无空气隙,热惯性上,测量滞后小;

(2) 力学性能好、耐振,抗冲击;

(3) 能弯曲,便于安装;

(4) 使用寿命长。

3. 端面热电阻

端面热电阻感温元件由特殊处理的电阻丝材绕制,紧贴在温度计端面。它与一般轴向热电阻相比,能更正确和快速地反映被测端面的实际温度,适用于测量轴瓦和其他机件的端面温度。

4. 隔爆型热电阻

隔爆型热电阻通过特殊结构的接线盒,把其外壳内部爆炸性混合气体因受到火花或电弧等影响而发生的爆炸局限在接线盒内,生产现场不会引起爆炸。隔爆型热电阻可用于B1a~B3c级区内具有爆炸危险场所的温度测量。

9.2.3 热电阻的测温接线方式与安装方法

1. 接线方式

热电阻是把温度变化转换为电阻值变化的一次元件,通常需要把电阻信号通过引线传递到计算机控制装置或者其他一次仪表上。工业用热电阻安装在生产现场,与控制室之间存在一定的距离,因此热电阻的引线对测量结果会有较大的影响。

目前热电阻的引线主要有以下三种方式:

1) 二线制

在热电阻的两端各连接一根导线来引出电阻信号的方式叫二线制,如图 9-21(a)所示。这种引线方法很简单,但由于连接导线必然存在引线电阻 r,r 大小与导线的材质和长度有关,因此这种引线方式只适用于测量精度较低的场合。

2) 三线制

在热电阻根部的一端连接一根引线,另一端连接两根引线的方式称为三线制。这种方式通常与电桥配套使用,可以较好地消除引线电阻的影响,是工业过程控制中的最常用的。如图 9-21(b)所示。图中,R_t 为热电阻,R_t 的三根引出导线粗细相同,阻值都是 r,其中一根与电桥电源相串联,它对电桥平衡没有影响,另外两根分别与电桥的相邻两臂串联,当电桥平衡时,可得

$$R_3(R_0+r+R_t)=R_4(R_2+r) \tag{9-42}$$

可以得到热电阻为

$$R_t=\frac{R_4(R_2+r)}{R_3}-R_0-r \tag{9-43}$$

如果使 $R_3=R_4$,则式(9-43)就和 $r=0$ 时的电桥平衡公式完全相同,说明三线制接法导线电

阻 r 对热电阻的测量没有影响。

3）四线制

在热电阻的根部两端各连接两根导线的方式称为四线制，如图 9-21(c)所示。其中两根引线为热电阻提供恒定电流 I，把 R 转换成电压信号 U，再通过另两根引线把 U 引至二次仪表。可见这种引线方式可完全消除引线的电阻影响，主要用于高精度的温度检测。

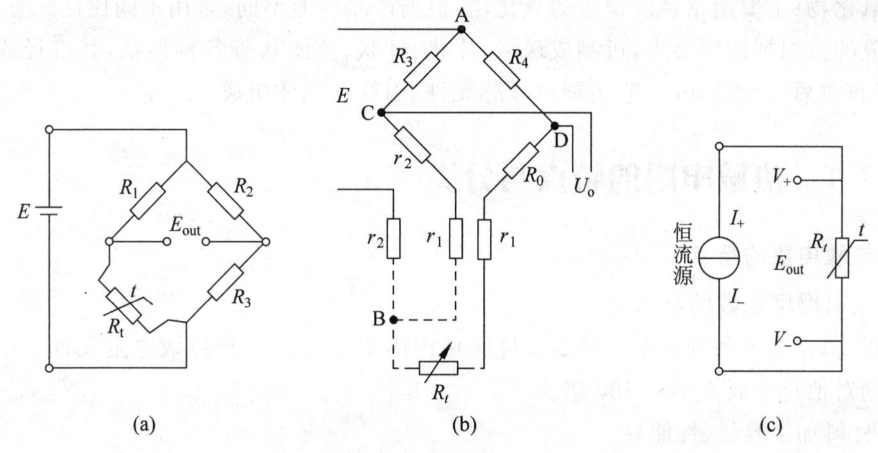

图 9-21　热电阻接线方式

(a) 二线制；(b) 三线制；(c) 四线制

必须注意的是，无论是三线制还是四线制，都要从热电阻的根部引出导线，不能从热电阻的接线端子上引出。因为从热电阻感温体到接线端子之间的导线距被测温度太近，虽然在保护套管里这一段导线不长，但其电阻影响却不容忽视。

2. 安装方法和要求

对热电阻的安装，应注意有利于测温准确、安全可靠及维修方便，而且不影响设备运行和生产操作。要满足以上要求，在选择对热电阻的安装部位和插入深度时要注意以下几点：

(1) 为了使热电阻的测量端与被测介质之间有充分的热交换，应合理选择测点位置，尽量避免在阀门、弯头及管道和设备的死角附近装设热电阻。

(2) 带有保护套管的热电阻有传热和散热损失，为了减少测量误差，热电偶和热电阻应该有足够的插入深度：

① 对于测量管道中心流体温度的热电阻，一般都应将其测量端插入到管道中心处(垂直安装或倾斜安装)。如被测流体的管道直径是 200mm，那么热电阻插入深度应选择 100mm。

② 对于高温高压和高速流体的温度测量(如主蒸汽温度)，为了减小保护套对流体的阻力和防止保护套在流体作用下发生断裂，可采取保护管浅插方式或采用热套式热电阻。浅插式的热电阻保护套管，其插入主蒸汽管道的深度应不小于 75mm；热套式热电阻的标准插入深度为 100mm。

③ 假如需要测量是烟道内烟气的温度，尽管烟道直径为 4m，热电阻插入深度 1m 即可。

④ 当测量原件插入深度超过 1m 时，应尽可能垂直安装，或加装支撑架和保护套管。

9.3 热敏电阻

热敏电阻是利用某种半导体材料的电阻率随温度变化而变化的性质制成的。它是由某些金属氧化物(主要用钴、锰、镍等的氧化物)根据产品性能不同,采用不同比例配方,经高温烧结而成的。根据使用要求,可制成珠状、片状、杆状、垫团状等各种形状,其直径或厚度约1mm,长度往往不到3mm。它主要由敏感元件、引线和壳体组成。

9.3.1 热敏电阻的特点与分类

1. 热敏电阻的特点

1) 电阻温度系数的范围宽

有正、负温度系数和在某一特定温度区域内阻值突变的三种热敏电阻元件。电阻温度系数的绝对值比金属大10～100倍。

2) 材料加工容易、性能好

可根据使用要求加工成各种形状,特别是能够做到小型化。目前,最小的珠状热敏电阻直径仅为0.2mm。

3) 阻值在1～10MΩ可供自由选择

使用时,一般可不必考虑线路引线电阻的影响;由于其功耗小,故不需采取冷端温度补偿,所以适合于远距离测温和控温使用。

4) 稳定性好

商品化产品已有30多年历史,近年在材料与工艺上不断得到改进。据报道,在0.01℃的小温度范围内,其稳定性可达0.0002℃的精度,相比之下,优于其他各种温度传感器。

5) 原料资源丰富,价格低廉

烧结表面均已经玻璃封装,故可用于较恶劣环境条件;另外,由于热敏电阻材料的迁移率很小,故其性能受磁场影响很小,这是十分可贵的特点。

2. 热敏电阻的分类

热敏电阻的种类很多,分类方法也不相同。按热敏电阻的阻值与温度关系这一重要特性,可分为:

1) 正温度系数热敏电阻器(PTC)

电阻值随温度升高而增大的电阻器,简称PTC热敏阻器。它的主要材料是掺杂的$BaTiO_3$半导体陶瓷。

2) 负温度系数热敏电阻器(NTC)

电阻值随温度升高而下降的热敏电阻器,简称NTC热敏电阻器。它的材料主要是一些过渡金属氧化物半导体陶瓷。

3) 突变型负温度系数热敏电阻器(CTR)

该类电阻器的电阻值在某特定温度范围内随温度升高而降低3～4个数量级,即具有很大的负温度系数。其主要材料是 VO_2 并添加一些金属氧化物。

9.3.2　热敏电阻的基本参数

1. 标称电阻 R_{25}（冷阻）

标称电阻值是热敏电阻在(250±2)℃时的阻值。电阻值的大小由热敏电阻的材料和几何尺寸决定。

2. 材料常数 B

表征热敏电阻器材料物理特性的常数。B 值决定于热敏电阻的材料。一般 B 值越大，则电阻值越大，绝对灵敏度越高。在工作温度范围内，B 值并不是一个常数，而是随温度的升高略有增加的。

3. 电阻温度系数(%/℃)

热敏电阻的温度变化1℃时电阻值的变化率。热敏电阻的温度系数比金属高很多，所以它的灵敏度较高。

4. 耗散系数 H

热敏电阻器温度变化1℃所耗散的功率变化量。在工作范围内，当环境温度变化时，H 值随之变化，其大小与热敏电阻的结构、形状和所处介质的种类及状态有关。

5. 时间常数 τ

热敏电阻器在零功率测量状态下，当环境温度突变时电阻器的温度变化量从开始到最终变量的63.2%所需的时间。它与热容量 C 和耗散系数 H 之间的关系为

$$\tau=\frac{C}{H} \tag{9-44}$$

6. 最高工作温度 T_{max}

热敏电阻器在规定的技术条件下长期连续工作所允许的最高温度，有

$$T_{max}=T_0+P_E/H \tag{9-45}$$

式中：T_0 为环境温度；P_E 为环境温度为 T_0 时的额定功率；H 为耗散系数。

7. 最低工作温度 T_{min}

热敏电阻器在规定的技术条件下能长期连续工作的最低温度。

8. 转变点温度 T_c

热敏电阻器的电阻-温度特性曲线上的拐点温度，主要指正电阻温度系数热敏电阻和临界温度热敏电阻。

9. 额定功率 P_E

热敏电阻器在规定的条件下，长期连续负荷工作所允许的消耗功率。在此功率下，它自身温度不应超过 T_{max}。

10. 测量功率 P_0

热敏电阻器在规定的环境温度下，受到测量电流加热而引起的电阻值变化不超过

0.1%时所消耗的功率，$P_0 \leqslant \frac{H}{1000\alpha_{tn}}$。

11. 工作点电阻 R_G

在规定的温度和正常气候条件下，施加一定的功率后使电阻器自热而达到某一给定的电阻值。

12. 工作点耗散功率 P_G

电阻值达到 R_G 时所消耗的功率，即

$$P_G = \frac{U_G^2}{R_G} \tag{9-46}$$

式中：U_G 为电阻器达到热平衡时的端电压。

13. 功率灵敏度 K_G

热敏电阻器在工作点附近消耗功率 1mW 时所引起电阻的变化，即 $K_G = R/P$，在工作范围内，K_G 随环境温度的变化略有改变。

14. 稳定性

热敏电阻在各种气候、机械、电气等使用环境中，保持原有特性的能力。它可用热敏电阻器的主要参数变化率来表示。最常用的是以电阻值的年变化率或对应的温度变化率来表示。

15. 热电阻值 R_H

旁热式热敏电阻器在加热器上通过给定的工作电流时，电阻器达到热平衡状态时的电阻值。

16. 加热器电阻值 R_r

旁热式热敏电阻器的加热器，在规定环境温度条件下的电阻值。

17. 最大加热电流 I_{max}

旁热式热敏电阻器上允许通过的最大电流。

18. 标称工作电流 I

在环境温度 25℃时，旁热式热敏电阻器的电阻值被稳定在某一规定值时加热器内的电流。

19. 标称电压

稳压热敏电阻器在规定温度下标称工作电流所对应的电压值。

20. 元件尺寸

热敏电阻器的截面积 A、电极间距离 L 和直径 d。

9.3.3 主要特性

1. 热敏电阻的温度特性

大多数半导体热敏电阻具有负温度系数，称为 NTC(negative temperature coefficient)

型热敏电阻。NTC 的阻值-温度关系的一般数学表达式为

$$R_T = R_0 \exp\left(\frac{B}{T} - \frac{B}{T_0}\right) \tag{9-47}$$

式中：R_T，R_0 分别为温度 T 和 T_0 时的阻值；B 为 NTC 热敏电阻的材料常数，一般在 1500～6000K。

对式(9-47)两边取对数，得

$$\ln R_T = B\left(\frac{1}{T} - \frac{1}{T_0}\right) + \ln R_0 \tag{9-48}$$

测试结果表明，不管是由氧化物材料，还是由单晶体材料制成的 NTC 型热敏电阻，在不太宽的温度范围（小于 450℃），都能利用式(9-47)描述。如果以 $\frac{1}{T}$、$\ln R_T$ 分别作为横、纵坐标，则可表示为一种线性关系，如图 9-22 所示。

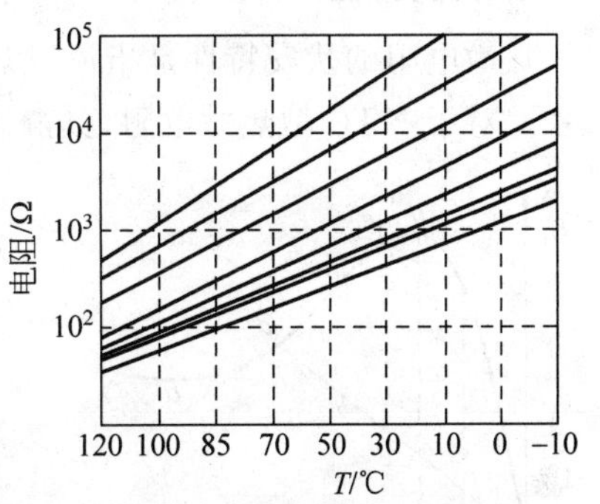

图 9-22　NTC 型热敏电阻的电阻-温度特性

热敏电阻的温度系数为

$$\alpha_T = \frac{1}{R_T}\frac{\mathrm{d}R_T}{\mathrm{d}T} = -\frac{B}{T^2} \tag{9-49}$$

可见，α_T 是随着温度降低而迅速增大，例如，$B=4000\mathrm{K}$，$T=293.15\mathrm{K}$ 时，$\alpha_T=-4.75\%/℃$，约为铂电阻的 12 倍，因此这种测温电阻的灵敏度是很高的。

为了使用方便，常取环境温度为 25℃作为参考温度（即 $T_0=25℃$），则 NTC 型热敏电阻器的电阻-温度关系式为

$$\frac{R_T}{R_{25}} = \exp B\left(\frac{1}{T} - \frac{1}{298}\right) \tag{9-50}$$

其特性曲线如图 9-23 所示。

半导体热敏电阻也可以制成具有正温度系数的 PTC(positive temperature coefficient)型热敏电阻，如图 9-24 所示。其阻值随温度升高而增大，且有斜率最大的区域。热敏电阻还可制成临界型，即 CTR(critical temperature resistor)型热敏电阻。它也具有负温度系数，但在某个温度范围内阻值急剧下降，曲线斜率在此区段特别陡，灵敏度极高，如图 9-24 所示。

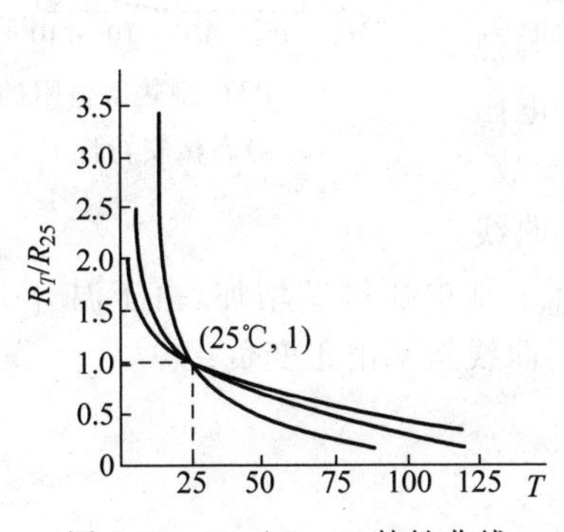

图 9-23　R_T/T_{25}-T 特性曲线

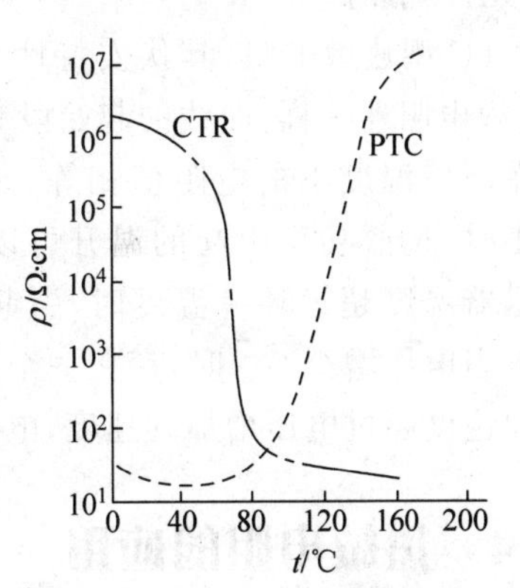

图 9-24　PTC 型和 CTR 型热敏电阻特性曲线

经实验证实,在工作温度范围内,PTC 型热敏电阻器的电阻-温度特性可近似表示如下:

$$R_T = R_0 \exp B_P (T - T_0) \tag{9-51}$$

式中:R_T 和 R_0 分别为温度 T、T_0 时的电阻值;B_P 为 PTC 型热敏电阻器的材料常数。

PTC 热敏电阻的电阻温度系数为

$$\alpha_{TP} = \frac{1}{R_T}\frac{\mathrm{d}R_T}{\mathrm{d}T} = \frac{B_P R_0 \exp B_P (T - T_0)}{R_0 \exp B_P (T - T_0)} = B_P \tag{9-52}$$

可见,PTC 型热敏电阻器的电阻温度系数 α_{TP} 正好等于它的材料常数 B_P 的值。

2. 伏安特性

热敏电阻的伏安特性是指流过热敏电阻的电流 I 与热敏电阻两端电压 U 之间的函数关系。对于 NTC 型热敏电阻,其静态伏安特性曲线如图 9-25 所示。

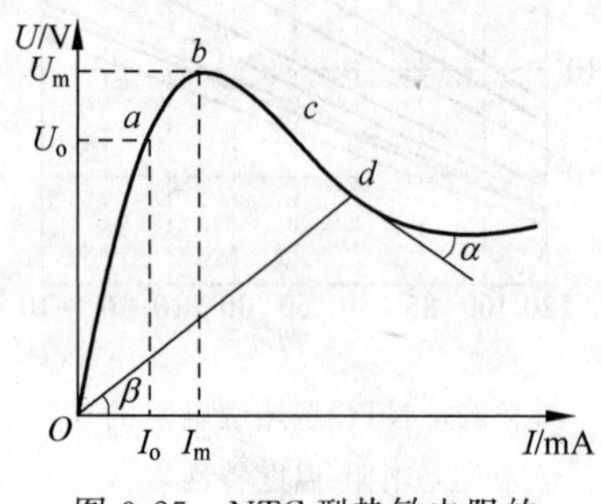

图 9-25 NTC 型热敏电阻的静态伏安特性

热敏电阻的端电压 U_T 和通过它的电流 I 有如下关系:

$$U_T = IR_T = IR_0 \exp\left(\frac{B}{T} - \frac{B}{T_0}\right) \tag{9-53}$$

可以把 NTC 型热敏电阻的静态伏安特性分解为三段。

(1) oa 段——线性工作区

在这一段区域内电流较小,元件的功耗小,电流不足以引起元件发热,热敏电阻相当于一个固定电阻,此时符合欧姆定律。

(2) ab 段——非线性正阻区

当电流增大,元件耗散功率增大,引起元件发热升温超过了环境温度,则热敏电阻自身阻值下降,所以电压缓慢增加,形成非线性区域。

(3) cd 段——非线性负阻区

电流继续增大,电流达到 I_m 时电压达到最大值 U_m,然后由于功耗的增大,元件升温加剧自身阻值迅速减小,形成了一个电流增大、电压下降的非线性负阻区段。当电流超过某一值时,元件烧坏。

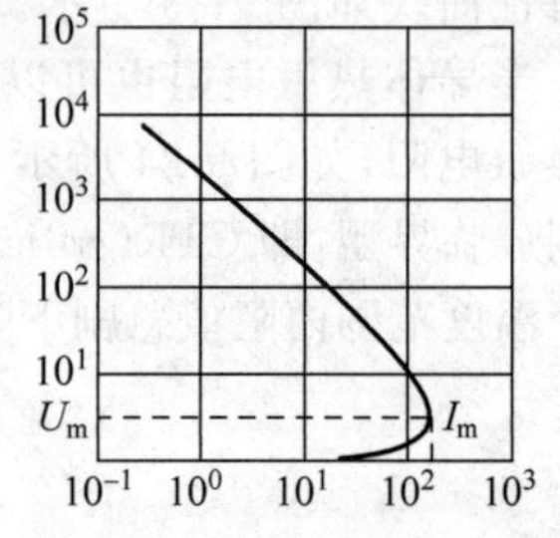

图 9-26 PTC 型热敏电阻的静态伏安特性

对于 PTC 型热敏电阻,其伏安特性如图 9-26 所示。它与 NTC 热敏电阻器一样,曲线的起始段为直线,其斜率与热敏电阻器在环境温度下的电阻值相等。这是因为流过电阻器电流很小时,耗散功率引起的温升可以忽略不计的缘故。当热敏电阻器温度超过环境温度时,引起电阻值增大,曲线开始弯曲。当电压增至 U_m 时,存在一个电流最大值 I_m;如电压继续增加,由于温升引起电阻值增加速度超过电压增加的速度,电流反而减小,即曲线斜率由正变负。

9.3.4 热敏电阻的应用

热敏电阻对温度灵敏度高,热惰性小,寿命长,体积小,结构简单,可制成各种不同的外形结构。因此，随着工农业生产以及科学技术的发展，这种元件已获得了广泛的应用，如温度测量、温度控制、温度补偿、液面测定、气压测定、火灾报警、气象探空、开关电路、过荷保护、脉动电压抑制、时间延迟、稳定振幅、自动增益调整、微波和激光功率测量等。

1. 温度测量

作为测量温度的热敏电阻一般结构比较简单，价格较低廉，其测温范围一般为－50～＋300℃，可以实现长达几千米的远距离温度测量。其测量电路一般采用桥式电路。图9-27为测温原理图。其中，R_T 为热敏电阻，R_{P1} 为电桥调零电位器，R_{P2} 为满偏电位器。

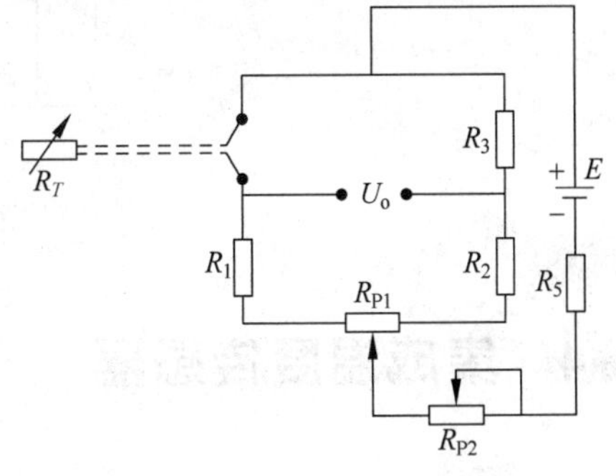

图 9-27 热敏电阻桥式测温原理图

2. 温度补偿

热敏电阻可在一定的温度范围内对某些元件进行温度补偿。由于热敏电阻具有负温度系数，因此可以用它来对正温度系数的电阻进行温度补偿。例如，可以在动圈回路中串入负温度系数热敏电阻组成的电阻网络，抵消由于温度变化所产生的误差。如图9-28(a)所示，图中 R_M 为线圈电阻，具有正温度系数，R_T 为具有负温度系数的热敏电阻，R_1 为温度系数很小的电阻。在温度发生变化时，在补偿网络的作用下，整个电路的总电阻 $R(T)$ 变化较小，在一定温度范围内得到补偿，如图9-28(b)所示。

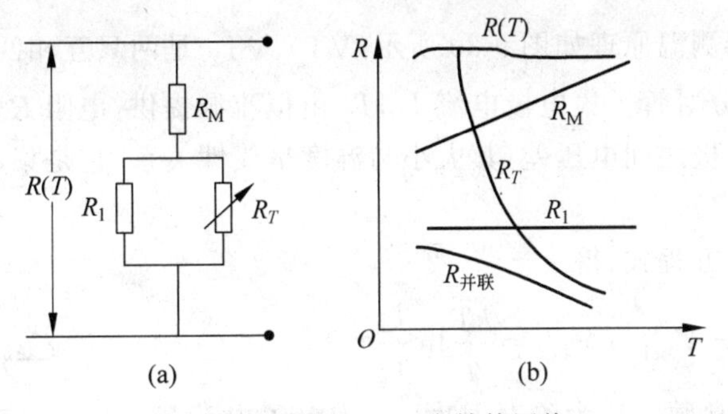

图 9-28 热敏电阻温度补偿网络

3. 温度控制

图9-29是利用热敏电阻作为测温元件，进行自动控制温度的电加热器，控温范围从室温到150℃，控制精度可达到±0.1℃。测温用的热敏电阻 R_T 作为偏置电阻接在 VT_1，VT_2 组成的差分放大器电路内，当温度变化时，热敏电阻阻值变化，引起 VT_1 集电极电流变化，影响二极管 VD 支路电流，从而使电容 C 充电电流发生变化，则电容电压升到单结晶管 VT_3 峰点电压的时刻发生变化，即单结晶体管的输出脉冲产生相移，改变了晶闸管 VT_4 的导通角，从而改变了加热丝的电源电压，达到自动控温的目的。图中电位器 R_P 用于调节不同的控温范围。

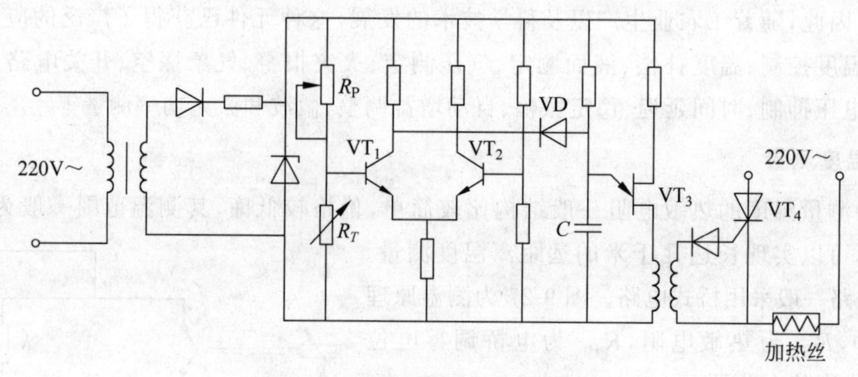

图 9-29 热敏电阻温度自动控制器

9.4 集成温度传感器

集成温度传感器是利用半导体 PN 结的电流电压与温度有关的特性进行设计的，它将温度敏感元件和放大、运算和补偿等电路采用微电子技术和集成工艺集成在一个芯片上，从而构成集测量、放大、电源供电回路于一体的高性能的测温传感器。

9.4.1 集成温度传感器测温原理

集成温度传感器测温原理如图 9-30 所示，VT_1、VT_2 是两只互相匹配、性能完全相同的温敏晶体管，构成差分对管。集电极电流 I_1，I_2 由恒流源提供，电阻 R 上的电压 ΔV_{be} 是两个晶体管发射极和基极之间电压差，其大小与温度呈线性关系，它是集成温度传感器的基本温度信号。

根据晶体管伏安方程式，得

$$\Delta V_{be}=V_{be1}-V_{be2}=\frac{kT}{q}\ln\frac{I_1}{I_2}\gamma \tag{9-54}$$

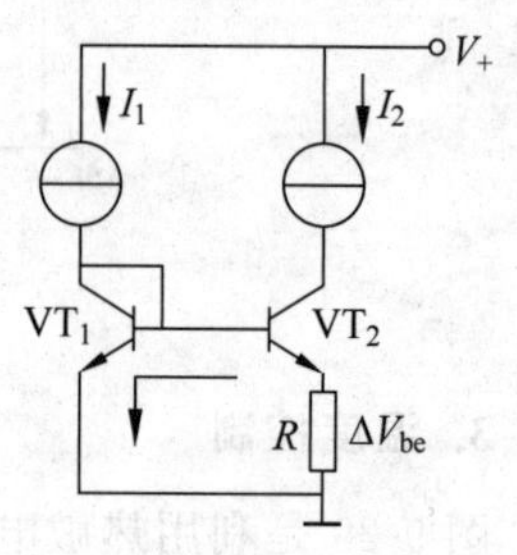

图 9-30 集成温度传感器测温原理图

式中：k 为玻耳兹曼常数；T 为绝对温度；q 为电子电荷量；γ 为发射极 VT_1，VT_2 面积比。

因为集电极电流比可等于集电极电流密度比，那么只要保证两只晶体管的集电极电流密度比不变，即保证 I_1/I_2 恒定，就可以使 ΔV_{be} 与温度 T 成正比。在实际制作时，一般特意将 V_1，V_2 发射结面积做得不相等，面积比为 γ，电阻上电压差 ΔV_{be} 就取决于发射结面积比 γ。这就是集成温度传感器的设计依据。该电路也称为绝对温度比例电路（proportional to absolute temperature，PTAT）。

实际设计时，VT_2 的发射极设计成条形，VT_1 用同样条形并联，可严格控制结的面积，两管面积比变为简单的条数比 n。电路输出总电流用条数比表示如下：

$$I_0=I_1+I_2=2I_2 \tag{9-55}$$

$$\Delta V_{\mathrm{be}}=\frac{kT}{q}\ln\gamma=\frac{kT}{q}\ln n=RI_2 \tag{9-56}$$

所以，输出总电流为

$$I_0=2\,\frac{\Delta V_{\mathrm{be}}}{R}=2\,\frac{kT}{qR}\ln n \tag{9-57}$$

电路输出总电流与温度系数有关，与电流无关，而面积比的大小决定了灵敏度大小。

9.4.2　集成温度传感器信号输出方式

集成温度传感器按信号输出方式可分为电压输出型和电流输出型。

1. 电压输出型集成温度传感器

电压输出型集成温度传感器原理如图 9-31 所示，输出电压正比于绝对温度，VT_1、VT_2 的发射结压降之差 ΔV_{be} 全部落在电阻 R_1 上，流过 R_1 上电流为

$$I_{R_1}=\frac{kT}{qR_1}\ln\gamma \tag{9-58}$$

电路输出电压为

$$U_{\mathrm{o}}=\frac{R_2}{R_1}\frac{kT}{q}\ln\gamma \tag{9-59}$$

由式(9-59)可见，电路输出电压 U_{o} 与绝对温度 T 成正比关系。

2. 电流输出型集成温度传感器

电流输出型集成温度传感器原理如图 9-32 所示，VT_1，VT_2 是结构对称的晶体管作为恒流源负载，VT_3，VT_4 是感温用的晶体管，它们的材质和制造工艺完全相同，其中 VT_3 发射结面积是 VT_4 管的 8 倍(即 $\gamma=8$)，则流过电路的总电流为

$$I_0=2I_1=2\,\frac{\Delta V_{\mathrm{be}}}{R}=2\,\frac{kT}{qR}\ln\gamma \tag{9-60}$$

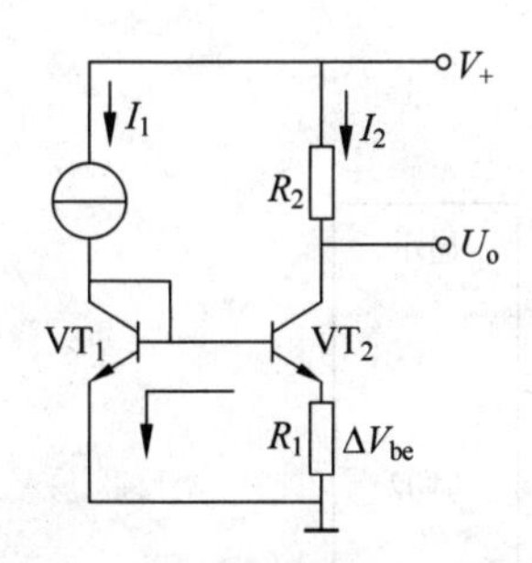

图 9-31　电压输出型集成温度传感器原理图

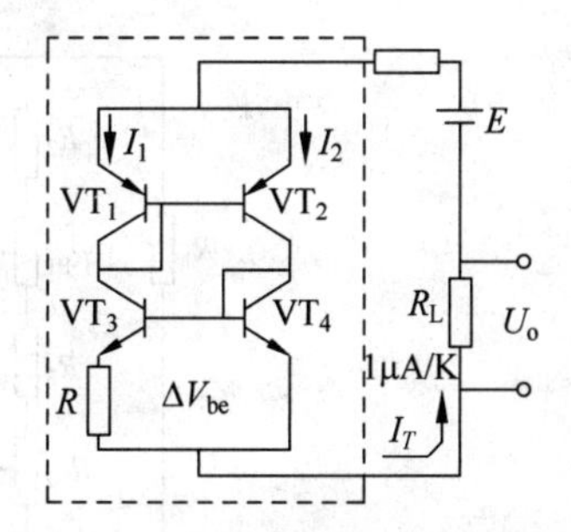

图 9-32　电流输出型集成温度传感器原理图

电路输出的温度系数为

$$C_T=\frac{\mathrm{d}I_0}{\mathrm{d}T}=2\,\frac{k}{qR}\ln\gamma \tag{9-61}$$

若 $R=358\Omega$，则 $C_T=1\mu\mathrm{A/K}$。

9.4.3　典型集成温度传感器

1. AD590

AD590是美国Analog Devices公司（简称AD公司）生产的一种典型的电流输出型集成温度传感器（国内同类产品为SG590），其输出电流与绝对温度成比例。在4～30V电源电压范围内，该器件可充当一个高阻抗、恒流调节器，调节系数为1μA/K。

AD590的主要特性如下：

（1）流过器件的电流（μA）等于器件所处环境的热力学温度（开尔文）度数；

（2）AD590的测温范围为：－55～150℃；

（3）AD590的电源电压范围为4～30V，可以承受44V正向电压和20V反向电压，因而器件即使反接也不会损坏；

（4）输出电阻为710mΩ；

（5）精度高，AD590在－55～150℃范围内，非线性误差仅为±0.3℃。

AD590测量热力学温度、摄氏温度、两点温度差、多点最低温度、多点平均温度的具体电路，广泛应用于不同的温度控制场合。由于AD590精度高、价格低、不需辅助电源、线性好，常用于测温和热电偶的冷端补偿。

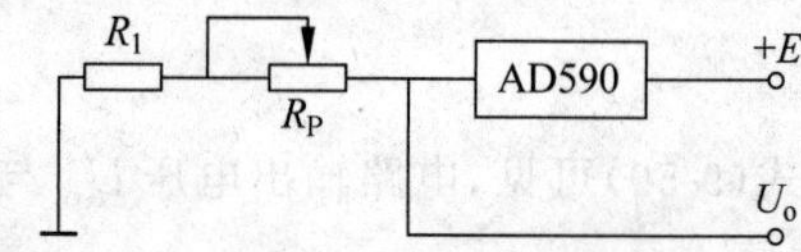

图9-33　AD590基本应用电路图

图9-33是AD590用于测量热力学温度的基本应用电路。因为流过AD590的电流与热力学温度成正比，当电阻R_1和电位器R_P的电阻之和为1kΩ时，输出电压U_o随温度的变化为1mV/K。但由于AD590的增益有偏差，电阻也有误差，因此应对电路进行调整，R_P用于校准调整。调整的方法为：把AD590放于冰水混合物中，调整电位器R_P，使$U_o = 273.15\text{mV}$。

AD590虽是一种模拟温度传感器，但附加上一些电路可输出数字信号，如图9-34是由

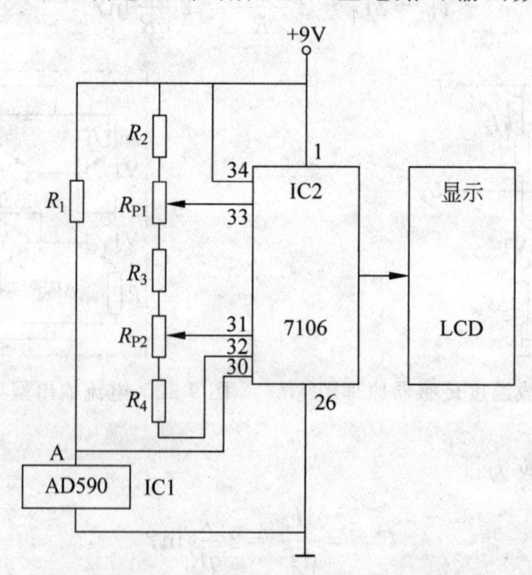

图9-34　数字式温度测量电路图

AD590和A/D转换器7106组成的数字式温度测量电路。电位器R_{P1}用于调整基准电压，以达满度调节；R_{P2}用于在0℃时调零。当被测温度变化时通过R的电流不同，使A点电位发生相应变化，检测此电位即能检测被测温度(AD590所在处温度)的高低。A点电位送入IC_2的30脚，经7106处理后，再送入显示电路驱动LED显示出被测温度。

图9-35是利用两个AD590测量两点温度差的电路。两块AD590分别位于两个被检测点B_1、B_2。B_1，B_2处的温度分别为T_1，T_2，由图可得

$$I=I_{T1}-I_{T2}=K_T(T_1-T_2) \tag{9-62}$$

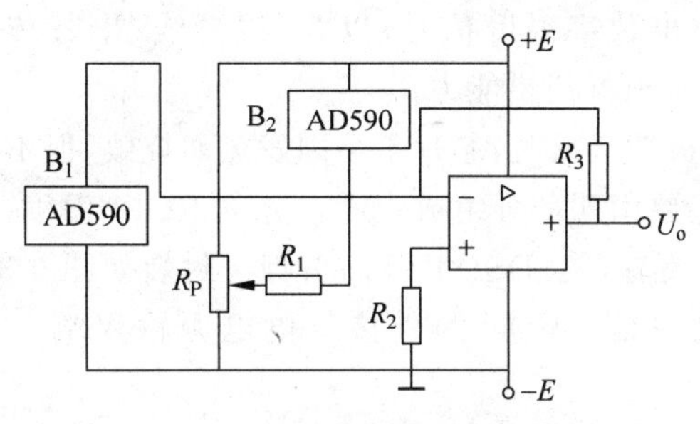

图9-35　温度差测量电路图

假设两块AD590有相同的标度因子K_T，运放的输出为

$$U_o=IR_3=K_TR_3(T_1-T_2) \tag{9-63}$$

可见，整个电路总的标度因子为

$$F=U_o/(T_1-T_2)=K_TR_3 \tag{9-64}$$

F值大小取决于R_3。刚才假定了两块感温器件具有相同的标度因子K_T，但实际上难免有差异，电路中设置电位器R_P通过隔离电阻R_1注入一个校正电流ΔL以获得平稳的零位误差。由校正前后的温度特性曲线可知，只有在某一温度T时，有$I=0$，此点常设在量程的中间。

AD590是一种模拟温度传感器，但是无需附加的线性化电路来校准热敏电阻的非线性。当要求电压(或电流)与温度之间呈线性关系时，它是迄今为止的最佳选择。虽然新的数字输出温度传感器已经在许多应用中取代了模拟输出温度传感器，但是模拟输出温度传感器在那些无需数字化输出的应用场合仍然能够找到其用武之地。AD590电流输出温度传感器在许多应用领域一直是很有活力的产品。因为其高阻抗电流输出使它对长线传输的电压降落不敏感，这种器件经常用于远程温度检测。因为它能够检测－55～150℃的温度，并且具有4～30V宽电压工作范围，能用于多种多样的温度检测。具体设计时，可依据其特性参数选用。

2. 数字温度传感器DS18B20

DS18B20是DALLAS半导体公司生产的可组网数字式温度传感器，其主要特性如下：

(1) 适应电压范围更宽，电压范围是3.0～5.5V，在寄生电源方式下可由数据线供电；

(2) 独特的单线接口方式，DS18B20在与微处理器连接时仅需要一条口线即可实现微处理器与DS18B20的双向通信；

(3) DS18B20支持多点组网功能，多个DS18B20可以并联在唯一的三线上，实现组网多点测温；

(4) DS18B20在使用中不需要任何外围元件，全传感元件及转换电路集成在形如一只三极管的集成电路内；

(5) 温度范围－55～125℃，在－10～85℃时精度为±0.5℃；

(6) 可编程的分辨率为9～12位，对应的可分辨温度分别为0.5℃、0.25℃、0.125℃和0.0625℃，可实现高精度测温；

(7) 在9位分辨率时最多在93.75ms内把温度转换为数字，12位分辨率时最多在750ms内把温度值转换为数字，速度更快；

(8) 测量结果直接输出数字温度信号，以"一线总线"串行传送给CPU，同时可传送CRC校验码，具有极强的抗干扰纠错能力；

(9) 负压特性：电源极性接反时，芯片不会因发热而烧毁，但不能正常工作。

DS18B20内部结构主要由四部分组成：64位光刻ROM温度传感器、非挥发的温度报警触发器T_H和T_L、配置寄存器。DS18B20的引脚与封装如图9-36所示，DQ为数字信号输入/输出端；GND为电源地；VDD为外接供电电源输入端（在寄生电源接线方式时接地）。

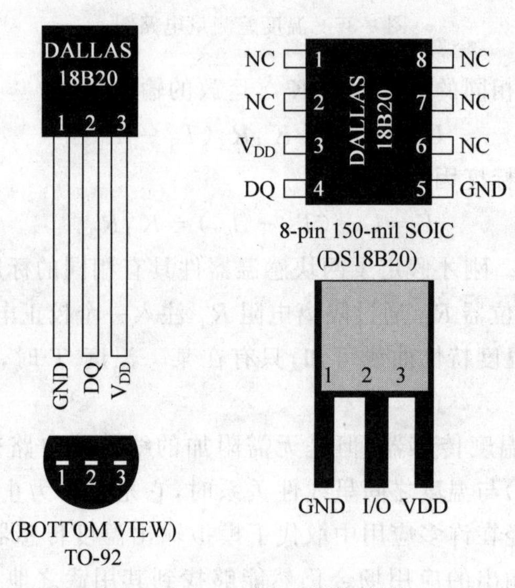

图9-36　DS18B20引脚、封装

内部电路框图如图9-37所示，主要包括7个部分：寄生电源、温度传感器、64位ROM与接口、便笺式RAM、高速暂存器、高温TH触发寄存器、低温TL触发寄存器，存储与控制逻辑，8位循环冗余校验码(CRC)发生器。

DS18B20的读写时序和测温原理与DS1820相同，只是得到的温度值的位数因分辨率不同而不同，且温度转换时的延时由2s减为750ms。测温原理框图如图9-38所示。高温度系数晶振随温度变化，其振荡率明显改变，所产生的信号作为计数器2的脉冲输入。计数器1和温度寄存器被预置在－55℃所对应的一个基数值。计数器1对低温度系数晶振产生的脉冲信号进行减法计数，当计数器1的预置值减到0时，温度寄存器的值将加1，计数器1的预置值将重新被装入，计数器1重新开始对低温度系数晶振产生的脉冲信号进行计数，如此循环直到计数器2计数到0时，停止温度寄存器值的累加，此时温度寄存器中的数值即为所测温度。图中的斜率累加器用于补偿和修正测温过程中的非线性，其输出用于修正计数器 1 的预置值。

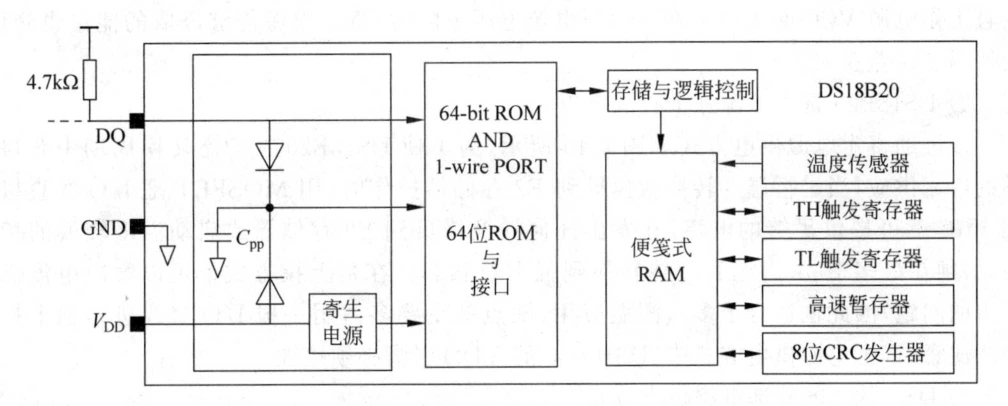

图 9-37 DS18B20 内部原理框图

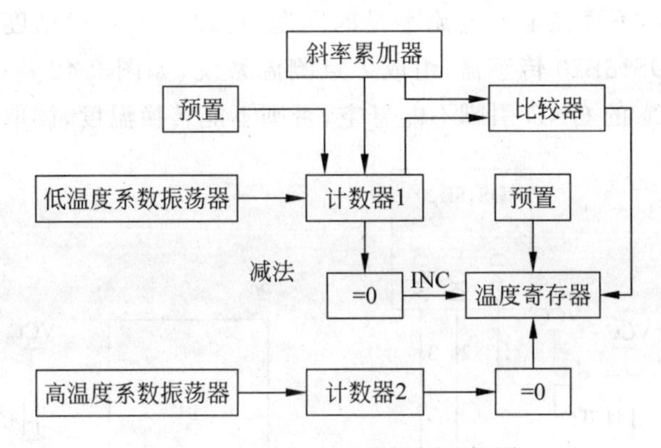

图 9-38 DS18B20 测温原理框图

DS18B20 测温系统具有测温系统简单、测温精度高、连接方便、占用口线少等优点。下面就对 DS18B20 几种电源供电方式进行介绍。

1) DS18B20 寄生电源供电方式

电路图如图 9-39 所示。在寄生电源供电方式下，DS18B20 从单线信号线上汲取能量：在信号线 DQ 处于高电平期间把能量储存在内部电容里，在信号线处于低电平期间消耗电容上的电能工作，直到高电平到来再给寄生电源（电容）充电。

独特的寄生电源方式有三个好处：

(1) 进行远距离测温时，无需本地电源；

(2) 可以在没有常规电源的条件下读取 ROM；

(3) 电路更加简洁，仅用一根 I/O 口实现测温。

要想使 DS18B20 进行精确的温度转换，I/O 线必须保证在温度转换期间提供足够的能量，由于每个 DS18B20 在温度转换期间工作电流达到 1mA，当几个温度传感器挂在同一根 I/O 线上进行多点测温

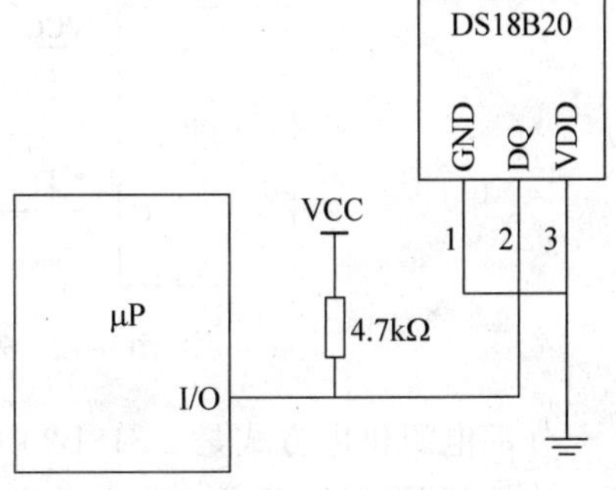

图 9-39 DS18B20 寄生电源供电方式

时，只靠 4.7kΩ 上拉电阻就无法提供足够的能量，会造成无法转换温度或温度误差极大。因此，图 9-39 电路只适应于单一温度传感器测温情况下使用，不适宜用于电池供电系统中。并且工作电源 VCC 必须保证在 5V，当电源电压下降时，寄生电源能够汲取的能量也降低，会使温度误差变大。

2）DS18B20 寄生电源强上拉供电方式

改进的寄生电源供电方式如图 9-40 所示，为了使 DS18B20 在动态转换周期中获得足够的电流供应，当进行温度转换或拷贝到 E2 存储器操作时，用 MOSFET 把 I/O 线直接拉到 VCC 就可提供足够的电流，在发出任何涉及拷贝到 E2 存储器或启动温度转换的指令后，必须在最多 10μs 内把 I/O 线转换到强上拉状态。在强上拉方式下可以解决电流供应不走的问题，因此也适合于多点测温应用，缺点就是要多占用一根 I/O 口线进行强上拉切换。注意，寄生电源供电方式中，DS18B20 的 VDD 引脚必须接地。

3）DS18B20 的外部电源供电方式

在外部电源供电方式下，如图 9-41 所示，DS18B20 工作电源由 VDD 引脚接入，此时 I/O 线不需要强上拉，不存在电源电流不足的问题，可以保证转换精度，同时在总线上理论可以挂接任意多个 DS18B20 传感器，组成多点测温系统，如图 9-42 所示。注意：在外部供电的方式下，DS18B20 的 GND 引脚不能悬空，否则不能转换温度，读取的温度总是 85℃。

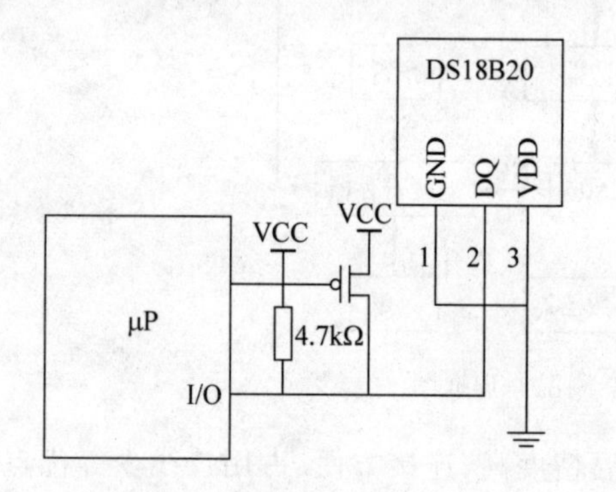

图 9-40　DS18B20 强上拉供电方式

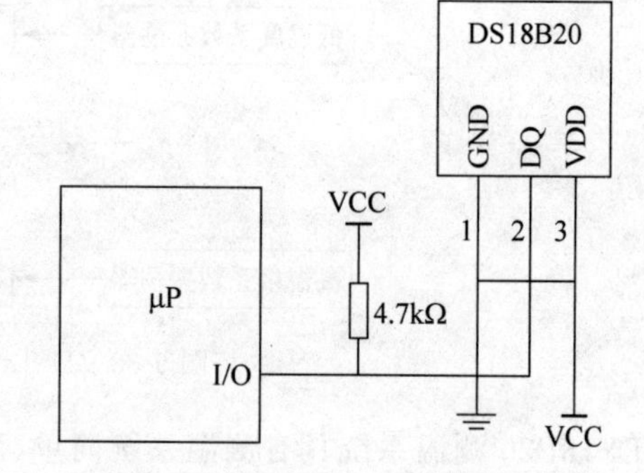

图 9-41　DS18B20 外部供电方式

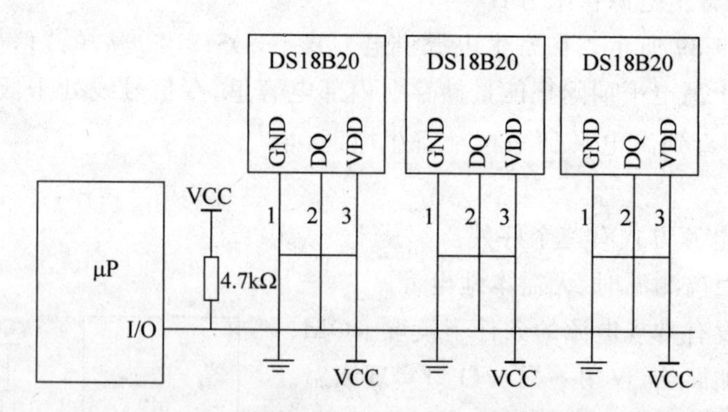

图 9-42　外部供电方式的多点测温电路图

外部电源供电方式是 DS18B20 最佳的工作方式，工作稳定可靠，抗干扰能力强，而且电路也比较简单，可以开发出稳定可靠的多点温度监控系统。建议在开发中使用外部电源供电方式，毕竟比寄生电源方式只多接一根VCC引线。在外接电源方式下，可以充分发挥DS18B20宽电源电压范围的优点，即使电源电压VCC降到3V时，依然能够保证温度量精度。

DS18B20虽然具有测温系统简单、测温精度高、连接方便、占用口线少等优点，但在实际应用中也应注意以下几方面的问题：

(1) 较小的硬件开销需要相对复杂的软件进行补偿，由于DS18B20与微处理器间采用串行数据传送，因此，在对DS18B20进行读写编程时，必须严格保证读写时序，否则将无法读取测温结果。在使用PL/M、C等高级语言进行系统程序设计时，对DS18B20操作部分最好采用汇编语言实现。

(2) 在DS18B20的有关资料中均未提及单总线上所挂DS18B20数量问题，容易使人误认为可以挂任意多个DS18B20，但实际应用中并非如此。当单总线上所挂DS18B20超过8个时，就需要解决微处理器的总线驱动问题，这一点在进行多点测温系统设计时要加以注意。

(3) 连接DS18B20的总线电缆是有长度限制的。试验中，当采用普通信号电缆传输长度超过50m时，读取的测温数据将发生错误。当将总线电缆改为双绞线带屏蔽电缆时，正常通信距离可达150m，当采用每米绞合次数更多的双绞线带屏蔽电缆时，正常通信距离进一步加长。这种情况主要是由总线分布电容使信号波形产生畸变造成的。因此，在用DS18B20进行长距离测温系统设计时要充分考虑总线分布电容和阻抗匹配问题。

(4) 在DS18B20测温程序设计中，向DS18B20发出温度转换命令后，程序总要等待DS1820的返回信号，一旦某个DS1820接触不好或断线，当程序读该DS18B20时，将没有返回信号，程序进入死循环。这一点在进行DS18B20硬件连接和软件设计时也要给予一定的重视。测温电缆线建议采用屏蔽4芯双绞线，其中一对线接地线与信号线，另一组接VCC和地线，屏蔽层在源端单点接地。

9.5　实验——集成温度传感器温度特性实验

9.5　实验

思考题与习题

1. 温度传感器类型有哪些？其特点是什么？
2. 什么是热电效应？

3. 简述热电偶传感器结构和测温原理，热电偶产生热电势的必要条件是什么？

4. 叙述并证明热电偶基本定律。

5. 试述热电偶冷端补偿的几种主要方法和补偿原理。

6. 简述金属热电阻和半导体热敏电阻的测温原理及温度特性，测温范围是多少？

7. 说明集成温度传感器测温原理及特性，画出 AD590 集成温度传感器典型应用测量电路。

8. 试用 DS18B20 温度传感器设计一个温度监测传感器。

9. 某热敏电阻，其 B 值为 2900K，若冰点电阻为 500kΩ，求热敏电阻值 100℃时的阻抗。

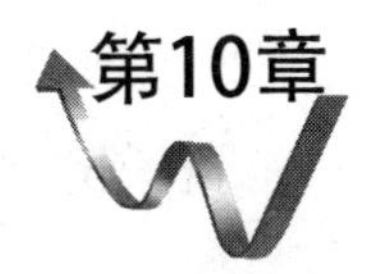

光电式传感器

光电式传感器是将被测量的变化通过光信号的变化转换成电信号(电压、电流、电阻等)的传感器。具有这种功能的材料称为光敏材料,用光敏材料制成的器件称为光敏器件。

光敏器件种类很多,如光电管、光敏二极管、光敏三极管、光敏电阻、光电池、光电倍增管、光电耦合器等,新发展的光电式传感器包括固态光电式传感器、电荷耦合器件和光纤传感器等。

光电式传感器的精度高、分辨力高、可靠性高、抗干扰能力强,并可进行非接触测量。除可直接检测光信号外,还可间接测量位移、速度、加速度、温度、压力等物理量,在计算机、自动检测及控制系统中应用非常广泛。

10.1　外光电效应及其器件

10.1.1　外光电效应

在光线的作用下,物体内的电子逸出物体表面向外发射的现象称为外光电效应。发射出的电子称为光电子,能产生光电效应的物质称为光电材料。要使电子从光电材料表面逸出,必须使光子能量($E=h\nu$)大于材料表面逸出功 A,这时电子具有动能为

$$E_{\mathrm{k}}=\frac{1}{2}mv_0^2 \tag{10-1}$$

此过程满足光电效应方程,即

$$h\nu=A+\frac{1}{2}mv_0^2 \tag{10-2}$$

式中:h 为普朗克常数,其值为 $6.626\times10^{-34}\mathrm{J\cdot s}$;$\nu$ 为光频率;v_0 为电子逸出初速度。

入射光的频谱成分不变时,产生的光电子与光强成正比,即光强越大,意味着入射光子数目越多,逸出的电子数也就越多。能否产生光电效应,取决于光子的能量是否大于物体表面的电子逸出功 A。A 与材料有关,对于特定材料有一个频率限,低于此频率不能发射,所

对应的波长称为“红限”λ_k，即

$$\lambda_k = \frac{c}{\nu} = \frac{hc}{A} \tag{10-3}$$

式中：c 为光速。

10.1.2　光电管

1. 结构与工作原理

光电管有真空光电管和充气光电管或称电子光电管和离子光电管两类，两者结构相似。真空光电管的结构如图 10-1 所示。它们由一个阴极和一个阳极构成，并且密封在一只真空玻璃管内。阴极装在玻璃管内壁上，其上涂有光电发射材料。阳极通常用金属丝弯曲成矩形或圆形，置于玻璃管的中央。充气光电管是在管内充以少量的惰性气体，其优点在于，当从光阴极激发出的光电子向阳极运动的过程中，由于电子对惰性气体分子的撞击，将气体分子电离，从而得到正离子和更多的自由电子，使电流增加，提高了光电管的灵敏度。

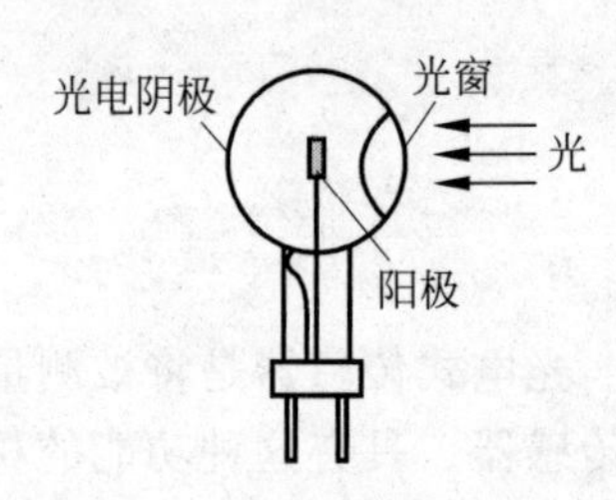

图 10-1　光电管的结构示意图

光电管特性取决于阴极材料，常见材料包括铯氧阴极 Cs-O、锑氧阴极 Sb-Cs、镉镁阴极 Mg-Ge。

光电管的连接电路如图 10-2 所示，电源的负极连接光电管的阴极，正极通过负载电阻连接光电管的阳极，当光线照射到光电管阴极时，逸出电子，在电场的作用下被阳极收集，形成光电流 I，这样通过检测负载电阻的电压或电流，就实现了光信号转换为电信号的目的。

2. 主要性能

1）光照特性

当光电管的阳极和阴极之间所加电压一定时，把光通量与光电流之间的关系称为光电管的光照特性。其特性曲线如图 10-3 所示。曲线 1 表示氧铯阴极光电管的光照特性，光电流 I 与光通量呈线性关系。曲线 2 表示锑铯阴极光电管的光照特性，它呈非线性关系。光照特性曲线的斜率（光电流与入射光光通量之比）称为光电管的灵敏度。

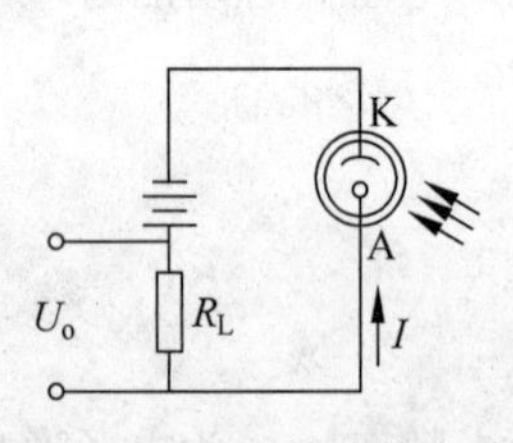

图 10-2　光电管连接电路

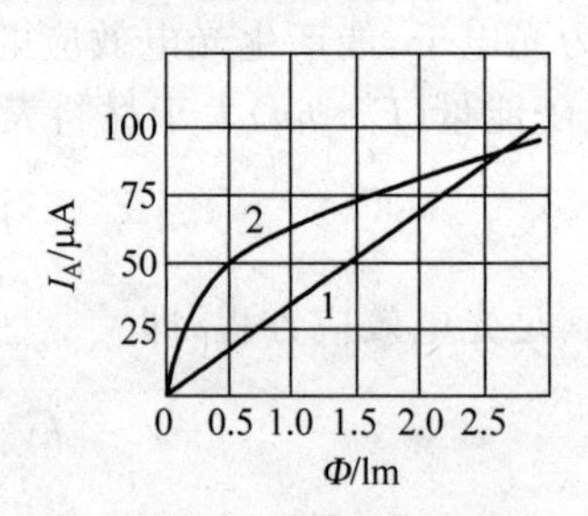

图 10-3　光电管的光照特性

2）光谱特性（频谱特性）

由于光阴极对光谱有选择性，因此光电管对光谱也有选择性。保持光通量和阴极电

压不变，阳极电流与光波长之间的关系称为光电管的光谱特性。一般对于光电阴极材料不同的光电管，它们有不同的红限频率 ν_0，因此它们可用于不同的光谱范围。除此之外，即使照射在阴极上的入射光的频率高于红限频率 ν_0，并且强度相同，随着入射光频率的不同，阴极发射的光电子的数量也会不同，即同一光电管对于不同频率的光的灵敏度不同，这就是光电管的光谱特性。所以，对各种不同波长区域的光，应选用不同材料的光电阴极。

例如，国产 GD-4 型的光电管，阴极是用锑铯材料制成的。其红限 $\lambda_0=7000\text{Å}$[①]，它对可见光范围的入射光灵敏度比较高，转换效率为 25%～30%。它适用于**白光光源**，因而被广泛地应用于各种光电式自动检测仪表中。对**红外光源**，常用银氧铯阴极，构成红外传感器。对**紫外光源**，常用锑铯阴极和镁镉阴极。另外，锑钾钠铯阴极的光谱范围较宽，为 3000～8500Å，灵敏度也较高，与人的视觉光谱特性很接近，是一种新型的光电阴极；但也有些光电管的光谱特性和人的视觉光谱特性有很大差异，因而在测量和控制技术中，这些光电管可以担负人眼所不能胜任的工作，如坦克和装甲车的夜视镜等。

一般充气光电管当入射光频率大于 8000Hz 时，光电流将有下降趋势，频率越高，下降得越多。

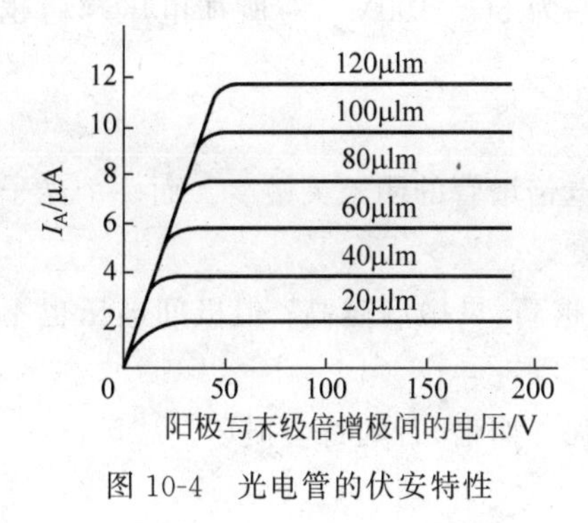

图 10-4　光电管的伏安特性

3）伏安特性

在一定的光照射下，对光电器件的阴极所加电压与阳极所产生的电流之间的关系称为光电管的伏安特性。光电管的伏安特性如图 10-4 所示。它是应用光电式传感器参数的主要依据。

4）暗电流

光电管在全暗条件下，极间加上工作电压，光电流并不等于零，该电流称为暗电流。它对测量微弱光强及精密测量的影响很大，因此应选用暗电流小的光电管。

10.1.3　光电倍增管

当入射光很微弱时，普通光电管产生的光电流很小，只有零点几微安，很不容易探测。这时常用光电倍增管对电流进行放大，图 10-5 为其内部结构示意图。

1. 结构和工作原理

由光阴极、次阴极（倍增电极）以及阳极三部分组成。光阴极是由半导体光电材料锑铯做成；次阴极是在镍或铜-铍的衬底上涂上锑铯材料而形成的，次阴极多的可达 30 级；阳极是最后用来收集电子的，收集到的电子数是阴极发射电子数的 10^5～10^6 倍，即光电倍增管的放大倍数可达几万倍到几百万倍。光电倍增管

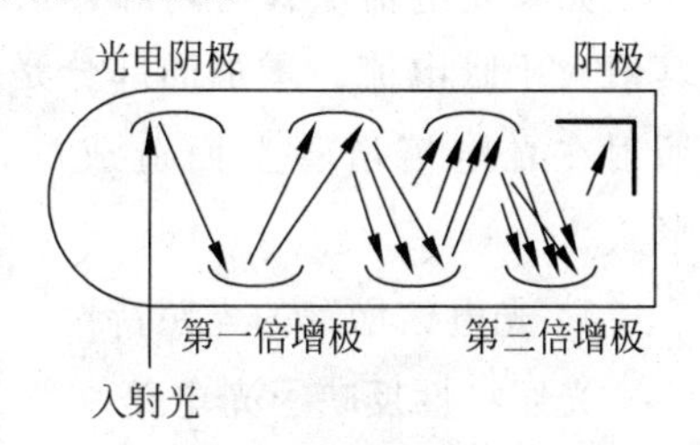

图 10-5　光电倍增管的内部结构示意图

① 1Å$=10^{-10}$m。

的灵敏度就比普通光电管高几万倍到几百万倍。因此在很微弱的光照时，它就能产生很大的光电流。

其工作原理是建立在光电发射和二次发射的基础上的。

2. 主要参数

1）倍增系数 M

倍增系数 M 等于 n（一般为 9～11）个倍增电极的二次电子发射系数 δ（打出的电子数）的乘积。如果 n 个倍增电极的 δ 都相同，则 $M=\delta_i^n$，因此，阳极电流为

$$I=i\delta_i^n \tag{10-4}$$

式中：i 为光电阴极的光电流。

光电倍增管的电流放大倍数为

$$\beta=\frac{I}{i}=\delta_i^n \tag{10-5}$$

M 与所加电压有关，M 在 10^5～10^8，稳定性为 1%左右，加速电压稳定性要在 0.1%以内。如果有波动，倍增系数也要波动，因此 M 具有一定的统计涨落。一般阳极和阴极之间的电压为 1000～2500V，两个相邻的倍增电极的电位差为 50～100V。对所加电压越稳越好，这样可以减小统计涨落，从而减小测量误差。

2）光电阴极灵敏度和光电倍增管总灵敏度

一个光子在阴极上能够打出的平均电子数叫作光电倍增管的阴极灵敏度。而一个光子在阳极上产生的平均电子数叫作光电倍增管的总灵敏度。

光电倍增管的最大灵敏度可达 10A/lm，极间电压越高，灵敏度越高；但极间电压也不能太高，太高反而会使阳极电流不稳。

另外，由于光电倍增管的灵敏度很高，所以不能受强光照射，否则将会损坏。

3）暗电流和本底脉冲

一般在使用光电倍增管时，必须把管子放在暗室里避光使用，使其只对入射光起作用；但是由于环境温度、热辐射和其他因素的影响，即使没有光信号输入，加上电压后阳极仍有电流，这种电流称为暗电流，这是热发射所致或场致发射造成的，这种暗电流通常可以用补偿电路消除。

如果光电倍增管与闪烁体放在一处，在完全蔽光情况下，出现的电流称为本底电流，其值大于暗电流。增加的部分是宇宙射线对闪烁体的照射而使其激发，被激发的闪烁体照射在光电倍增管上而造成的，本底电流具有脉冲形式。

4）光电倍增管的光照特性

光照特性反映了光电倍增管的阳极输出电流与照射在光电阴极上的光通量之间的函数关系。对于较好的管子，在很宽的光通量范围之内，这个关系是线性的，即入射光通量小于 10^{-4}lm 时，有较好的线性关系。光通量大，开始出现非线性，如图 10-6 所示。

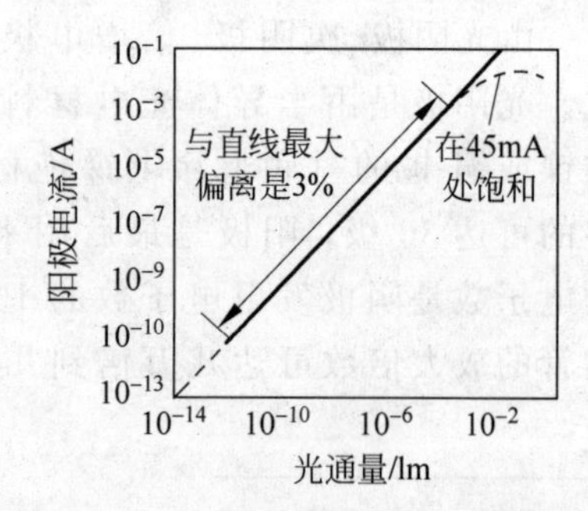

图 10-6 光电倍增管的光照特性

10.2　内光电效应及器件

10.2.1　内光电效应

在光线照射下，材料电阻率改变或产生光生电动势的现象称为内光电效应。它多发生于半导体内。根据工作原理的不同，内光电效应分为光导效应和光生伏特效应两类。

1. 光导效应

将一个半导体材料接入电路，当光线照射时，禁带中的电子吸收光子能量，若光子能量大于或等于半导体材料的禁带宽度，就激发出电子-空穴对，使载流子浓度增加，半导体的导电性增加，阻值降低。这种光电效应称光导效应，基于这种效应的光电器件有光敏电阻。

2. 光生伏特效应

在光线照射下，能够使半导体材料产生一定方向电动势的现象称为光生伏特效应。

对于不加偏压的PN结，当受到光照射时，如果电子能量足够大，可激发出电子-空穴对，在PN结内电场作用下空穴移向P区，而电子移向N区，使P区和N区之间产生电压，这个电压就是光生电动势。具有这种特性的器件为光电池。

对于处于反偏的PN结，无光照时，反向电阻很大，反向电流很小；受到光照时，产生光生电子-空穴对，在外电场作用下，电子向N区移动，空穴向P区移动，形成光电流，电流方向与反向电流一致，光照强度越大，光电流越大。具有这种性能的器件有光敏二极管和光敏晶体管。

10.2.2　内光电效应器件

1. 光敏电阻

光敏电阻又称光导管，为纯电阻元件，其工作原理是基于光导效应，其阻值随光照增强而减小。其材料一般为铊、镉、铅、铋的硒化物或硫化物。

光敏电阻具有灵敏度高，光谱响应范围宽，体积小、重量轻、机械强度高，耐冲击、耐振动、抗过载能力强和寿命长等优点，但其工作时需要外部电源，有电流时会发热。

当光照射到光电导体上时，若光电导体为本征半导体材料，而且光辐射能量又足够强，光导材料价带上的电子将被激发到导带上去，从而使导带的电子和价带的空穴增加，致使光导体的电导率变大。为实现能级的跃迁，入射光的能量必须大于光导体材料的禁带宽度E_g，即

$$h\gamma=\frac{h\cdot c}{\lambda}=\frac{1.24}{\lambda}\geqslant E_g(\mathrm{eV}) \tag{10-6}$$

式中：γ和λ分别为入射光的频率和波长。

一种光电导体，存在一个照射光的波长限λ_c，只有波长小于λ_c的光照射在光电导体

上，才能产生电子在能级间的跃迁，从而使光电导体电导率增加。

光敏电阻的结构如图 10-7 所示。管芯是一块安装在绝缘衬底上带有两个欧姆接触电极的光电导体。光导体吸收光子而产生的光电效应，只限于光照的表面薄层，虽然产生的载流子也有少数扩散到内部去，但扩散深度有限，因此光电导体一般都做成薄层。光敏电阻的灵敏度易受湿度的影响，因此要将导光电导体严密封装在玻璃壳体中，如图 10-8(a)所示。为了获得高的灵敏度，光敏电阻的电极一般采用梳状图案，结构如图 10-8(b)所示。它是在一定的掩模下向光电导薄膜上蒸镀金或铟等金属形成的。这种梳状电极，由于在间距很近的电极之间有可能采用大的灵敏面积，所以提高了光敏电阻的灵敏度。图 10-8(c)是光敏电阻的代表符号。

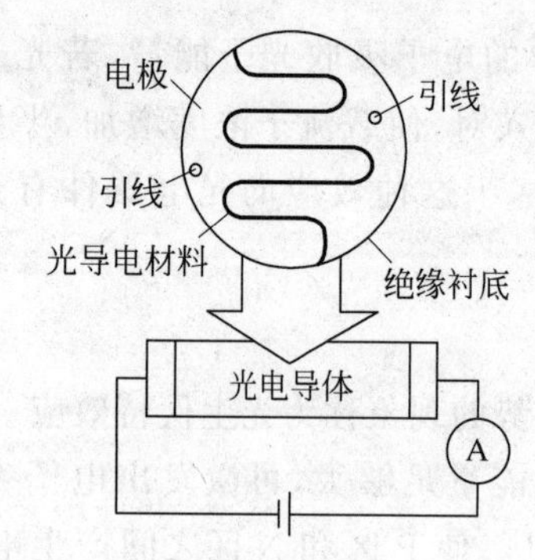

图 10-7　光敏电阻的结构示意图

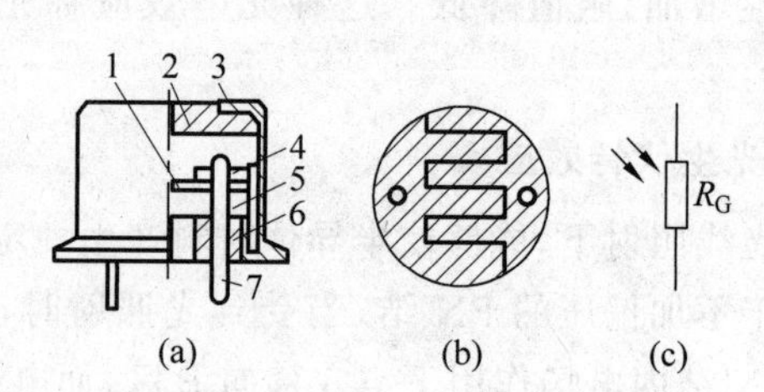

图 10-8　光敏电阻的结构和符号

(a) 结构；(b) 电极；(c) 符号

1—光导层；2—玻璃窗口；3—金属外壳；4—电极；5—陶瓷基座；6—黑色绝缘玻璃；7—电阻引线

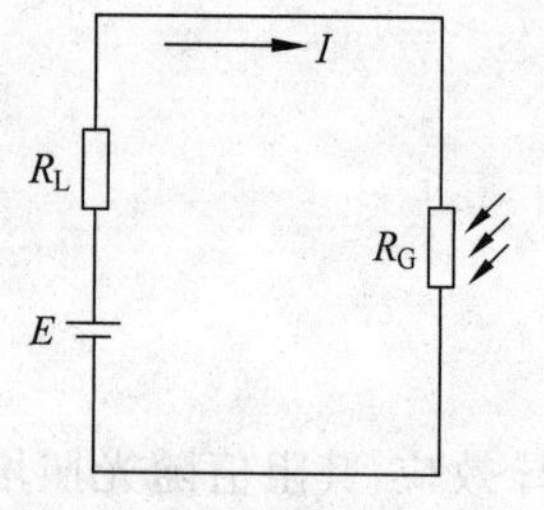

图 10-9　光敏电阻电路连接

如果把光敏电阻连接到外电路中，在外加电压的作用下，用光照射就能改变电路中电流的大小，其连线电路如图 10-9 所示。

2. 光敏电阻的主要参数和基本特性

1）光电流

光敏电阻在室温条件下，全暗（无光照射）后经过一定时间测量的电阻值，称为暗电阻。此时在给定电压下流过的电流称为暗电流；光敏电阻在某一光照下的阻值，称为该光照下的亮电阻。此时流过的电流称为亮电流。亮电流与暗电流之差称为光电流。

光敏电阻的暗电阻越大而亮电阻越小，则性能越好。也就是说，暗电流越小，光电流越大，这样的光敏电阻的灵敏度越高。

实用的光敏电阻的暗电阻往往超过 1MΩ，甚至高达 100MΩ，而亮电阻则在几千欧以下，暗电阻与亮电阻之比在 $10^2 \sim 10^6$，可见光敏电阻的灵敏度很高。

2）光照特性

图 10-10 表示 CdS 光敏电阻的光照特性，即在一定外加电压下，光敏电阻的光电流和光通量之间的关系。不同类型光敏电阻光照特性不同，但光照特性曲线均呈非线性。因此，它不宜作定量检测元件，这是光敏电阻的不足之处。一般在自动控制系统中用作光电开关。

3）光谱特性

光谱特性与光敏电阻的材料有关。图 10-11 表示了几种材料的光敏电阻的光谱特性，从图中可看出，硫化铅光敏电阻在较宽的光谱范围内均有较高的灵敏度，峰值在红外区域；硫化镉、硒化镉的峰值在可见光区域。因此，在选用光敏电阻时，应把光敏电阻的材料和光源的种类结合起来考虑，才能获得满意的效果。

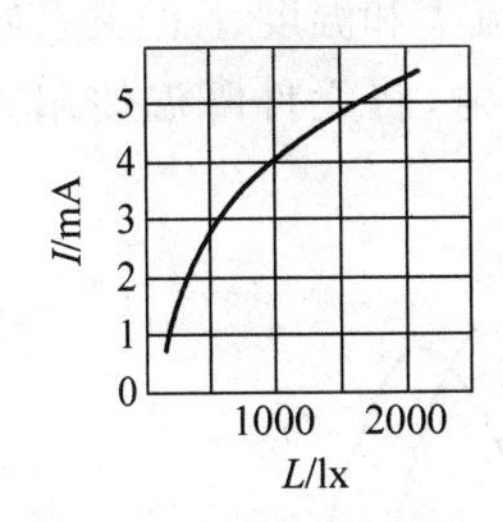

图 10-10　光敏电阻的光照特性

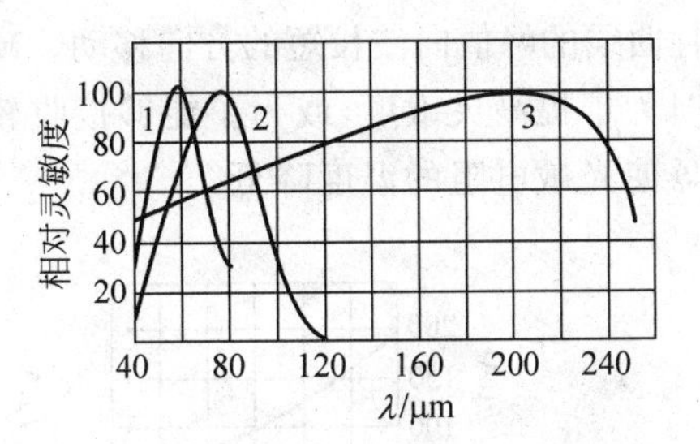

图 10-11　光敏电阻的光谱特性

1—硫化镉；2—硒化镉；3—硫化铅

4）伏安特性

在一定照度下，加在光敏电阻两端的电压与电流之间的关系称为伏安特性，如图 10-12 所示。图中曲线 1、2 分别表示照度为零及照度为某值时的伏安特性。由曲线可知，在给定偏压下，光照度越大，光电流也越大。在一定的光照度下，所加的电压越大，光电流越大，而且无饱和现象。但是电压不能无限地增大，因为任何光敏电阻都受额定功率、最高工作电压和额定电流的限制。超过最高工作电压和最大额定电流，可能导致光敏电阻永久性损坏。

5）频率特性

当光敏电阻受到脉冲光照射时，光电流要经过一段时间才能达到稳定值，而在停止光照后，光电流也不立刻为零，这就是光敏电阻的时延特性，如图 10-13 所示。由于不同材料的光敏电阻时延特性不同，所以它们的频率特性也不同。由图可知，硫化铅的使用频率比硫化镉高得多，但多数光敏电阻的时延都比较大，所以，它不能用在要求快速响应的场合。

6）稳定性

图 10-14 中的曲线 1、2 分别表示两种型号 CdS 光敏电阻的稳定性。初制成的光敏电阻，由于体内机构工作不稳定，以及电阻体与其介质的作用还没有达到平衡，所以性能是不够稳定的。但在人为地加温、光照及加负载情况下，经 1～2 周的老化，性能可达稳定。光敏电阻

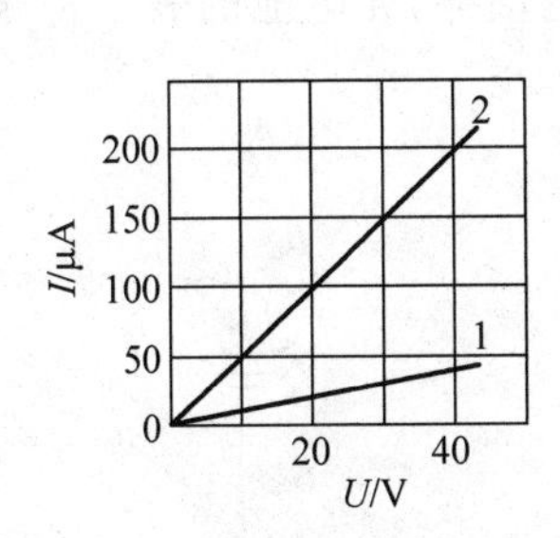

图 10-12　光敏电阻的伏安特性

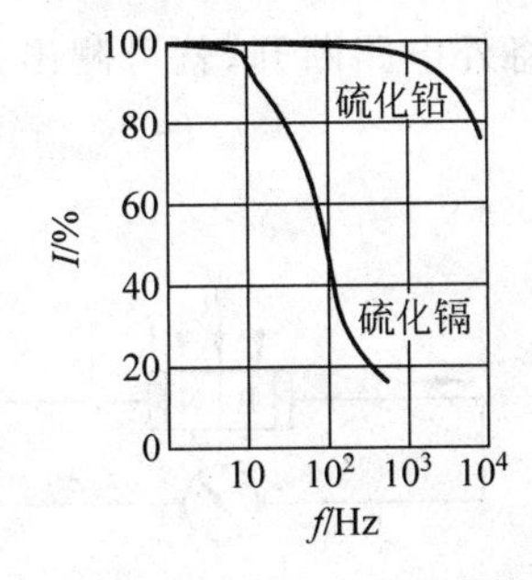

图 10-13　光敏电阻的频率特性

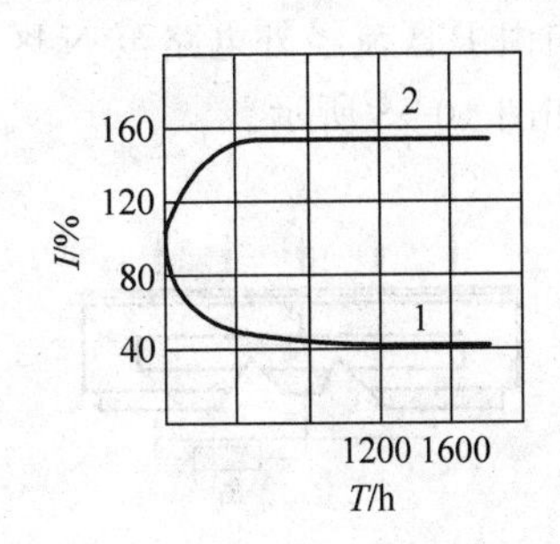

图 10-14　光敏电阻的稳定性

在开始一段时间的老化过程中，有些样品阻值上升，有些样品阻值下降，但最后达到一个稳定值后就不再变了。这就是光敏电阻的主要优点。

光敏电阻的使用寿命在密封良好、使用合理的情况下，几乎是无限长的。

7）温度特性

其性能(灵敏度、暗电阻)受温度的影响较大。随着温度的升高，其暗电阻和灵敏度下降，光谱特性曲线的峰值向波长短的方向移动。硫化镉的光电流 I 和温度 T 的关系如图 10-15 所示。有时为了提高灵敏度，或为了能够接收较长波段的辐射，将元件降温使用。例如，可利用制冷器使光敏电阻的温度降低。

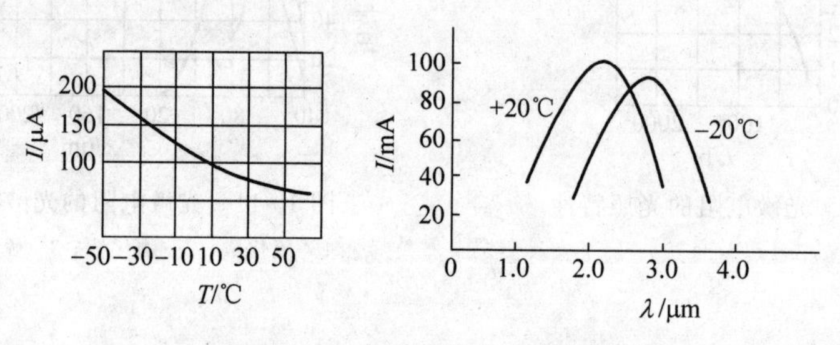

图 10-15 光敏电阻的温度特性

3. 光电池

光电池是利用光生伏特效应把光能直接转变成电能的器件。由于它可把太阳能直接变电能，因此又称为太阳能电池，是发电式有源元件。光电池种类繁多，一般把光电池的半导体材料的名称冠于光电池之前，如硅光电池、硒光电池、砷化镓光电池等。目前，应用最广、最有发展前途的是硅光电池，它价格便宜，转换效率高，寿命长，适于接收红外光。硒光电池光电转换效率低、寿命短，适于接收可见光(响应峰值波长 0.56μm)，最适宜制造照度计。砷化镓光电池转换效率比硅光电池稍高，光谱响应特性则与太阳光谱最吻合，且工作温度最高，更耐受宇宙射线的辐射。因此，它在宇宙飞船、卫星、太空探测器等电源方面的应用是有发展前途的。

1）光电池结构和工作原理

硅光电池的结构如图 10-16 所示，它是在一块 N 型硅片上用扩散的办法掺入一些 P 型杂质(如硼)形成的面积很大的 PN 结。当光照到 PN 结区时，如果光子能量足够大，将在结区附近激发出电子-空穴对，在 N 区聚积负电荷，P 区聚积正电荷，这样，N 区和 P 区之间出现电位差。若将 PN 结两端用导线连起来，如图 10-17 所示，电路中有电流流过，电流的方向由 P 区流经外电路至 N 区。若将外电路断开，就可测出光生电动势，光电池的表示符号如图 10-18 所示。

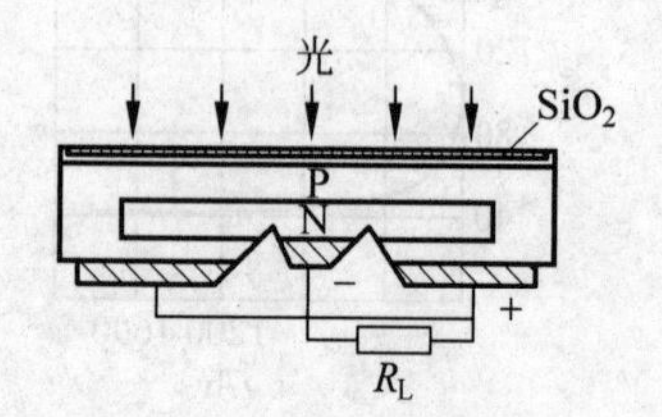

图 10-16 硅光电池的结构

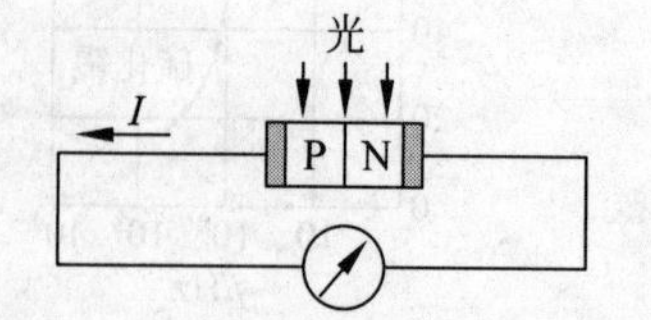

图 10-17 光电池工作原理示意图

图 10-18 光电池符号

2）光电池的基本特性

（1）光照特性。图 10-19(a)是硅光电池的光照特性曲线。图中开路电压曲线是指光生电动势与照度之间的特性曲线，当照度为 2000lx 时趋向饱和。短路电流曲线是指光电流与照度之间的特性曲线。短路电流指外接负载相对于光电池内阻而言是很小的。光电池在不同照度下，其内阻也不同，因而应选取适当的外接负载近似地满足“短路”条件。图 10-19(b)表示硒光电池在不同负载电阻时的光照特性。从图中可以看出，负载电阻 R_L 越小，光电流与强度的线性关系越好，且线性范围越宽。

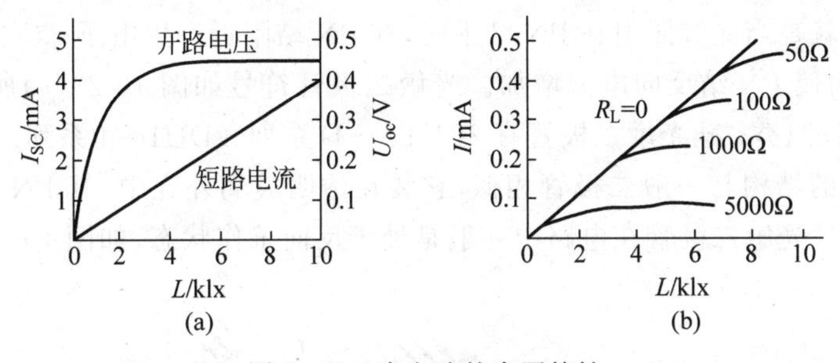

图 10-19　光电池的光照特性

（2）光谱特性。光电池的光谱特性取决于材料。图 10-20 为硅光电池和硒光电池的光谱特性。从曲线可看出，硒光电池在可见光谱范围内有较高的灵敏度，峰值波长在 540nm 附近，适宜测可见光。硅光电池应用的范围是 400～1100nm，峰值波长在 850nm 附近，因此硅光电池可以在很宽的范围内应用。

（3）频率特性。光电池作为测量、计数、接收元件时常用调制光输入。光电池的频率响应就是指输出电流随调制光频率变化的关系。由于光电池 PN 结面积较大，极间电容大，故频率特性较差。图 10-21 分别给出了硅光电池和硒光电池的频率响应曲线。由图可知，硅光电池具有较高的频率响应，如曲线 2；而硒光电池则较差，如曲线 1。

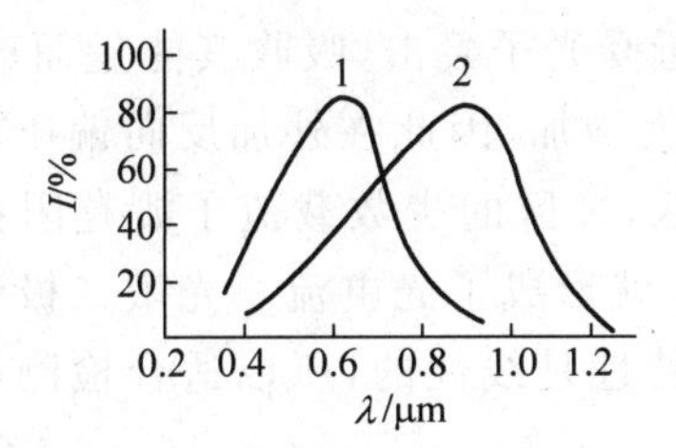

图 10-20　光电池的光谱特性

1—硒光电池；2—硅光电池

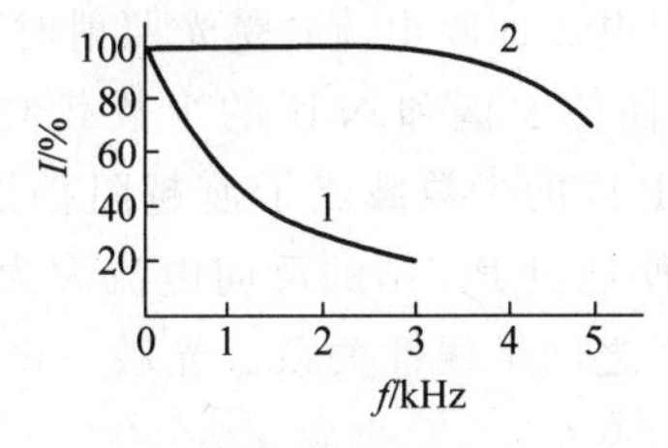

图 10-21　光电池的频率特性

1—硒光电池；2—硅光电池

（4）温度特性。光电池的温度特性是指开路电压 U_{OC} 和短路电流 I_{SC} 随温度变化的关系。图 10-22 是硅光电池在 1000lx 照度下的温度特性曲线，开路电压与短路电流均随温度而变化，它将关系到应用光电池的仪器设备的温度漂移，影响到测量或控制精度等主要指标，因此，当光电池作为测量元件时，最好能保持温度恒定，或采取温度补偿措施。

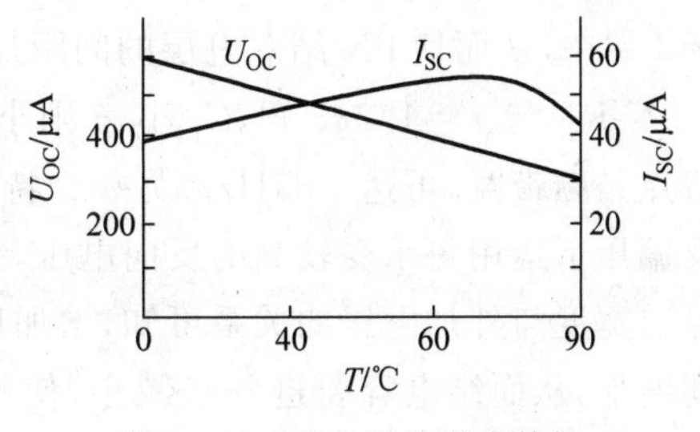

图 10-22　光电池的温度特性

4. 光敏二极管和光敏三极管

1）光敏二极管

光敏二极管和光电池一样，其基本结构也是一个PN结。它和光电池相比，重要的不同点是结面积小，因此它的频率特性特别好。光生电势与光电池相同，但输出电流普遍比光电池小，一般为几微安到几十微安。按材料分，光敏二极管有硅、砷化镓、锑化铟光电二极管等许多种。按结构分，有同质结与异质结之分。其中最典型的是同质结硅光敏二极管。

其工作原理就是当光线照射在PN结上时，在PN结附近产生电子-空穴对，使少数载流子浓度增加，进而使PN结反向电流增加。光敏二极管符号如图10-23(a)所示。锗光敏二极管有A,B,C,D四类；硅光敏二极管有2CU1A～D系列、2DU1～4系列。

光敏二极管的结构与一般二极管相似，它装在透明玻璃外壳中，其PN结装在管顶，可直接受到光照射。光敏二极管在电路中一般是处于反向工作状态，如图10-23(b)所示。

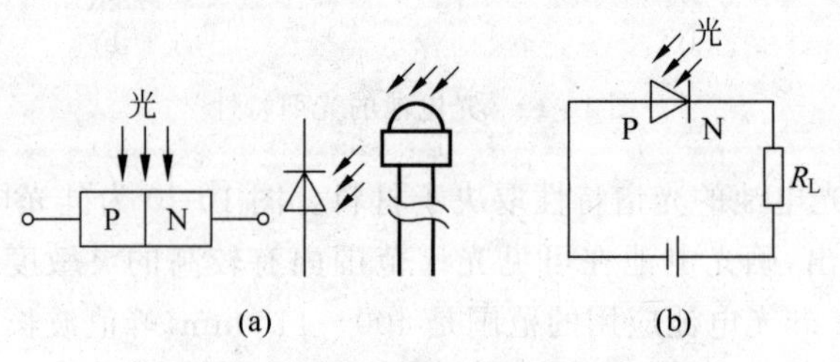

图10-23 光敏二极管符号及接线

(a) 符号；(b) 接线

光敏二极管在没有光照射时，反向电阻很大，反向电流很小。反向电流也叫作暗电流。当光照射时，光敏二极管的工作原理与光电池的工作原理很相似。当光不照射时，光敏二极管处于截止状态，这时只有少数载流子在反向偏压的作用下，渡越阻挡层形成微小的反向电流即暗电流；受光照射时，PN结附近受光子轰击，吸收其能量而产生电子-空穴对，从而使P区和N区的少数载流子浓度大大增加，因此在外加反向偏压和内电场的作用下，P区的少数载流子渡越阻挡层进入N区，N区的少数载流子渡越阻挡层进入P区，从而使通过PN结的反向电流大为增加，这样就形成了光电流。光敏二极管的光电流I与照度之间呈线性关系。光敏二极管的光照特性是线性的，所以适合检测等方面的应用。

PIN管是光电二极管中的一种，它的结构特点是，在P型半导体和N型半导体之间夹着一层(相对)很厚的本征半导体，如图10-24所示。这样，PN结的内电场就基本上全集中于I层中，从而使PN结双电层的间距加宽，结电容变小。由式$\tau=C_jR_L$与$f=1/2\pi\tau$知，C_j小，τ则小，频带将变宽。其最大特点是频带宽，可达10GHz。另一个特点是，因为I层很厚，在反偏压下运用可承受较高的反向电压，线性输出范围宽。由耗尽层宽度与外加电压的关系可知，增加反向偏压会使耗尽层宽度增加，从而结电容要进一步减小，使频带宽度变宽。不足之处在于I层电阻很大，管子的输出电流小，一般多为零点几微

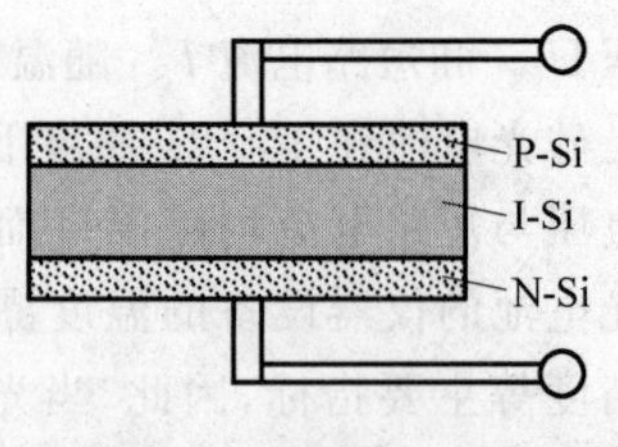

图10-24 PIN管结构示意图

安至数微安。目前有将 PIN 管与前置运算放大器集成在同一硅片上并封装于一个管壳内的商品出售。

雪崩光电二极管(APD)是利用 PN 结在高反向电压下产生的雪崩效应来工作的一种二极管。这种管子工作电压很高，一般为 100～200V，接近于反向击穿电压。结区内电场极强，光生电子在这种强电场中可得到极大的加速，同时与晶格碰撞而产生电离雪崩反应。因此，这种管子有很高的内增益，可达到几百。当电压等于反向击穿电压时，电流增益可达 10^6，即产生所谓的“雪崩”。这种管子响应速度特别快，带宽可达 100GHz，是目前响应速度最快的一种光电二极管。

噪声大是目前这种管子的一个主要缺点。由于雪崩反应是随机的，所以它的噪声较大，特别是工作电压接近或等于反向击穿电压时，噪声可增大到放大器的噪声水平，以致无法使用。但由于 APD 的响应时间极短，灵敏度很高，它在光通信中的应用前景广阔。

2) 光敏三极管

光敏三极管有 PNP 型和 NPN 型两种，如图 10-25 所示。其结构与一般三极管很相似，具有电流增益，不同之处在于它的发射极一般做得很大，以扩大光的照射面积，且其基极不接引线。当集电极加上正电压，基极开路时，集电极处于反向偏置状态。当光线照射在集电结的基区时，会产生电子-空穴对，在内电场的作用下，光生电子被拉到集电极，基区留下空穴，使基极与发射极间的电压升高，这样便有大量的电子流向集电极，形成输出电流，且集电极电流为光电流的 β 倍。

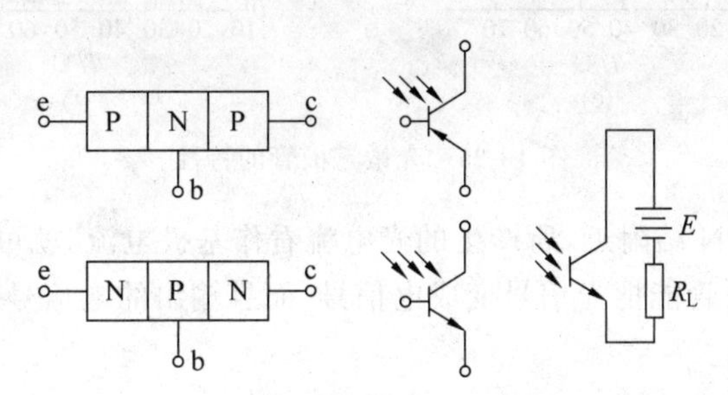

图 10-25　光敏三极管符号和基本电路

光敏三极管的主要特性如下。

(1) 光谱特性

图 10-26(a)为光敏三极管的光谱特性。由图可见，光敏三极管存在一个最佳灵敏度的峰值波长，硅的峰值波长为 9000Å，锗的峰值波长为 15 000Å。当入射光的波长增加时，相对灵敏度要下降。因为光子能量太小，不足以激发电子-空穴对。当入射光的波长缩短时，相对灵敏度也下降，这是由于光子在半导体表面附近就被吸收，并且在表面激发的电子-空穴对不能到达 PN 结，因而使相对灵敏度下降。由于锗管的暗电流比硅管大，因此锗管的性能较差。故在可见光或探测炽热状态物体时，一般选用硅管；但对红外线进行探测时，则采用锗管较合适。

(2) 伏安特性

光敏三极管的伏安特性曲线如图 10-26(b)所示。光敏三极管在不同的照度下的伏安特性，就像一般晶体管在不同的基极电流时的输出特性一样。因此，只要将入射光照在发射

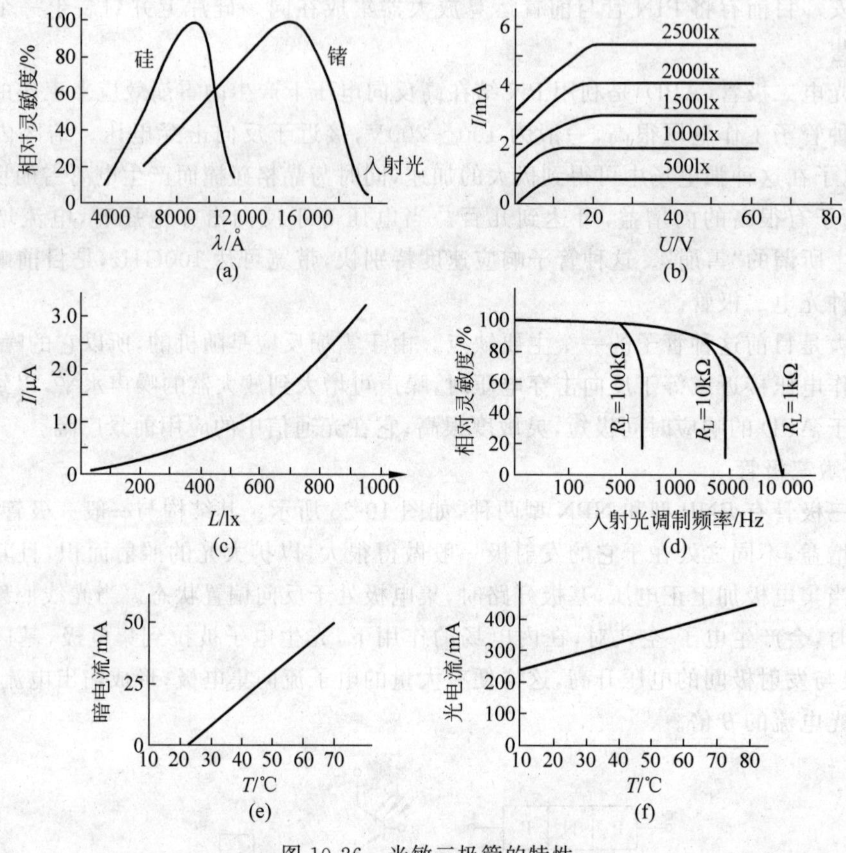

图 10-26　光敏三极管的特性

极 e 与基极 b 之间的 PN 结附近，所产生的光电流看作基极电流，就可将光敏三极管看作一般的晶体管。光敏三极管能把光信号变成电信号，而且输出的电信号较大，一般比光敏二极管大几十倍。

(3) 光照特性

光敏三极管的光照特性如图 10-26(c)所示，表示了光敏三极管的输出电流 I 和照度之间的关系。它们之间呈现了近似线性关系。当光照足够大(几千勒克斯)时，会出现饱和现象，从而使光敏三极管既可作为线性转换元件，也可作为开关元件。

(4) 频率特性

光敏三极管的频率特性曲线如图 10-26(d)所示。光敏三极管的频率特性受负载电阻的影响，减小负载电阻可以提高频率响应。一般来说，光敏三极管的频率响应比光敏二极管差。对于锗管，入射光的调制频率要求在 5kHz 以下。硅管的频率响应要比锗管好。

(5) 温度特性

光敏三极管的温度特性曲线反映的是光敏三极管的暗电流及光电流与温度的关系，如图 10-26(e)、(f)所示。从特性曲线可以看出，温度变化对光电流的影响很小，而对暗电流的影响很大，所以电子线路中应该对暗电流进行温度补偿，否则将会导致输出误差。

10.3　光电式传感器应用举例

由于光电测量方法灵活多样，可测参数多，又具有非接触、高精度、高分辨率、高可靠性和响应快等优点，使得光电式传感器在检测和控制领域得到了广泛的应用。下面介绍几个具体的实例。

1. 烟尘浊度检测仪

防止工业烟尘污染是环保的重要任务之一。为了消除工业烟尘污染，首先要知道烟尘排放量，因此必须对烟尘源进行监测、自动显示和超标报警。图 10-27 是烟尘浊度监测仪框图，烟道里的烟尘浊度是通过光在烟道里传输过程中的变化大小来检测的。如果烟道浊度增加，光源发出的光被烟尘颗粒的吸收和折射增加，到达光检测器的光减少，由光检测器输出信号的强弱便可反映烟道浊度的变化。

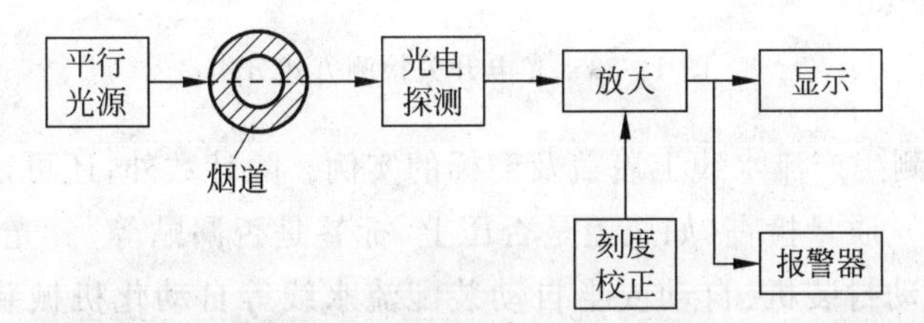

图 10-27　烟尘浊度监测仪框图

2. 光电开关的应用

光电开关是光电接近开关的简称，它是利用被检测物对光束的遮挡或反射，由同步回路选通电路，从而检测物体有无的。物体不限于金属，所有能反射光线的物体均可被检测。光电开关将输入电流在发射器上转换为光信号射出，接收器再根据接收到的光线的强弱或有无对目标物体进行探测。

根据检测方式的不同，光电开关可分为如下几类。

(1) 漫反射式光电开关：它是一种集发射器和接收器于一体的传感器，当有被检测物体经过时，物体将光电开关发射器发射的足够量的光线反射到接收器，于是光电开关就产生了开关信号。当被检测物体的表面光亮或其反光率极高时，漫反射式的光电开关是首选的检测模式，如图 10-28(a)所示。

(2) 镜反射式光电开关：它也是集发射器与接收器于一体，光电开关发射器发出的光线经过反射镜反射回接收器，当被检测物体经过且完全阻断光线时，光电开关就产生了检测开关信号，如图 10-28(b)所示。

(3) 槽式光电开关：它通常采用标准的 U 形结构，其发射器和接收器分别位于 U 形槽的两边，并形成一光轴，当被检测物体经过 U 形槽且阻断光轴时，光电开关就产生了开关量信号。槽式光电开关比较适合检测高速运动的物体，并且它能分辨透明与半透明物体，使用安全可靠，如图 10-28(c)所示。

(4) 对射式光电开关：它包含了在结构上相互分离且光轴相对放置的发射器和接收

器，发射器发出的光线直接进入接收器，当被检测物体经过发射器和接收器之间且阻断光线时，光电开关就产生了开关信号。当检测物体为不透明时，对射式光电开关是最可靠的检测装置。如图 10-28(d)所示。

(5) 光纤式光电开关：它采用塑料或玻璃光纤传感器来引导光线，可以对距离远的被检测物体进行检测。通常光纤传感器分为对射式和漫反射式，如图 10-28(e)所示。

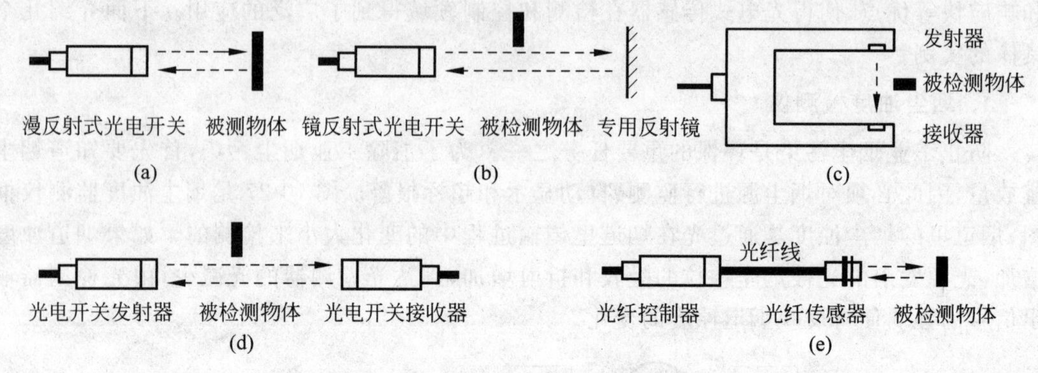

图 10-28 光电开关检测方式分类

图 10-29 是检测生产流水线上瓶盖及商标的实例。除计数外，还可以进行位置检测(如装配体有没有到位)、质量检查(如瓶盖是否压上、标签是否漏贴等)。光电开关在自动包装机、自动灌装机、自动封装机、自动或半自动装配流水线等自动化机械装置应用比较广泛。图 10-30 是根据被测物的特定标记进行自动控制(如根据特定的标记检测后进行自动切断、封口等)。

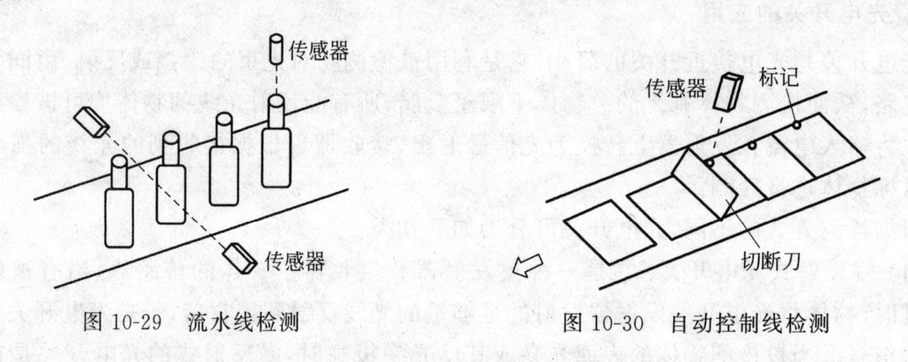

图 10-29 流水线检测　　图 10-30 自动控制线检测

3. 光电池在光电检测和自动控制方面的应用

光电池作为光电探测使用时，其基本原理与光敏二极管相同，但它们的基本结构和制造工艺不完全相同。由于光电池工作时不需要外加电压，光电转换效率高，光谱范围宽，频率特性好，噪声低等，它已广泛地用于光电读出、光电耦合、光栅测距、激光准直、电影还音、紫外光监视器和燃气轮机的熄火保护装置等。下面介绍光电池在检测和控制方面应用中的几种基本电路。

图 10-31(a)为光电地构成的光电跟踪电路，用两只性能相似的同类光电池作为光电接收器件。当入射光通量相同时，执行机构按预定的方式工作或进行跟踪。当系统略有偏差时，电路输出差动信号带动执行机构进行纠正，以此达到跟踪的目的。

图 10-31(b)所示电路为光电开关,多用于自动控制系统中。无光照时,系统处于某一工作状态,如通态或断态。当光电池受光照射时,产生较高的电动势,只要光强大于某一设定的阈值,系统就改变工作状态,达到开关目的。

图 10-31(c)为光电池触发电路。当光电池受光照射时,使单稳态或双稳态电路的状态翻转,改变其工作状态或触发器件(如可控硅)导通。

图 10-31(d)为光电池放大电路。在测量溶液浓度、物体色度、纸张的灰度等场合,可用该电路作前置级,把微弱光电信号进行线性放大,然后带动指示机构或二次仪表进行读数或记录。

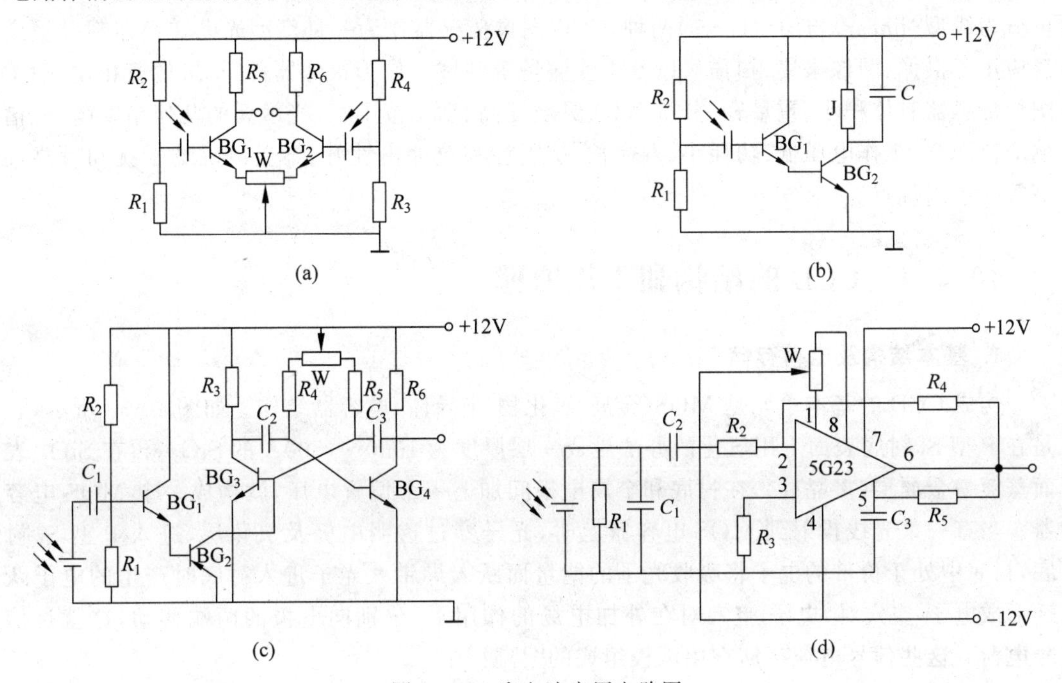

图 10-31 光电池应用电路图

在实际应用中,主要利用光电池的光照特性、光谱特性、频率特性和温度特性等,通过基本电路与其他电子线路的组合可实现或自动控制的目的。

图 10-32 为利用光电池实现的自动路灯控制系统,当在光照弱即黑天时,控制电路中的 VT_1,VT_2 均为截止,继电器 K 断开,其常闭触点接通电路中交流接触器 KM 的线圈,从而使接触器的常开主触点闭合,路灯点亮。当光照增强即白天时,光电池 B 受到光的照射,产生一定大小的电动势,使得 VT_1,VT_2 导通,从而导致接触器主触点断开,路灯熄灭。

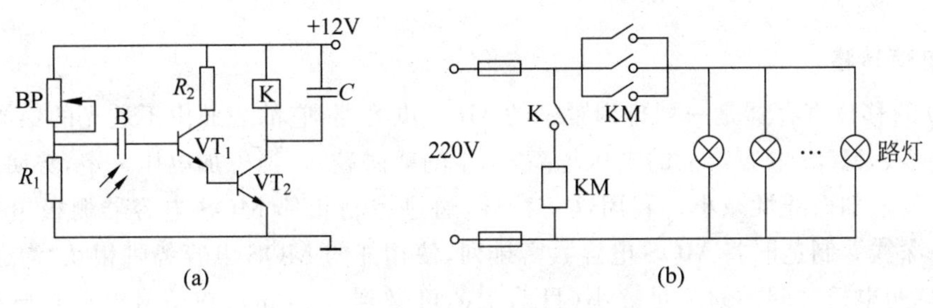

图 10-32 自动路灯控制电路图

(a) 控制电路;(b) 主电路

10.4 电荷耦合器件

电荷耦合器件是一种大规模集成电路工艺制作的半导体光电器件，简称 CCD(charged coupled device)器件。CCD 图像传感器于 1969 年在贝尔实验室研制成功，之后由日商等公司开始量产，已经从初期的 10 多万像素发展至目前主流应用的 1000 万以上像素。CCD 又可分为线型(linear)与面型(area)两种，CCD 图像传感器作为一种新型光电转换器现已被广泛应用于摄像、图像采集、扫描仪以及工业测量等领域。作为摄像器件，与摄像管相比，CCD 图像传感器有体积小、重量轻、分辨率高、灵敏度高、动态范围宽、光敏元的几何精度高、光谱响应范围宽、工作电压低、功耗小、寿命长、抗震性和抗冲击性好、不受电磁场干扰和可靠性高等一系列优点。

10.4.1 CCD 的结构和工作原理

1. 基本结构及电荷存储

构成 CCD 的基本单元是 MOS(金属-氧化物-半导体)电容器结构。如图 10-33 所示，它是在 P 型 Si 衬底表面上用氧化的办法生成一层厚度为 1000～1500Å 的 SiO_2，再在 SiO_2 表面蒸镀一金属层(多晶硅)，在衬底和金属电极间加上一个偏置电压，就构成一个 MOS 电容器。当有一束光线投射到 MOS 电容器上时，光子穿过透明电极及氧化层，进入 P 型 Si 衬底，衬底中处于价带的电子将吸收光子的能量而跃入导带。光子进入衬底时产生的电子跃迁形成电子-空穴对，电子-空穴对在外加电场的作用下，分别向电极的两端移动，这就是信号电荷。这些信号电荷存储在由电极组成的“势阱”中。

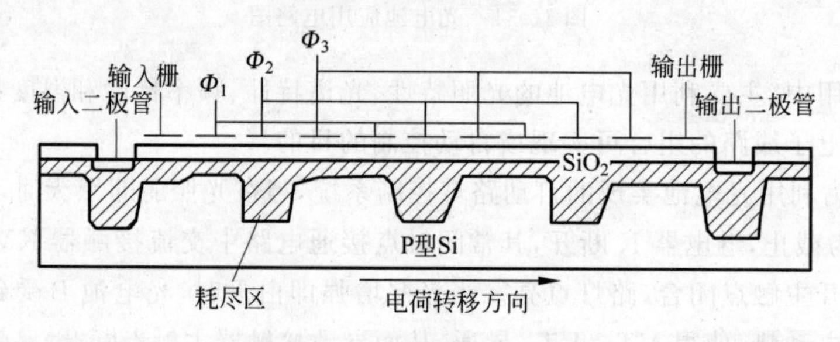

图 10-33 CCD 基本单元结构

2. 电荷转移

CCD 的移位寄存器是一列排列紧密的 MOS 电容器，它的表面由不透光的铝层覆盖，以实现光屏蔽。MOS 电容器上的电压越高，产生的势阱越深，当外加电压一定，势阱深度随阱中的电荷量增加而线性减小。利用这一特性，通过控制相邻 MOS 电容器栅极电压高低来调节势阱深浅。制造时将 MOS 电容紧密排列，使相邻的 MOS 电容势阱相互“沟通”。相邻 MOS 电容两电极之间的间隙足够小(目前工艺可做到 0.2μm)，在信号电荷自感生电场的库仑力推动下，就可使信号电荷由浅处流向深处，实现信号电荷转移。

为了保证信号电荷按确定路线转移，通常 MOS 电容阵列栅极上所加电压脉冲为严格满足相位要求的二相、三相或四相系统的时钟脉冲。下面以三相控制方式说明控制电荷定向转移过程。

三相控制是在线阵列的每一个像素上有三个金属电极 P_1，P_2，P_3，依次在其上施加三个相位不同的控制脉冲 Φ_1，Φ_2，Φ_3，如图 10-34 所示，CCD 电荷的注入通常有光注入、电注入和热注入等方式。图中采用电注入方式。在 $t=t_0$ 时，当 P_1 极施加高电压时，在 P_1 下方产生电荷包；当 P_2 极加上同样的电压时，即在 $t=t_1$ 时，由于两电势下面势阱间的耦合，原来在 P_1 下的电荷将在 P_1、P_2 两电极下分布；当 P_1 回到低电位时($t=t_2$)，电荷包全部流入 P_2 下的势阱中。然后，P_3 的电位升高，P_2 回到低电位，电荷包从 P_2 下转到 P_3 下的势阱($t=t_3$)，以此控制，使 P_1 下的电荷转移到 P_3 下。随着控制脉冲的分配，少数载流子便从 CCD 的一端转移到最终端。终端的输出二极管搜集了少数载流子，送入放大器处理，便实现电荷移动。

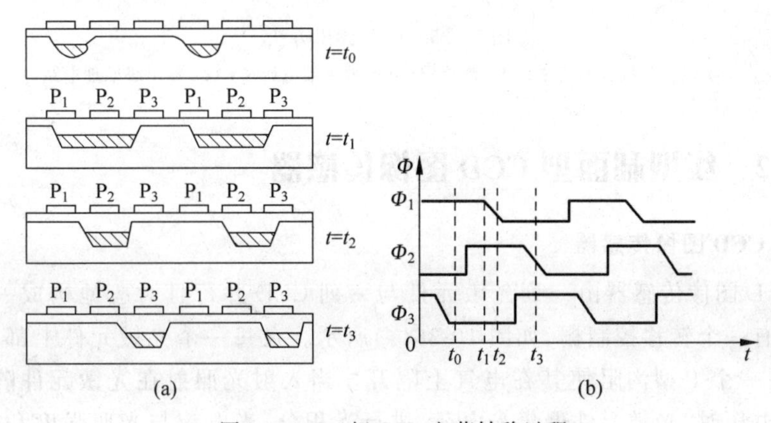

图 10-34　三相 CCD 电荷转移过程

(a) 电荷转移过程；(b) 三相时钟脉冲波形

3. 电荷读出方法

CCD 的信号电荷读出方法有两种：输出二极管电流法和浮置栅 MOS 放大器电压法。

(1) 输出二极管电流法。图 10-35(a)是在线列阵末端衬底上扩散形成输出二极管，当二极管加反向偏置时，在 PN 结区产生耗尽层。当信号电荷通过输出栅 OG 转移到二极管耗尽区时，将作为二极管的少数载流子而形成反向电流输出。输出电流的大小与信息电荷大小成正比，并通过负载电阻 R_L 变为信号电压 U_0 输出。

(2) 浮置栅 MOS 放大器电压法。图 10-35(b)是浮置栅 MOS 放大器读取信息电荷的方法示意图。MOS 放大器实际是一个源极跟随器，其栅极由浮置扩散结收集到的信号电荷控制，所以源极输出随信号电荷变化。为了接收下一个电荷包的到来，必须将浮置栅的电压恢复到初始状态，故在 MOS 输出管栅极上加一个 MOS 复位管。在复位管栅极上加复位脉冲 Φ_R，使复位管开启，将信号电荷抽走，使浮置扩散结复位。

图 10-35(c)为输出级原理电路，由于采用硅栅工艺制作浮置栅输出管，可使栅极等效电容 C 很小。如果电荷包的电荷为 Q，A 点等效电容为 C，输出电压为 U_0，A 点的电位变化 $\Delta U=-Q/C$，因而可以得到比较大的输出信号，起到放大器的作用，故称为浮置栅 MOS 放大器电压法。

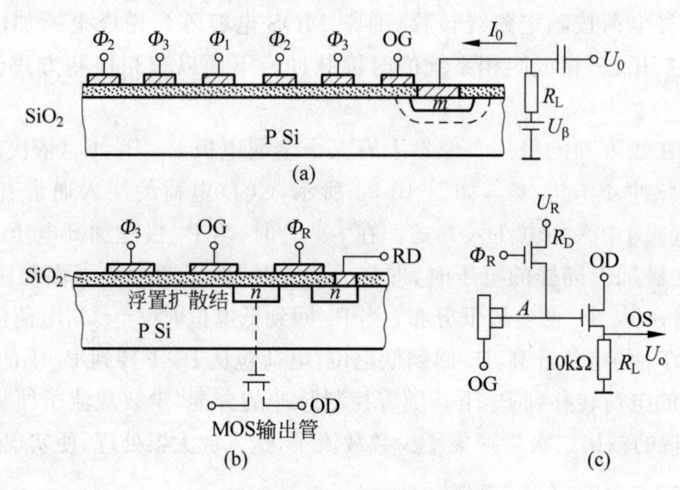

图 10-35 电荷读出方法

(a) 输出二极管电流法；(b) 浮置栅 MOS 放大器电压法；(c) 输出级原理电路

10.4.2 线型和面型 CCD 图像传感器

1. 线型 CCD 图像传感器

线型 CCD 图像传感器由一列光敏元件与一列 CCD 并行且对应地构成一个主体，在它们之间设有一个转移控制栅，如图 10-36(a)所示。在每一个光敏元件上都有一个梳状公共电极，由一个 P 型沟阻使其在电气上隔开。当入射光照射在光敏元件阵列上，梳状电极施加高电压时，光敏元件聚集光电荷，进行光积分，光电荷与光照强度和光积分时间成正比。在光积分时间结束时，转移栅上的电压提高(平时低电压)，与 CCD 对应的电极也同时处于高电压状态。然后，降低梳状电极电压，各光敏元件中所积累的光电电荷并行地转移到移位寄存器中。当转移完毕，转移栅电压降低，梳妆电极电压回复原来的高电压状态，准备下一次光积分周期。同时，在电荷耦合移位寄存器上加上时钟脉冲，将存储的电荷从 CCD 中转移，由输出端输出。这个过程重复地进行就得到相继的行输出，从而读出电荷图形。

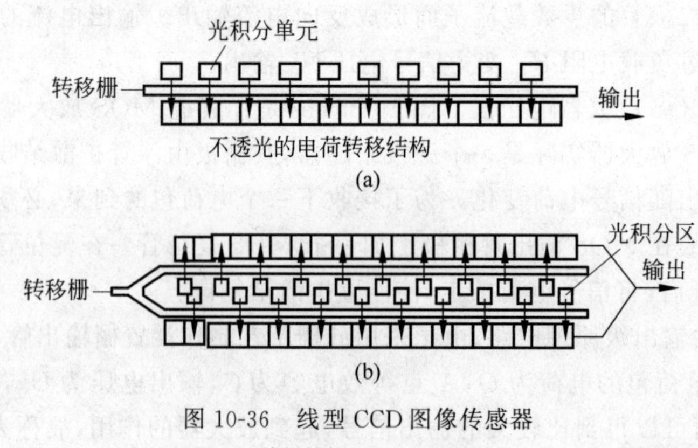

图 10-36 线型 CCD 图像传感器

(a) 单行结构；(b) 双行结构

目前，实用的线型 CCD 图像传感器为双行结构，如图 10-36(b)所示。单、双数光敏元件中的信号电荷分别转移到上、下方的移位寄存器中，然后，在控制脉冲的作用下，自左向右移动，在输出端交替合并输出，这样就形成了原来光敏信号电荷的顺序。

线型 CCD 图像传感器主要用于一维工业系统检测（如工件尺寸）、定向探测等多个系统。

2. 面型 CCD 图像传感器

面型 CCD 图像传感器由感光区、信号存储区和输出转移部分组成。目前存在三种典型结构形式，如图 10-37 所示。图 10-37(a)所示结构由行扫描电路、垂直输出寄存器、感光区和输出二极管组成。行扫描电路将光敏元件内的信息转移到水平（行）方向上，由垂直方向的寄存器将信息转移到输出二极管，输出信号由信号处理电路转换为视频图像信号。这种结构易于引起图像模糊。

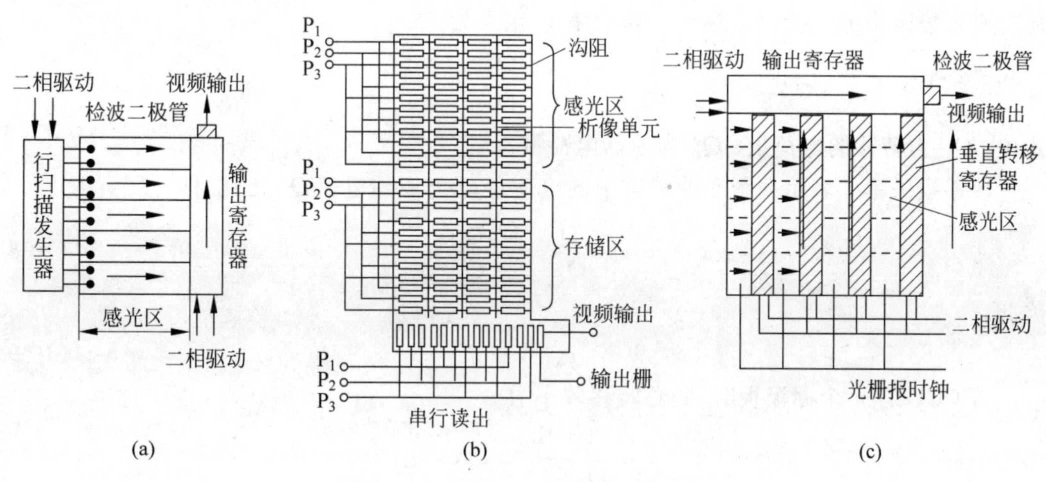

图 10-37　面型 CCD 图像传感器结构

图 10-37(b)所示结构增加了具有公共水平方向电极的不透光的信息存储区。在正常垂直回扫周期内，具有公共水平方向电极的感光区所积累的电荷同样迅速下移到信息存储区。在垂直回扫结束后，感光区回复到积光状态。在水平消隐周期内，存储区的整个电荷图像向下移动，每次总是将存储区最底部一行的电荷信号移到水平读出器，该行电荷在读出移位寄存器中向右移动以视频信号输出。当整帧视频信号自存储区移出后，就开始下一帧信号的形成。该 CCD 结构具有单元密度高、电极简单等优点，但增加了存储器。

图 10-37(c)所示结构是用得最多的一种结构形式。它将图 10-37(b)中感光元件与存储元件相隔排列，即一列感光单元、一列不透光的存储单元交替排列。在感光区光敏元件积分结束时，转移控制栅打开，电荷信号进入存储区。随后，在每个水平回扫周期内，存储区中整个电荷图像一次一行地向上移到水平读出移位寄存器中。接着这一行电荷信号在读出移位寄存器中向右移位到输出器件，形成视频信号输出。这种结构的器件操作简单，但单元设计复杂，感光单元面积减小，图像清晰。

目前，面型 CCD 图像传感器使用得越来越多，所能生产的产品的单元数也越来越多，中国的面阵 CCD 图像传感器已研制出 32×32、75×100、108×108、150×150、320×230、256×320、512×320、491×384、580×394、512×512、600×500、756×581、800×800 像元的

器件，在实验室已研制出了 1024×1024、2048×2048 像元的器件，基本上形成了系列化产品。

10.4.3 CCD的特性参数

CCD器件的物理性能可以用特性参数来描述，内部参数描述的是CCD存储和转移信号电荷有关的特性，是器件理论设计的重要依据；外部参数描述的是与CCD应用有关的性能指标，主要包括电荷转移效率和损失率、暗电流、工作频率、光谱特性、分辨率、噪声等。

1. 电荷转移效率和损失率

电荷转移效率是表征CCD性能好坏的重要参数。一次转移后到达下一个势阱中的电荷与原来势阱中的电荷之比称为转移效率 η，定义为

$$\eta = \frac{Q_1}{Q_0} \tag{10-7}$$

式中：Q_1 为转移的电荷量；Q_0 为原始电荷量。

转移损失率 ε 表示残留于原势阱中的电荷量 Q 与原始电荷 Q_0 之比，即

$$\varepsilon = \frac{Q}{Q_0} = \frac{Q_0 - Q_1}{Q_0} \tag{10-8}$$

因此，

$$\varepsilon = 1 - \eta \tag{10-9}$$

若CCD有 n 个栅极板时，则总转移效率为

$$\eta_z = \frac{Q_n}{Q_0} = \eta^n = (1-\varepsilon)^n \tag{10-10}$$

为了保证CCD传感器的实用价值，必须保证高的电荷转移效率，所以表面沟道CCD在使用时，常采用偏置电荷技术，即在接收信息电荷之前，就先给每个势阱都输入一定量的背景电荷，使表面态填满。采取体内沟道的传输形式，有效避免了表面态俘获，提高了转移效率和速度。

2. 暗电流

暗电流是指CCD传感器在既无光又无电注射情况下的输出信号。它是大多数成像器件所共有的特性，是判断一个摄像器件好坏的重要标准，暗电流产生的主要原因在于CCD器件本身的缺陷，其来源主要包括半导体衬底的热激发、耗尽区内产生复合中心的热激发和耗尽区边缘的少子扩散。其中耗尽区内产生复合中心的热激发是主要的。

3. 工作频率

CCD利用极板下半导体表面势阱的变化来存储和转移电荷，它工作于非平衡态。时钟频率过低，深耗层状态向平衡态过渡，热生载流子就会混入信号电荷中。当时钟频率过高时，电荷包来不及转移，势阱就发生了变化，残留在原势阱汇总的电荷就会增多，损耗率增大。

为了避免热生少数载流子对注入电荷的影响，注入电荷从一个电极转移到另一个电极

所用的时间 t 必须小于少数载流子的寿命 τ，对于三相 CCD 电荷包从一个势阱转移到另一个势阱所需的时间为 $T/3$，则转移势阱为

$$t=\frac{T}{3}=\frac{1}{3f}<\tau \tag{10-11}$$

式中：f 为时钟频率。所以，下限频率 f_{d} 应为

$$f_{\mathrm{d}}>\frac{1}{3\tau} \tag{10-12}$$

对于二相 CCD，有

$$t=\frac{T}{2},\quad f_{\mathrm{d}}>\frac{1}{2\tau} \tag{10-13}$$

CCD 电荷转移时间的大小与相邻电极中心距成正比，而与转移速度成反比。电荷包的转移要有足够的时间，应使其小于所允许的 t 值。为了使电荷有效地转移，对于三相 CCD，有

$$t\leqslant\frac{T}{3}=\frac{1}{3f_{\mathrm{u}}} \tag{10-14}$$

式中：f_{u} 为时钟频率上限，所以

$$f_{\mathrm{u}}\leqslant\frac{1}{3t} \tag{10-15}$$

由此可见，少数载流子寿命越长，CCD 时钟频率的下限越低，而为了保证足够高的电荷转移效率，希望达到较高的时钟频率。

4. 光谱特性

CCD 图像传感器具有很宽的感光光谱范围，其感光光谱可延伸至红外区域，利用此特性，可以在夜间无可见光照明的情况下，用辅助红外光源照明，也能使 CCD 图像传感器清晰地成像。光波的波长范围从几纳米到 1mm，即 $10^{-9}\sim10^{-3}$ m，而人眼的感光范围只在 $0.38\sim0.78\mu$m。CCD 器件的光谱响应范围宽于人眼，一般在 $0.2\sim1.1\mu$m 的波长范围内。特种材料的红外 CCD 的波长响应可扩展到几微米，即 CCD 的光谱响应范围从远紫外、近紫外、可见光到近红外区，甚至到中红外区。

5. 分辨率

分辨率是 CCD 的重要特性，是指摄像器件对物像中明暗细节的分辨能力，一般用器件的调制转移函数(modulation transfer function，MTF)来表示。CCD 的总调制函数 MTF 取决于器件结构(像元宽度、间距)所决定的几何 MTF_1、载流子横向扩散衰减决定的 $\mathrm{MTF}_{\mathrm{D}}$ 和转移效率决定的 $\mathrm{MTF}_{\mathrm{T}}$，总的 MTF 等于三者的乘积，并且总的 MTF 随空间频率的提高而下降。

6. 噪声

噪声是图像传感器的主要参数，其噪声来源可以归纳为 3 类，即散粒噪声、转移噪声和热噪声。

散粒噪声是指 CCD 中无论是光注入、电注入还是热产生的信号电荷包的电子数总是围

绕平均值上下变化形成的噪声；转移噪声是由转移损失及界面态俘获引起的，它具有两个特点，一是积累性，另一个是相关性。积累性是指转移噪声是在转移过程中逐次积累起来的，与转移次数成正比；相关性是指相邻电荷包的转移噪声是相关的。热噪声是由于固体中载流子的无规则运动引起的，这里指的是信号电荷注入及输出时引起的噪声，它相当于电阻热噪声和电容的总宽带噪声之和。

三种噪声的源是独立无关的，所以 CCD 的总噪声功率应是它们的均方和。

10.5 光纤传感器

灵敏、精确、适应性强、小巧和智能化是传感器的发展方向。光纤传感器以其极高的灵敏度和精度，具有抗电磁和原子辐射干扰的性能，耐水、耐高温、耐腐蚀的化学性能，绝缘、无感应的电气性能，能与数字通信系统兼容等突出性能，受到世界各国的广泛重视。光纤传感器可用于位移、振动、转动、压力、弯曲、应变、速度、加速度、电流、磁场、电压、湿度、温度、声场、流量、浓度、pH 和应变等物理量的测量。光纤传感器的应用范围很广，几乎涉及国民经济和国防上所有重要领域和人们的日常生活，尤其可以安全有效地在恶劣环境中使用，解决了许多行业多年来一直存在的技术难题，具有很大的市场需求。

10.5.1 光纤结构和传输原理

1. 光纤结构

光纤的结构如图 10-38 所示，它主要由三部分组成，中心部分为纤芯，其材质为折射率较大的光密介质，纤芯的外层包围着折射率较小的包层，它们构成同心圆结构。最外层为一层保护层，一般采用尼龙塑料材质。

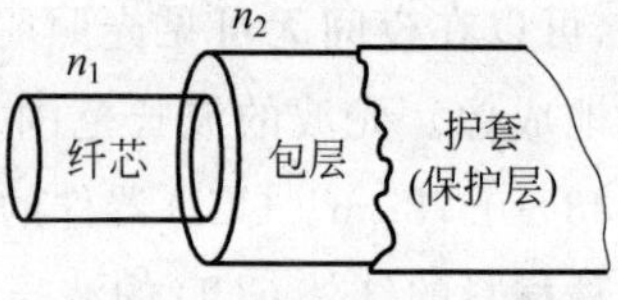

图 10-38 光纤结构示意图

2. 光纤的传光原理

光纤的导光能力取决于纤芯和包层的性质，纤芯折射率 n_1 略大于包层折射率 n_2。光纤的传播基于光的全反射原理。当光线以不同角度入射到光纤端面时，在端面发生折射后进入光纤；光线在光纤端面入射角 θ 减小到某一角度 θ_c 时，光线全部反射。光线全部被反射时的入射角 θ_c 称临界角；因此只要满足全反射条件即 $\theta < \theta_c$，光就在纤芯和包层界面上经若干次全反射向前传播，最后从另一端面射出。其传光原理示意图如图 10-39 所示。

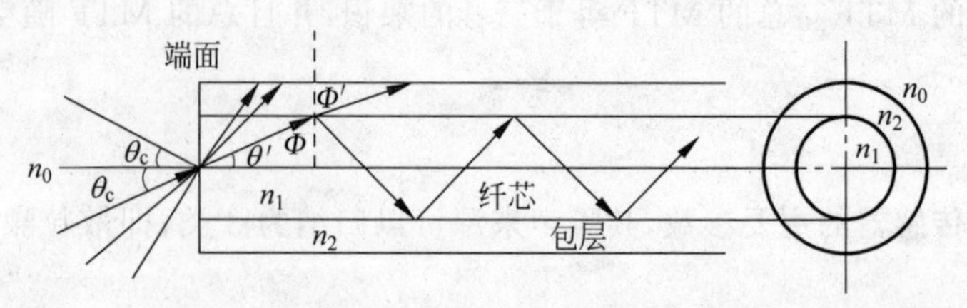

图 10-39 光纤传光原理示意图

由折射定律可知

$$n_0 \sin\theta_c = n_1 \sin\theta' \tag{10-16}$$

$$n_1 \sin\Phi = n_2 \sin\Phi' \tag{10-17}$$

式中：n_0 为外界折射率；n_1, n_2 分别为纤芯和包层的折射率。所以，光射入纤芯时实现全反射的临界入射角为

$$\theta_c = \arcsin\left(\frac{1}{n_0}\sqrt{n_1^2 - n_2^2}\right) \tag{10-18}$$

当外界介质为空气时，折射率 $n_0 = 1$，所以

$$\theta_c = \arcsin(\sqrt{n_1^2 - n_2^2}) \tag{10-19}$$

可见，光纤临界入射角的大小是由光纤本身的性质（n_1, n_2）决定的，与光纤的几何尺寸（直径）无关。

10.5.2　光纤的性能

1. 数值孔径

临界入射角 θ_c 的正弦函数定义为光纤的数值孔径，即

$$\mathrm{NA} = \sin\theta_c = \frac{1}{n_0}\sqrt{n_1^2 - n_2^2} \tag{10-20}$$

NA 表示光纤的集光能力，无论光源的发射功率有多大，只有 $2\theta_c$ 张角之内的入射光才能被光纤接收、传播。若入射角超出这一范围，光线会进入包层漏光，如图 10-40 所示。

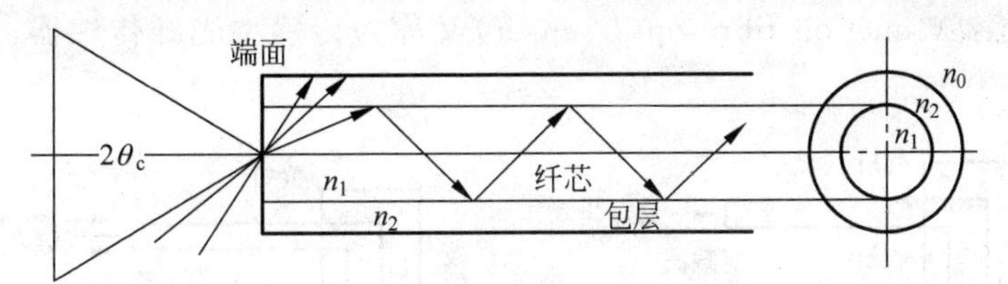

图 10-40　光纤的聚光能力

一般 NA 越大，集光能力越强，光纤与光源间耦合会更容易。但 NA 越大（$n_1 \gg n_2$），光信号畸变越大，所以选择要适当。通常产品光纤集光能力用数值孔径 NA 表示，如石英光纤的数值孔径为 0.2～0.4。

2. 光纤模式

光纤模式是指光波沿光纤传播的途径和方式，不同入射角度光线在界面上反射的次数不同，光波之间的干涉产生的强度、分布也各不相同。模式值 V 定义为

$$V = \frac{2\pi r}{\lambda_0} \cdot \mathrm{NA} \tag{10-21}$$

式中：r 为纤芯半径；λ_0 为入射波长。

波的反射中相位变化 2π 整数倍的光波形成驻波，只有驻波才能在光纤中传播（称为模），而光纤只能传播一定数量的模。模式值 V 越大，允许传播的次数越多。在信息传播中，希望模式值越小越好，若同一光信号采用多种模式会使光信号分不同时间到达，多个信

号导致合成信号畸变。模式值 V 小，就是 r 值小(即纤芯直径小，一般为 3～10μm)传播的模式越少。只传播一种模式的光纤，称单模光纤。单模光纤性能最好、畸变小、容量大、线性好、灵敏度高，但制造、连接困难。r 值较大(50～100μm)，传播模式较多，称为多模光纤。这类光纤的性能较差，输出波形有较大差异，但纤芯截面积大，容易制造，连接和耦合比较方便。单模和多模光纤是当前光纤通信技术最常用的普通光纤。有特殊要求的称特殊光纤。

3. 传播损耗

光信号在光纤中传播时，由于材料的吸收、光纤弯曲和光在传播过程中产生的散射等原因都会引起传播损耗，传播损耗的大小是评定光纤优劣的重要指标，采用衰减率 A 来表示：

$$A=-\frac{10}{l}\lg\frac{I_1}{I_2}(\mathrm{dB/km}) \tag{10-22}$$

式中：I_1 和 I_2 分别表示入射和射出光纤的强度；l 表示光纤的长度，衰减率为 10dB/km 的光纤表示当光纤传输 1km 后，光强下降到入射时的 1/10。性能优良的光纤传播损耗可达到 0.16dB/km。

10.5.3 光纤传感器的分类和器件组成

1. 光纤传感器分类

按照光纤在传感器中的作用可以将光纤传感器分为功能型和非功能型两类。

1) 功能型传感器

功能型传感器(function fibre optil sensor)又称为传感型光纤传感器，如图 10-41(a)所示。

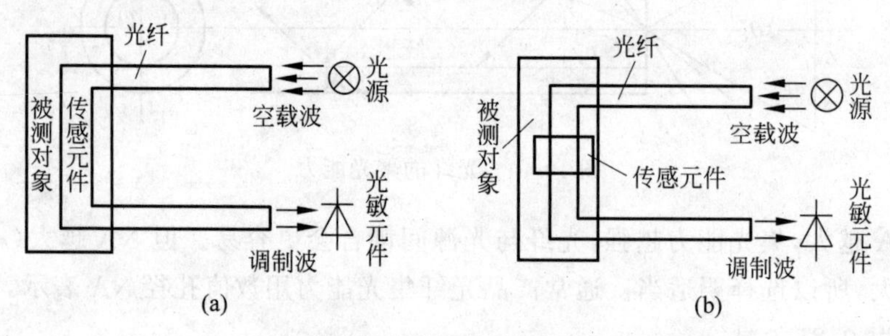

图 10-41 光纤的分类

(a) 功能型；(b) 非功能型

这类传感器利用光纤本身对外界被测对象具有敏感能力和检测功能，光纤不仅起到传光作用，而且有传感能力。在被测对象作用下，如光强、相位、偏振态等光学特性得到调制，调制后的信号携带了被测量信息，正是由于这个特点，功能型光纤又可分为光强调制型、相位调制型、偏振态调制型和波长调制型等。功能型光纤传感器由于其本身是敏感元件，因此加长光纤的长度，可以得到很高的灵敏度，尤其是对光的相位变化利用干涉技术测量的光纤传感器，具有极高的灵敏度。但这类光纤传感器结构比较复杂，技术上实现难度也较大，调制也比较困难。功能型光纤传感器主要是单模光纤。

2）非功能型传感器

非功能型光纤传感器（non-function fibre optil sensor）又称为传光型光纤传感器，如图 10-41(b)所示，这类光纤传感器的光纤只当作传播光的媒介，也就是说，光纤只起传光作用，待测对象的调制功能是由其他光电转换元件实现的，光纤的状态是不连续的。非功能型光纤在实践中一般采用大芯径、大数值孔径的多模光纤。

2. 光纤的器件组成

光纤传感器除光导纤维外，还包括光源、光探测器、光纤耦合器和光纤连接器等。

1）光源

对于用于光纤的光源有以下几点要求：体积小，这样有利于与光纤的耦合；波长合适，以便减少光在光纤中的损失；功率大，保证传感器的信号强度；工作稳定性好，能在室温下连续长时间工作。

用于光纤传感器的光源可以选择相干光也可选择非相干光。相干光源如半导体激光器、氦氖激光器等；非相干光源如普通的白炽灯、发光二极管等。

2）光探测器

光探测器的作用是将光信号转换成电信号，它对光纤传感器的性能有直接影响，既关系到被测物理量的转换准确性，又关系到光探测接收系统的质量，所以要求光探测器的灵敏度好、响应快、线性好。常用的光探测器有光敏电阻、光敏二极管、光敏三极管、光电倍增管等。

3）光纤耦合器

光纤耦合器的作用是将光源发出的信号分至两根或两根以上的光纤中，所以又称分路器。光纤耦合器一般分为三类：标准耦合器（双分支，单位 1×2，就是将光信号等分成两个功率）；星状/树状耦合器；波长多工器（也称作 WDM）。

光纤耦合器制作方式有烧结（fuse）、微光学式（micro optics）、光波导式（wave guide）三种。其中烧结方式占了多数（约有 90%），主要的方法是将两条光纤并在一起烧融拉伸，使核芯聚合一起，以达光耦合作用，而其中最重要的生产设备就是融烧机，也是最为重要的步骤，虽然重要步骤部分可由机器代工，但烧结之后，必须人工封装，所以人工成本在 10%～15%；其次，采用人工检测封装必须保证品质一致性，这也是量产时所必须克服的，但技术难度大。

4）光纤连接器

光纤连接器是光纤与光纤之间进行可拆卸（活动）连接的器件，它把光纤的两个端面精密对接起来，以使发射光纤输出的光能量能最大限度地耦合到接收光纤中去，并使由于其介入光链路而对系统造成的影响减到最小，这是对光纤连接器的基本要求。在一定程度上，光纤连接器影响了光传输系统的可靠性和各项性能。

光纤连接器按传输媒介的不同，可分为常见的硅基光纤的单模和多模连接器，还有其他如以塑胶等为传输媒介的光纤连接器；按连接头结构形式，可分为 FC 型、SC 型、ST 型、LC 型、MT 型等各种形式。

10.5.4 光纤传感器应用举例

由于光纤传感器具有众多的优点，使得其应用领域非常广泛，涉及石油化工、电力、医学、土木工程等诸多领域。这里介绍几种常用的例子。

1. 反射式光纤位移传感器

反射式光纤位移传感器是一种传输型光纤传感器。其原理如图 10-42(a)所示：光纤采用 Y 型结构，两束光纤一端合并在一起组成光纤探头，另一端分为两支，分别作为光源光纤和接收光纤。光从光源耦合到光源光纤，通过光纤传输，射向反射片，再被反射到接收光纤，最后由光电转换器接收，转换器接收到的光源与反射体表面性质、反射体到光纤探头距离有关。当反射表面位置确定后，接收到的反射光光强随光纤探头到反射体的距离的变化而变化。显然，当光纤探头紧贴反射片时，接收器接收到的光强为零。随着光纤探头离反射面距离的增加，接收到的光强逐渐增加，到达最大值点后又随两者的距离增加而减小。图 10-42(b)所示就是反射式光纤位移传感器的输出特性曲线，由图可见，峰值以左的线段 1 有很好的线性，这段曲线称为前坡区，可以进行微米级的位移测量；而峰值以右的曲线 2，是由于部分反射光没有反射进接收光纤，接收到的光强逐渐减小，光敏输出器的输出信号逐渐减弱，该曲线称为后坡区，可用于距离较远而灵敏度、线性度和精度要求不高的测量。而对于峰值区，输出信号有最大值，值的大小决定被测表面的状态，可用于表面状态测量，如工件的光洁度或光滑度。反射式光纤位移传感器是一种非接触式测量，具有探头小、响应速度快、测量线性化(在小位移范围内)等优点，可在小位移范围内进行高速位移检测。

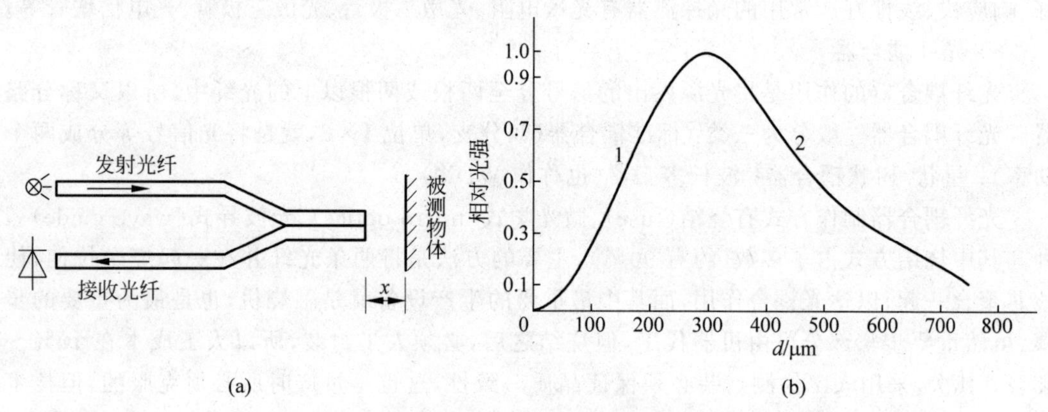

图 10-42 反射式光纤位移传感器原理

(a) 结构示意图；(b) 输出特性

2. 光纤温度传感器

由半导体材料特性可知，半导体的禁带宽度随温度增加几乎线性减小，如图 10-43 所示，因此半导体材料的透光率特性曲线边沿的波长 λ_g 随温度的增加而向长波长方向移动，如图 10-44 所示，半导体引起的光吸收，随着 λ_g 的边长而急剧增加，最后直到光几乎不能穿透半导体。而对于波长比 λ_g 长的光，半导体的透光率很高，所以透过半导体的投射光强随温度的增加而减小。

根据上述原理制成光强调制型温度传感器，如图 10-45 所示，当光源的光强度经光纤达到半导体薄片时，透过薄片的光强受温度的调制。温度 T 升高，半导体禁带宽度 E_g 变化，材料吸收光波长向长波移动，半导体薄片透过的光强度变化。一般测温范围在 $-100\sim300$℃，测量精度在 ±3℃。

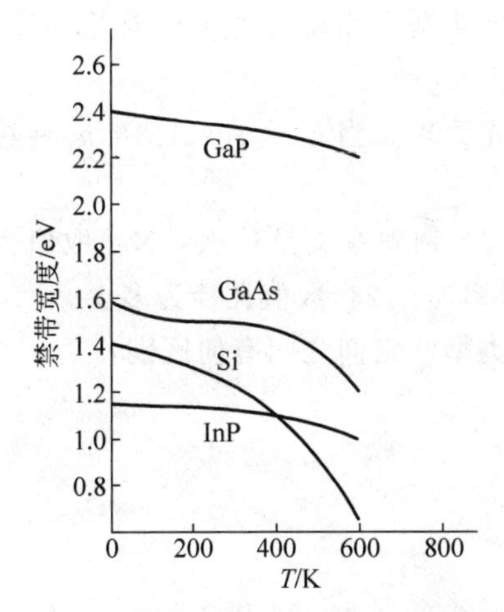

图 10-43　半导体禁带宽度和温度的关系

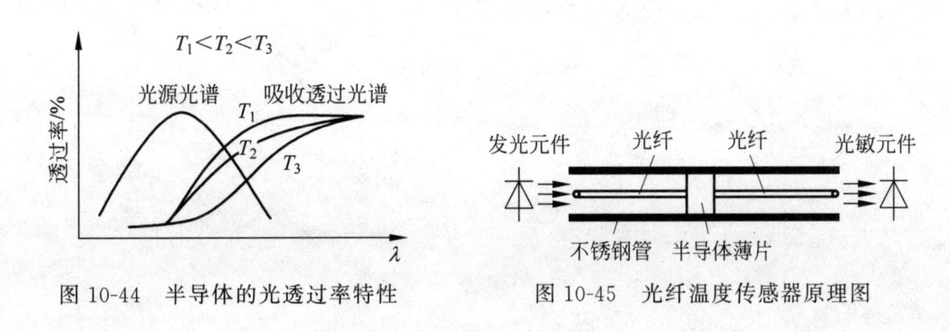

图 10-44　半导体的光透过率特性　　图 10-45　光纤温度传感器原理图

10.6　实验——光纤位移传感器测位移特性实验

10.6　实验

思考题与习题

1. 什么是内光电效应？什么是外光电效应？说明其工作原理并指出相应的光电器件。利用光导效应制成的光电器件有哪些？利用光生伏特效应制成的光电器件有哪些？

2. 光敏二极管由哪几部分组成？它与普通二极管在使用时有什么不同？请说明原理。

3. 试比较光敏电阻、光电池、光敏二极管和光敏三极管的性能差异，并叙述在不同场合下应选用哪种器件最为合适。

4. 电荷耦合器(CCD)主要由哪两个部分组成？有几种阵列？各阵列的结构怎样？试说明CCD输出信号的特点。

5. 试述光纤的结构和传光原理。当光纤 $n_1=1.46$，$n_2=1.45$，如光纤外部介质 $n_0=1$，求最大入射角 θ_c 的值。

6. 什么是光纤的数值孔径？物理意义是什么？NA取值大小有什么作用？有一光纤，纤芯折射率为1.56，包层折射率为1.24，数值孔径为多少？

7. 光纤传感器有哪两大类型？它们之间有何区别？

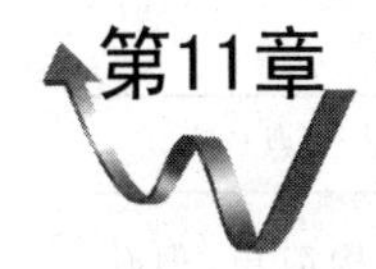

第11章

气敏及湿敏传感器

化学传感器是20世纪70年代后期发展起来的新型传感器,这类传感器主要是以半导体作为敏感材料,通过物理特性变化实现信号转换。半导体传感器基于物理变化,因而没有相对运动部件,结构简单,而且容易实现集成化、智能化,低功耗;但容易受温度影响,需采用补偿措施,而且线性范围窄,性能参数离散性大。

由于化学传感器转换机理复杂,半导体式化学传感器远不及电参数式物理量和其他传感器成熟。本章主要介绍气敏和湿敏传感器的工作原理及其应用。

11.1 气敏传感器

气敏传感器是一种把气体中的特定成分和浓度检测出来,并将它转换为电信号的器件。它将气体种类及其与浓度有关的信息转换成电信号,根据这些电信号的强弱就可以获得与待测气体在环境中的存在情况有关的信息,从而可以进行检测、监控;还可以通过接口电路与计算机组成自动检测、控制和报警系统。气敏传感器主要用于工业上天然气、煤气、石油化工等部门的易燃、易爆、有毒、有害气体的检测、预报和自动控制。

气敏传感器是暴露在各种成分的气体中使用的,由于检测现场温度、湿度的变化很大,又存在大量粉尘和油雾等,所以其工作条件比较恶劣,而且气体对传感元件的材料会生成化学反应物,附着在元件表面,往往会使其性能变差。因此,对气敏元件有如下要求:

(1) 对被测气体具有较高的灵敏度而对被测气体以外的共存气体不敏感;

(2) 能够长期稳定工作,要有很好的重复性;

(3) 动态特性好,对检测信号响应迅速;

(4) 制造成本低,使用寿命长,使用方便。

由于气体种类繁多,性质也各不相同,一种传感器是不能检测所有类别的气体的,因此,能实现气-电转换的传感器种类很多,按构成气敏传感器的材料可分为半导体和非半导体两大类,目前常用的气敏传感器以半导体材料制作的居多。表11-1为主要的气敏传感器类型。

表 11-1 气敏传感器分类

类型	原理	检测对象	优缺点
半导体式	若气体接触到加热的金属氧化物(SnO_2、Fe_2O_3、ZnO_2 等),电阻率或增大或减小	还原性气体、城市排放气体、丙烷气等	灵敏度高,结构简单,但输出与气体浓度不成比例
化学反应式	利用化学溶剂与气体反应产生电流、颜色、电导率的增加等	CO、H_2、CH_4、SO_2 等	气体选择性好,但不能重复使用
接触燃烧式	可燃性气体接触到氧气就会燃烧,使得作为气敏材料的铂丝温度升高,电阻值相应增大	可燃烧气体	输出与气体浓度成比例,但灵敏度较低
热传导式	根据热传导差而放热的发热元件的温度降低进行检测	与空气热传导不同的气体,如 H_2 等	结构简单,但灵敏度低,选择性差
光干涉式	利用与空气的折射率不同而产生的干涉现象	与空气折射率不同的气体,如 CO_2 等	寿命长,但选择性差
红外线吸收散射式	由于红外线照射气体分子谐振而吸收或散射进行检测	CO、CO_2 等	能定量测量,但装置大,价格高

11.1.1 半导体型气体传感器

半导体气体传感器是利用半导体气敏元件同气体接触,造成半导体性质变化,来检测气体的成分或浓度的气体传感器。

对于半导体气体传感器,按照半导体与气体的相互作用是在其表面还是在其内部,可分为表面控制型和体控制型两种;按照半导体变化的物理性质,又可分为电阻型和非电阻型两种。电阻型半导体气体传感器是利用半导体接触气体时其阻值的改变来检测气体的成分或浓度;而非电阻型半导体气体传感器则是根据对气体的吸附和反应,使半导体的某些特性发生变化对气体进行直接或间接检测。其分类见表 11-2。

表 11-2 半导体气体传感器的分类

类型	主要的物理特性	传感器元件	工作温度	代表性被测气体
电阻式	表面控制型	氧化锡、氧化锌	室温~450℃	可燃性气体
	体控制型	氧化铁、氧化钛、氧化钴、氧化镁、氧化锡	300~450℃ 700℃以上	酒精、可燃性气体、氧气
非电阻式	表面电位	氧化银	室温	乙醇
	二极管整流特性	铂/硫化镉、铂/氧化钛	室温~200℃	氢气、一氧化碳、酒精
	晶体管特性	铂栅 MOS 场效应管	150℃	氢气、硫化氢

1. 电阻型半导体气敏传感器

电阻型气敏传感器是利用气体在半导体表面的氧化和还原反应,导致敏感元件阻值变化。工作时,半导体气敏器件首先被加热,达到稳定状态后,当被测气体吸附到器件表面时,气体分子首先在表面上自由地扩散,扩散过程中一部分分子蒸发,另一部分分子受热分解而固定在吸附处。如果吸附气体分子的电子亲和力大于半导体气敏器件的功函数,则气敏器件的电子被吸附气体分子获取,使其变成负离子吸附。氧气是具有负离子吸附倾向的气体,称为氧化型气体或电子接收性气体。如果吸附气体分子的离解能小于半导体气敏器件的功函数，吸附气体分子将电子释放给气敏器件，变成正离子吸附。氢、碳氧化合物、醇类等是具有正离子吸附倾向的气体，称为还原型气体或者电子供给性气体。

当氧化型气体吸附到N型半导体上，使载流子减少，电阻率上升；当氧化型气体吸附到P型半导体上，载流子增多，电阻率下降；当还原型气体吸附到N型半导体上，载流子增多，电阻率下降；当还原型气体吸附到P型半导体上，载流子减少，电阻率上升。图11-1表示N型半导体与气体接触时所产生的氧化还原反应及器件的阻值变化。这种半导体需要预热2min，大约6min后达到稳定状态，响应时间在1min以内就可以使阻值发生变化。

通常气敏器件工作在空气中，由于空气中的氧化的作用，半导体(N型)材料的电子电荷被氧吸附，结果使传导电子减少，电阻增加，使器件处于高阻状态，当气敏元件与被测气体接触时，会与传感器表面吸附的氧发生反应，将束缚的电子释放出来，敏感膜表面电导增加，使元件电阻减小，通过气体浓度和电阻值的变化关系即可得知气体的浓度。

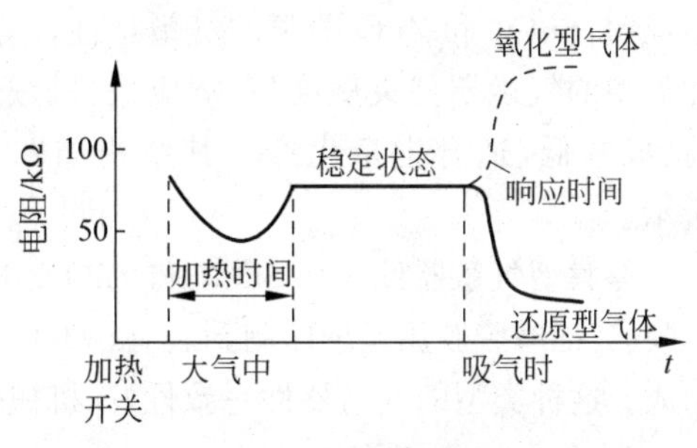

图11-1　N型半导体气敏元件工作过程原理

气敏电阻的材料是金属氧化物，合成时加敏感材料和催化剂烧结，这些金属氧化物在常温下是绝缘的，制成半导体后显示气敏特性。常用的金属氧化物有：SnO_2，Fe_2O_3，ZnO，TiO，这些为N型半导体；CoO_2，PbO，MnO_2，CrO_3，这些为P型半导体。按其制造工艺，气敏元件一般有三种构造形式：烧结型、薄膜型和厚膜型。

烧结型气敏器件的制作是将一定比例的敏感材料(SnO_2，ZnO等)和一些掺杂剂(Pt、Pb等)用水或黏合剂调和，经研磨后使其均匀混合，然后将混合好的膏状物倒入模具，埋入加热丝和测量电极，经传统的制陶方法烧结。最后将加热丝和电极焊在管座上，加上特制外壳就构成器件。

该类器件按加热方式不同，可分为直热式和旁热式两种气敏器件。直热式气敏器件由芯片(敏感体和加热器)、基座和金属防爆网罩三部分组成。直热式器件管芯体积很小，加热丝直接埋在金属氧化物半导体材料内，兼作一个测量板。因其热容量小，易受环境气流的影响，稳定性差，测量电路与加热电路间易相互干扰，加热器与SnO_2基体间由于热膨胀系数的差异而导致接触不良，造成元件的失效，现已很少使用。其结构与符号如图11-2所示。

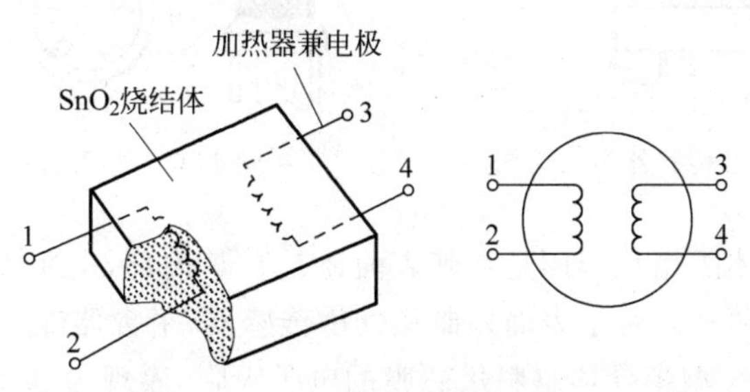

图11-2　直热式气敏器件结构及符号

旁热式气敏器件是把高阻加热丝放置在陶瓷绝缘管内，在管外涂上梳状金电极，再在金电极外涂上气敏半导体材料，就构成了器件。这种结构的器件克服了直热式器件的缺点，其测量极与加热丝分离，加热丝不与气敏材料接触，避免了测量回路与加热回路之间的相互影响，器件的容量大，降低了环境对器件加热温度的影响，所以这类器件的稳定性和可靠性都得到了改善。其结构和符号如图 11-3 所示。

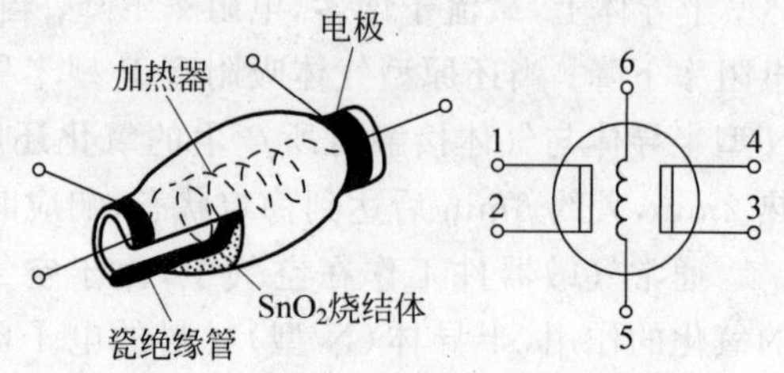

图 11-3　旁热式气敏器件结构及符号

薄膜型气敏器件的制作是采用蒸发或溅射的方法，在处理好的石英基片上形成一薄层氧化物薄膜(如 SnO_2，ZnO 等)，再引出电极。实验证明，SnO_2 和 ZnO 薄膜的气敏特性较好，这种类型的气敏器件灵敏度高、响应快、机械强度高、成本低，适合批量生产。其结构如图 11-4 所示。

厚膜型气敏器件是将 SnO_2 和 ZnO 等材料与 3%～15%重量的硅凝胶混合制成能印刷的厚膜胶，把厚膜胶用丝网印制到装有铂电极的氧化铝基片上，在 400～800℃高温下烧结 1～2h 制成。这种类型的气敏器件一致性好，机械强度高，适于批量生产。其结构如图 11-5 所示。

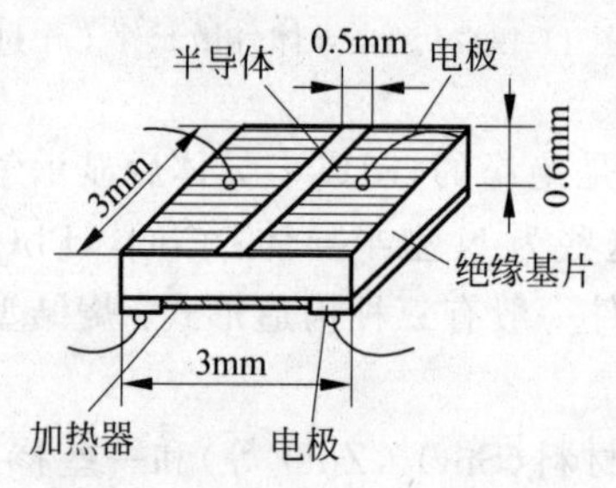

图 11-4　薄膜型气敏器件结构

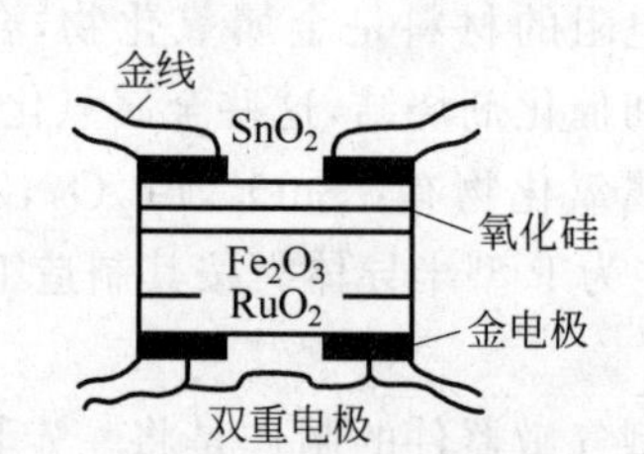

图 11-5　厚膜型气敏器件结构

一般电阻型半导体气敏传感器由敏感元件、加热器和外壳三部分组成，在常温下，电导率变化并不大，达不到检测目的，因此，电阻型结构的气敏元件都有电阻丝加热器，如图 11-6 所示，其元件和符号如图 11-7 所示，在实际应用中电阻式气敏传感器可以等效为电阻。

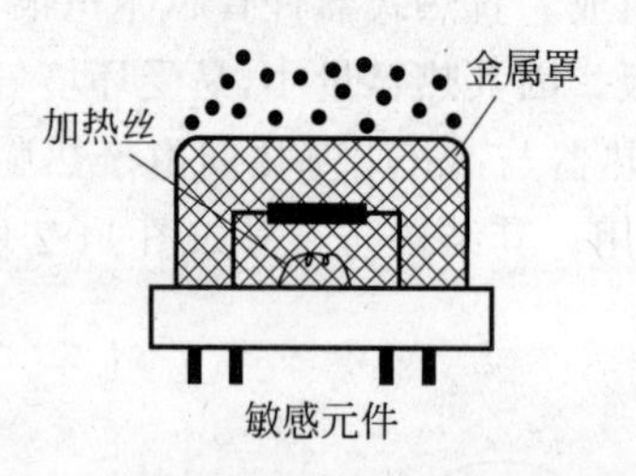

图 11-6　半导体气敏传感器组成结构

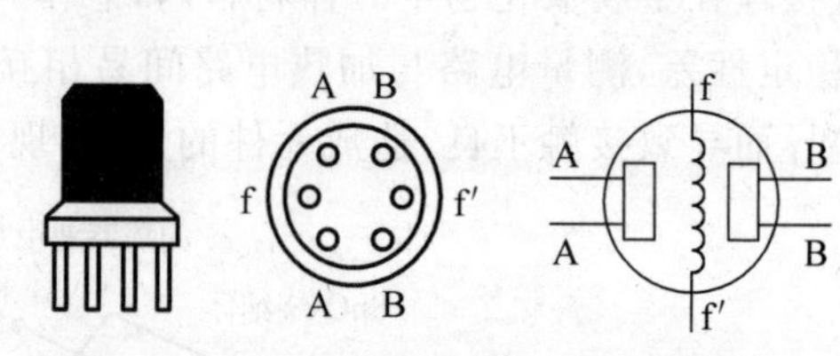

图 11-7　电阻型气敏传感器及符号

按照半导体与气体的相互作用是在其表面还是在其内部，电阻型气敏传感器可分为表面控制型和体控制型两种。对于表面控制型气敏传感器，平常器件工作在空气中，空气中的 O_2 和 NO_2 接受来自 N 型半导体材料敏感膜的电子吸附，表现为 N 型半导体材料敏感膜的表面传导电子数减少，表面电导率减小，器件处于高阻状态。

一旦器件与被测气体接触，就会与吸附的氧起反应，将被氧束缚的电子释放出来，使敏感膜表面电导率增大，器件电阻减少。

目前常用的材料为氧化锡(SnO_2)和氧化锌(ZnO)等较难还原的氧化物。相比较而言，ZnO类气敏元件的工作温度较高，要比SnO_2类气敏元件高100℃左右，所以，在应用上不及SnO_2普遍。这两种材料的气敏元件均添加少量贵金属如铂(Pt)和钯(Pd)等作为催化剂，用来提高传感器的灵敏度和选择性。

对于体控制型电阻式气体传感器，它是利用体电阻的变化来检测气体的半导体器件。对于容易还原的氧化物半导体来说，在较低的温度下，半导体的晶格缺陷随易燃气体而变化，而难还原的氧化物半导体，在离子晶格内可迅速发生扩散的高温下，晶格缺陷浓度也会发生变化，最终的结果是导电率发生变化。检测对象主要有：液化石油气，主要是丙烷；煤气，主要是CO，H_2；天然气，主要是甲烷。

例如，利用SnO_2气敏器件可设计酒精探测器，当酒精气体被检测到时，气敏器件电阻值降低，测量回路有信号输出，提供给电表显示或指示灯发亮。

2. 非电阻型半导体气敏传感器

非电阻型半导体气敏传感器多为氢敏传感器，利用晶体管参数进行气体检测，针对特定材料对某些气体敏感制成，这类传感器工艺成熟，集成度高，价格便宜。非电阻型半导体气敏传感器主要类型包括：利用MOS二极管的电容-电压特性变化；利用MOS场效应管的阈值电压的变化；利用肖特基金属半导体二极管的势垒变化。

1）MOS二极管气敏元件

二极管气体传感器是利用一些气体被金属与半导体的界面吸收，对半导体禁带宽度或金属的功函数的影响，而使二极管整流特性发生性质变化而制成。在P型硅氧化层上蒸发一层钯(Pd)金属膜作栅电极。氧化层(SiO_2)电容C_a是固定不变的。而硅片与氧化层界面电容C_s是外加电压的功函数，总电容C也是偏压U的函数。MOS二极管等效电容C随电压变化。其结构、等效电路和C-U特性如图11-8所示。

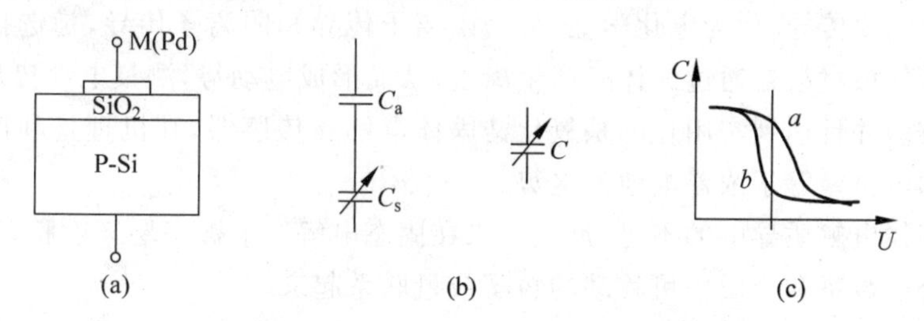

图11-8　MOS二极管气敏元件

(a) 结构；(b) 等效电路；(c) C-U特性

金属钯(Pd)对氢气(H_2)特别敏感。当Pd吸附H_2以后，使Pd电极的功函数下降，使MOS管C-U特性向左平移，利用这一特性可以测定氢气的浓度。

2）场效应管气敏元件

场效应管FET型气体传感器是根据栅压域值的变化来检测未知气体。当栅极(G)源极(S)间加正向偏压(电场作用下空间电荷区逐渐增大)$U_{GS}>U_T$阈值时，栅极氧化层下的硅从P变为N型，N型区将S(源)和D(漏)连接起来，形成导电通道(N沟道)，此时MOSFET进入工作状态。在S-D间加电压U_{DS}有电流I_{DS}流过。I_{DS}随U_{DS}、U_{GS}变化而变化；当$U_{GS}<U_T$时，沟道没形成无漏源电流，则$I_{DS}=0$。其工作原理如图11-9所示。

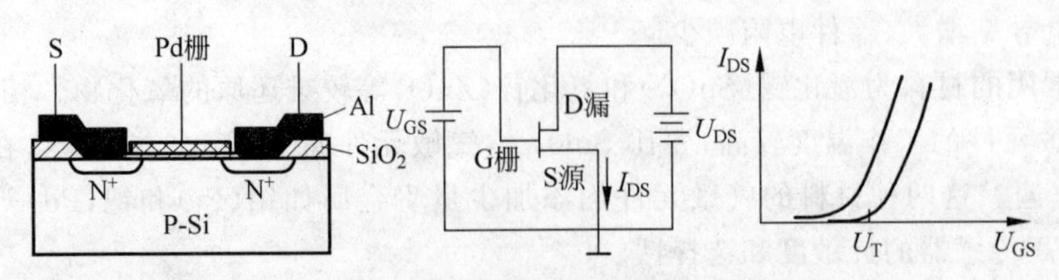

图 11-9 场效应管气敏元件结构及工作原理

阈值电压 U_T 大小除了与材料有关外，还与金属和半导体间的功函数有关。Pd 对 H_2 吸附性很强，H_2 吸附在 Pd 栅上引起 Pd 功函数降低。Pd-MOSFET 器件就是利用 H_2 在钯栅极吸附后改变功函数使 U_T 下降检测 H_2 浓度。氢气扩散到钯-硅介质边界时形成电偶层，从而使 MOS 场效应管的阈值电压下降，当渗透到钯中的氢气被释放逸散时，阈值电压恢复常态。

3）肖特基二极管气敏元件

这类气敏元件的原理是利用金属和半导体接触的界面形成肖特基势垒，构成金属半导体二极管，具有整流特性。其特点是当加正偏压时，半导体金属二极管的正向导通电阻极小，结电压 $U_D<0.2V$，相当于短路；当加负偏压时，U_D 很大，相当于开路，几乎无电流。

由于金属与半导体界面吸附气体时，影响半导体禁带宽度 E_g，在二极管正向偏压条件下，气体浓度上升，电路电流就增大，相应的输出电压 U_R 也增大。

11.1.2 其他类型气敏传感器

1. 固体电解质式气体传感器

固体电解质气体传感器使用固体电解质气敏材料作气敏元件，这种传感器元件为离子对固体电解质隔膜传导，称为电化学池，分为阳离子传导和阴离子传导，是选择性强的传感器。其原理是气敏材料在通过气体时产生离子，从而形成电动势，测量电动势从而测量气体浓度。研究较多并且达到实用化的是氧化锆固体电解质传感器，其机理是利用隔膜两侧两个电池之间的电位差等于浓差电池的电势。

为弥补固体电解质导电的不足，近几年来在固态电解质上镀一层气敏膜，把周围环境中存在的气体分子数量和介质中可移动的粒子数量联系起来。

由于这种传感器电导率高，灵敏度和选择性好，得到了广泛的应用，如石化、环保、矿业等各个领域都有应用，仅次于金属氧化物半导体气体传感器。如测量 H_2S 的 YST-Au-WO_3、测量 NH_3 的 NH_4-$CaCO_3$ 等，稳定的氧化铬固体电解质传感器已成功地应用于钢水中氧的测定和发动机空燃比成分测量等。

2. 接触燃烧式气体传感器

接触燃烧式气体传感器是将高纯的金属铂丝绕制成线圈，为了使线圈具有适当的阻值（1～2Ω），一般绕 10 圈以上。在线圈外面涂以氧化铝或氧化铝和氧化硅组成的膏状涂覆层，干燥后在一定温度下烧结成球状多孔体。将烧结后的小球放在贵金属铂、钯等的盐溶液中，充分浸渍后取出烘干。然后经过高温热处理，使在氧化铝（氧化铝—氧化硅）载体上形成贵金属触媒层，最后组装成气体敏感元件。除此之外，也可以将贵金属触媒粉体与氧化铝、氧化硅等载体充分混合后配成膏状，涂覆在铂丝绕成的线圈上，直接烧成后备用。另外，作为补偿元件的铂线圈，其尺寸、阻值均应与检测元件相同。并且，也应涂覆氧化铝或者氧化硅载体层，只是无须浸渍贵金属盐溶液或者混入贵金属触媒粉体，形成触媒层而已。

可燃性气体(H_2，CO，CH_4 等)与空气中的氧接触，发生氧化反应，产生反应热(无焰接触燃烧热)，使得作为敏感材料的铂丝温度升高，电阻值相应增大。一般情况下，空气中可燃性气体的浓度都不太高(低于 10%)，可燃性气体可以完全燃烧，其发热量与可燃性气体的浓度有关。空气中可燃性气体浓度越大，氧化反应(燃烧)产生的反应热量(燃烧热)越多，铂丝的温度变化(增高)越大，其电阻值增加得就越多。因此，只要测定作为敏感件的铂丝的电阻变化值(ΔR_F)，就可检测空气中可燃性气体的浓度。但是，使用单纯的铂丝线圈作为检测元件，其寿命较短，所以，实际应用的检测元件都是在铂丝圈外面涂覆一层氧化物触媒。这样既可以延长其使用寿命，又可以提高检测元件的响应特性。

接触燃烧式气体敏感元件的桥式电路如图 11-10 所示。图中 F_1 是检测元件；F_2 是补偿元件，其作用是补偿可燃性气体接触燃烧以外的环境温度、电源电压变化等因素所引起的偏差。工作时，要求在 F_1 和 F_2 上保持 100～200mA 的电流通过，以供可燃性气体在检测元件 F_1 上发生氧化反应(接触燃烧)所需要的热量。当检测元件 F_1 与可燃性气体接触时，由于剧烈的氧化作用(燃烧)，释放出热量，使得检测元件的温度上升，电阻值相应增大，桥式电路不再平衡，在 A、B 间产生电位差 U。

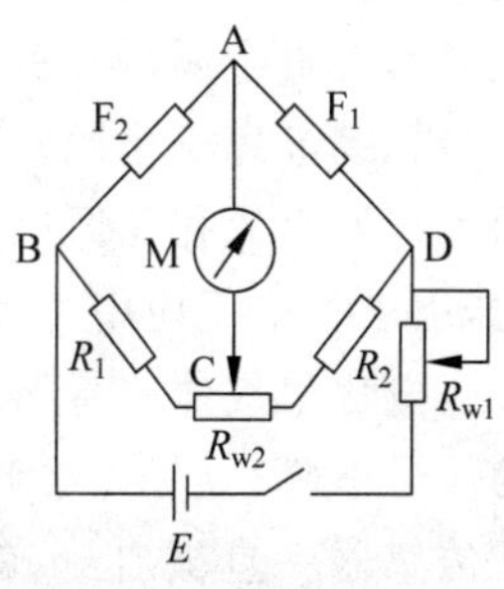

图 11-10　测量电路图

$$U=\left(\frac{R_{F_1}+\Delta R_F}{R_{F_1}+R_{F_2}+\Delta R_F}-\frac{R_2}{R_1+R_2}\right)E \tag{11-1}$$

令 $n=\frac{R_1}{R_2}=\frac{R_{F_2}}{R_{F_1}}$，则由单臂电桥电路测量公式可得

$$u_o\approx E\frac{n}{(1+n)^2}\frac{\Delta R_F}{R_{F_1}} \tag{11-2}$$

ΔR_F 是由于可燃性气体接触燃烧所产生的温度变化(燃烧热)引起的，是与接触燃烧热(可燃性气体氧化反应热)成比例的，它与可燃性气体的浓度成比例，所以通过测得 A、B 间的电位差 U，就可求得空气中可燃性气体的浓度。若与相应的电路配合，就能在空气中当可燃性气体达到一定浓度时，自动发出报警信号。

3. 电化学式气体传感器

电化学气体传感器(electrochemical gas sensor)是把测量对象气体在电极处氧化或还原而测电流，得出对象气体浓度的探测器。

按照检测原理的不同，电化学气体传感器主要分为金属氧化物半导体式传感器、催化燃烧式传感器、定电位电解式气体传感器、伽伐尼电池式氧传感器、红外式传感器、PID 光离子化传感器等。目前，烟气分析仪中使用较多的是定电位电解式气体传感器和伽伐尼电池式氧传感器。

定电位电解式气体传感器的工作原理是：使电极与电解质溶液的界面保持一定电位进行电解，通过改变其设定电位，有选择地使气体发生氧化或还原，从而能定量检测各种气体。

其结构是在一个塑料制成的筒状池体内安装工作电极、对电极和参比电极，在电极之间充满电解液，由多孔聚四氟乙烯做成隔膜，在顶部封装。前置放大器与传感器电极的连接，在电极之间施加了一定的电位，使传感器处于工作状态。气体在电解质内的工作电极发生氧化或还原反应，对电极发生还原或氧化反应，电极的平衡电位发生变化，变化值与气体浓度成正比。可测量 SO_2，NO，NO_2，CO，H_2S 等气体，但这些气体传感器灵敏度却不相同，灵敏度从高到低的顺序是 H_2S，NO，NO_2，SO_2，CO，响应时间一般为几秒至几十秒，一般小于1min；它们的寿命，短的只有半年，长则 2～3 年，而有的 CO 传感器长达几年。

伽伐尼电池式气体传感器与定电位电解式一样，通过测量电解电流来检测气体浓度。但由于传感器本身就是电池，所以不需要由外界施加电压。这种传感器主要是用于 O_2 的检测，检测缺氧的仪器几乎都使用这种传感器。隔膜伽伐尼电池式氧气传感器的结构：在塑料容器的一面装有对氧气透过性良好的、厚 10～30μm 的聚四氟乙烯透气膜，在其容器内侧紧粘着贵金属(铂、黄金、银等)阴电极，在容器的另一面内侧或容器的空余部分设置阳极(用铅、镉等离子化倾向大的金属)。用 KOH、$KHCO_3$ 作电解液。氧气在通过电解质时在阴阳极发生氧化还原反应，使阳极金属离子化，释放出电子，电流的大小与氧气的多少成正比，由于整个反应中阳极金属有消耗，所以传感器需要定期更换。

电化学气体传感器大都是以水溶液作为电解质，电解质的蒸发或污染，常会导致传感器的信号下降，使用寿命短；由于在空气中有被测物质存在，传感器中的有效成分被消耗，因此传感器一旦被启封，就视为参加了使用，即使没用于测量，它的生命也在缩短；电化学型气体传感器的寿命期望值为 2 年，使用不当它的寿命可能更短，而传感器更换的费用较高。因此如何保证其使用寿命，传感器的正确维护对烟气分析仪的使用尤为重要。

传感器长时间暴露在烟气中会极大影响使用寿命，只有短时间与被测对象接触，长期处于新鲜的空气中即可维护其正常使用寿命。因此，仪器开机时，一定要在清洁的空气中。测量完毕后，不要立即关机，仪器必须在清洁空气保持运行时间 5～10min，待仪器气体显示值降至 10 单位以下，保持仪器内部处于新鲜空气的环境，方可关机或停泵，否则，传感器容易“中毒”并加速传感器的损耗。

对于装有粉尘过滤装置的仪器，要及时更换过滤芯，避免粉尘进入传感器内，污染传感器。对于便携式仪器，不论仪器是否经常使用，至少每隔 2～3 周充电一次，且采样时电池电量不应低于 30%。

有些厂商安装了两个泵：抽气泵和内置的清洗泵，在仪器连续监测一段时间后，抽气泵会关闭，在仪器内部的清洗泵会自动开启，抽取仪器周围的清洁空气，使仪器的传感器得到充分的清洗，这样也延长了传感器的使用寿命。

11.1.3 气敏传感器的应用

半导体气敏器件由于具有灵敏度高、响应时间和恢复时间快，使用寿命长及成本低等优点而得到了广泛的应用。目前，应用最广泛的是烧结型气敏器件，主要是 SnO_2，ZnO 等半导体气敏器件。近年来薄膜型和厚膜型气敏器件也逐渐开始实用化。这些气敏器件主要用于检测易燃和可燃性气体，按其用途可以分为如下几种类型：①检漏仪：它是利用气敏元件的气敏特性，将其作为电路中气-电转换元件，配以相应的电路、指示仪表或声光显示部分而组成的气体探测仪器。这类仪器通常都要求有高灵敏度。②报警器：这类仪器是对泄漏气体达到危险限值时可以自动进行报警的仪器。③自动控制仪器：它是利用气敏元件的气敏特性实现电气设备自动控制仪器，如电子灶烹调自动控制、换气扇自动换气控制等。④测试仪器：它是利用气敏元件对不同气体浓度关系来测量、确定气体种类和浓度。这种应用气敏元件的性能要求较高，测试部分也要配以高精度测量电路。下面介绍几种气敏传感器典型的应用实例。

1. 气体泄漏报警器

为防止常用气体燃料如煤气（H_2、CO 等）、天然气（CH_4 等）、液化石油气（C_3H_8，C_4H_{10} 等）及 CO 等气体泄漏引起中毒、燃烧或爆炸，可以应用可燃性气体传感器配上适当电路制成报警器。图 11-11 为一种简易的家用气体报警器电路，采用直热式气敏传感器 TGS109，安放在室内，当室内可燃性气体浓度增加时，气敏器件与可燃气体接触使其电阻值下降，这样电路中的电流增加，当达到设定的阈值时，可直接触发蜂鸣器报警。

2. 醉酒检测仪

该测试仪只要被试者向由气敏元件组成的传感探头吹一口气，便可显示出被试者醉酒的深度，决定出被试者是否还适宜驾驶车辆。实用醉酒测试仪的电路如图 11-12 所示。气敏元件选用 MQ-J1 型二氧化锡气敏元件，它对乙醇气体特别敏感，因此它是实用酒精测试理想的气体传感器件。

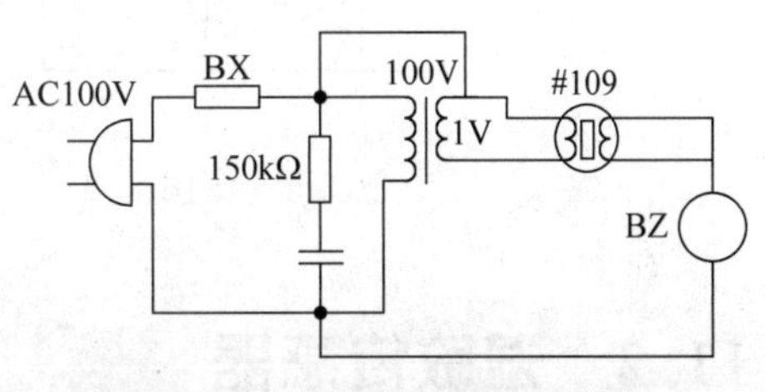

图 11-11　简易气体报警电路图

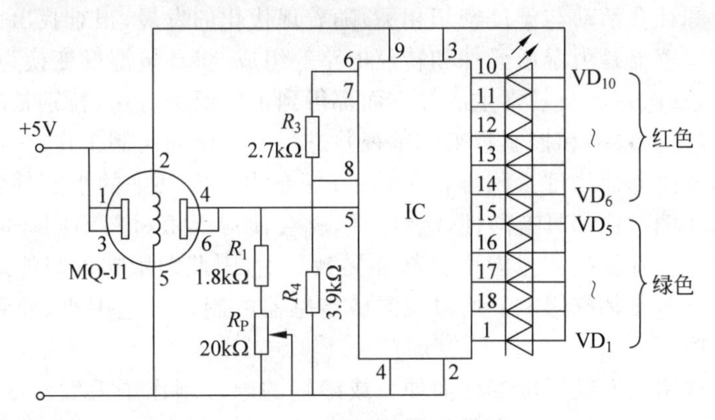

图 11-12　醉酒检测仪电路图

当气体传感器探不到酒精时，加在 IC⑤脚的电平为低电平；当气体传感器探测到酒精时，其内阻变低，从而使 IC⑤脚电平变高。IC 为显示驱动器，它共有 10 个输出端，每个输出端可以驱动一个发光二极管。显示驱动器 IC 根据⑤脚的电位高低来确定依次点亮发光二极管的级数，酒精含量越高，点亮二极管的级数就越大。上 5 个发光二极管为红色，表示超过安全水平；下 5 个发光二极管为绿色，代表安全水平，酒精的含量不超过 0.05%。

3. 自动空气净化换气扇

图 11-13 是一种空气净化的自动换气扇的电路原理图，其检测传感器为 SnO_2 气敏器件。当室内空气污浊，烟雾或其他污染气体使气敏器件阻值下降，晶体管 VT 导通，继电器

动作接通风扇电源，排放污浊气体，换进新鲜空气。当室内污浊气体浓度下降到希望的数值时，气敏器件阻值上升，VT 截止，继电器断开，风扇电源切断，风扇停止工作，即可实现室内空气的自动净化。

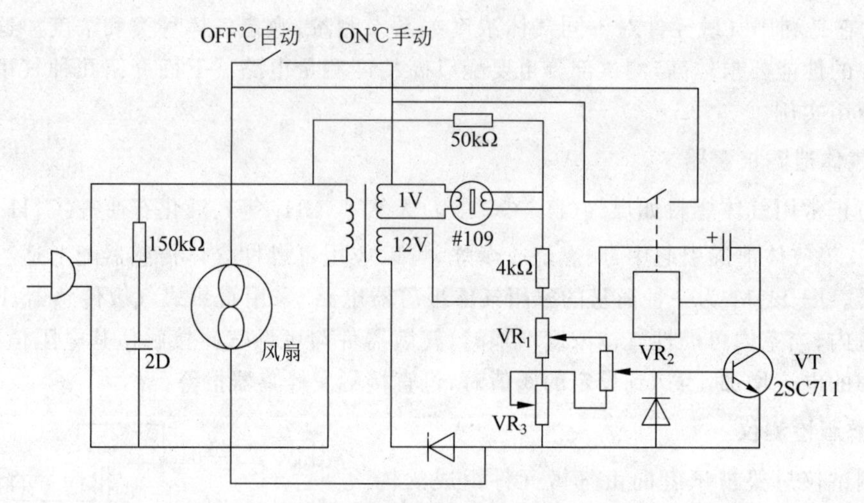

图 11-13 空气净化自动换气扇电路图

11.2 湿敏传感器

人类的生存和社会活动与湿度密切相关，随着现代化的发展，很难找出一个与湿度无关的领域来。湿敏传感器是由湿敏元件和转换电路等组成，将环境湿度变换为电信号的装置，在工业、农业、气象、医疗以及日常生活等方面都得到了广泛的应用，特别是随着科学技术的发展，人们对于湿度的检测和控制越来越重视并进行了大量的研制工作。

湿度的检测要比其他物理量困难得多，一方面是由于空气中的水蒸气含量少；另一方面是由于潮湿的环境往往都具有酸性或者碱性，就会使得湿敏材料不同程度地受到腐蚀而失去原有的性能；再有就是测量湿度时都是接触测量，因此湿敏器件只能暴露于待测环境中，不能密封，对于测量都有影响。所以说湿敏传感器的制作工艺困难，导致其测量精度和性能都相对差一些。

最早人们根据用头发随湿度变化而伸长或缩短的原理制作了毛发湿度计，但其精度不够高，后来逐渐有了电阻湿度计，半导体湿度计是近年来才出现的。本节简要介绍湿敏传感器的种类、典型器件及其测量原理。

11.2.1 湿度的概念

湿度是指物质中所含水蒸气的量，目前的湿敏传感器多数是测量气氛中的水蒸气含量。通常用绝对湿度、相对湿度和露点(或露点温度)来表示。

1. 绝对湿度

绝对湿度(absolute humidity)(H_a)是指在标准状态下，单位体积的空气中含水蒸气的质量，即水蒸气密度，其表达式为

$$H_a = \frac{m_V}{V} \tag{11-3}$$

式中：m_V 为水蒸气质量；V 为体积。其单位一般用 mg/L 表示，在一定的气压和一定的温度的条件下，单位体积的空气中能够含有的水蒸气是有极限的，若该体积空气中所含水蒸气超过这个限度，则水蒸气会凝结而产生降水，而该体积空气中实际含有水蒸气的数值，用绝对湿度来表示。水蒸气含量越多，则空气的绝对湿度越高。$1m^3$ 空气所能吸收水蒸气的最大量叫作最大湿度或饱和点，最大湿度很大程度上取决于温度。

2. 相对湿度

相对湿度(relative humidity)指湿空气的绝对湿度与相同温度下可能达到的最大绝对湿度之比，也可表示为湿空气中水蒸气分压力 P_V 与相同温度下水的饱和压力 P_W 之比。其表达式可以表示为

$$H_r = \left[\frac{P_V}{P_W}\right]_T \times 100\% \tag{11-4}$$

相对湿度是一个无量纲的量，在实际的测量场合，一般都使用相对湿度。饱和水蒸气气压与气体的温度和气体的压力有关，当温度和压力变化时，因饱和水蒸气压变化，所以气体中的水蒸气压即使相同，其相对湿度也会发生变化，温度越高，饱和水蒸气压越大。所以提到相对湿度，必须同时说明环境温度，否则，所说的相对湿度就失去确定的意义。

3. 露点

水的饱和蒸气压随温度的降低而逐渐下降。在同样的水蒸气压下，温度越低，则空气的水蒸气压与同温度下水的饱和蒸气压差值越小。在一定大气压下，将含水蒸气的空气冷却，当降到某温度时，空气中的水蒸气达到饱和状态，开始从气态变成液态而凝结成露珠，这种现象称为结露。此时的温度称为露点或露点温度。

如果这一特定温度低于 0℃，水汽将凝结成霜。又称为霜点温度。两者统称为露点。空气中水蒸气压越小，露点越低，因而可用露点表示空气中的湿度。

11.2.2　湿敏传感器的特性参数

湿敏传感器是由湿敏元件及转换电路组成的，具有把环境湿度转变为电信号的能力。其主要特性有以下几点：

1. 感湿特性

感湿特性为湿敏传感器特征量(如电阻值、电容值、频率值等)随湿度变化的关系。

常用感湿特征量(电阻)和相对湿度的关系曲线来表示，如图 11-14 所示。曲线图描述了湿敏传感器的最佳使用范围、线性度、灵敏度，为湿敏传感器的研究提供了依据。按曲线的变化规律，感湿特性曲线可分为正特性曲线和负特性曲线。性能良好的湿敏传感器，要求在所测相对湿度范围内，感湿特征量的变化为线性变化，其斜率大小要适中。

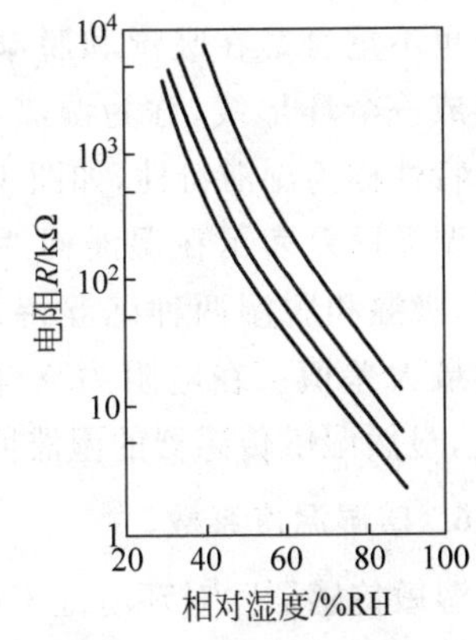

图 11-14　湿敏传感器的感湿特性

2. 湿度量程

湿敏传感器能够比较精确测量相对湿度的最大范围称为湿度量程。一般来说，使用时不得超过湿度量程规定值。所以在应用中，希望湿敏传感器的湿度量程越大越好，以0～100%RH为理想测量范围。

湿敏传感器按其湿度量程可分为高湿型、低湿型及全湿型三大类。高湿型适用于相对湿度大于70%RH的场合；低湿型适用于相对湿度小于40%RH场合；而全湿型则适用于0～100%RH的场合。有时为了扩大使用范围，常把多片湿敏器件组合使用。

3. 灵敏度

灵敏度为湿敏传感器的感湿特征量(如电阻、电容值等)随环境湿度变化的程度，即在某一相对湿度范围内，相对湿度改变1%RH时，湿敏传感器的感湿特征量的变化值，也就是该传感器感湿特性曲线的斜率。

由于大多数湿敏传感器的感湿特性曲线是非线性的，在不同的湿度范围内具有不同的斜率，因此常用湿敏传感器在不同环境湿度下的感湿特征量之比来表示其灵敏度。如$R_1\%/R_{10}\%$表示器件在1%RH下的电阻值与在10%RH下的电阻值之比。

4. 响应时间

当环境湿度增大时，湿敏器件有一吸湿过程，并产生感湿特征量的变化。而当环境湿度减小时，为检测当前湿度，湿敏器件原先所吸的湿度要消除，这一过程称为脱湿。所以用湿敏器件检测湿度时，湿敏器件将随之发生吸湿和脱湿过程。

在一定环境温度下，当环境湿度改变时，湿敏传感器完成吸湿过程或脱湿过程(感湿特征量达到稳定值的规定比例)过程所需要的时间，称为响应时间。感湿特征量的变化滞后于环境湿度的变化，所以实际多采用感湿特征量的改变量达到总改变量的90%所需要的时间，即以相应的起始湿度和终止湿度这一变化区间90%的相对湿度变化所需的时间来计算。

5. 湿滞特性

一般情况下，湿敏传感器不仅在吸湿和脱湿两种情况下的响应时间有所不同(大多数湿敏器件的脱湿响应时间大于吸湿响应时间)，而且其感湿特性曲线也不重合。在吸湿和脱湿时，两种感湿特性曲线形成一个环形线，称为湿滞回线。湿敏传感器的这一特性称为湿滞特性，如图11-15所示。

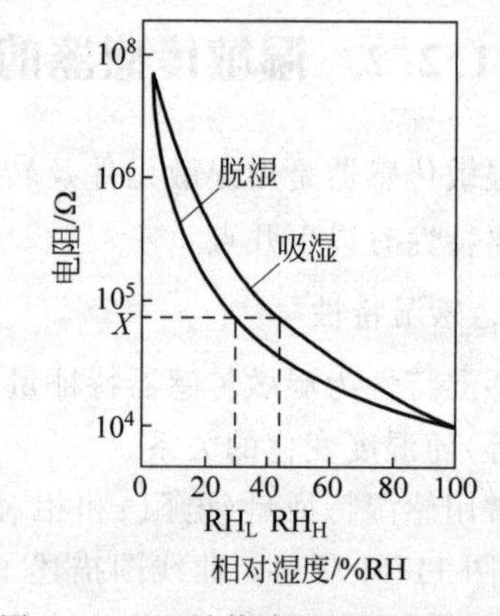

图11-15 湿敏传感器特性湿滞特性

湿滞回差表示在湿滞回线上，同一感湿特征量值下，吸湿和脱湿两种感湿特性曲线所对应的两湿度的最大差值。在电阻为X值时，$\Delta RH=RH_H-RH_L$，显然湿敏传感器的湿滞回差越小越好。

6. 感湿温度系数

湿敏传感器除对环境湿度敏感外，对温度也十分敏感。湿敏传感器的温度系数是表示湿敏传感器的感湿特性曲线随环境温度而变化的特性参数。在不同环境温度下，湿敏传感器的感湿特性曲线是不同的，如图 11-16 所示。湿敏传感器的感湿温度系数定义为：湿敏传感器在感湿特征量恒定的条件下，当温度变化时，其对应相对湿度将发生变化，这两个变化量之比，称为感湿温度系数，见下式：

$$\%RH/℃=\frac{H_1-H_2}{\Delta T} \tag{11-5}$$

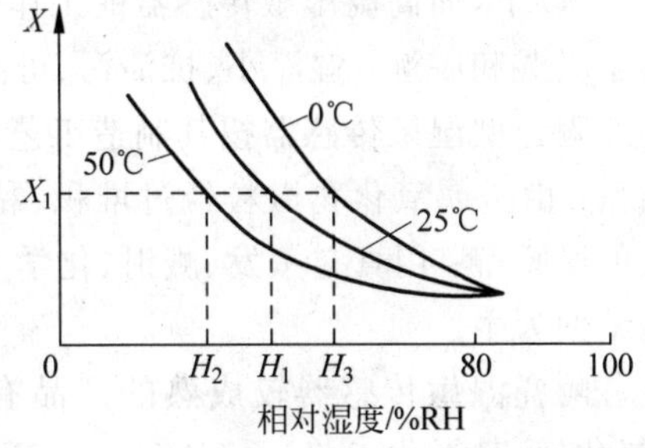

图 11-16　湿敏传感器感湿温度特性曲线

显然，湿敏传感器感湿特性曲线随温度的变化越大，由感湿特征量所表示的环境湿度与实际的环境湿度之间的误差就越大，即感湿温度系数越大。因此，环境温度的不同将直接影响湿敏传感器的测量误差。故在环境温度变化比较大的地方测量湿度时，必须进行修正或外接补偿。湿敏传感器的感湿温度系数越小越好。传感器的感湿温度系数越小，在使用中受环境温度的影响也就越小，传感器就越实用。一般湿敏传感器的感湿温度系数在 0.2%～0.8%RH/℃。

7. 老化特性

老化特性为湿敏传感器在一定温度、湿度环境下，存放一定时间后，由于尘土、油污、有害气体等的影响，其感湿特性将发生变化的特性。

8. 互换性

湿敏传感器的一致性和互换性差。当使用中湿敏传感器被损坏，那么有时即使换上同一型号的传感器也需要再次进行调试。

综上所述，一个理想的湿敏传感器应具备以下性能和参数：

(1) 使用寿命长，长期稳定性好。

(2) 灵敏度高，感湿特性曲线的线性度好。

(3) 使用范围宽，感湿温度系数小。

(4) 响应时间短。

(5) 湿滞回差小，测量精度高。

(6) 能在有害气氛的恶劣环境下使用。

(7) 器件的一致性、互换性好，易于批量生产，成本低。

(8) 器件的感湿特征量应在易测范围以内。

11.2.3　湿敏传感器的分类及工作原理

湿敏传感器种类很多，没有统一的分类标准。按探测功能来分，可分为绝对湿度型、相对湿度型和结露型；按传感器的输出信号来分，可分为电阻型、电容型和电抗型，电阻型最多，电抗型最少；按湿敏元件工作机理来分，又分为水分子亲和力型和非水分子亲和力型两大类，其中水分子亲和力型应用更广泛；按材料来分，可分为陶瓷型、有机高分子型和电解质型等。下面按材料分类分别加以介绍。

1. 陶瓷型湿敏传感器

陶瓷表面多孔性吸湿后，导电阻值将发生改变。陶瓷湿敏元件随外界湿度变化而使电阻值变化的特性便是用来制造湿敏传感器的依据。陶瓷湿敏传感器具有很多优点：测湿范围宽，基本上可实现全湿范围内的湿度测量；工作温度高，常温湿敏传感器的工作温度在150℃以下，而高温湿敏传感器的工作温度可达800℃；响应时间短，多孔陶瓷的表面积大，易于吸湿和脱湿；湿滞小、抗沾污、可高温清洗和灵敏度高，稳定性好等。

陶瓷型湿敏传感器按其制造工艺主要有如下几种形式：用传统的烧结法制成的多孔烧结型；由金属氧化物微粒经过堆积、黏结而成的涂覆膜型；用悬浮沉淀法、丝网印刷工艺制成的厚膜型；用真空蒸发、溅射、化学气相沉积等薄膜技术制成的薄膜型。商品化的产品以烧结型为主。

陶瓷湿敏传感器较成熟的产品有 $MgCr_2O_4$-TiO_2（铬酸镁-二氧化钛）系、ZnO-Cr_2O_3（氧化锌-三氧化二铬）系、ZrO_2（二氧化锆）系、Al_2O_3（三氧化二铝）系、TiO_2-V_2O_5（二氧化钛-五氧化二钒）系和 Fe_3O_4（四氧化三铁）系等。它们的感湿特征量大多数为电阻，除 Fe_3O_4 系外，都为负特性湿敏传感器，即随着环境湿度的增加电阻值降低。下面介绍两种典型的品种。

1）$MgCr_2O_4$-TiO_2 湿敏传感器

$MgCr_2O_4$-TiO_2 湿敏传感器是一种典型的多孔烧结型陶瓷湿度测量器件，具有灵敏度高、响应特性好、测湿范围宽和高温清洗后性能稳定等优点，目前已商品化。其结构如图 11-17 所示。

$MgCr_2O_4$-TiO_2 湿敏传感器的制作方法是以 $MgCr_2O_4$ 为基础材料，加入适量的 TiO_2，在 1300℃左右烧结而成，然后切割成所需薄片，在 $MgCr_2O_4$-TiO_2 陶瓷薄片两面涂覆氧化钌（RuO_2）多孔电极，并于 800℃下烧结，制成感湿体，电极与引出线烧结在一起，引线为 Pt-Ir（铂-铱）丝。在感湿体外设置由镍铬丝烧制而成的加热清洗线圈，此线圈的作用主要是通过加热排除附着在感湿片上的有害物质（如水分、油污、有机物和灰尘等），以恢复对水汽的吸附能力。常用 450℃的条件对陶瓷表面进行热清洗 1 分钟。

$MgCr_2O_4$-TiO_2 湿敏传感器的感湿特性曲线如图 11-18 所示，从图中可以看出，随着相对湿度的增加，电阻值基本按指数规律下降，当相对湿度从 0 变为 100%RH 时，电阻值大约从 $10^8\,\Omega$ 下降到 $10^4\,\Omega$。另外从 20℃到 80℃各条曲线的变化规律基本一样，都具有负温度系数。

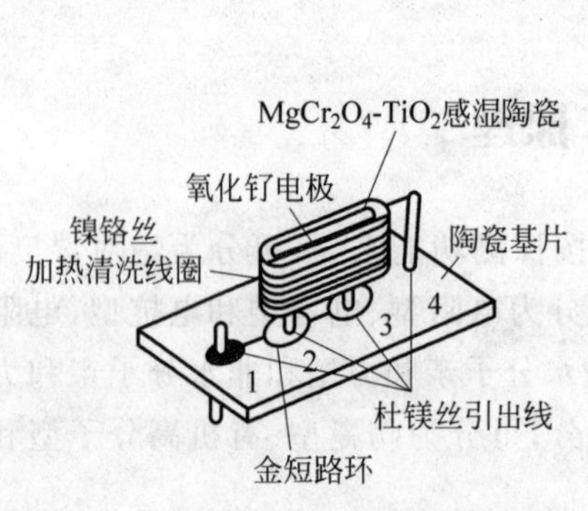

图 11-17 $MgCr_2O_4$-TiO_2 湿敏传感器结构示意图

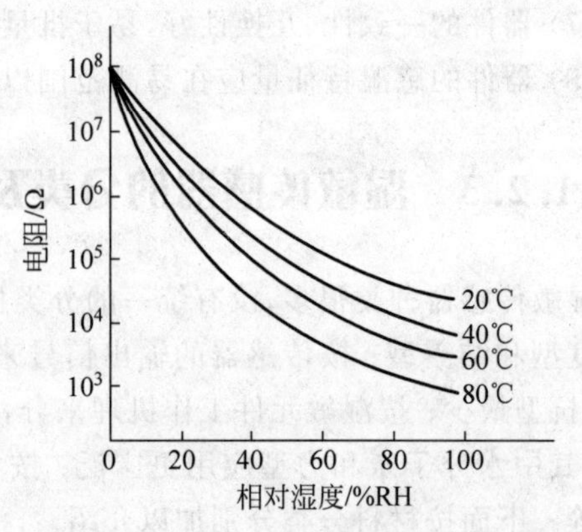

图 11-18 $MgCr_2O_4$-TiO_2 湿敏传感器感湿特性曲线

$MgCr_2O_4$-TiO_2湿敏传感器的特点是体积小、感湿灵敏度适中，电阻率低，阻值随相对湿度的变化特性好，测量范围宽，可测量0～100%RH，响应速度快，响应时间可小至几秒。

2）Al_2O_3湿敏传感器

Al_2O_3湿敏传感器根据湿敏元件制作方法不同，可分为多孔Al_2O_3湿敏传感器和硅MOS型湿敏传感器。多孔Al_2O_3湿敏传感器采用多孔Al_2O_3作为敏感元件，通过控制其多孔氧化物膜的厚度，可以制成测量绝对湿度或相对湿度的敏感元件，但该类传感器存在响应慢、性能易漂移和易受杂质干扰等缺点。硅MOS型Al_2O_3湿敏传感器仍然以多孔Al_2O_3作为感湿膜，采用半导体生产的平面工艺制造，它具有一般多孔湿敏器件的特性。另外，它的响应速度大大提高，比一般的Al_2O_3器件快5～10倍；化学稳定性好，即使在高于98%的纯氧、高于9%的二氧化碳、在含有20mg/m^{3}硫化氢和2%左右的不饱和烃的煤气等气体环境中测量湿度时，都不影响其正常使用；它承受高温和低温的能力强，就算在400℃的环境下也不损坏，也可承受液氮温度的冲击而不损伤。

硅MOS型Al_2O_3湿敏传感器的构造示意图如图11-19所示。采用抛光成平整光洁镜面的单晶硅片为基片，在上面蒸镀一层厚度约为200nm的高纯铝，然后通过阳极氧化在铝层上形成气孔分布均匀、规则、排列密度高的Al_2O_3膜；接着在上蒸镀厚度约为20nm的铬和30nm的金膜，这样既能够透水又具有良好的导电性。外电极引线采用金丝，而从硅基片引出的下电极则采用Au-Sn低熔合金熔焊，杜绝了有机物的沾污。

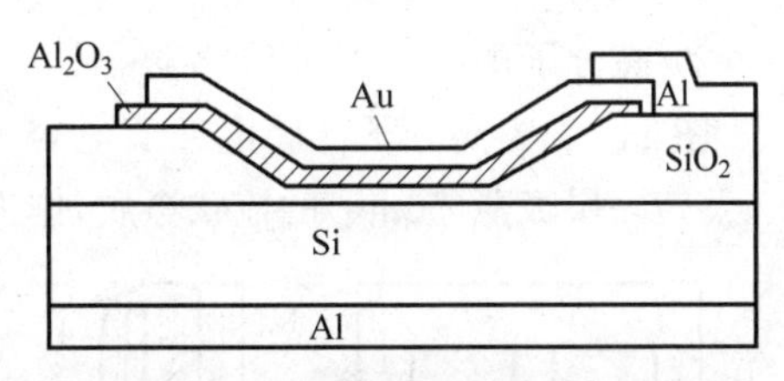

图11-19　硅MOS型Al_2O_3湿敏传感器的结构

2. 高分子湿敏传感器

高分子湿敏传感器的研究始于1938年，是由美国的达姆(F. W. Dummore)在金属丝状电极上浸涂一层聚乙烯醇和氯化锂的混合感湿膜，而研制出的浸涂式氯化锂湿敏传感器。自1978年芬兰Vaisala公司成功地研制了Humicap以来，高分子湿敏传感器的优异性能在国际上获得了越来越多领域的承认，特别是湿度量程宽、响应时间短、湿滞回差小、制作简单、成本低等优点，成为其他湿敏传感器激烈的竞争对手，在气象、纺织、集成电路生产、家用电器、食品加工及蔬菜保鲜等方面得到了广泛的应用。我国从1980年开始研制高分子湿敏传感器。随着应用的深入和扩大，我国研制的高分子湿敏元件的某些性能已得到了很大的提高，有的接近或赶上了国外厂家生产的湿敏传感器。

高分子湿敏传感器包括高分子电解质薄膜湿敏传感器、高分子电阻式湿敏传感器、高分子电容式湿敏传感器、结露传感器和石英振动式传感器等，下面分别加以介绍。

1）高分子电阻式湿敏传感器

这种传感器的湿敏层为可导电的高分子，强电解质，具有极强的吸水性。水吸附在有极性基的高分子膜上，在低湿下，因吸附量少，不能产生电离子，所以电阻值较高；当相对湿度增加时，吸附量也增大。高分子电解质吸水后电离，正负离子对主要起到载流子作用，使高分子湿敏传感器的电阻下降。吸湿量不同，高分子介质的阻值也不同，根据阻值变化可测量相对湿度。

聚苯乙烯磺酸锂是一种强电解质，具有极强的吸水性，吸水后电离，在其水溶液中就含有大量的锂离子。在其上安装一对金属电极，通电后锂离子可参与导电，被测湿度越高，其电阻值下降越快，利用这种原理就制作出了高分子电阻式湿敏传感器。其外形结构如图 11-20 所示。

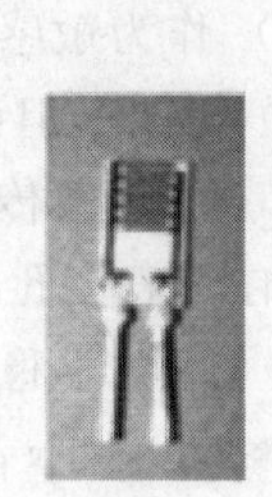
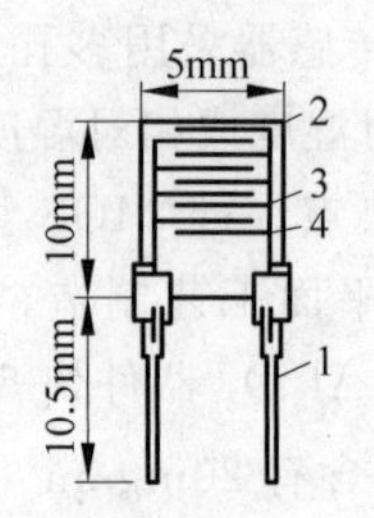

图 11-20　高分子电阻式湿敏传感器外形与结构

1—引出脚；2—陶瓷基板；3—叉指电极；4—感湿膜

2）高分子电容式湿敏传感器

图 11-21 为高分子薄膜电介质电容式湿敏传感器的结构，它是在洁净的微晶玻璃衬底上，蒸镀一层极薄(50nm)的梳状金质，作为下部电极，然后在其上薄薄地涂上一层高分子聚合物(1nm)，干燥后，再在其上蒸镀一层多孔透水的金质作为上部电极，两极间形成电容，最后上下电极焊接引线，就制成了电容式高分子薄膜湿敏传感器。

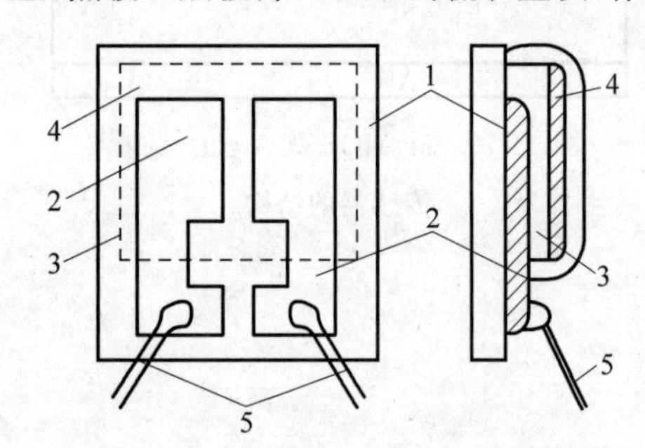

图 11-21　高分子电容式湿敏传感器结构

1—微晶玻璃衬底；2—下电极；3—敏感膜；4—多孔浮置电极；5—引线

这种湿敏传感器的工作原理是当高分子聚合物介质吸湿后，元件的介电常数随环境相对湿度的变化而变化，从而引起电容量的变化。一般作为感湿材料的高分子聚合物是具有微小介电常数的电介质，随周围环境相对湿度大小成比例地吸收和释放水分子，而水分子偶极矩的存在大大提高了聚合物的介电常数，因此将此类特性的高分子电介质做成湿敏传感器，通过电容的变化测得环境的相对湿度。这类高分子聚合物材料包括聚苯乙烯、醋酸纤维素等。由于高分子膜可以做得很薄，所以元件能迅速吸湿和脱湿，故该类传感器有滞后小和响应速度快等特点。

3）结露传感器

结露传感器是一种特殊的湿敏传感器，它与一般的湿敏传感器的不同之处在于它对低湿不敏感，仅对高湿敏感，感湿特征量具有开关式变化特性。结露传感器分为电阻型和电容型，目前广泛应用的是电阻型。

电阻型结露传感器是在陶瓷基片上制成梳状电极，在其上涂一层电阻式感湿膜，感湿膜采用掺入碳粉的有机高分子材料，在高湿下，电阻膜吸湿后膨胀，体积增加，碳粉间距变大，引起电阻突变；而低湿时，电阻因电阻膜收缩而变小，其特性曲线如图 11-22 所示，在 75%～80%RH 以下时很平坦，而超过 75%～80%RH 陡升。

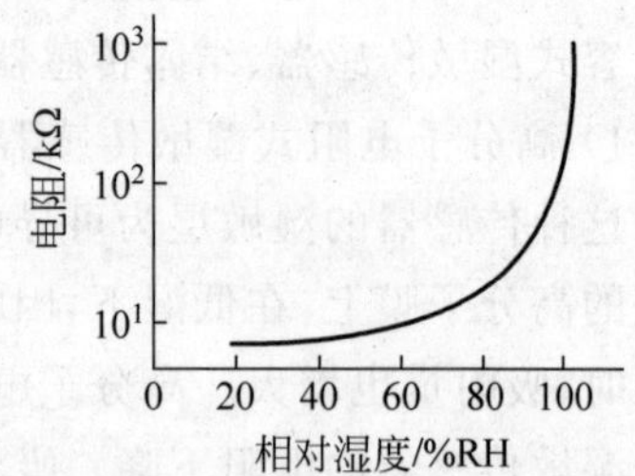

图 11-22　结露传感器的感湿特性

结露传感器只是湿敏传感器众多类型中的一种，结露传感器只能用来检测露点，其特点是响应时间短，体积较小，对高湿快速敏感。它的吸湿作用不在湿敏膜的表面，而在其内部，这就使它的特性不受灰尘和其他气体对其表面污染的影响，因而长期稳定性好、可靠性高，且不需加热解毒，能在直流电压下工作。

结露传感器一般不用于测湿，而作为提供开关信号的结露信号器，用于自动控制或报警，主要用于磁带录像机、照相机和高级轿车玻璃的结露检测及除露控制。

4）石英振动式湿敏传感器

该类传感器是在石英振子的电极表面涂覆高分子材料感湿膜，当膜吸湿时，由于膜的重量变化而使石英振子共振频率变化，从而检测出环境湿度，传感器在 0～50℃时，湿度检测范围为 0～100%RH，误差为±5%RH。

石英振动式湿敏传感器还能检测露点，当石英振子表面结露时，振子的共振频率会发生变化，同时共振阻抗增加。

3. 电解质湿敏传感器

电解质是以离子形式导电的物质，分为固体电解质和液体电解质。若物质溶于水中，在极性水分子作用下，能全部或部分地离解为自由移动的正、负离子，称为液体电解质。电解质溶液的电导率与溶液的浓度有关，而溶液的浓度，在一定的温度下又是环境相对湿度的函数。

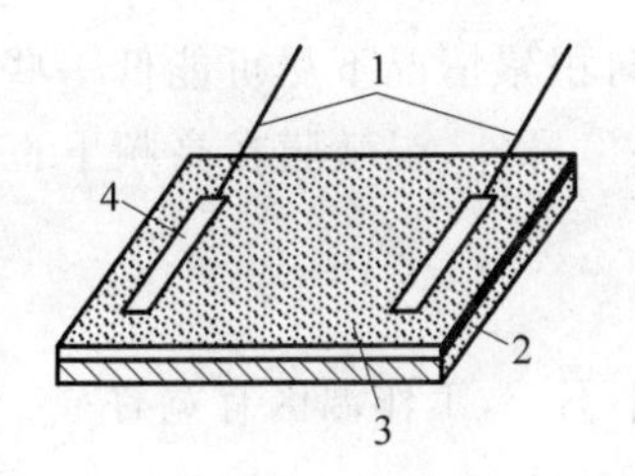

图 11-23　电解质湿敏电阻结构示意图

1—引线；2—基片；3—感湿层；4—金属电极

氯化锂是最典型的电解质材料，利用吸湿性盐类潮解，离子导电率发生变化而制成的测湿元件。它由引线、基片、感湿层与电极组成，如图 11-23 所示。这种器件的感湿特征量（电阻 R）与相对湿度 RH 和环境温度直接具有如下关系：

$$R = R_0 e^{-\alpha(\mathrm{RH})^{-\beta t}} \tag{11-6}$$

式中：R_0 为初始电阻；α 为湿敏常数；β 为温度常数；负号表示器件的电阻随所感受的湿度的增大而减少，随温度的增高而减少。

氯化锂通常与聚乙烯醇组成混合体，在氯化锂（LiCl）溶液中，Li 和 Cl 均以正负离子的形式存在，而 Li^+ 对水分子的吸引力强，离子水合程度高，其溶液中的离子导电能力与浓度成正比。当溶液置于一定温湿场中，若环境相对湿度高，溶液将吸收水分，使浓度降低，因此，其溶液电阻率增高。反之，环境相对湿度变低时，则溶液浓度升高，其电阻率下降，从而实现对湿度的测量。氯化锂湿敏元件的电阻-湿度特性曲线如图 11-24 所示。由图可知，在 50%～80%RH 范围内，电阻与湿度的变化呈线性关系。为了扩大湿度测量的线性范围，可以将多个氯化锂（LiCl）含量不同

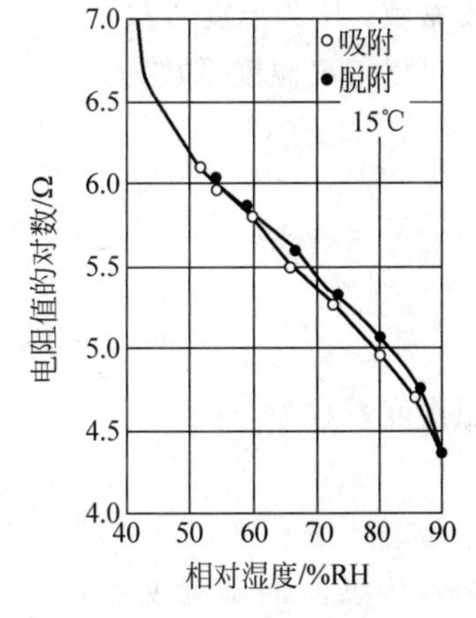

图 11-24　氯化锂湿度-电阻特性曲线

的器件组合使用，如将测量范围分别为（10%～20%）RH、（20%～40%）RH、（40%～70%）RH、（70%～90%）RH 和（80%～99%）RH 五种器件配合使用，就可自动地转换完成整个湿度范围的湿度测量。

典型的 LiCl 湿敏器件的构造形式分为柱状和片状结构，由于其属于离子导电器件，所以一般仅能采用交流电源，而不可以采用直流电源，以防极化。LiCl 湿敏元件的优点是滞后小，不受测试环境风速影响，检测精度高达±5%；缺点是耐热性差，不能用于露点以下测量，器件性能重复性不理想，使用寿命短。

11.2.4 湿敏传感器检测电路

1. 检测电路的选择

1）电源选择

一切电阻式湿敏传感器都必须使用交流电源，否则性能会劣化甚至失效。这是由于电解质湿敏传感器的电导是靠离子的移动实现的，在直流电源作用下，正、负离子必然向电源两极运动，产生电解作用，使感湿层变薄甚至被破坏；而在交流电源作用下，正负离子往返运动，不会产生电解作用，感湿膜不会被破坏。

交流电源的频率选择原则是在不产生正、负离子定向积累情况下尽可能低一些。在高频情况下，测试引线的容抗明显下降，会把湿敏电阻短路。另外，湿敏膜在高频下也会产生趋肤效应，阻值发生变化，影响到测湿灵敏度和准确性。

2）温度补偿

湿敏传感器具有正或负的温度系数，其温度系数大小不一，工作温区有宽有窄。所以在使用过程中要考虑温度补偿问题。

对于半导体陶瓷传感器，其电阻与温度的关系一般满足指数函数关系，通常其温度关系属于 NTC 型，即

$$R=R_0\exp\left(\frac{B}{T}-AH\right) \tag{11-7}$$

式中：H 为相对湿度；T 为绝对温度；R_0 为在 $T=0$℃和相对湿度 $H=0$ 时的阻值；A 为湿度常数；B 为温度常数。

可以得出温度系数为

$$\alpha_T=\frac{\partial R}{\partial T}=-R\frac{B}{T^2} \tag{11-8}$$

湿度系数为

$$\beta_T=\frac{\partial R}{\partial H}=-RA \tag{11-9}$$

则温湿度系数为

$$K=\left|\frac{\alpha_T}{\beta_T}\right|=\frac{B}{AT^2} \tag{11-10}$$

若传感器的温湿度系数为 0.07%RH/℃，工作温度差为 30℃，测量误差为 0.21%RH/℃，则不必考虑温度补偿；若温湿度系数为 0.4%RH/℃，则引起 12%RH/℃的误差，

必须进行温度补偿。

3）线性化处理

湿敏传感器的感湿特征量与相对湿度之间的关系不是线性的，这给湿度的测量、控制和补偿带来了困难。需要通过一种变换使感湿特征量与相对湿度之间的关系线性化。图 11-25 为湿敏传感器测量电路原理框图。

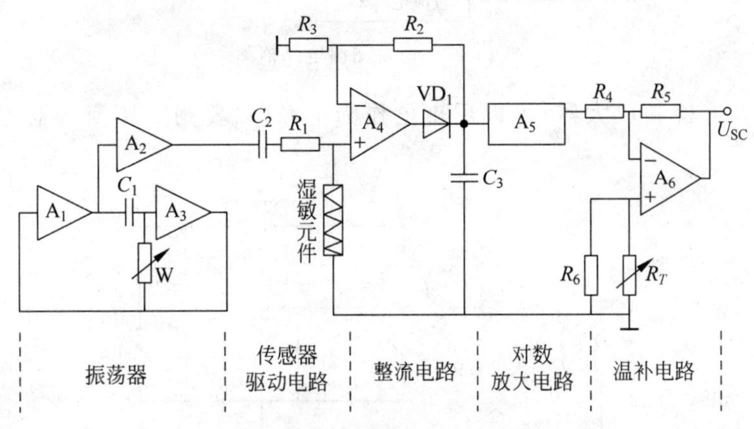

图 11-25　湿敏传感器测量电路原理框图

2. 典型电路

电阻式湿敏传感器，其测量电路主要有两种形式，一种是电桥电路，另一种是欧姆定律电路。

1）电桥电路

图 11-26 和图 11-27 分别为电桥测湿电路图与电路框图。振荡器对电路提供交流电源。电桥的一臂为湿敏传感器，由于湿度变化使湿敏传感器的阻值发生变化，于是电桥失去平衡，产生信号输出，放大器可把不平衡信号加以放大，整流器将交流信号变成直流信号，由直流毫安表显示。振荡器和放大器都由 9V 直流电源供给。电桥法适合于氯化锂湿敏传感器。

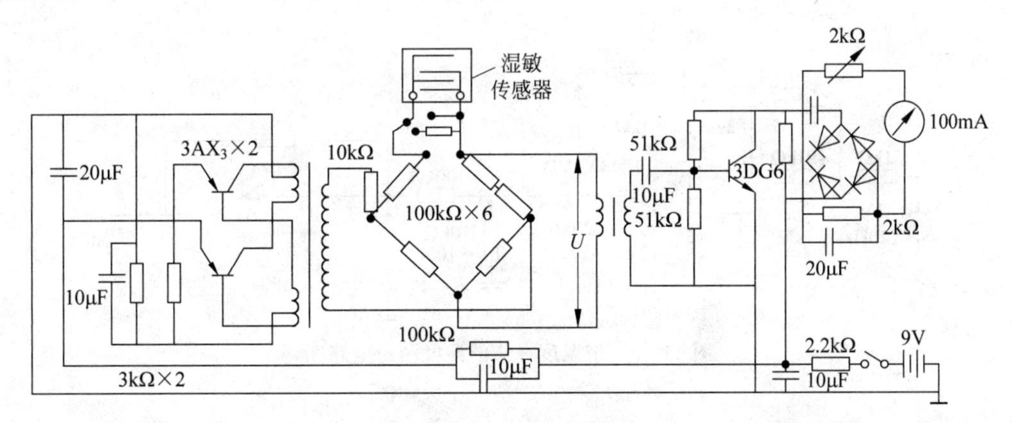

图 11-26　电桥测湿电路图

2）欧姆定律电路

此电路适用于可以流经较大电流的陶瓷湿敏传感器。由于测湿电路可以获得较强信

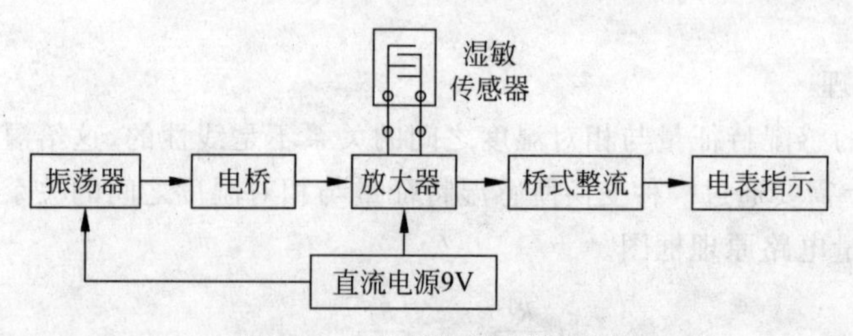

图 11-27 电桥测湿电路框图

号,故可以省去电桥和放大器,可以用市电作为电源,只要用降压变压器即可。其电路图 11-28 所示。

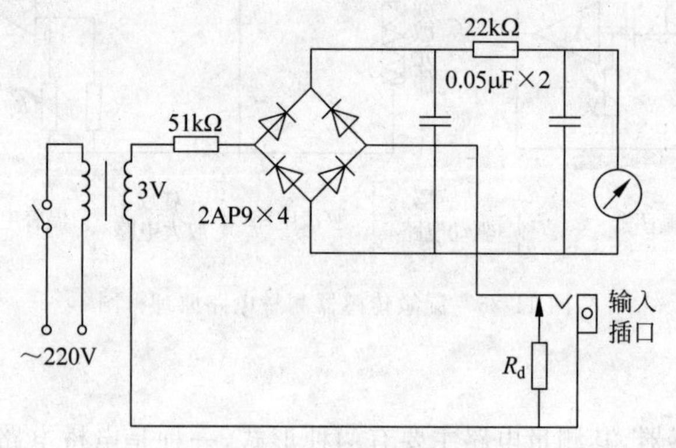

图 11-28 欧姆定律电路图

3）带温度补偿的湿度测量电路

在实际应用中,需要同时考虑对湿敏传感器进行线性处理和温度补偿,常常采用运算放大器构成湿度测量电路。图 11-29 为湿度测量电路,其中 R_t 是热敏电阻器(20kΩ,B=4100K);R_H 为 H204C 湿敏传感器,运算放大器型号为 LM2904。该电路的湿度电压特性及温度特性表明:在(30%~90%)RH、15~35℃范围内,输出电压表示的湿度误差不超过3%RH。

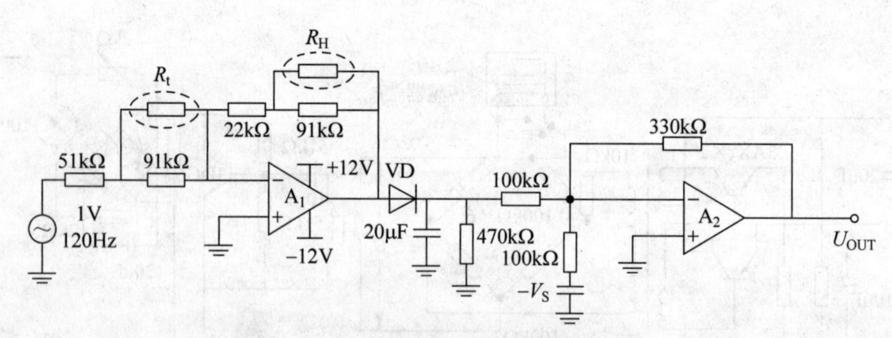

图 11-29 带温度补偿的湿度测量电路图

11.2.5 湿敏传感器应用

湿敏传感器广泛应用于军事、气象、工业、农业、医疗、建筑以及家用电器等场合的湿度检测、控制与报警。下面介绍几种典型的湿敏传感器的应用。

1. 直读式湿度计

图 11-30 为直读式湿度计，其中 R_H 为氯化锂湿敏传感器。由 VT_1、VT_2、T_1 等组成测湿电桥的电源，其振荡频率为 250～1000Hz。电桥的输出经变压器 T_2，C_3 耦合到 VT_3，经 VT_3 放大后的信号，经 VD_1～VD_4 桥式整流后，输入给微安表，指示出由于相对湿度的变化引起电流的改变，经标定并把湿度刻划在微安表盘上，就成为一个简单而实用的直读式湿度计了。

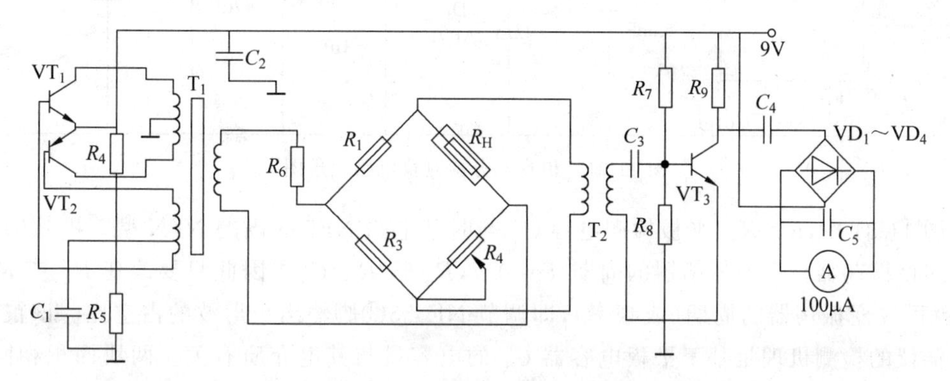

图 11-30　直读式湿度计电路图

2. 含水量检测

通常将空气或其他气体中的水分含量称为“湿度”，将固体物质中的水分含量称为“含水量”，即固体物质中所含水分的质量与总质量之比的百分数，主要有如下几种方法。

1）称重法

分别测出将被测物质烘干前后的重量 G_H 和 G_D，含水量的百分数便是

$$W=\frac{G_H-G_D}{G_H}\times 100\% \tag{11-11}$$

这种方法很简单，但烘干需要时间，检测的实时性差，而且有些产品不能采用烘干法。

2）电导法

固体物质吸收水分后电阻变小，用测定电阻率或电导率的方法便可判断含水量。

3）电容法

水的介电常数远大于一般干燥固体物质，因此用电容法测物质的介电常数从而测含水量相当灵敏，造纸厂的纸张含水量便可用电容法测量。

4）红外吸收法

水分对波长为 1.94μm 的红外线吸收较强，而对波长为 1.81μm 的红外线几乎不吸收。由上述两种波长的滤光片对红外光进行轮流切换，根据被测物对这两种波长的能量吸收的比值便可判断含水量。

5）微波吸收法

水分对波长为 1.36cm 附近的微波有显著吸收现象，而植物纤维对此波段的吸收仅为水的几十分之一，利用这一原理可制成测木材、烟草、粮食和纸张等物质中含水量的仪表。微波法要注意被测物料的密度和温度对检测结果的影响，这种方法的设备稍为复杂一些。

图 11-31 为一种粮食水分检测仪的电路原理图。

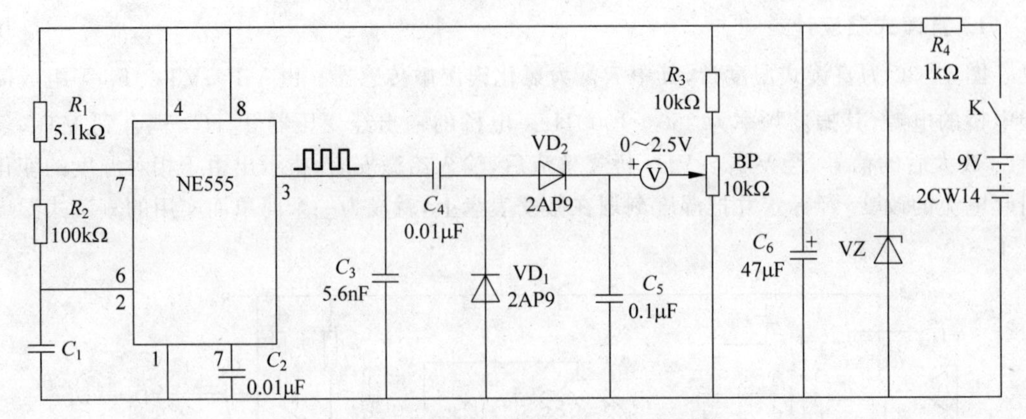

图 11-31 粮食水分检测仪电路原理图

图 11-31 中，R_1、R_2、平板检测电容 C_1 与时基电路 NE555 内的 NPN 型三极管构成自激式多谐振荡器。多谐振荡器的周期 $T=0.7(R_1+2R_2)C_1$。因此只要改变 R_1 或 R_2 或 C_1，就可改变振荡器的周期(或频率)，即调节 NE555③脚输出矩形波的占空比。该粮食水分检测仪的检测机理是基于平板电容器 C_1 的电容量与其电介质有关。两块面积相同，距离不变的铜板构成一个平板电容传感器。

当粒状的粮食放入平板电容传感器两平板之间时，电介质由单纯空气变成了粒状粮食与空气，其电容量增大。由上述多谐振荡器的周期公式可知，振荡器的周期将变大(即振荡频率变低)。另外，粮食的湿度不同，也会引起振荡器周期(频率)的变化。一般来说，粮食的湿度越大，振荡器周期越大，振荡频率越低。NE555③脚输出的是连续的矩形波，该矩形波经 C_4 耦合、VD_2 整流及 C_5 滤波后，在电压表两端就会形成一直流电压值，但在检测粮食水分前，可通过调整调零电位器 R_P 使电压表实际显示为零(表针处于表盘刻度正中位置)。当将粒状粮食放入平板电容传感器两平板之间后，由于电容量增大，振荡频率变低，输出矩形波占空比增加，整流滤波后电压变高，电压表指针将偏向正中位置右侧一定角度，即电压表有一读数。显然，粮食湿度越大，电压表读数越大。于是，可以在电压表表盘上事先刻上湿度指示刻度，或涂上表示湿度合格的绿带和湿度不合格的红带。这样，就能很方便地测出被测粮食的湿度是否合格。当然，不同粮食放入平板电容传感器两平板之间时，所表现出的电容量并不相同。故电压表表盘上事先刻上的湿度指示刻度，或涂上表示湿度合格的绿带和表示湿度不合格的红带应有 3～4 排，以供分别测量稻谷、小麦、大豆、玉米等农作物湿度的需要。

3. 汽车挡风玻璃自动去湿装置

图 11-32 为一种汽车挡风玻璃自动去湿装置电路原理图，其中 H 为湿敏传感器，R_S 为加热电阻丝，将其与挡风玻璃贴合在一起。

在常温常湿情况下设定初始的电阻值，使晶体管 VT_1 导通，VT_2 截止。当阴雨等天气使室内环境湿度增大而导致湿敏传感器 H 的阻值下降到某值时，R_1 与 R_2 并联之阻值小到不足以维持 VT_1 导通。由于 VT_1 截止而使 VT_2 导通，其负载继电器 K 通电，常开触点Ⅱ闭合，加热电阻丝 R_S 通电加热，驱散湿气。当湿度减小到一定程度时，电路又翻转到初始状态，VT_1 导通，VT_2 截止，常开触点Ⅱ断开，R_S 断电停止加热，即可实现自动去湿功能。

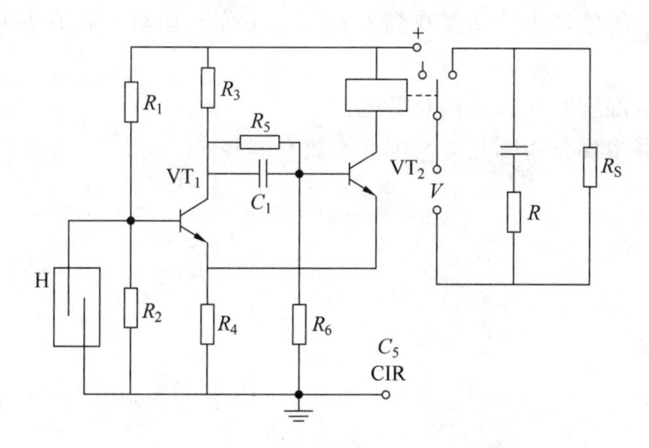

图 11-32 汽车挡风玻璃自动去湿电路原理图

11.3 实验一——气敏传感器

11.3 实验一

11.4 实验二——湿敏传感器

11.4 实验二

思考题与习题

1. 什么是半导体气体传感器？它有哪些基本类型？气体传感器的发展动态如何？
2. 半导体气体传感器主要有哪几种结构？各种结构气体传感器的特点如何？

3. 如何提高半导体气体传感器的选择性？根据文献举例说明。查找文献说明近期有什么新的气体传感器。

4. 半导体气体传感器为什么要在高温状态下工作？加热方式有哪几种？加热丝可以起到什么作用？

5. 什么是绝对湿度？什么是相对湿度？

6. 湿敏传感器主要分为哪几类？主要参数有哪些？

第12章

数字式传感器

传感器可分为两种类型,即模拟式传感器和数字式传感器。数字式传感器是能将被测量(即模拟量)直接转换成数字量输出的传感器,其具有下列特点:

(1) 具有较高的测量精度和分辨率,且测量范围大;

(2) 抗干扰能力强,稳定性好,适宜远距离传输;

(3) 易于与微机接口,便于信号处理、传送及自动控制;

(4) 便于动态及多路测量,且读数直观;

(5) 安装方便,维护简单,工作可靠性高。

数字式传感器可分为脉冲数字式和数字频率式两大类。其中,脉冲数字式传感器包括计量光栅、磁栅、感应同步器、角数编码器等;而数字频率式传感器包括振荡电路、振筒、振膜、振弦等。

12.1 感应同步器

感应同步器是应用电磁感应原理将位移量转换成数字量的传感器。感应同步器是一种多极感应元件,由于多极结构对误差起补偿作用,所以用感应同步器来测量位移具有精度高、工作可靠、抗干扰能力强、寿命长、接长便利等优点。其被广泛应用于数控机床。

12.1.1 结构与工作原理

感应同步器分为直线式和旋转式(圆盘式)。旋转式感应同步器包括转子(平面连续绕组)和定子(平面分段绕组,正、余弦组),直线式感应同步器包括滑尺(平面分段绕组,正、余弦绕组)和定尺(平面连续绕组)。直线式感应同步器的结构组成如图 12-1 所示。

感应同步器的连续绕组和分段绕组相当于变压器的原边绕组和副边绕组,利用交变电磁场和互感原理工作。定尺中的感应电势随滑尺的相对移动呈周期性变化;定尺的感应电势是感应同步器相对位置的正弦函数(定尺与滑尺的截面结构图如图 12-2 所示,两绕组相

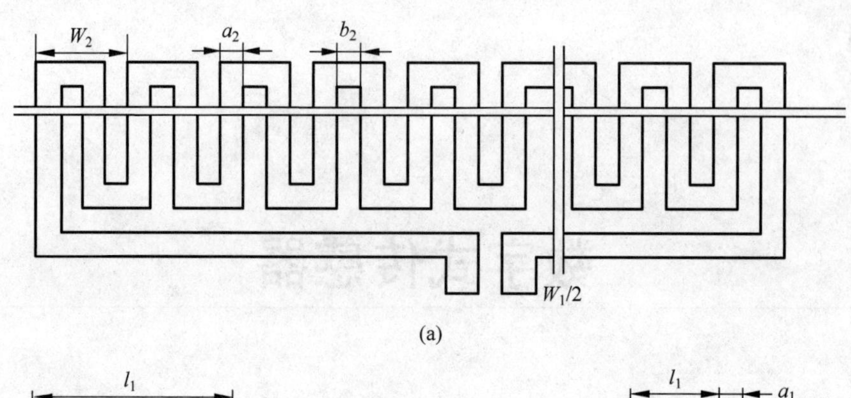

(a)

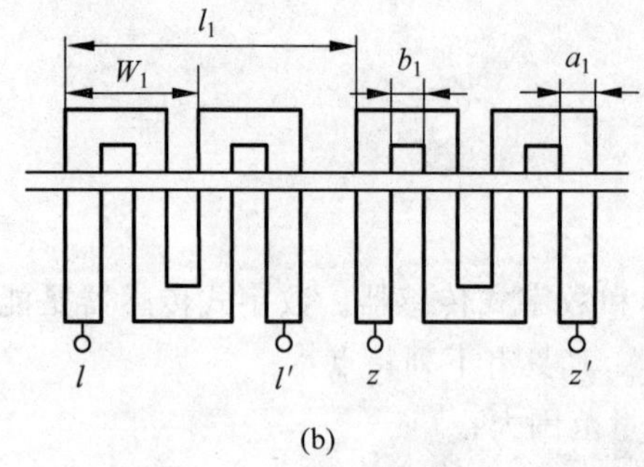

(b)

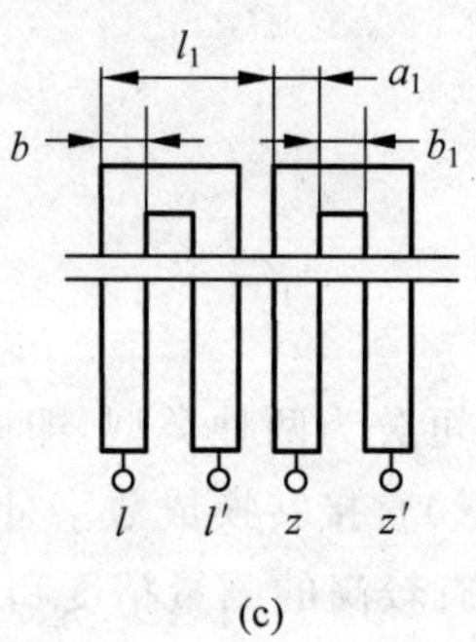

(c)

图 12-1　直线式感应同步器的绕组结构

(a) 定尺绕组；(b) W 形滑尺绕组；(c) U 形滑尺绕组

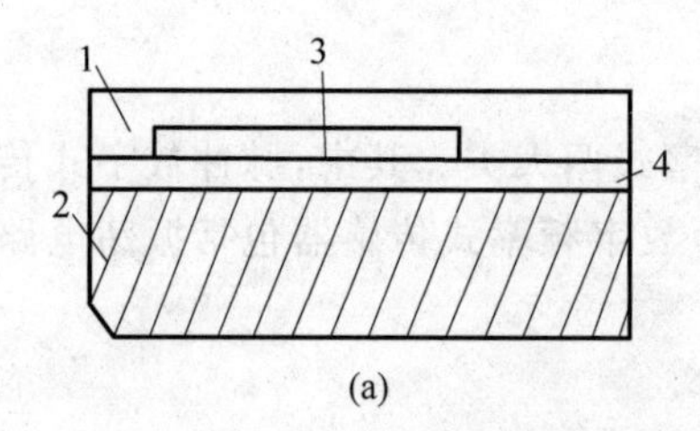

(a)

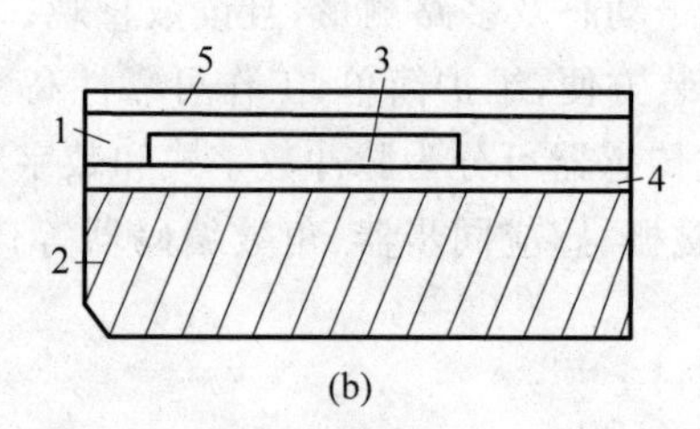

(b)

图 12-2　感应同步器定尺和滑尺的截面结构

(a) 定尺；(b) 滑尺

1—耐腐绝缘层；2—基板；3—导片；4—绝缘层；5—铝箔

对位置与感应电势的关系如图 12-3 所示)。若在滑尺的正弦与余弦绕组上分别加上正弦电压 $u_S = U_S \sin\omega t$ 和 $u_S = U_S \sin\omega t$，则定尺上的感应电势 e_S 和 e_C 可用下式表达：

$$e_S = K\omega U_S \cos\omega t \cos\theta \quad 或 \quad e_S = -K\omega U_S \cos\omega t \cos\theta \tag{12-1}$$

$$e_C = K\omega U_C \cos\omega t \sin\theta \quad 或 \quad e_C = -K\omega U_C \cos\omega t \sin\theta \tag{12-2}$$

式中：K 为耦合系数；θ 为与位移 x 等值的电角度，$\theta = 2\pi x / W_2$。

定尺激励工作方式的优点：

(1) 激励信号的负载是一个恒定负载——定尺，它不需要像滑尺激励方式那样改变有关参数，电路中没有开关元件，因此，可以有效地加强激励，提高输出信号电平。

(2) 在系统中，定尺处于强信号电平下，滑尺处于弱信号电平下。因此，定尺激励改善了信号通道的信噪比，提高了抗干扰能力。

(3) 在感应同步器的制作中，不可能保证滑尺两个绕组的空间位置完全正交（相差 W/4 间隔)，因而也就引入了一定的测量误差。这种误差在滑尺激励方式中是无法弥补的。但

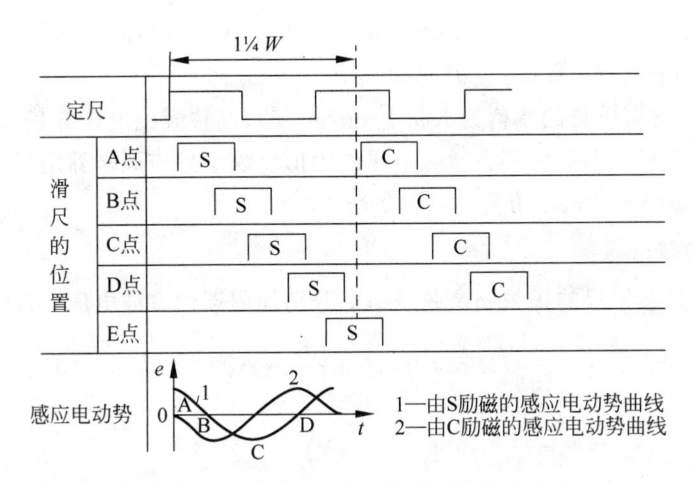

图 12-3　两绕组相对位置与感应电势的关系

是，在定尺激励方式下，因为它的处理电路在感应同步器的后面，因此可以对这种误差加以校正，因而有利于提高细分能力，实现高精度测量。

(4) 在对正、余弦函数信号的处理中不涉及功率，因此，有利于提高电路工作的稳定性和可靠性。

12.1.2　主要参数

对于不同的感应同步器，若滑尺绕组激磁，其输出信号的处理方式有：鉴相法、鉴幅法、脉冲调宽法三种。

1. 鉴相法

所谓鉴相法，就是根据感应电势的相位来测量位移。采用鉴相法，须在感应同步器滑尺的正弦和余弦绕组上分别加频率和幅值相同但相位差为 V_2 的正弦激磁电压，即 $u_s=U_m\sin\omega t$ 和 $u_c=U_m\cos\omega t$。

根据式(12-2)，当余弦绕组单独激磁时，感应电势为

$$e_s=K\omega U_m\cos\omega t\cos\theta \tag{12-3}$$

同样，当正弦绕组单独激磁时，感应电势为

$$e_c=K\omega U_m\sin\omega t\sin\theta \tag{12-4}$$

正、余弦绕组同时激磁时，根据叠加原理，总感应电势为

$$\begin{aligned}e&=e_c+e_s=K\omega U_m\sin\omega t\sin\theta+K\omega U_m\cos\omega t\cos\theta\\&=K\omega U_m\cos(\omega t-\theta)=K\omega U_m\cos(\omega t-2\pi x/W_2)\end{aligned} \tag{12-5}$$

由上式可知，感应电势的幅值为 $K\omega U_m\sin(\varphi-\theta)$，调整激磁电压 φ 值，使 $\varphi=2\pi x/W_2$，则定尺上输出的总感应电势为零。激磁电压的中值反映了感应同步器定尺与滑尺的相对位置。

2. 鉴幅法

鉴幅法就是通过检测感应电动势的幅值来测量位置状态或位移的方法。

根据叠加原理，感应电势为

$$e = e_s + e_c = K\omega U_m \sin\varphi\cos\omega t\cos\theta - K\omega U_m \cos\varphi\cos\omega t\sin\theta$$
$$= K\omega U_m \sin(\varphi - \theta)\cos\omega t \tag{12-6}$$

由上式可知,感应电势的幅值为 $K\omega U_m\sin(\varphi-\theta)$,调整激磁电压 φ 值,使 $\varphi=2\pi x/W_2$,则定尺上输出的总感应电势为零。激磁电压的中值反映了感应同步器定尺与滑尺的相对位置。式(12-6)是鉴幅法的基本方程。

3. 脉冲调宽法

脉冲调宽法是在滑尺的正弦和余弦绕组上分别加周期性方波电压,可认为感应电势为

$$e = \frac{2K\omega U_m}{\pi}\sin\omega t\left[\sin\theta\sin\left(\frac{\pi}{2}-\varphi\right)-\cos\theta\sin\varphi\right]$$
$$= \frac{2K\omega U_m}{\pi}\sin\omega t\sin(\theta-\varphi) \tag{12-7}$$

当用感应同步器来测量位移时,与鉴幅法相类似,可以调整激磁脉冲宽度 φ,用 φ 跟踪 θ。当用感应同步器来定位时,则可用中值来表征定位距离,作为位置指令,使滑尺移动来改变 θ,直到 $\theta=\varphi$,即 $e=0$ 时停止移动,以达到定位的目的。

12.1.3 数字测量系统

1. 鉴相法测量系统

图 12-4 为鉴相法测量系统的原理框图。它的作用是通过感应同步器将代表位移量的电相位变化转换成数字量。鉴相法测量系统通常由位移-相位转换、模-数转换和计数显示三部分组成。

位移-相位转换的功能是通过感应同步器将位移量转换为电的相位移。模-数转换的主要功能是将代表位移量 θ(定尺输出电压的相位)的变化再转换为数字量。鉴相器是一个相位比较装置,其输入来自经放大、滤波、整形后的输出信号 e,以及相对相位基准输出信号 θ'。相对相位基准(脉冲移相器)实际上是一个数-模转换器,它是把加、减脉冲数转换为电的相位变化。模-数转换的关键是鉴相器。

由以上分析可见,鉴相法测量系统的工作原理是:当系统工作时,$\theta\approx\theta'$,相位差小于一个脉冲当量。若将计数器置“0”,则所在位置为“相对零点”。假定以此为基准,滑尺向正方向移动,$\Delta\theta$ 的相位发生变化,θ 与 θ' 之间出现相位差,通过鉴相器检出相位差 $\Delta\theta$,并输出反映 θ' 滞后于 θ 的高电平。该两输出信号控制脉冲移相器产生相移,θ' 趋近于 θ。当到达新的平衡点时,相位跟踪即停止,这时 $\theta\approx\theta'$。在这个相位跟踪过程中,插入到脉冲移相器的脉冲数也就是计数脉冲门的输出脉冲数,再将此脉冲数送计数器计数并显示,即得滑尺的位移量。另外,不足一个脉冲当量的剩余相位差,还可以通过模拟仪表显示。

2. 鉴幅法测量系统

图 12-5 为鉴幅法测量系统的原理框图。此系统的作用是通过感应同步器将代表位移量的电压幅值转换成数字量。

3. 感应同步器的接长使用

感应同步器可用于大量程的线位移和角位移的静态和动态测量,在数控机床、加工中心

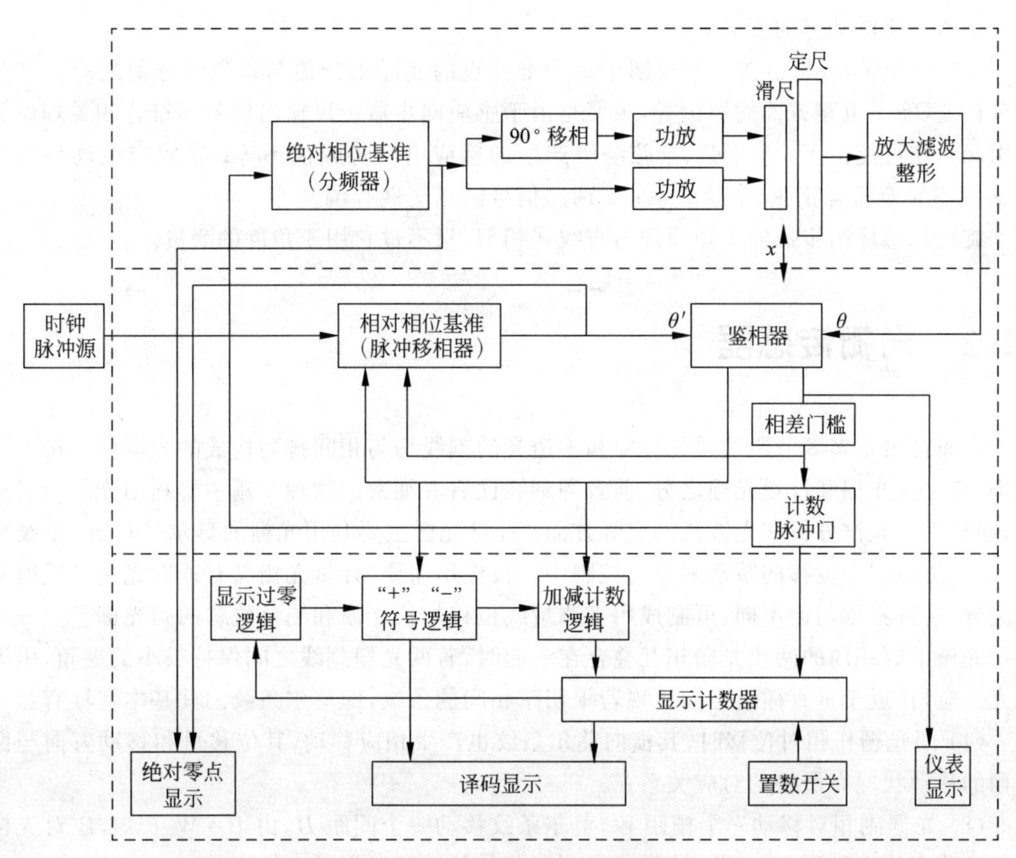

图 12-4　鉴相法测量系统的原理框图

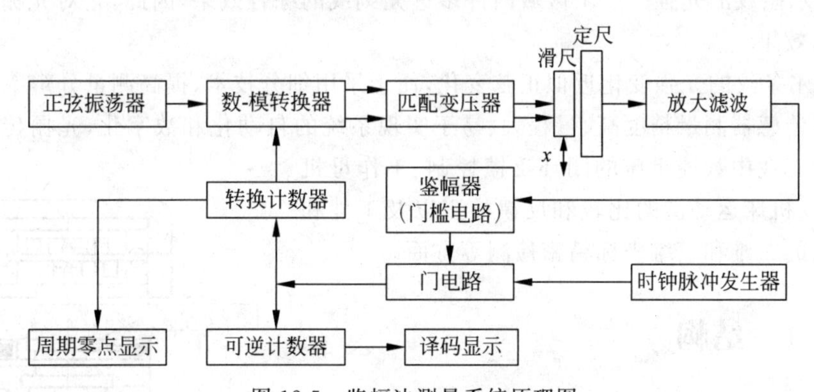

图 12-5　鉴幅法测量系统原理图

及某些专用测试仪器中常用它作为测量元件。与光栅传感器相比,其抗干扰能力强,对环境要求低,机械结构简单,接长方便。目前在测长时误差约为±1μm/250mm,测角时误差约为±0.5。

4. 误差分析

感应同步器的误差有:

(1) 零位误差,是指在只有一组激励绕组的情况下定尺输出零电压时的实际位移量与理论位移量之差。引起零位误差的原因可能有刻划误差、安装误差、变形误差以及横向段导电片中的环流电动势的影响等。

(2) 细分误差,是指在一个周期中每个细分点的实际细分值与理论细分值之差。产生细分误差,除了电路方面的原因外,主要是由于感应同步器定尺输出信号不符合相关理论关系引起。这可能由于:①正弦、余弦绕组产生的感应电动势幅值不等;②感应电动势与位移 x 间不完全符合正弦、余弦关系;③两路信号的正交性有偏差等。

旋转式感应同步器的工作原理与直线式相似,只不过它用于角度的测量。

12.2 光栅传感器

光栅是由很多等节距的透光缝隙和不透光的刻线均匀相间排列构成的光器件。按工作原理,有物理光栅和计量光栅之分,前者的刻线比后者细密。物理光栅主要利用光的衍射现象,通常用于光谱分析和光波长测定等方面;计量光栅主要利用光栅的莫尔(Moire)条纹现象,被广泛应用于位移的精密测量与控制中。按应用需要,计量光栅又有透射光栅和反射光栅之分,而且根据用途不同,可制成用于测量线位移的长光栅和测量位移的圆光栅。

光栅常数相同的两块光栅相互叠合在一起时,若两光栅刻线之间保持很小的夹角,由于遮光效应,在近于垂直栅线方向出现若干明暗相间的条纹,即莫尔条纹。其基本特性有:

(1) 两光栅作相对位移时,其横向莫尔条纹也产生相应移动,其位移量和移动方向与两光栅的移动状况有严格的对应关系;

(2) 光栅副相对移动一个栅距 W,莫尔条纹移动一个间距 B,由 $B=W/\theta$ 知,B 对光栅副的位移有放大作用,鉴于此,计量光栅利用莫尔条纹可以测微小位移;

(3) 莫尔条纹的光强是一个区域内许多透光刻线的综合效果,因此,它对光栅尺的栅距误差有平均效果;

(4) 莫尔条纹的光强变化近似正弦变化,便于采用细分技术,提高测量分辨率。

因光栅传感器测量精度高、量程大、易于实现系统的自动化和数字化,光栅传感器广泛应用于机械工业中数控机床的闭环反馈控制、工作母机的坐标测量、机床运动链的比较和反馈校正以及工件和工模具形状的二维和三维坐标精密检测等方面。

12.2.1 结构

为了进行莫尔条纹读数,在光路系统中除了主光栅与指示光栅外,还必须有光源、聚光镜和光电元件等。图 12-6 为一透射式光栅传感器的结构图。主光栅与指示光栅之间保持有一定的间隙。光源发出的光通过聚光镜后成为平行光照射光栅,光电元件(如硅光电池)把透过光栅的光转换成电信号。

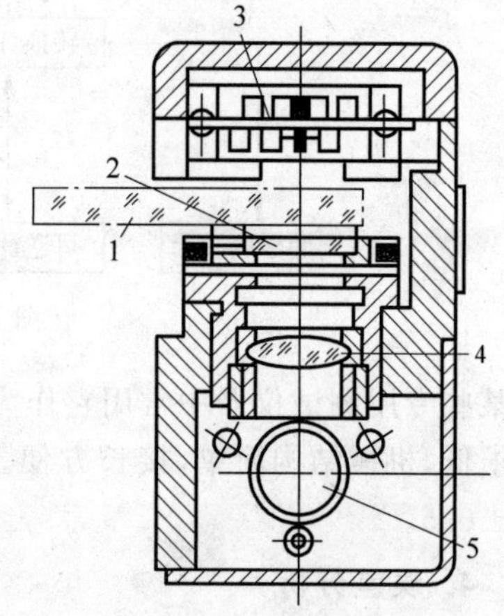

图 12-6 透射式光栅传感器结构图
1—主光栅;2—指示光栅;
3—硅光电池;4—聚光镜;5—光源

当两块光栅相对移动时,光电元件上的光强随莫尔条纹移动而变化。如图 12-7 所示,在位置 a,两块光栅刻线重叠，透过的光最多，光强最大；在位置 c，光被遮去一半，光强减小；在位置 d，光被完全遮去而成全黑，光强为零。光栅继续右移，在位置 e，光又重新透过，光强增大。在理想状态时，光强的变化与位移呈线性关系。但在实际应用中两光栅之间必须有间隙，透过的光线有一定的发散，达不到最亮和全黑的状态；再加上光栅的几何形状误差、刻线的图形误差及光电元件的参数影响，所以输出波形是一近似的正弦曲线。

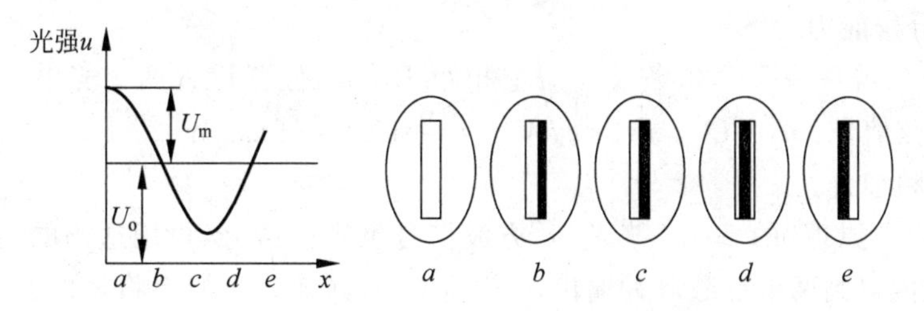

图 12-7　光栅位移与光强、输出信号的关系

12.2.2　工作原理

1. 数字转换原理

1）辨向原理

光栅的位移变成莫尔条纹的移动后，经光电转换成电信号输出。但在一点观察时，无论主光栅向左或向右移动，莫尔条纹均作明暗交替变化。若只有一条莫尔条纹的信号，则只能用于计数，无法辨别光栅的移动方向。如图 12-8 所示，为了能辨向，尚需提供另一路莫尔条纹信号，并使两信号的相位差为 $\pi/2$。通常采用在相隔 1/4 条纹间距的位置上安放两个光电元件来实现。

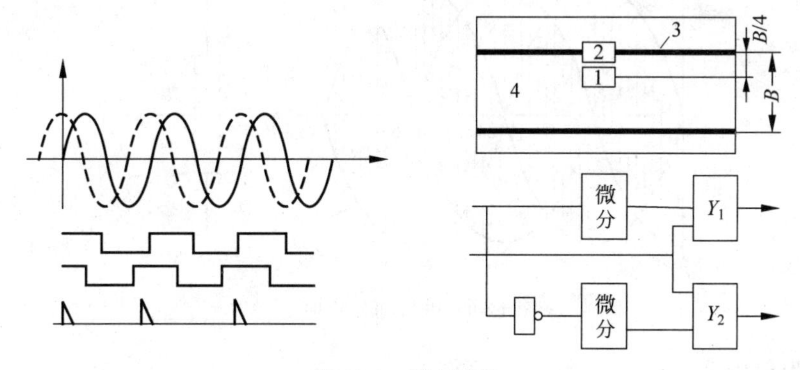

图 12-8　辨向原理

1、2—光电元件；3—莫尔条纹；4—指示光栅

2）细分技术

细分技术就是当莫尔条纹变化一个周期时，输出若干个计数脉冲，减小脉冲当量以提高分辨率。

(1) 机械细分(位置细分或直接细分)

在一个莫尔条纹间距上相距 $B/4$ 依次设置 4 个光电元件。当莫尔条纹变化一个周期时，可以获得依次相差 $\pi/2$ 的 4 个正弦信号，从而依此获得 4 个计数脉冲，实现四细分。

(2) 电子细分

高精度的测量通常要求长度精确到 1～0.1μm，若以光栅的栅距作计量单位，则只能计到整数条纹。例如，最小读数值为 0.1μm，则要求每毫米刻一万条线；就目前的工艺水平有相当的难度。所以，在选取合适的光栅栅距的基础上，对栅距细分，即可得到所需要的最小读数值，提高分辨能力。

电子细分只需在一个莫尔条纹间距上相距 $B/4$ 的位置设置两个光电元件，获得相差 $\pi/2$ 的两个正弦信号：$u_1=U_m\sin(2\pi x/W)$；$u_2=U_m\cos(2\pi x/W)$。

(3) 四倍频细分

在上述"辨向原理"的基础上若将 u_2' 方波信号也进行微分，再用适当的电路处理，则可以在一个栅距内得到两个计数脉冲输出，这就是二倍频细分。如果将辨向原理中相隔 $B/4$ 的两个光电元件的输出信号反相，就可以得到 4 个依次相位差为 $\pi/2$ 的信号，即在一个栅距内得到 4 个计数脉冲信号，实现所谓四倍频细分。

在上述两个光电元件的基础上再增加两个光电元件，每两个光电元件间隔 1/4 条纹间距，同样可实现四倍频细分。这种细分方法的缺点是光电元件安放困难，细分数不可能高，但它对莫尔条纹信号的波形没有严格要求，电路简单，是一种常用的细分技术。

(4) 电桥细分法

用电桥细分法可以达到较高的精度(电桥细分原理如图 12-9 所示)，细分数一般为 12～60，但对莫尔条纹信号的波形幅值、直流电平及原始信号 $U_m\sin\varphi$ 与 $U_m\cos\varphi$ 的正交性均有严格要求；而且电路较复杂，对电位器、过零比较器等元器件均有较高的要求。如图 12-10 所示为 48 点电位器电桥定位电路。

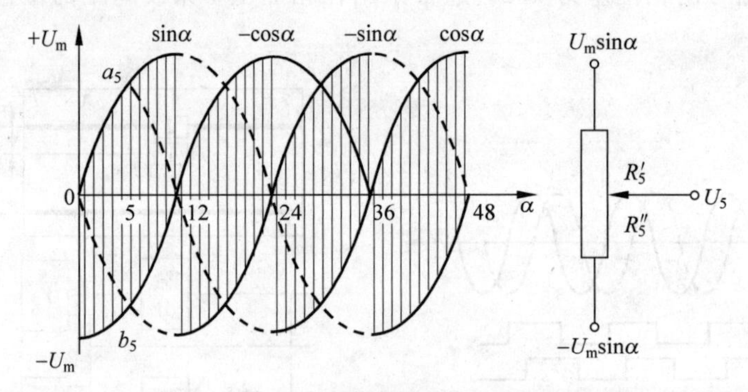

图 12-9　电桥细分原理图

(5) 电阻链细分法

电阻链细分实质上也是电桥细分，只是结构形式不同而已。

2. 零位光栅和绝对零位

如前所述，计量光栅测量位移最终是依靠数字转换系统完成的，实质上是由计数器对莫尔条纹计数。使用中，为了克服断电时计数值无法保留，重新供电后测量系统不能正常工作的弊病，可以用机械等方法设置绝对零位点，但精度较低，安装使用均不方便。目前，通常采用在光栅的测量范围内设置一个固定的绝对零位参考标志的方法——零位光栅，它使光栅成为一个准绝对测量系统。

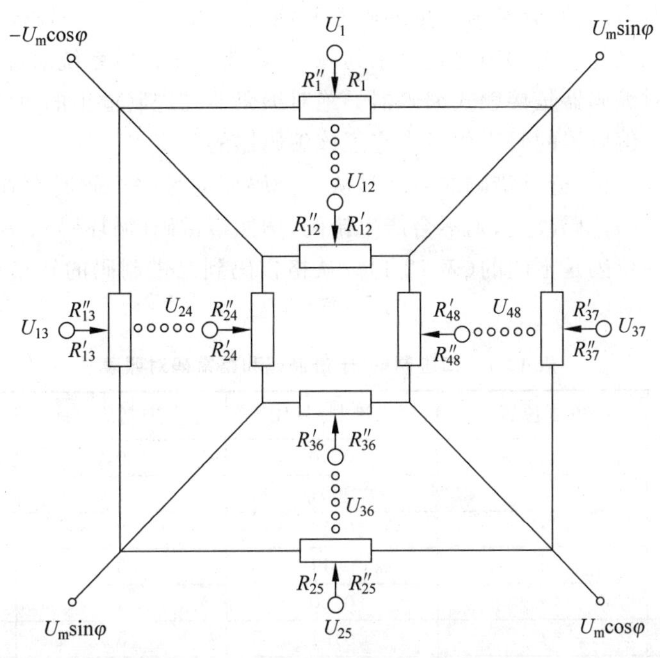

图 12-10　48 点电位器电桥定位电路

光栅测量系统是一个增量式测量系统，在测量过程中，它只有相对零位。实际测量过程中需确定一个基准点，即绝对零位。零位光栅确定系统的绝对零位。零位光栅是在标尺光栅和指示光栅的原有刻线之外另行刻制的，最简单的零位光栅刻线是一条单独刻制的透光亮线，如图 12-11 所示为零位光栅典型输出曲线。

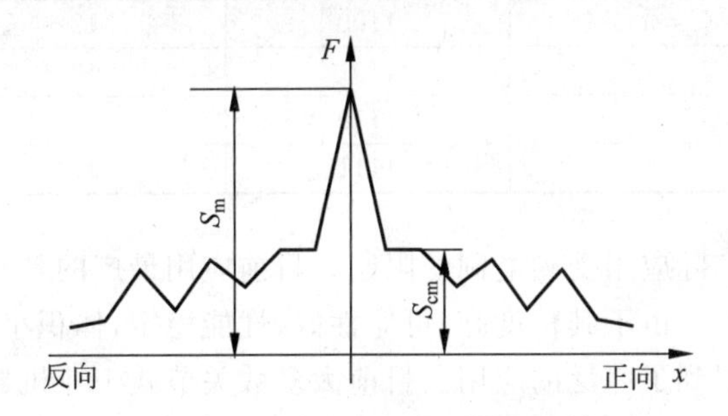

图 12-11　零位光栅典型输出曲线

圆光栅传感器结构原理与直线光栅相仿，用于角位移测量。

12.3　编码器

编码器以其高精度、高分辨率和高可靠性而被广泛用于各种位移测量。编码器按结构形式有直线式编码器和旋转式编码器之分。由于旋转式光电编码器是用于角位移测量的最有效和最直接的数字式传感器，并已有各种系列产品可供选用，故本节着重讨论旋转式光电编码器。

旋转式编码器有两种,分别为增量编码器和绝对编码器。增量编码器与前述的几种数字式传感器有类似之处。它的输出是一系列脉冲,需要一个计数系统对脉冲进行累计计数。最简单的一种绝对编码器是接触式编码器。绝对编码器二进制输出的每一位都必须有一个独立的码道。一个编码器的码道数目决定了该编码器的分辨率。

从编码技术上分析,造成错码的原因是从一个码变为另一个码时存在多位码需要同时改变。若每次只有一位码改变,则不会产生错码,例如格雷码(循环码)。格雷码的两个相邻数的码变化只有一位码是不同的(表 12-1)。从格雷码到二进制码的转换可用硬件实现,也可用软件来完成。

表 12-1 二进制码、十进制码和格雷码对照表

角度	电刷位置	二进制码(B)	十进制码(D)	格雷码(G)
0	*a*	0000	0	0000
1α	*b*	0001	1	0001
2α	*c*	0010	2	0011
3α	*d*	0011	3	0010
4α	*e*	0100	4	0110
5α	*f*	0101	5	0111
6α	*g*	0110	6	0101
7α	*h*	0111	7	0100
8α	*i*	1000	8	1100
9α	*j*	1001	9	1101
10α	*k*	1010	10	1111
11α	*l*	1011	11	1110
12α	*m*	1100	12	1010
13α	*n*	1101	13	1011
14α	*o*	1110	14	1001
15α	*p*	1111	15	1000

接触式编码器的实际应用受到电刷的限制。目前应用最广的是利用光电转换原理构成的非接触式光电编码器。由于其精度高,可靠性好,性能稳定,体积小和使用方便,在自动测量和自动控制技术中得到了广泛的应用。目前大多数关节式工业机器人都用它作为角度传感器。国内已有 16 位绝对编码器和每转高于 10 000 脉冲数输出的小型增量编码器产品,并形成各种系列。

12.3.1 绝对编码器

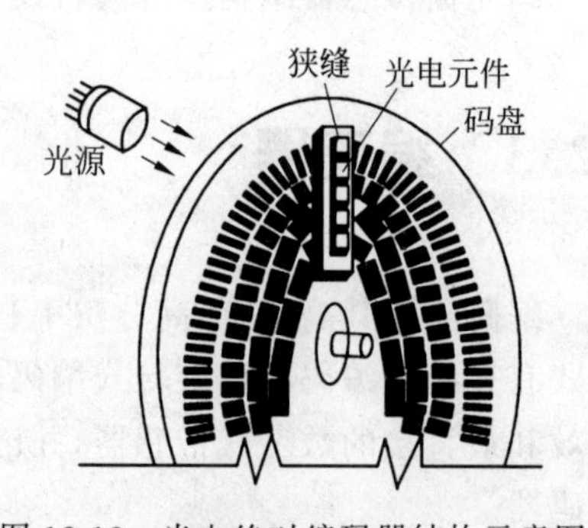

图 12-12 光电绝对编码器结构示意图

光电编码器的码盘通常是一块光学玻璃。玻璃上刻有透光和不透光的图形。它们相当于接触式编码器码盘上的导电区和绝缘区,如图 12-12 所示。编码器光源产生的光经光学系统形成一束平行光投射在码盘上,并与位于码盘另一面呈径向排列的光敏元件相耦合,如图 12-13 所示。码盘上的码道数就是该码盘的数码位数，对应每一码道有一个光敏元件。当码盘处于不同位置时，各光敏元件根据受光照与否转换输出相应的电平信号，如图 12-14 所示。

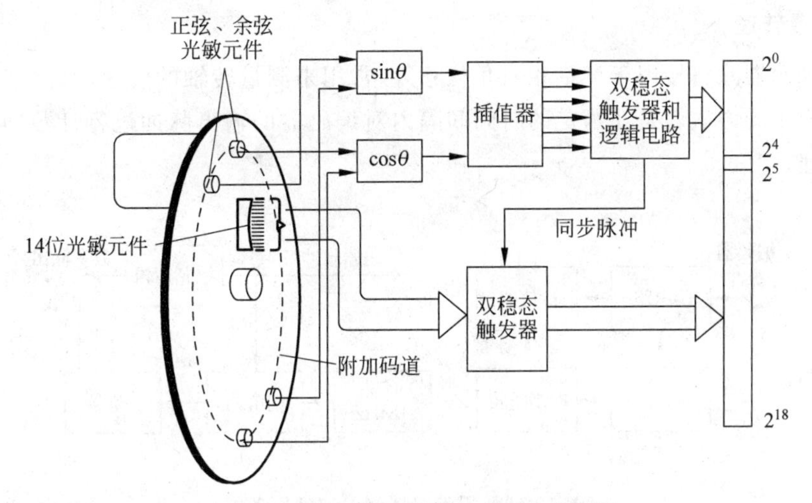

图 12-13　具有分解器的 19 位光电编码器

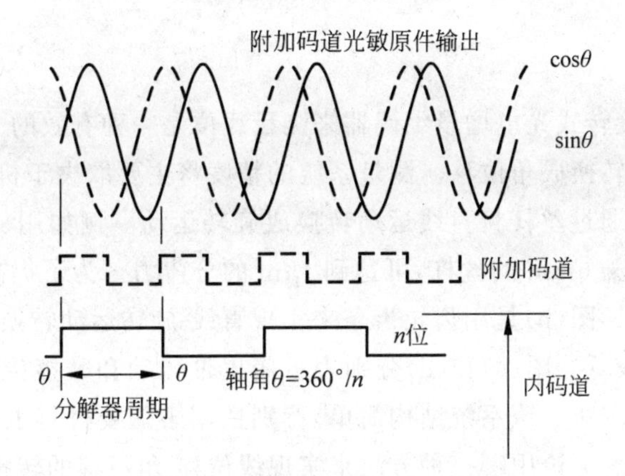

图 12-14　附加码道光敏元件输出

12.3.2　增量编码器

增量编码器，其码盘要比绝对编码器码盘简单得多，一般只需三条码道。这里的码道实际上已不具有绝对码盘码道的意义。增量编码器的输出波形如图 12-15 所示。

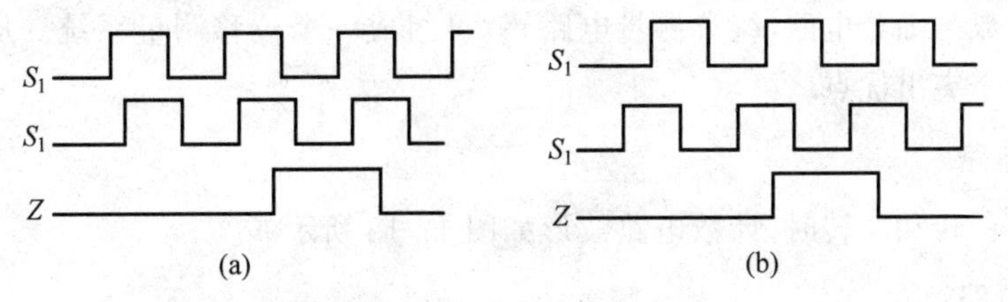

图 12-15　增量编码器的输出波形

(a) 码盘正转时；(b) 码盘反转时

与绝对编码器类似，增量编码器的精度主要取决于码盘本身的精度。用于光电绝对编码器的技术，大部分也适用于光电增量编码器，且其具有广泛的应用场景。

1. 测量转速

增量编码器除直接用于测量相对角位移外，常用来测量转轴的转速，其原理如图 12-16 所示。最简单的方法就是在给定的时间间隔内对编码器的输出脉冲进行计数，它所测量的是平均转速。

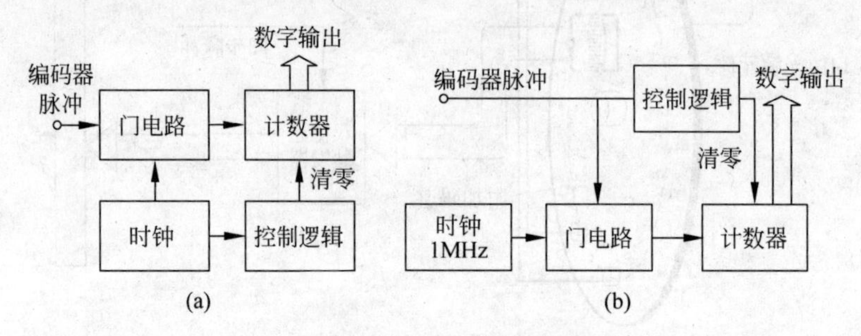

图 12-16　用编码器测量速度原理图

(a) 平均速度；(b) 瞬时速度

2. 测量线位移

在某些场合，用旋转式光电增量编码器来测量线位是一种有效的方法。这时，需利用一套机械装置把线位移转换成角位移。测量系统的精度将主要取决于机械装置的精度。

图 12-17(a)表示通过丝杆将直线运动转换成旋转运动。例如用一每转 1500 脉冲数的增量编码器和一导程为 6mm 的丝杠，可达到 $4\mu m$ 的分辨力。为了提高精度，可采用滚珠丝杠与双螺母消隙机构。图(b)是用齿轮齿条来实现直线-旋转运动转换的一种方法。一般来说，这种系统的精度较低。图(c)和(d)分别表示用皮带传动和摩擦传动来实现线位移与角位移之间变换的两种方法。该系统结构简单，特别适用于需要进行长距离位移测量及某些环境条件恶劣的场所。无论用哪一种方法来实现线位移-角位移的转换，一般增量编码器的码盘都要旋转多圈。这时，编码器的零位基准已失去作用。为计数系统所必需的基准零位可由附加的装置提供，如用机械、光电等方法来实现。

12.3.3　测量电路

实际中，目前都将光敏元件输出信号的放大整形等电路与传感检测元件封装在一起，所以只要加上计数与细分电路(统称测量电路)就可组成一个位移测量系统。从这点看，这也是编码器的一个突出优点。

1. 计数电路

当编码器正转和反转时，计数电路波形如图 12-18 所示。

2. 细分电路

四倍频细分电路原理图如图 12-19(a)所示。输出 x_1 与 x_2 信号作为计数器双时钟输

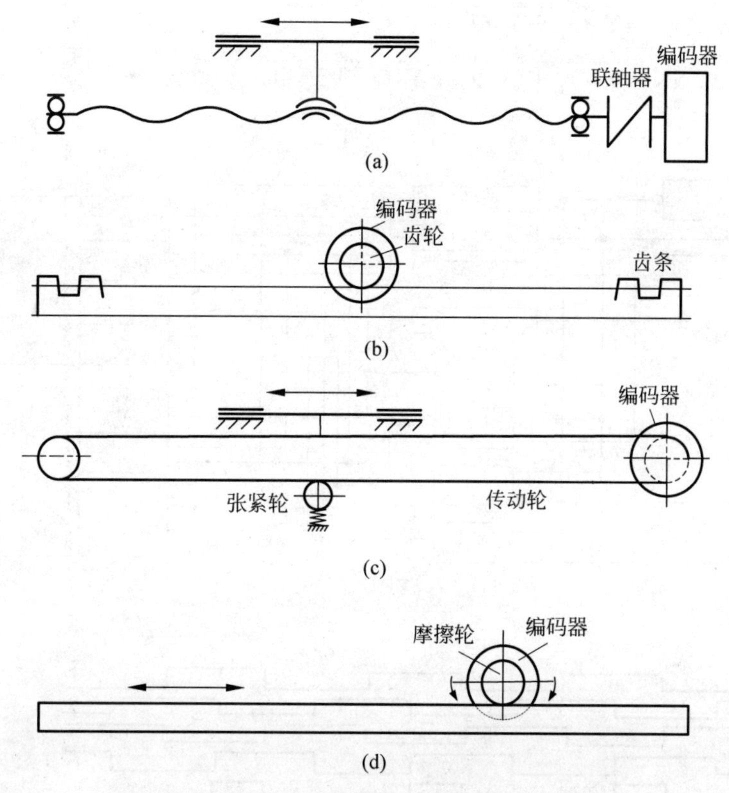

图 12-17　用旋转式增量编码器测量线位移示意图

(a) 丝杠传动；(b) 齿轮传动；(c) 皮带传动；(d) 摩擦传动

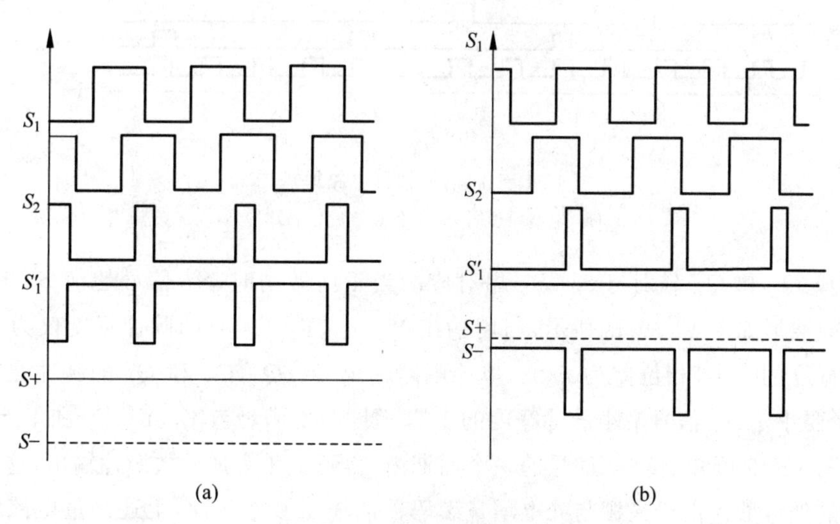

图 12-18　计数电路波形图

(a) 正转时；(b) 反转时

入信号。按电路图可得如下逻辑表达式：

$$x_1 = \overline{Y_1 Q_1 + Y_2 Q_3 + Y_3 Q_2 + Y_4 Q_4}$$

$$x_2 = \overline{Y_1 Q_4 + Y_2 Q_1 + Y_3 Q_3 + Y_4 Q_2}$$

$$Y_1 = S_1 \overline{S_2},\quad Y_2 = S_1 S_2,\quad Y_3 = \overline{S_1} S_2,\quad Y_4 = \overline{S_1 S_2}$$

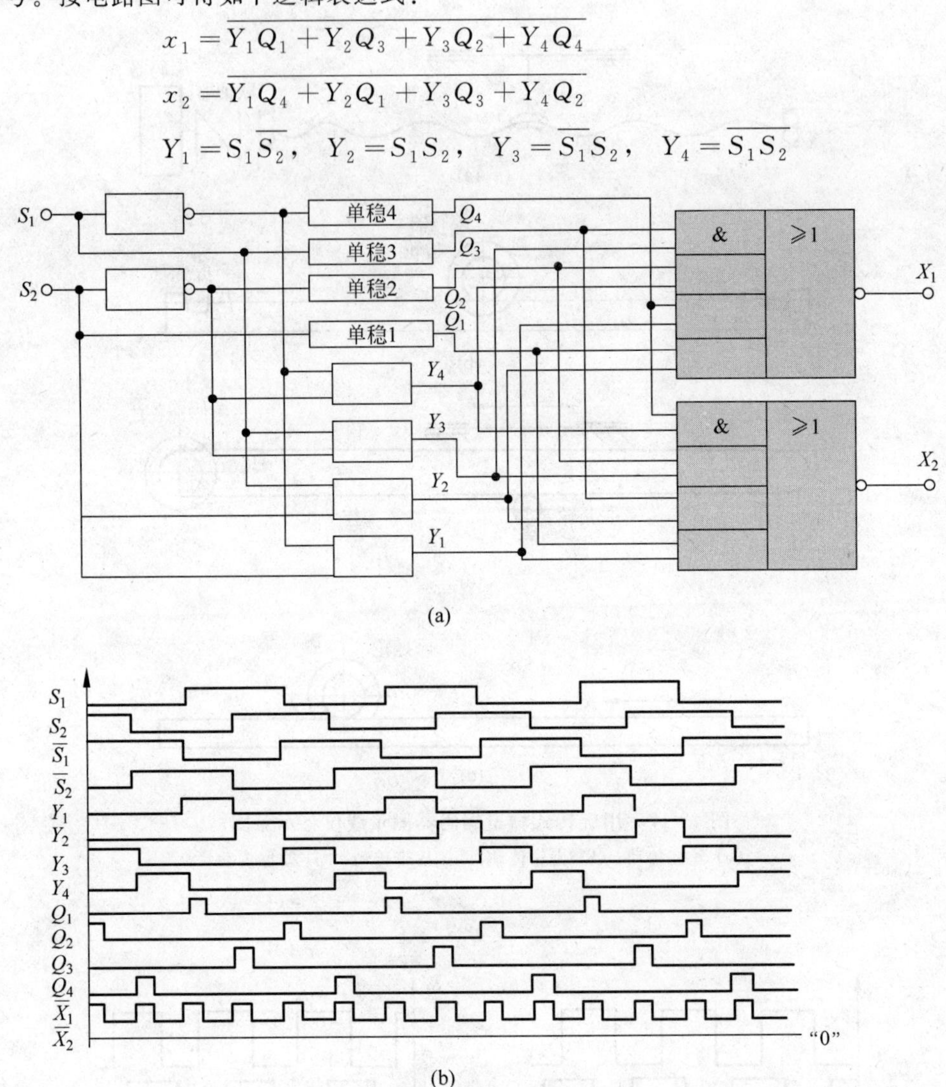

图 12-19　四倍频细分电路原理图

(a) 电路原理图；(b) 各点波形(正转时)

Q_1、Q_2、Q_3 和 Q_4 分别与 S_1、S_2 相对应。当正向转动时，S_1 信号超前 S_2 相位 $\pi/2$。电路各点的波形如图 12-19(b)所示，与门输出 Y_1、Y_2、Y_3 和 Y_4 的脉冲宽度仅为 S_1 或 S_2 信号脉冲宽度的一半，相位差为 $\pi/2$。单稳电路输出 Q_1、Q_2、Q_3 和 Q_4 的脉冲宽度应尽可能窄，至少要小于 S_1 信号最小脉冲宽度的 1/2，但同时要满足与 Y_1、Y_2、Y_3 和 Y_4 相"与"的要求。由图 12-19 可知，在 S_1 信号的一个周期内，得到了 4 个加计数脉冲输出，这样就实现了四倍频的加计数。由于光栅与光电增量编码器的输出基本相同，上述测量电路同样可用作光栅测量电路。

顺便指出，按照旋转式编码器的工作原理，如把码盘拉直成码尺，就可构成直接进行线位移测量的直线式光电编码器。而且根据码尺的取材不同(透光或反光)，它还可分成透光式和反光式两种结构形式。

12.4 频率式传感器

在前几节介绍的测量位移的数字式传感器中,除了绝对编码器能将位移量直接转换成数字量外,其余几种都是将位移量转换成一系列计数脉冲,再由计数系统所计的脉冲个数来反映被测量的值。本节介绍的数字式传感器,其输出虽然也是一系列脉冲,但与被测量对应的是脉冲的频率。这种能把被测量转换成与之相对应且便于处理的频率输出的传感器即为频率式传感器。前述用增量编码器作转速测量时,其编码器的输出是与转速成正比的脉冲频率,这实际上就是一种频率式传感器。

12.4.1 RC 频率式传感器

利用热敏电阻把温度变化转换成频率信号的方法是 RC 频率式传感器的一例。热敏电阻作为 RC 振荡器的一部分,基本电路如图 12-20 所示。

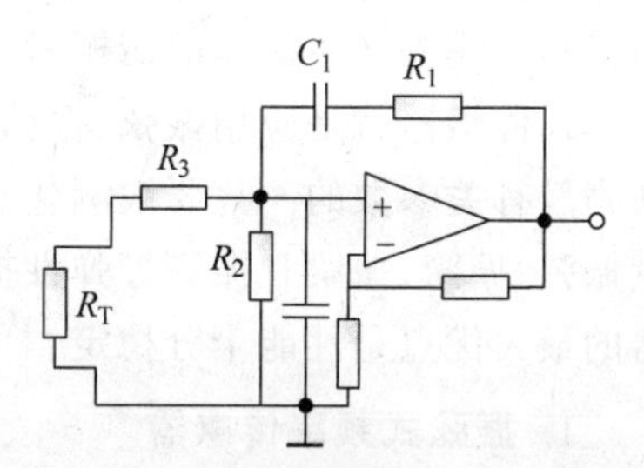

图 12-20　热敏电阻频率式传感器基本电路

RC 振荡器的振荡频率由下式决定:

$$f=\frac{1}{2\pi}\left[\frac{R_2+R_3+R_T}{R_1R_2(R_3+R_T)C_1C_2}\right]^{\frac{1}{2}} \tag{12-8}$$

12.4.2 石英晶体频率式传感器

利用石英晶体的谐振特性,可以组成石英晶体频率式传感器。石英晶体本身有其固有的振动频率,当强迫振动频率与它的固有振动频率相同时,就会产生谐振。如果石英晶体谐振器作为振荡器或滤波器时,往往要求它有较高的温度稳定性;而当石英晶体用作温度测量时,则要求它有较大的频率温度系数。因此,它的切割方向(切型)不同于用作振荡器或滤波器的石英晶体。

当温度在−80～+250℃范围时,石英晶体的温度与频率的关系可表示为

$$f_t=f_0(1+at+bt^2+ct^3) \tag{12-9}$$

式中:f_0 为 $t=0$℃时的固有频率;a,b,c 为频率温度系数。

可以选择一特定切型的石英晶体,使得式(12-9)中的系数 b 和 c 趋于零。这样切型的晶体具有良好的线性频温系数,其非线性仅相当于 10^{-3} 数量级的温度变化。晶体的固有谐振频率取决于晶体切片的面积和厚度。在石英晶体频率式温度传感器中,根据温度每变化 1℃振荡频率变化若干赫兹的要求,以及晶体的频温系数,可确定振荡电路的基频。石英晶体频率式温度传感器测量电路框图如图 12-21 所示。

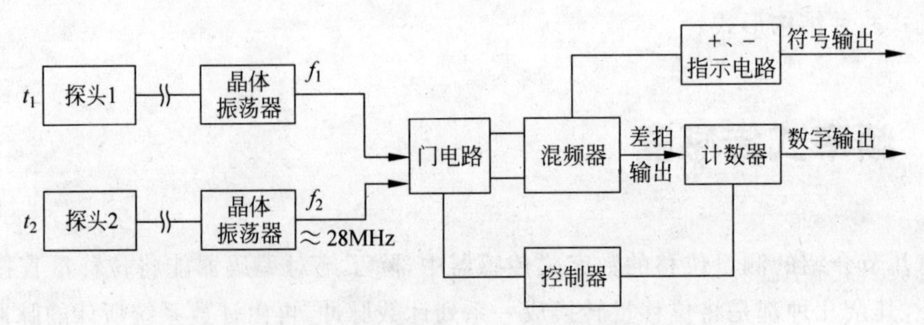

图 12-21 石英晶体频率式温度传感器测量电路框图

12.4.3 弹性振体频率式传感器

管、弦、钟、鼓等乐器利用谐振原理而可奏乐，这早已为人们所熟知。而把振弦、振筒、振梁和振膜等弹性振体的谐振特性成功地用于传感器技术却是近几十年的发展。弹性振体频率式传感器就是应用振弦、振筒、振梁和振膜等弹性振体的固有振动频率(自振谐振频率)来测量有关参数的。只要被测量与其中某一物理参数有相应的变化关系，我们就可通过测量振弦、振筒、振梁和振膜等弹性振体固有振动频率来达到测量被测参数的目的。这种传感器的最大优点是性能十分稳定。

1. 振弦式频率传感器

传感器的敏感元件是一根被预先拉紧的金属丝弦 1。它被置于激振器所产生的磁场中，两端均固定在传感器受力部件 3 的两个支架 2 上，且平行于受力部件。当受力部件 3 受到外载荷后，将产生微小的挠曲，致使支架 2 产生相对倾角，从而松弛或拉紧振弦，振弦的内应力发生变化，使振弦的振动频率相应地变化，如图 12-22 所示。振弦的自振频率 f_0 取决于它的长度 l、材料密度 ρ 和内应力 σ，可用下式表示：

$$f_0=\frac{1}{2l}\sqrt{\sigma/\rho} \tag{12-10}$$

图 12-23 所示为某一振弦式传感器的输出-输入特性。由图可知，为了得到线性的输出，可在该曲线中选取近似直线的一段。当 σ 在 $\sigma_1\sim\sigma_2$ 变化时，钢弦的振动频率为 1000～2000Hz 或更高一些，其非线性误差小于 1%。为了使传感器有一定的初始频率，对钢弦要预加一定的初始内应力 σ_0。图 12-24 为激振方式原理框图。

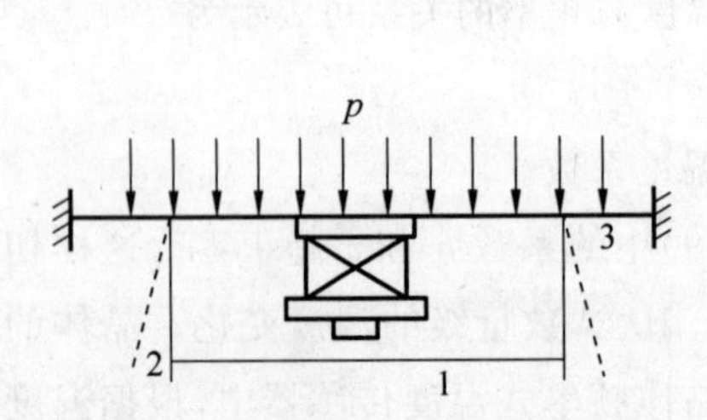

图 12-22 振弦压力传感器工作原理图

1—金属丝弦；2—支架；3—受力部件

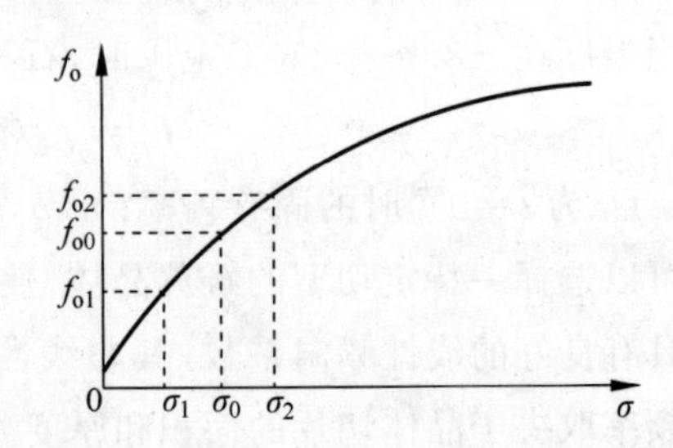

图 12-23 振弦式传感器的输出-输入特性

图 12-25 所示为差动振弦式力传感器。它在圆形弹性膜片 7 的上、下两侧安装了两根长度相等的振弦 1、5，它们被固定在支座 2 上，并在安装时加上一定的预紧力。在没有外力作用时，上、下两根振弦所受的张力相同，振动频率也相同，两频率信号经混频器 12 混频后的差频信号为零。当有外力垂直作用于柱体 4 时，弹性膜片向下弯曲。上侧振弦 5 的张力减小，振动频率减低；下侧振弦 1 的张力增大，振动频率增高。混频器输出两振弦振动频率的差频信号，其频率随着作用力的增大而增高。

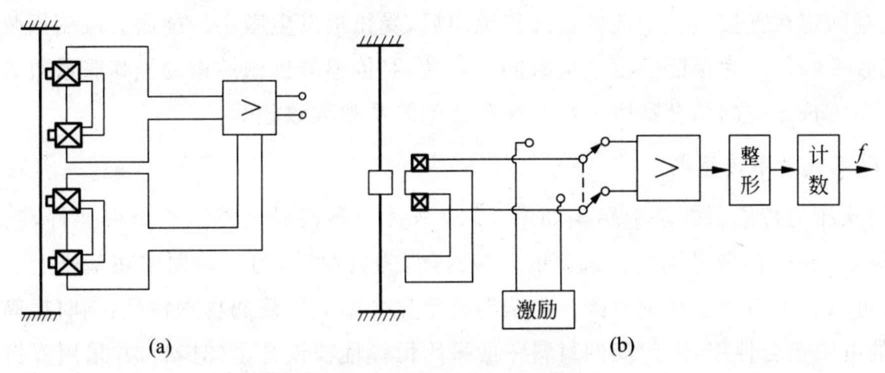

图 12-24　激振方式原理框图

(a) 连续激励方式；(b) 间断激励方式

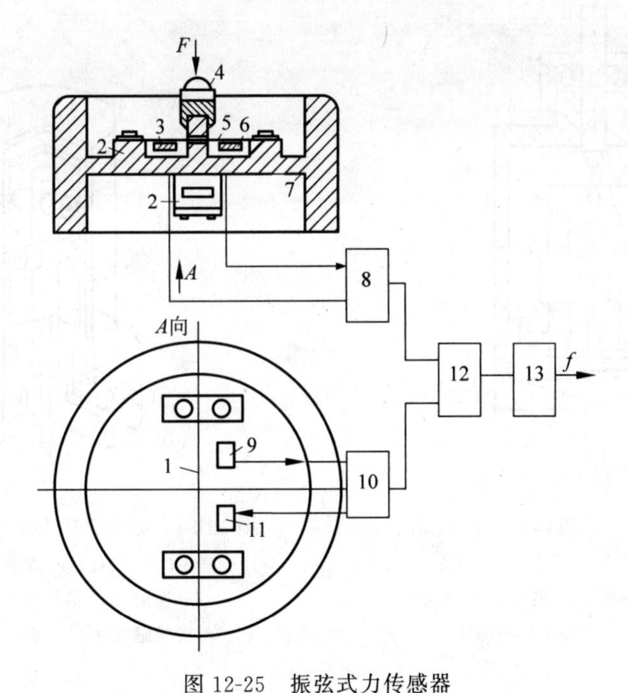

图 12-25　振弦式力传感器

1、5—振弦；2—支座；3、11—激励器；4—柱体；6、9—拾振器；7—弹性膜片；

8、10—放大/振荡电路；12—混频器；13—滤波、整形电路

图 12-25 中两根振弦应相互垂直，这样可以使作用力不垂直时所产生的测量误差减小。因为侧向作用力在压力膜片四周所产生的应力近似是均匀的，上、下两根振弦所受的张力是

相同的，根据差动工作原理，它们所产生的频率变化被互相抵消。因此，传感器对于侧向作用是不敏感的。

在图 12-25 的基础上，还可利用高强度厚壁空心钢管作受力元件，把 3 根、6 根或更多根振弦均等分布置于管壁的钻孔中，用特殊的夹紧机构把振弦张紧固定，构成多弦式力传感器。

图 12-26 所示为振弦式流体压力传感器，振弦的材料为钨丝，其一端垂直固定在受压板上，另一端固定在支架上。当流体进入传感器后，受压板发生微小的挠曲。改变振弦的内应力，使其频率降低。为保证温度变化时的稳定性，对传感器机械结构的线膨胀系数进行了选择，使其在弦长方向的综合膨胀系数与振弦的膨胀系数大致相等。

2. 振筒式频率传感器

振筒式压力传感器的基本结构如图 12-27 所示。振筒是传感器的敏感元件，它是一只壁厚约为 0.5mm 的薄壁圆筒。圆筒的一端封闭，为自由端，另一端固定在基座上。改变筒的壁厚，可以获得不同的测量范围。由于温度变化会影响振筒的物理特性，同时振筒还应具有良好的电磁耦合性能，因此筒的材料一般采用恒弹性镍铁合金(3J53)，并采用冷挤压和热处理等特殊工艺制成。

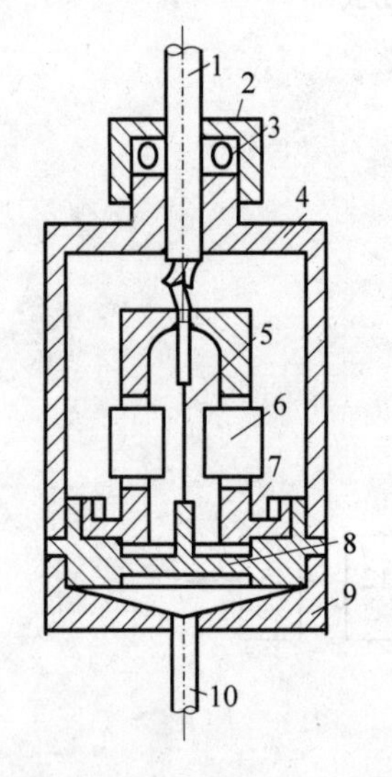

图 12-26　振弦式流体压力传感器

1—导线；2—固定螺母；3—O 形圈；4—外壳；5—振弦；6—磁钢；7—支架；8—受压板；9—底座；10—测压管

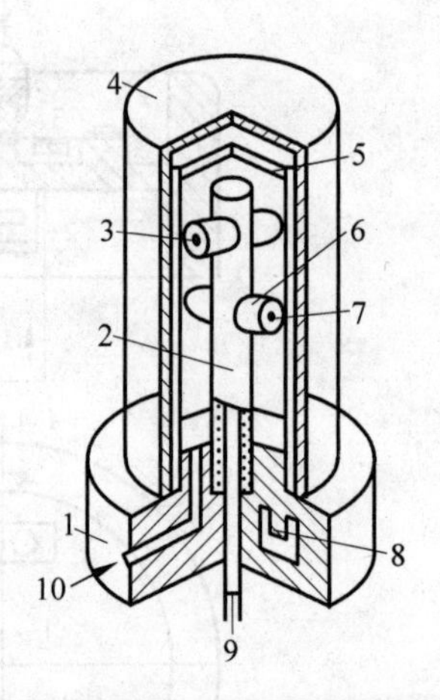

图 12-27　振弦式压力传感器结构示意图

1—基座；2—支柱；3—激振线圈；4—外壳；5—振筒；6—拾振线圈；7—磁极；8—温度敏感元件；9—引线；10—压力入口

激振线圈和拾振线圈被置于筒内的支柱上。激振线圈是振筒的激励源，并且补偿振筒固有衰减的能量，使振筒保持振动状态。拾振线圈中有一个永磁体磁极，筒的振动改变了拾振线圈的磁路，从而使拾振线圈上产生一个感应电势。为了防止彼此间的直接耦合，它们被布置成互成直角的形态，并相隔一定距离。外壳用作保护，同时起着对外界电磁场的屏蔽作用。如需测量绝对压力，应将外壳与振筒之间的空腔抽成真空，作为参考标准。

振筒式频率传感器的工作原理如下：

由于激振线圈与拾振线圈通过振筒相互耦合，与放大电路一起组成一个正反馈的振荡电路。当振筒工作时，拾振线圈产生的感应电势经放大后反馈给激振线圈，使电路保持在振荡工作状态。其输出经过整形电路得到一系列频率等于振筒固有频率的脉冲信号。

由于振筒有很高的品质因数，只有在其固有振动频率上谐振时，才有最大的振幅。此时，拾振线圈产生的感应电势才能满足振荡条件，使电路处于振荡状态。否则，若偏离了振筒的固有振动频率，其振幅迅速衰减，拾振线圈的感应电势也随之衰减，致使电路不能满足振荡条件而停振。因此，电路输出脉冲的频率即振筒的固有振动频率。其振动模式如图 12-28 所示。

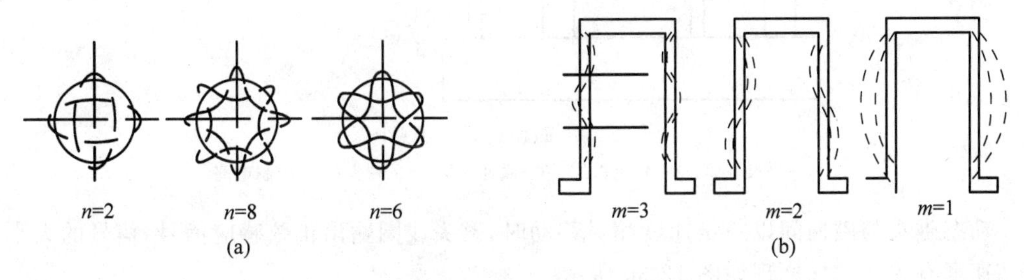

图 12-28　振筒的振动模式

(a) 径向；(b) 轴向

设取材料的密度、泊松比和弹性模量分别为 ρ、μ、E 的振筒，其壁厚为 h，半径为 r，有效长度为 l。在无周围介质影响的理想条件下，该振筒在零输入时的固有频率为

$$f_0=\frac{1}{2\pi}\sqrt{Eg/\rho r^2(1-\mu^2)}\ \sqrt{\Omega_{\mathrm{mw}}} \tag{12-11}$$

式中：$\Omega_{\mathrm{mw}}=\frac{(1-\mu)^2\lambda^4}{(\lambda^2+n^2)^2}+a(\lambda^2+n^2)$，其中，$\lambda=\frac{nrm}{l}$，$a=\frac{h^2}{12r^2}$。$n$ 为圆筒振动时的径向周期数，m 为圆筒振动时的径向半波数。

12.5　磁栅传感器

12.5.1　结构与工作原理

磁栅传感器由磁栅(简称磁尺)、磁头和检测电路组成。磁尺是用非导磁性材料做尺基，在尺基的上面镀一层均匀的磁性薄膜，然后录上一定波长的磁信号而制成的。磁信号的波长(周期)又称节距，通常用 W 表示。磁信号的极性是首尾相接，如图 12-29 所示，在 N、N 重叠处为正的最强，在 S、S 重叠处为负的最强。

磁栅基于磁信号节距 λ 的不同可分为 $\lambda=0.05\mathrm{mm}$ 和 $\lambda=0.02\mathrm{mm}$ 两种，磁栅条数在 100～30 000。磁头可分为动态磁头和静态磁头，动态磁头属于非调制性磁头或速度响应式磁头，而静态磁头为磁通响应式磁头或调制式磁头。

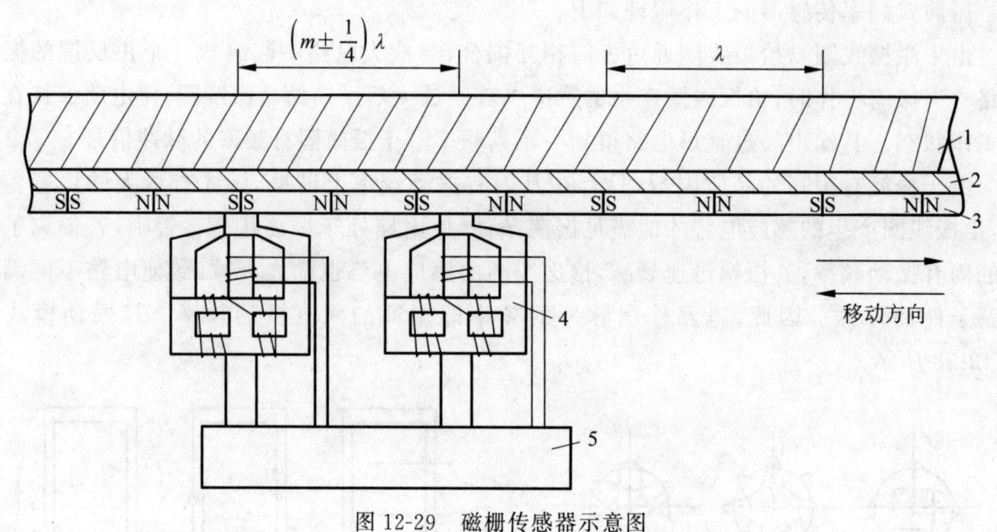

图 12-29　磁栅传感器示意图

1—磁尺基体；2—抗磁镀层；3—磁性涂层；4—磁头；5—控制电路

动态磁头与磁栅间以一定速度相对移动时，磁头线圈输出正弦感应信号，信号的大小与移动速度有关。结构原理如图 12-30 所示。

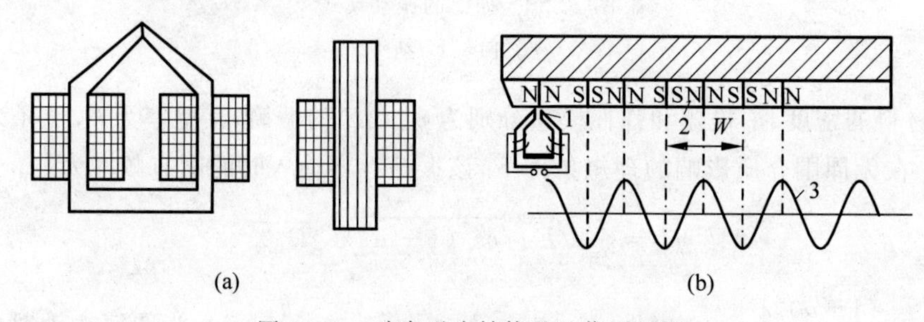

图 12-30　动态磁头结构及工作原理图

1—磁头；2—磁性薄膜；3—输出信号波形

静态磁头为多间隙磁头，磁芯上具有两个绕组（励磁绕组 N_1 和感应输出绕组 N_2），它根据激磁绕组所产生的磁感应强度和磁尺上的磁化强度的变化情况，输出一个与磁尺位置相对应的电信号静态磁头结构，如图 12-31 所示。在励磁绕组中通入交变的励磁电流，一般频率为 5kHz 或 25kHz，幅值约为 200mA。励磁电流使磁芯的可饱和部分（截面较小）在每周期内发生两次磁饱和。磁饱和时磁芯的磁阻很大，磁栅上的漏磁通不能通过铁芯，输出绕组不产生感应电动势。只有在励磁电流每周两次过零时，可饱和磁芯才能导磁，磁栅上的漏磁通使输出绕组产生感应电动势 e。可见感应电动势的频率为励磁电流频率的两倍，而 e 的包络线反映了磁头与磁尺的位置关系，其幅值与磁栅到磁芯漏磁通的大小成正比。

12.5.2　主要参数

磁栅传感器测量系统均采用两个多间隙磁头来读出磁尺上的磁信号，如图 12-30 所示。

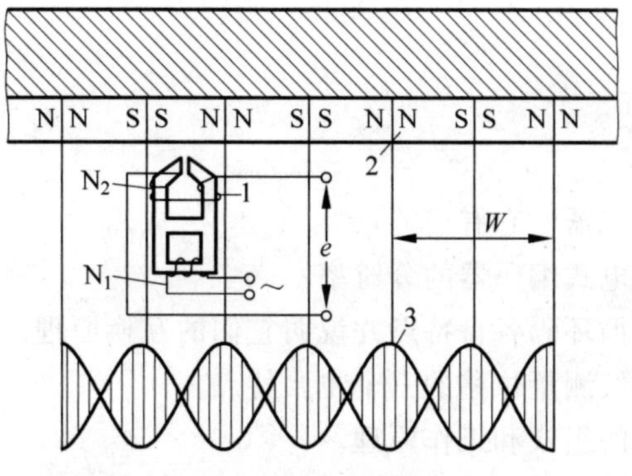

图 12-31　静态磁头结构及工作原理图

1—磁头；2—磁栅；3—输出信号波形

双磁头安置间隔为 $\lambda/4$，则两磁头的磁信号相位差为 $\pi/4$，输出绕组输出相位差为 $\pi/2$ 的两正弦信号。

$$\begin{cases} e_{o1} = E_{O1}\sin\dfrac{2\pi x}{\lambda}\sin\omega t \\ e_{o2} = E_{O2}\sin\dfrac{2\pi x}{\lambda}\sin\omega t \end{cases} \tag{12-12}$$

式中：λ 为磁尺磁信号的空间波长；x 为磁头在一个波长 λ 内的位置状态；ω 为输出信号的频率，$\omega = 2\pi f$（激励信号频率为 $f/2$）；E_{O1}、E_{O2} 为两输出信号的幅值，通过调整可使 $E_{O1} = E_{O2} = E_O$。

若采用鉴幅方式，则先经检波去掉高频载波，得

$$\begin{cases} e'_{o1} = E_O\sin\dfrac{2\pi x}{\lambda} \\ e'_{o2} = E_O\cos\dfrac{2\pi x}{\lambda} \end{cases} \tag{12-13}$$

再送相关电路进行细分、辨向后输出。

若采用鉴相方式，用两个相差 $\pi/4$ 的激磁信号进行激励，则输出信号为

$$\begin{cases} e_{o1} = E_O\sin\dfrac{2\pi x}{\lambda}\cos\omega t \\ e_{o2} = E_O\cos\dfrac{2\pi x}{\lambda}\sin\omega t \end{cases} \tag{12-14}$$

将这两个信号经求和处理后，可得输出信号为

$$e_o = E_O\sin\left(\omega t - \frac{2\pi}{\lambda}x\right) \tag{12-15}$$

这是一个幅值不变、相位随磁头与磁栅相对位置 x 而变化的信号，利用鉴相电路测量出相位，便可确定 x。

磁栅传感器的特点和误差分析：磁栅传感器录制的磁信号的空间波长 λ 稍大于计量光栅的栅距 W；零磁栅录制比零位光栅刻线简单；存在零位误差和细分误差；系统总误差在 $\pm 0.01\mu m$ 以内；分辨率为 $1\sim 5\mu m$。

思考题与习题

1. 什么是数字式传感器？它有何特点？
2. 如何实现提高光电式编码器的分辨率？
3. 简述二进制码与循环码各自特点并说明它们的互换原理。
4. 简述光栅莫尔条纹测量位移的三个主要特点。
5. 简述光栅读数头的组成和工作原理。
6. 简述计量光栅的结构和基本原理。

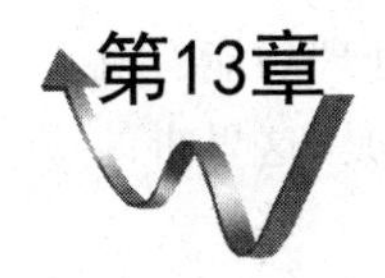

智能传感器与软传感器

13.1 智能传感器

传感器是构建现代信息系统(传感器技术、通信技术、计算机技术)的重要组成部分。随着科学技术的发展,人们需要的信息不断增多,所以对传感器的要求也越来越高。当前在不断提高传感器性能和可靠性的同时,还谋求多种信号的同时检测和处理,特别是在集成电路和计算机、通信技术的不断发展的推动下,传感器技术正从传统的分立式,朝着单片集成化、智能化、网络化、系统化的方向发展。智能传感器的国际市场销售量以每年20%的高速度增长,广泛用于工业、农业、商业、交通、环境监测、医疗卫生、军事科研、航空航天、现代办公设备和家用电器等领域。

13.1.1 智能传感器的定义与功能

1. 智能传感器的定义

目前,关于智能传感器的中英文称谓尚未完全统一。英国人将智能传感器称为"intelligent sensor";美国人则习惯于把智能传感器称作"smart sensor",直译就是"灵巧的、聪明的传感器"。最初关于智能传感器的概念是1978年美国国家航空航天局在开发宇宙飞船过程中形成的,宇宙飞船在太空中飞行时,为了保证其工作正常和船上宇航员的生存,就需要大量的传感器不断向地面发送位置、速度、姿态、温度、气压等数据信息,要处理如此多的信息,就需要一台大型电子计算机,而这在宇宙飞船上是无法做到的。为了不丢失数据,又要降低成本,于是提出了分散处理数据的想法。

智能传感器是指具有信息检测、信息处理、信息记忆、逻辑思维和判断功能的传感器。它不仅具有传统传感器的各种功能,而且还具有数据处理、故障诊断、非线性处理、自校正、自调整以及人机通信等多种功能。它是微电子技术、微型电子计算机技术与检测技术相结合的产物。

智能传感器的最大特点就是将传感器检测信息的功能与微处理器的信息处理功能有机地融合在一起。从一定意义上讲，它具有类似于人工智能的作用。需要指出的是，这里讲的“微处理器”包含两种情况：

(1) 将传感器与微处理器集成在一个芯片上构成所谓的“单片智能传感器”。

(2) 传感器能够配微处理器。

显然，后者的定义范围更宽，但二者均属于智能传感器的范畴。

世界上第一个智能传感器是美国霍尼韦尔(Honeywell)公司在1983年开发的ST3000系列智能压力传感器。它具有多参数传感(差压、静压和温度)与智能化的信号调理功能。

最近，该公司还相继开发出ST3000-900/2000等系列的新产品，使之功能进一步完善。目前，ST3000系列智能压力传感器在全世界的销量已突破50万只，深受广大用户的青睐。

早期的智能传感器是将传感器的输出信号经处理和转化后由接口送到微处理机部分进行运算处理。20世纪80年代智能传感器主要以微处理器为核心，把传感器信号调节电路、微电子计算机存储器及接口电路集成到一块芯片上，使传感器具有一定的人工智能。90年代智能化测量技术有了进一步的提高，使传感器实现了微型化、结构一体化、阵列式、数字式，使用方便，操作简单，具有自诊断功能、记忆与信息处理功能、数据存储功能、多参量测量功能、联网通信功能、逻辑思维以及判断功能。

2. 智能传感器的功能

智能传感器是为了代替人和生物体的感觉器官并扩大其功能而设计制作的一种装置。它一般由图13-1所示的几部分构成。

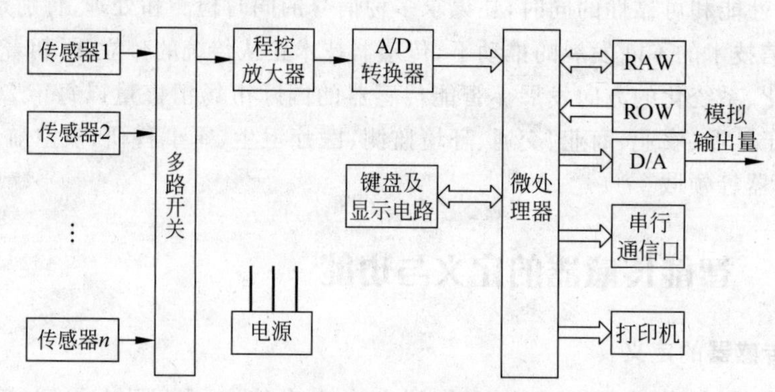

图13-1　智能传感器的构成

一般来讲，它应该具有如下功能：

(1) 具有自校准和自诊断功能。智能传感器不仅能自动检测各种被测参数，还能进行自动调零、自动调平衡、自动校准，某些智能传感器还能自标定功能。

(2) 具有数据存储、逻辑判断和信息处理功能，能对被测量进行信号调理或信号处理(包括对信号进行预处理、线性化，或对温度、静压力等参数进行自动补偿等)。

(3) 具有组态功能，使用灵活。在智能传感器系统中可设置多种模块化的硬件和软件，用户可通过微处理器发出指令，改变智能传感器的硬件模块和软件模块的组合状态，完成不同的测量功能。

(4) 具有双向通信功能，能直接与微处理器或单片机通信。

13.1.2　智能传感器的发展形式与特点

1. 智能传感器的发展形式

智能传感器的发展形式可以归纳为三个阶段：初级形式、中级形式和高级形式。

初级形式比较简单，其特征是在传感器内部集成有温度补偿及校正电路、线性补偿电路和信号调理电路，使传感器具有相应的能力，提高了经典传感器的精度和性能。但该形式传感器尚属智能的初级形式，智能含量少，不具备更高级的智能，缺少智能传感器系统的关键部件——微处理器，从而影响了其性能的进一步完善，故此形式的智能传感器尚为初级形式。

中级形式除具有初级智能传感器的功能外，还具有自诊断、自校正、数据通信接口等功能。结构上通常带有微处理器。传感器与微处理器的集成形式可以为单片式或混合式。借助微处理器，该形式传感器系统功能大大增加，性能进一步提高，自适应性加强，事实上，它本身已是一个基本完善的传感器系统，故称为智能传感器系统的中级形式或自立形式。

高级形式传感器除具有初级形式和中级形式的所有功能外，还具有多维检测、图像识别、分析记忆、模式识别、自学习甚至思维能力等。它所涉及的理论领域将包括神经网络、人工智能及模糊理论等。该传感器系统可具备人类“五官”的能力，从复杂的背景信息中提取有用信息，进行智能化处理，从而成为真正意义上的智能传感器。

以上对智能传感器系统各形式之间的划分并无严格的标准，但从传感器技术发展的观点看，以上三种形式的划分是符合发展趋势的。

智能传感器具有多功能、一体化、集成度高、体积小、适宜大批量生产、使用方便等优点，它是传感器发展的必然趋势，它的发展将取决于半导体集成化工艺水平的进步与提高。然而，目前广泛使用的智能式传感器，主要是通过传感器的智能化来实现的。

近年来，人们提出了智能结构的概念，也就是将传感元件、致动元件以及微处理器集成于基底材料中，使材料或结构具有自感知、自诊断、自适应的智能能力。智能结构涉及传感技术、控制技术、人工智能、信息处理和材料学等多种学科与技术，是当今国内外竞相研究开发的跨世纪前沿科技。

2. 智能传感器的特点

同一般传感器相比，智能式传感器有以下几个显著特点：

(1) 高精度。智能传感器采用自调零、自补偿、自校准等多项新技术，能达到高精度指标，而且具有信息处理的功能，因此通过软件不仅可以修正各种确定性系统误差(如传感器输入和输出的非线性误差、温度误差、零点误差、正反行程误差等)，还可以通过滤波等手段降低噪声，从而使传感器的精度大大提高。如美国霍尼韦尔公司的 PPT、PPTR 系列智能精密压力传感器，测量精度为±0.05%，比传统压力传感器的精度大约提高了一个数量级。

(2) 稳定、可靠性好。它具有自诊断、自校准和数据存储功能，对于智能结构系统还有自适应功能，具有良好的稳定性。智能传感器能自动补偿因工作条件与环境参数发生变化而引起的系统特性的漂移，如温度补偿；在被测参数变化后能自动改换量程；能实时自动进行系统的自我检验，分析、判断所采集到的数据的合理性，并给出异常情况的应急处理。

因此，由多项功能保证了智能传感器的高可靠性与高稳定性。

(3) 检测与处理方便。它不仅具有一定的可编程自动化能力，还可根据检测对象或条件的改变，方便地改变量程及输出数据的形式等，而且输出数据可通过串行或并行通信线直接送入远地计算机进行处理，这样就大大提高了检测和数据处理的效率。

(4) 多参数、多功能。不仅可以实现多传感器多参数综合测量，扩大测量与使用范围，而且可以有多种形式输出(如 RS-232 串行输出，PIO 并行输出，IEEE-488 总线输出以及经 D/A 转换后的模拟量输出等)，适配各种应用系统。

(5) 性价比高。在相同精度条件下，多功能智能式传感器与单一功能的普通传感器相比，其性价比高，尤其是在采用比较便宜的单片机后更为明显。智能传感器所具有的上述高性能，不是像传统传感器技术那样通过追求传感器本身的完善、对传感器的各个环节进行精心设计与调试、进行"手工艺品"式的精雕细琢来获得的，而是通过与微处理器、微计算机相结合，采用廉价的集成电路工艺和芯片以及强大的软件来实现的，所以具有较高的性价比。

13.1.3 智能传感器实现的途径

目前，传感器技术的发展沿着三条途径实现传感器智能化。

1. 功能结构集成化

结构集成化是智能传感器的主要发展方向。它可以分为简单集成化、工艺集成化和混合集成化。

1) 简单集成化

简单集成化是指将传统的经典传感器、信号调理电路、带数字总线接口的微处理器组合为一个整体，并开发配备通信、控制、自校正、自补偿、自诊断等智能化软件，而构成的一个智能传感器系统，如图 13-2 所示。

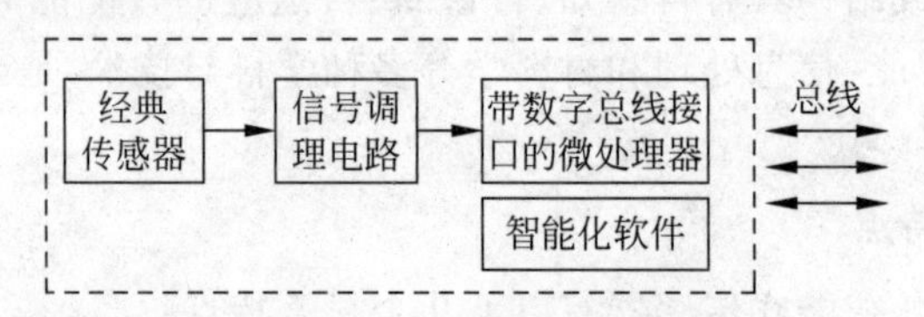

图 13-2　简单集成化示意图

这种简单集成化智能传感器是在现场总线控制系统发展形势的推动下迅速发展起来的，因为这种控制系统要求挂接的传感器必须是智能型的，对于自动化仪表生产厂家来说，原有的一整套生产工艺设备基本不变。因此，对这些厂家而言，这种简单集成化是一种建立智能传感器系统最经济、最快捷的途径与方式。

另一种简单集成化是带有专家知识库的新型智能传感器，它是由经典信号采集处理单元、符号产生、处理单元、通信接口和专家知识库组成。其结构组成如图 13-3 所示。经典信号采集处理单元不仅要实现信号的采集，还要对其进行滤波等数据预处理；符号产生单元和符号处理单元是这类智能传感器的核心部分，它利用存储的专家知识库中已有的先验知识对预处理后的传感信号进一步处理，得到符合客观对象的拟人类自然语言符号的描述信息；最后通过通信接口进行传输。这种集成化智能传感器可以模拟人类感知的全过程，它不仅具有智能传感器的一般优点和功能，而且还具有学习推理的能力，具有适应测量环境变化的能力，并且能根据测量任务的要求进行学习推理，除此之外，还具有与上级系统交换信息的能力以及自我管理和调节的能力。

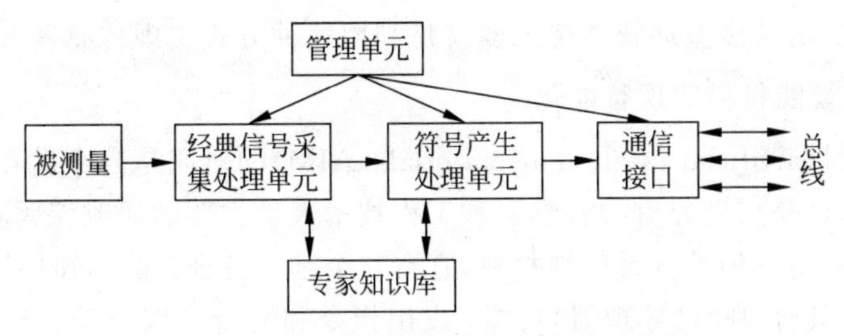

图 13-3 带有专家知识库的智能化示意图

2）工艺集成化

采用微机械加工技术和大规模集成电路工艺，采用硅作为基本材料制作敏感元件、信号调理电路、微处理单元，并把它们集成在一块芯片上面而构成集成智能传感器，属于现代传感器技术（专用集成微型传感技术 ASIM）。

由此工艺集成制作的传感器具有微型化、结构一体化、精度高、功能多、阵列式、全数字化和使用、操作简单方便等特点。

3）混合集成化

根据需要与可能，将系统各个集成化环节，如敏感单元、信号调理电路、微处理器单元、数字总线接口，以不同的组合方式集成在两块或三块芯片上，并装在一个外壳里，如图 13-4 中所示的几种方式。

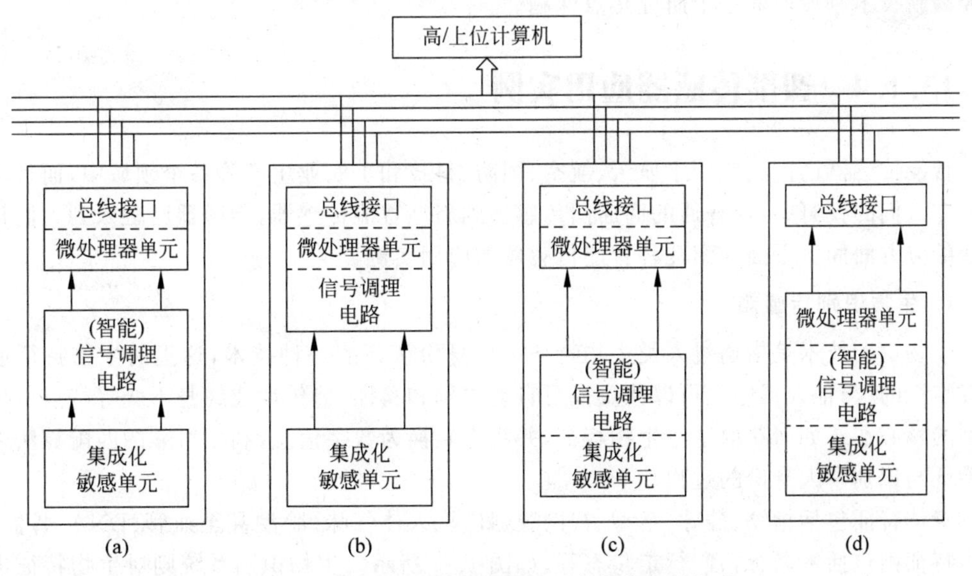

图 13-4 在一个封装中可能的混合集成实现方式

集成化敏感单元包括（对结构型传感器）弹性敏感元件及变换器。信号调理电路包括多路开关、仪用放大器、基准、模/数转换器（ADC）等。微处理器单元包括数字存储器

(EPROM、ROM、RAM)、I/O 接口、微处理器、数/模转换器(DAC)等。

2. 基于新的检测原理和结构设计实现智能化

采用新的检测原理,通过微机械精细加工工艺和纳米技术设计新型结构,使之能真实地反映被测对象的完整信息,这也是传感器智能化的重要途径之一。

现已经研究成功的多振动智能传感器就是利用这种方式实现传感器智能化的。

3. 利用人工智能材料实现智能化

人工智能材料(artificial intelligent materials,AIM)的研究是当今世界高新技术领域中的一个研究热点,也是全世界有关科学家和工程技术人员主要的研究课题。

人工智能材料是一种结构灵敏性材料,它有三个基本特征：能感知环境条件变化(传统传感器)的功能；识别、判断(处理器)功能；发出指令和自行采取行动(指引器)功能。人工智能材料按电子结构和化学键分为金属、陶瓷、聚合物和复合材料等几类,按功能又分为半导体、压电体、电致流变体等几种,例如：具有热阻效应、湿阻效应、电化学反应、气阻效应和具有自诊断、自调节、自修复功能,可用于快速检测环境温度、湿度,取代温控线路和保护线路；利用电致变色效应和光记忆效应的氧化物薄膜,可制作成自动调光窗口材料,既可减轻空调负荷又可节约能源,在智能建筑物窗玻璃上有广泛应用前景；利用热电效应和热记忆效应的高聚物薄膜可用于智能多功能自动报警和智能红外摄像,取代复杂的检测线路；利用有光电效应的光导纤维制作光纤混凝土,当结构构件出现超过允许宽度裂缝时,光路被切断而自动报警,可取代复杂的检测线路。人工智能材料是继天然材料、人造材料、精细材料后的第四代功能材料。显然,它除了具有功能材料的一般属性(如电、磁、声、光、热、力等),能对周围环境进行检测的硬件功能外,还能依据反馈的信息,具有进行自调节、自诊断、自修复、自学习的软调节和转换的软件功能。人工智能材料是制造智能传感器的极好材料,也是当今高新技术领域中的一个研究热点课题。

13.1.4　智能传感器应用实例

智能传感器已广泛应用于航天、航空、国防、科技和工农业生产等各个领域中,而且不断出现在人们的视野中,从普通的商店门传感器到新型智能传感器,传感器已融入到人们日常生活的方方面面。下面介绍几种智能传感器的应用实例。

1. 生物识别传感器

生物识别技术是指通过人类生物特征进行身份认证的一种技术,这里的生物特征通常具有唯一的(与他人不同)、可以测量或可自动识别和验证、遗传性或终身不变等特点。生物识别的核心在于如何获取这些生物特征,并将之转换为数字信息,利用可靠的匹配算法来完成验证与识别个人身份的过程。

身体特征包括指纹、静脉、掌型、视网膜、虹膜、人体气味、脸型甚至血管、DNA、骨骼等,行为特征则包括签名、语音、行走步态等,如图 13-5 所示。生物识别系统则对生物特征进行取样,提取其唯一的特征转化成数字代码,并进一步将这些代码组成特征模板,当人们同识别系统交互进行身份认证时,识别系统通过获取其特征与数据库中的特征模板进行比对,以确定二者是否匹配,从而决定接受或拒绝该人。

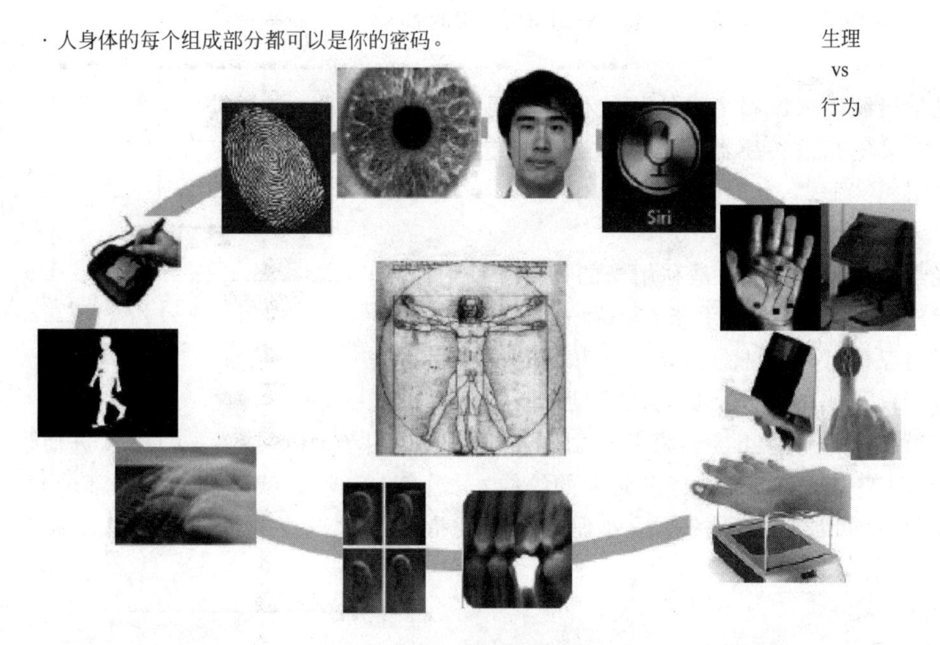

图 13-5　生物特征媒体

由此可见，采用任何一种生物特征进行身份识别，都需要进行信息采集、信号转换与处理、数据传输、特征提取、匹配识别等步骤，也就是说开发这样一套系统就是一个典型的智能传感器。下面以指纹识别技术为例简要指纹识别系统的工作原理。

指纹，由于其具有终身不变性、唯一性和方便性，几乎已成为生物特征识别的代名词。指纹是指人的手指末端正面皮肤上凸凹不平产生的纹线。

两枚指纹经常会具有相同的总体特征，但它们的细节特征却不可能完全相同。指纹纹路并不是连续的、平滑笔直的，而是经常出现中断、分叉或转折。这些断点、分叉点和转折点就称为“特征点”。特征点提供了指纹唯一性的确认信息，其中最典型的是终结点和分叉点，其他还包括分叉点、孤立点、环点、短纹等。特征点的参数包括方向（节点可以朝着一定的方向）、曲率（描述纹路方向改变的速度）、位置（节点的位置通过 x/y 坐标来描述，可以是绝对的，也可以是相对于三角点或特征点的）。其特征如图 13-6 所示。

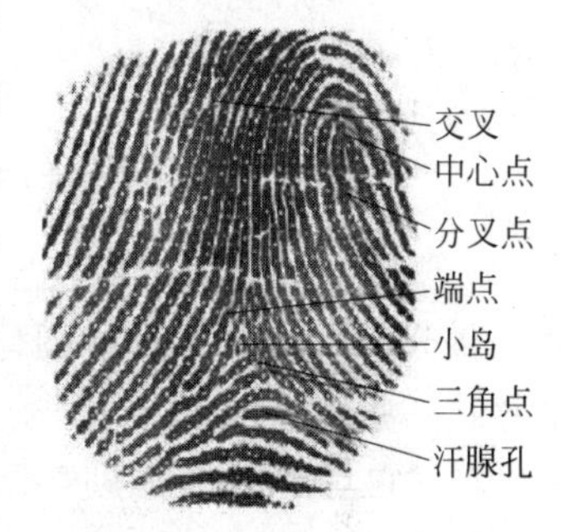

图 13-6　指纹特征点

指纹识别即指通过比较不同指纹的细节特征点来进行身份鉴别，一个典型的指纹识别系统包括如下几个步骤：指纹图像采集、图像预处理、特征提取、特征匹配、输出匹配结果，如图 13-7 所示。

对于应用指纹的身份识别系统，采集到指纹图像对最终的识别结果起着至关重要的作用。指纹传感器（又称指纹 sensor）是实现指纹自动采集的关键器件。指纹传感器按传感原理，即指纹成像原理和技术，分为光学指纹传感器、半导体电容传感器、半导体热敏传感器、半导体压感传感器、超声波传感器和射频 RF 传感器等。指纹传感器的制造技术是一项综合性强、技术复杂度高、制造工艺难的高新技术。

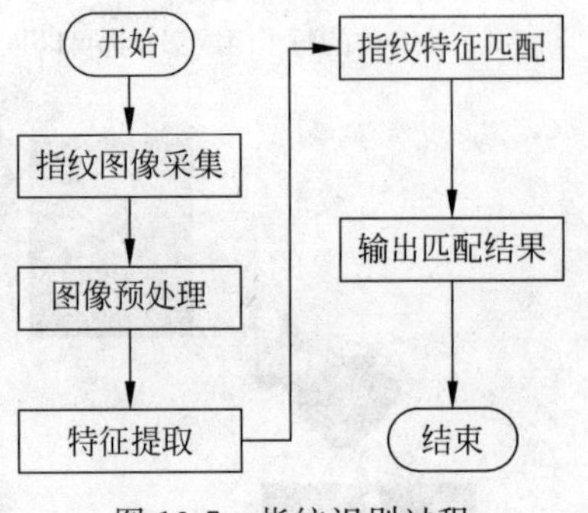

图 13-7　指纹识别过程

光学指纹传感器和半导体指纹传感器是目前应用中较为常见的指纹传感器。下面对这两类传感器分别加以介绍。

1）光学指纹传感器

光学指纹传感器主要是利用光的折射和反射原理，将手指放在光学镜片上，手指在内置光源照射下，光从底部射向三棱镜，并经棱镜射出，射出的光线在手指表面指纹凹凸不平的线纹上折射的角度及反射回去的光线明暗就会不一样。用棱镜将其投射在电荷耦合器件 CMOS 或者 CCD 上，进而形成脊线（指纹图像中具有一定宽度和走向的纹线）呈黑色、谷线（纹线之间的凹陷部分）呈白色的数字化的、可被指纹设备算法处理的多灰度指纹图像。其采集过程示意图如图 13-8 所示。

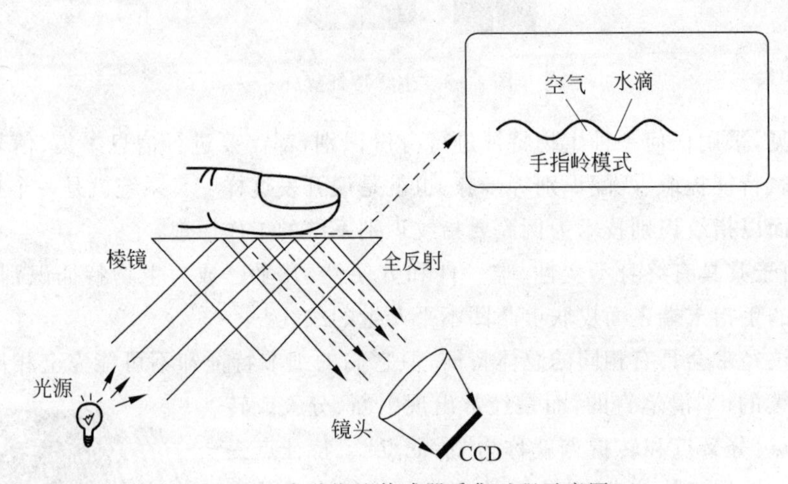

图 13-8　光学指纹传感器采集过程示意图

光学指纹传感器的优点主要表现为经历长期使用检验、系统稳定性较好、成本亦较低、能提供分辨力为 500dpi 的图像，特别是能实现较大区域的指纹图像采集。但是光学传感器也存在一些缺点：

（1）它对手指的干湿度要求较高，冬天时手指太干，采集时漫反射作用就很弱，采集到的图像质量就很差，夏天时手上汗液太多或者手指上有水，采集时就会产生全反射，无法成像。

（2）光学采集传感器对温度要求很高，在 0℃以下采集头就会变形，成像就会出现误差，这是光学采集头的一个缺陷。

（3）采集头的三棱镜在最外边，每次采集都要和手直接接触，时间长了就会变形，导致采集到的图像质量不同，所以一般都在采集头安装有机玻璃保护罩。

（4）光学传感器在采集图像时需要内部光源发出强光，所以功耗比较大，另外在强光的照射下是无法工作的。

(5) 光学传感器的采集原理决定了这种采集头的体积非常大,而且它的结构的一致性比较差,很难两个采集头互换。

2) 半导体指纹传感器

半导体指纹传感器主要是利用电容、电场(也即我们所说的电感式)、温度、压力的原理实现指纹图像的采集。这类传感器,无论是电容式或是电感式,其原理类似,在一块集成有成千上万半导体器件的"平板"上,手指贴在其上与其构成了电容(电感)的另一面,由于手指平面凸凹不平,凸点处和凹点处接触平板的实际距离大小就不一样,形成的电容/电感数值也就不一样,设备根据这个原理将采集到的不同的数值汇总,就完成了指纹的采集。

温差感应式指纹传感器,是基于温度感应的原理而制成的,每个单元传感器就代表一个像素,而整个集成指纹传感器又置于恒温控制下(该温度比体温略低些)。当手指放在指纹传感器上时,由于指纹传感器的温度被控制在+33℃以下,而指纹上脊点的温度就代表体温,指纹上谷点的温度就是周围的环境温度,因此脊点与传感器之间的温度差不等于谷点与传感器之间的温度差,通过扫描方式即可获取指纹图像。这种传感器的扫描速率非常快,必须在很短时间(一般应小于0.1s)内获取指纹图像。因为时间一长,手指和芯片就处于相同的温度了。

电容感应式指纹传感器,是由电容阵列构成的,内部大约包含1万只微型化的电容器。当用户将手指放在正面时,皮肤就组成了电容阵列的一个极板,电容阵列的背面是绝缘极板。由于不同区域指纹的脊和谷之间的距离也不相等,使每个单元的电容量随之而变,由此可获得指纹图像。采集原理图如图13-9所示。

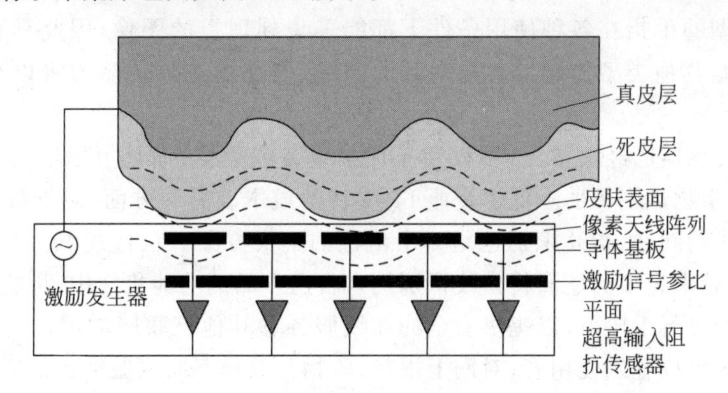

图13-9　电容式指纹传感器采集示意图

半导体指纹传感器具有价格低、体积小、识别率高等优点,这些特有的优点吸引了如Sony、Infineon等知名公司,并开发出各具特色的产品。当然,作为极具潜力、代表未来发展方向的指纹传感器也存在一定的局限性:

(1) 半导体传感器是利用反射式测量电场的不同来成像,那么手指上面的静电是一个对采集器影响最大的因素,轻则采集失灵,重则烧坏底层电路,在行业上要求抗静电能力最低要达到15kV。

(2) 半导体感器是由一些高精密度、易破坏的材料做成,所以,防爆性能很差,做成产品必须对采集头进行保护,但是射频信号经过保护膜肯定要衰减,降低了成像质量。

(3) 半导体传感器要求手指越干越好,不存在光学传感器的问题,湿度在85%RH也是没有问题的,但手指太湿也会造成图像采集困难,因为水是导体,会影响电场。

(4) 半导体传感器大面积制造成本较高,故取像区域较小。

3) 生物射频式指纹识别传感器

射频传感器是在电容式传感器的基础上扩展的,通过发射微量的射频信号,穿透手指的表皮层获取里层的纹路以获取信息。

生物射频指纹识别技术,是指通过传感器本身发射出微量射频信号,穿透手指的表皮层去控测里层的纹路,来获得最佳的指纹图像。因此对干手指、汗手指等困难手指通过可高达99.5%,防伪指纹能力强。指纹敏感器只对人的真皮皮肤有反应,从根本上杜绝了人造指纹的问题,另外它的工作温区宽,适合特别寒冷或特别酷热的地区。因为射频传感器产生高质量的图像,因此射频技术是最可靠、最有力的解决方案。除此之外,高质量图像还允许减小传感器,无需牺牲认证的可靠性,从而降低成本并使得射频传感器应用到可移动和大小不受限制的任何领域中。

射频传感器的工作原理很特殊,由射频与敏感元件阵列组成,每一个成员实际上都是一个等效的小天线,它通过人的手指向皮肤内层(真皮层)深处传递电波。接收部分的元件对回传的电波相位进行解调,相位的差别反映了指纹纹理。从某种意义上讲,它的原理与雷达的工作原理相似,所以称为射频式指纹传感器(RF sensor)。而且,它能自动调节内部电气参数来适应手指干湿程度、按手指压力、年龄等因素的变化。由于它的独特工作原理,所采集到的指纹图像对应于手指内层具有生命的真皮指纹纹理,对手指表面的外层皮肤并不直接敏感,并对表面的一些脏物、油渍、灰尘等物质具有穿透能力。它的特殊工作原理使它保证对各种类型的手指在各种使用条件下都能采集到理想的图像,因此具有显著的优越性能。干手指是其他类型传感器普遍遇到的问题,但是用这款传感器可以很好地解决这个问题。

现在指纹传感器已经很常见,不仅用于保护设备或数据,而且可以取代所有的个人密码。实践证明,生物识别帮助降低了企业IT支持的成本。另一方面,对于数字版权管理这样一个极其敏感的问题,指纹识别也是一个出色的解决方案。在台式PC和笔记本电脑领域,现在已经有越来越多的厂商将指纹识别纳入自己产品的功能集之中,指纹传感器已成为保护电脑数据的可行手段,可以提供安全的在线服务和其他互联网应用。具有指纹传感器的电脑和外设还可以鉴别使用者,对网上银行、购物和其他互联网服务提供额外保护。典型的指纹传感器应用如手机指纹解锁、指纹考勤、指纹门锁、指纹保险箱、汽车指纹防盗等,如图13-10所示。

4) 指纹传感器发展趋势

指纹识别技术的发展得益于现代电子集成制造技术和快速可靠的算法的研究。尽管指纹只是人体皮肤的一小部分,但用于识别的数据量相当大,对这些数据进行比对也不是简单的相等与不相等的问题,而需要进行大量运算的模糊匹配算法。

现代电子集成制造技术使得我们可以制造相当小的指纹图像读取设备,同时飞速发展的个人计算机运算速度提供了在微机甚至单片机上可以进行两个指纹的比对运算的可能。另外,匹配算法可靠性也不断提高,指纹识别技术已经非常实用。

指纹识别技术可以通过几种方法应用到许多方面。通过使用指纹验证来取代各个计算

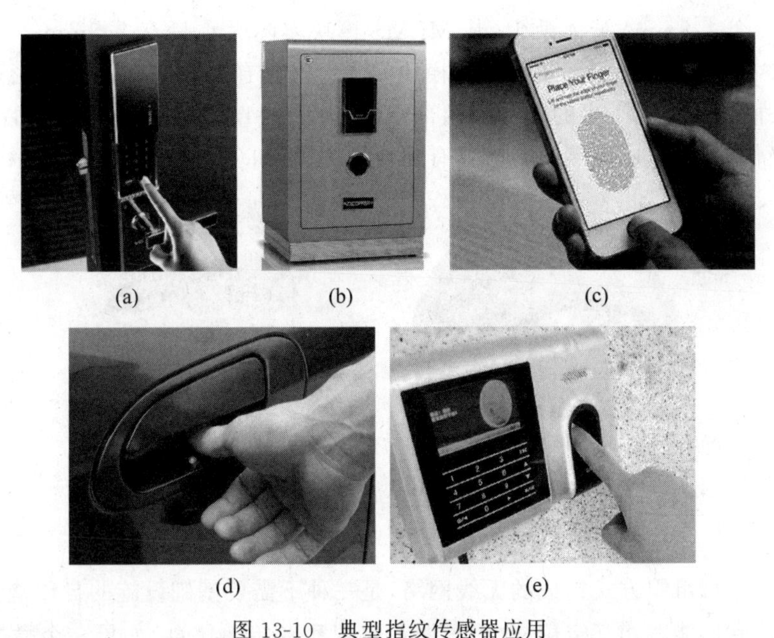

(a)　(b)　(c)

(d)　(e)

图 13-10　典型指纹传感器应用

(a) 指纹门锁；(b) 指纹保险箱；(c) 手机指纹解锁；(d) 汽车指纹锁；(e) 指纹考勤

机应用程序的密码就是最为典型的实例。可以想象如果计算机上的所有系统和应用程序都可以使用指纹验证的话，人们使用计算机就会非常方便和安全，用户不再讨厌必要的安全性检查，而IT开发商的售后服务工作也会减轻许多。

把指纹识别技术同IC卡结合起来，是目前最有前景的方向之一。该技术把卡的主人的指纹(加密后)存储在IC卡上，并在IC卡的读卡机上加装指纹识别系统，当读卡机阅读卡上的信息时，一并读入持卡者的指纹，通过比对卡上的指纹与持卡者的指纹就可以确认持卡者是否是卡的真正主人，从而进行下一步的交易。在更加严格的场合，还可以进一步同后端主机系统数据库上的指纹作比较。指纹IC卡可以广泛地运用于许多行业中，例如取代现行的ATM卡、制造防伪证件(签证或护照、公费医疗卡、会员卡、借书卡等)。目前ATM提款机加装指纹识别功能在美国已经开始使用。持卡人可以取消密码(避免老人和孩子记忆密码的困难)或者仍旧保留密码，在操作上按指纹与密码的时间差不多。

2. 智能微尘传感器

智能微尘(smart dust)传感器是指具有计算机功能的一种超微型传感器，它可以探测周围诸多环境参数，能够收集大量数据，进行适当计算处理，然后利用双向无线通信装置将这些信息在相距1000英尺的微尘器件间往来传送。智能微尘的应用范围很广，除了主要应用于军事领域外，还可用于健康监控、环境监控、医疗等许多方面。

1) 原理与结构

智能微尘又称为智能尘埃，是一种以无线方式传递信息的微型传感器，体积定位在$5mm^3$及以下。每一粒微尘都是由传感器、微处理器、通信系统和电源四大部分组成：主被动传输装置及探测接收装置共同构成通信系统；模拟I/O、DSP、控制模块构成微处理器；电源电容、太阳能电池、薄膜电池都属于电源部分；传感器是相对独立的模块。

智能微尘主要基于微机电系统(MEMS)技术和集成电路技术，具有体积微小、功耗极低等特点。一个 4.8mm^2 智能微尘，其 MEMS 模块实际大小只有 2.8mm×2.1mm，而利用 0.25μm CMOS 工艺制成的集成电路模块实际大小只有 1mm×330μm，执行一条指令平均只需 12pJ 能耗。智能微尘的外形及内部结构如图 13-11 所示。正是因为智能微尘体积微小、功耗极低，其在组成监测网络时具有独特的优势，如多角度多方位信息融合、低成本高冗余度、近距离接触等。

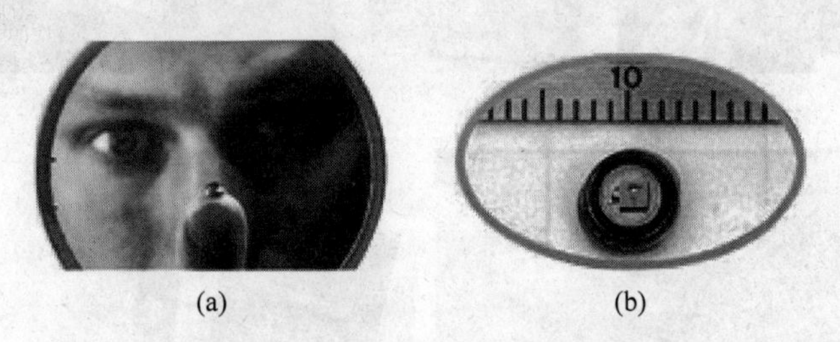

(a) (b)

图 13-11 智能微尘的外形及内部结构

(a) 肉眼所看到的智能微尘；(b) 智能微尘的内部结构

智能微尘以自组织方式构成的无线网络，是一种不需要基础设施的自创造、自组织和自管理的网络。它们能够相互定位、收集数据并向观察者传递信息，如果一个微尘功能失常，其他微尘会对其进行修复，并不会影响观察数据的获取。智能微尘的出现和智能微尘网络的发展应用带来了一种新的信息获取和处理模式。虽然智能微尘应用前景十分美好，但仍存在着若干技术难题，还不能走向广泛应用。研究者在将 MEMS 与其他电子器件集成到单一芯片的过程中遇到严峻的挑战，当前的目标是将 5mm 级的微尘缩小到 1mm。

由于硅片技术和生产工艺的突飞猛进，集成有传感器、计算电路、双向无线通信技术和供电模块的微尘器件的体积已经缩小到了沙粒般大小，但它却包含了从信息收集、信息处理到信息发送所必需的全部部件，未来的智能微尘甚至可以悬浮在空中几个小时，搜集、处理、发射信息。它仅依靠微型电池就能工作多年。

2）应用

(1) 军事应用

智能微尘系统可以部署在战场上，远程传感器芯片能够跟踪敌人的军事行动，智能微尘可以被大量地装在宣传品、子弹或炮弹壳中，在目标地点撒落下去，形成严密的监视网络，敌国的军事力量和人员、物资的运动自然被侦察得一清二楚。智能微尘还可以用于防止生化攻击，如通过分析空气中的化学成分来预告生化攻击。

(2) 医疗应用

澳大利亚联邦科学与工业研究组织的研究团队发明了一种能通过颜色变化显示伤口愈合程度的智能绷带。这种由液态结晶体制成的纤维非常敏感，不到 0.5℃的温度变化就能引起颜色变化，能对不同的温度做出反应，能显示温差小于 0.5℃的变化，能根据创口温度变化产生颜色上的变化——由红到蓝。用这种纤维绷带包扎伤口，能大幅提升对反复感染和早期炎症的创口治疗效果。

如果一个胃不好的病人吞下一颗米粒大小的小金属块就可以通过计算机看到自己胃肠中病情发展的状况，对任何一个胃不好的人来说无疑都是一个福音，这种传感器称为"胶囊微型机器人"，它是一种能进入人体胃肠道进行医学探查和治疗的智能化微型工具，是体内介入检查与治疗医学技术的新突破。其外形如图 13-12 所示。

智能微尘将来可以植入人体内，为糖尿病患者监控血糖含量的变化。糖尿病人只需通过计算机屏幕上显示的血糖指数来决定合适自己的食物。智能微尘可以定期检测人体内的葡萄糖水平、脉搏或含氧饱和度，将信息反馈给本人或医生，用它来监控病人或老年人的生活。将来老年人或病人生活的屋里将会布满各种智能微尘监控器，如嵌在手镯内的传感器会实时发送老人或病人的血压情况，地毯下的压力传感器将显示老人的行动及体重变化等。

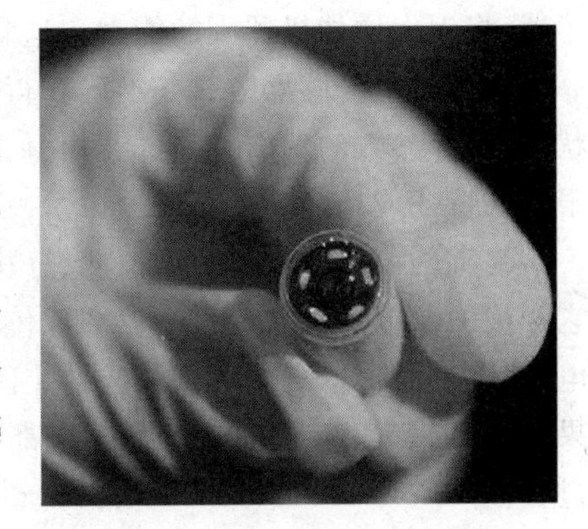

图 13-12　胶囊微型机器人

(3) 工业监控领域应用

输油输气很多地方都要穿越大片荒无人烟的无人区，这些地方的管道监控一直都是道难题，传统的人力巡查几乎是不可能完成的事，而现有的监控产品往往复杂且昂贵。智能微尘的成熟产品布置在管道上将可以实时地监控管道的情况，一旦有破损或恶意破坏都能在控制中心实时了解到。

电力监控方面同样如此，由于电能一旦送出就无法保存，因此，电力管理部门一般都会层层要求下级部门每月上报地区用电要求，但地区用电量的随时波动使这一数据无法准确，国内有些地方供电局就常常因数据误差太大而遭上级部门的罚款。但一旦用智能微尘来监控每个用电点的用电情况，这种问题就将迎刃而解。

3) 发展趋势与问题

如何对这些极小的微型机械进行供电是当前设计者们所面临的一个棘手难题。当前这些系统的测试或应用都要靠微型电池供电。比较理想的情况是，未来能随意部署这些无线微尘器件，而无电能之忧。将 MEMS 与其他电子器件集成到单一芯片是另一个严峻的挑战。

虽然智能微尘具有极广泛的应用前景，而且研究人员和商业开发者都渴望智能微尘技术能积极推广应用，但应谨慎地指出，尺寸问题和供电问题需要尽快解决，技术还没有成熟，广泛应用还需要时间。

3. 智能仿生传感器

通过对生物自身的各种感知如视觉、听觉、嗅觉、味觉和部分功能以及行为进行模拟，能够实现自动获取和处理信息并模仿人类思维的器件，称为智能仿生传感器。

仿生学兴起于 20 世纪 60 年代，它是利用机械、电子等技术模仿生物体的结构和功能实现工程应用的一门学科，渗透并结合有生物学、生物物理学、电子学、控制论、人机学、数学、心理学以及自动化技术等。近年来，仿生学发展迅速，尤其是在各种传感器中的应用，通过研究、学习、模拟、复制和再造生物系统的结构、功能、工作原理及控制机构，使得多种传感器具有某些生物的特性和功能，从而极大地提高人类对自然的适应和改造能力。

人类对世界的感知认识要靠五官，那么要想一台仪器做到这样，也需要具备人类五官的功能，下面分别进行论述。

1) 视觉仿生传感器

视觉对人类是非常重要的，人类从客观世界获取的信息大约 80%来自视觉，这也表明了人类对视觉这个“传感器”的利用率之高。如果机器人能够被赋予具有人类视觉功能的传感器，将大大增加机器人的能力。这就是人们开发的视觉仿生传感器。

视觉仿生传感器应具备准确获得敏感对象的敏感度、色度、位置距离、运动趋势、轮廓形状、姿态等参数的功能，而且能对它们进行存储、传输、识别和理解，使其具有类似生物系统眼睛的特征或功能。

视觉的工作过程可分为检测、分析、描述和识别四个主要步骤。视觉检测是首要步骤，它利用图像输入设备(摄像头、图像传感器等)将外部环境信息(颜色、亮度、距离等)转换成电信号，进而再以矩阵形式构成数字图像存储起来。值得一提的是，照明是获得良好视觉效果的重要因素，所以视觉检测系统都要有配套的照明系统，这样就能方便后续的图像处理过程。

视觉图像分析过程就是对采集到的图像进行预处理的过程，主要目的是消除图像中无关的信息，恢复有用的真实信息，增强有关信息的可检测性和最大限度地简化数据，为后续的特征描绘和识别奠定基础。一般视觉图像分析过程包括数字化、几何变换、归一化、滤波、平滑、复原和增强等步骤。

视觉描绘过程即图像特征提取过程，它指的是使用计算机提取图像信息，决定每个图像的点是否属于一个图像特征。特征提取的结果是把图像上的点分为不同的子集，这些子集往往属于孤立的点、连续的曲线或者连续的区域。常用的图像特征有几何特征(如面积、周长、直径、矩、角度等)、纹理特征(如规整度、疏密度、粗糙度、对比度、方向度、线像度等)、颜色特征、空间关系特征(指图像中分割出来的多个目标之间的相互的空间位置或相对方向关系)。这些特征可以通过不同的特征提取算法进行描绘，常用的算法包括 Hough 变换、灰度共生矩阵、颜色直方图、Canny 算子等。

视觉图像识别是指利用计算机对图像进行处理、分析和理解，以识别各种不同模式的目标和对象。视觉图像识别问题的数学本质属于模式空间到类别空间的映射问题。模式可以是以矢量形式表示的数字特征，也可以是以句法结构表示的字符串或图，还可以是以关系结构表示的语义网络或框架结构等。所以，基于上述三种类型的模式，视觉图像识别可以分为三类方法：统计模式识别、结构模式识别和人工智能。图像识别结果的好坏一方面取决于所选择的识别算法的性能，另外很大一方面取决于图像质量和特征的选择。图 13-13 所示为一种典型的工业视觉检测系统。

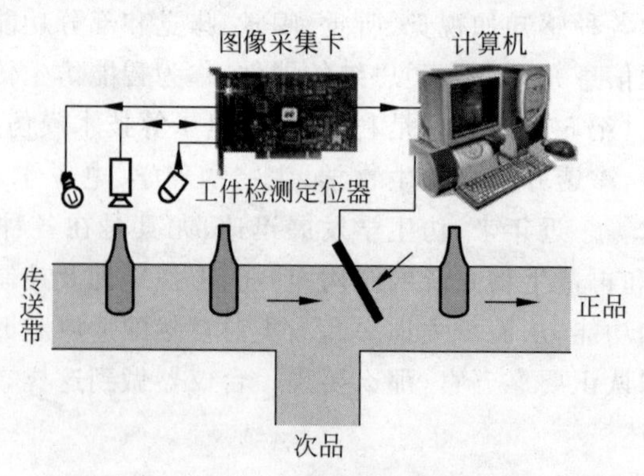

图 13-13　工业视觉检测系统

2）听觉仿生传感器

与机器进行语音交流，让机器明白你说什么，实现“人-机”对话，这是人们长期以来梦寐以求的事情。这就是人们开发的听觉仿生传感器，它的核心是语音识别技术，是将声音信号经过检测转换电路转化为相应的电信号，再通过信号处理来进行识别。语音识别技术包括三部分：音频检测、信号放大和语音信息处理。

语音识别实质上是通过模式识别技术识别未知的输入声音，通常分为特定话者和非特定话者两种方式。后者为自然语音识别，这种语音的识别比特定话者语音识别困难得多。特定话者的语音识别技术已进入了实用阶段，而自然语音的识别尚在研究阶段。特定语音识别是预先提取特定说话者发音的单词或音节的各种特征参数并记录在存储器中，要识别的输入声音属于哪一类，取决于待识别特征参数与存储器中预先登录的声音特征参数之间的差。

在语音识别的研究发展过程中，相关研究人员根据不同语言的发音特点，设计和制作了包括汉语（包括不同方言）、英语等各类语言的语音数据库，这些语音数据库可以为国内外有关的科研单位和大学进行汉语连续语音识别算法研究、系统设计及产业化工作提供充分、科学的训练语音样本。语音识别控制系统流程如图 13-14 所示。

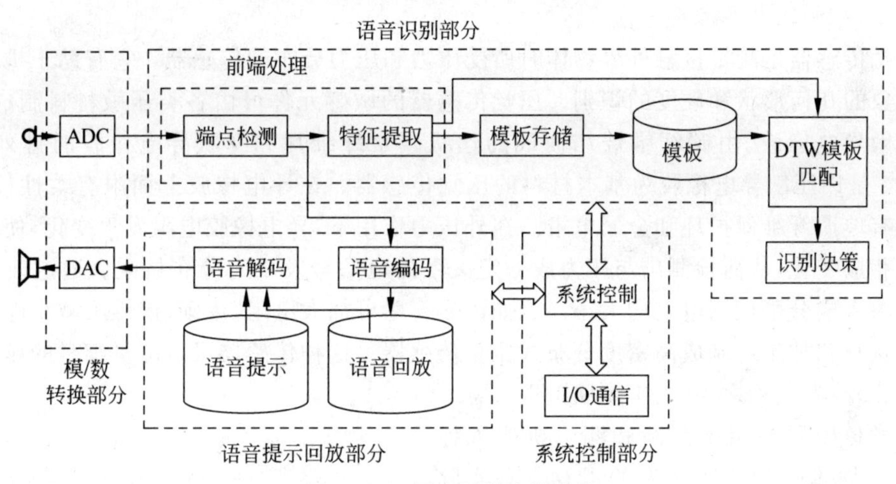

图 13-14　语音识别控制系统

目前语音识别技术主要有以下五个问题：

（1）对自然语言的识别和理解。首先必须将连续的讲话分解为词、音素等单位，其次要建立一个理解语义的规则。

（2）语音信息量大。语音模式不仅对不同的说话人不同，对同一说话人也是不同的，例如，一个说话人在随意说话和认真说话时的语音信息是不同的。一个人的说话方式随着时间变化。

（3）语音的模糊性。说话者在讲话时，不同的词可能听起来是相似的。这在英语和汉语中常见。

（4）单个字母或词、字的语音特性受上下文的影响，以致改变了重音、音调、音量和发音速度等。

（5）环境噪声和干扰对语音识别有严重影响，致使识别率低。

3）触觉仿生传感器

触觉仿生传感器是用于机器人中模仿触觉功能的传感器。触觉是人与外界环境直接接触时的重要感觉功能，研制满足要求的触觉传感器是机器人发展中的技术关键之一。随着微电子技术的发展和各种有机材料的出现，已经提出了多种多样的触觉传感器的研制方案，但目前大都属于实验室阶段，达到产品化的不多。触觉传感器按功能大致可分为接触觉传感器、力-力矩觉传感器、压觉传感器和滑觉传感器等。

接触觉传感器是用以判断机器人（主要指四肢）是否接触到外界物体或测量被接触物体的特征的传感器。接触觉传感器有微动开关、导电橡胶、含碳海绵、碳素纤维、气动复位式装置等类型。

力-力矩觉传感器是用于测量机器人自身或与外界相互作用而产生的力或力矩的传感器。它通常装在机器人各关节处。刚体在空间的运动可以用 6 个坐标来描述，例如用表示刚体质心位置的 3 个直角坐标和分别绕 3 个直角坐标轴旋转的角度坐标来描述。可以用多种结构的弹性敏感元件来敏感机器人关节所受的 6 个自由度的力或力矩，再由粘贴其上的应变片（见半导体应变计、电阻应变计）将力或力矩的各个分量转换为相应的电信号。常用弹性敏感元件的形式有十字交叉式、三根竖立弹性梁式和八根弹性梁的横竖混合结构等。

压觉传感器是测量接触外界物体时所受压力和压力分布的传感器。它有助于机器人对接触对象的几何形状和硬度的识别。压觉传感器的敏感元件可由各类压敏材料制成，常用的有压敏导电橡胶、由碳纤维烧结而成的丝状碳素纤维片和绳状导电橡胶的排列面等。图 13-15 是以压敏导电橡胶为基本材料的压觉传感器。在导电橡胶上面附有柔性保护层，下部装有玻璃纤维保护环和金属电极。在外压力作用下，导电橡胶电阻发生变化，使基底电极电流相应变化，从而检测出与压力成一定关系的电信号及压力分布情况。通过改变导电橡胶的渗入成分可控制电阻的大小。例如渗入石墨可加大电阻，渗碳、渗镍可减小电阻。通过合理选材和加工可制成高密度分布式压觉传感器。这种传感器可以测量细微的压力分布及其变化，故有人称之为“人工皮肤”。

滑觉传感器是用于判断和测量机器人抓握或搬运物体时物体所产生的滑移。它实际上是一种位移传感器，按有无滑动方向检测功能可分为无方向性、单方向性和全方向性三类。①无方向性传感器是探针耳机式，它由蓝宝石探针、金属缓冲器、压电罗谢尔盐晶体和橡胶缓冲器组成。滑动时探针产生振动，由罗谢尔盐转换为相应的电信号。缓冲器的作用是减小噪声。②单方向性传感器有滚筒光电式，被抓物体的滑移使滚筒转动，导致光敏二极管接收到透过码盘（装在滚筒的圆面上）的光信号，通过滚筒的转角信号而测出物体的滑动。③全方向性传感器采用表面包有绝缘材料并构成经纬分布的导电与不导电区的金属球。当传感器接触物体并产生滑动时，球发生转动，使球面上的导电与不导电区交替接触电极从而产生通断信号，通过对通断信号的计数和判断可测出滑移的大小和方向。这种传感器的制作工艺要求较高。典型的触觉传感器应用

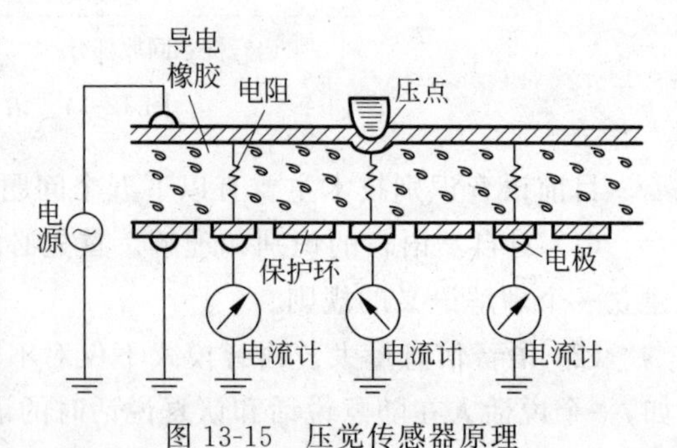

图 13-15　压觉传感器原理

就是机器人手臂，如图 13-16 所示。

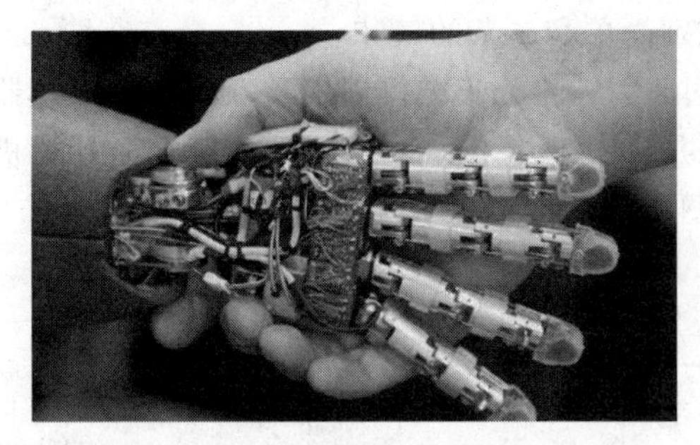

图 13-16　具有触觉的机器人手臂

4）味觉仿生传感器

味觉的感受器是味蕾，主要分布在舌背部表面和舌缘，口腔和咽部黏膜的表面也有零散的味蕾存在。味觉的形成过程是由舌表面味蕾上的味觉细胞的生物膜感受味觉物质并形成生物电信号，然后该生物电信号经神经纤维传至大脑，最后由大脑进行识别。仿照该过程制作的传感器称为味觉仿生传感器，又称“电子舌”。

随着国内外对电子舌研究的深入，有研究人员给电子舌定义为“由具有非专一性、弱选择性、对溶液中不同组分（有机和无机，离子和非离子）具有高度交叉敏感特性的传感器单元组成的传感器阵列，结合适当的模式识别算法和多变量分析方法对阵列数据进行处理，从而获得溶液样本定性定量信息的一种分析仪器”。

根据不同的原理，味觉传感器的类型主要有膜电位分析的味觉传感器、伏安分析味觉传感器、光电方法的味觉传感器、多通道电极味觉传感器、生物味觉传感器、基于表面等离子共振（SPR）原理制成的味觉传感器、凝胶高聚物与单壁纳米碳管复合体薄膜的化学味觉传感器、硅芯片味觉传感器以及 SH-SAW（shear horizontal surface acoustic wave）味觉传感器等。

膜电位分析味觉传感器的基本原理是在无电流通过的情况下测量膜两端电极的电势，通过分析此电势差来研究样品的特性。这种传感器的主要特点是：操作简便、快速，能在有色或混浊试液中进行分析，适用于酒精类检测系统。因为膜电极直接给出的是电位信号，较易实现连续测定与自动检测。其最大的优点是选择性高，缺点是检测的范围受到限制，如某些膜电极只能对特定的离子和成分有响应；另外，这种感应器对电子元件的噪声很敏感，因此，对电子设备和检测仪器有较高的要求。

生物味觉传感器由敏感元件和信号处理装置组成，敏感元件又分为分子识别元件和换能器两部分，分子识别元件一般由生物活性材料，如酶、微生物及 DNA 等构成。

多通道味觉传感器用类脂膜构成多通道电极制成的，多通道电极通过多通道放大器与多通道扫描器连接，从传感器得到的电子信号通过数字电压表转化为数字信号，然后送入计算机进行处理。基于凝胶高聚物的单壁纳米碳管复合体薄膜的化学传感器，采用阻抗法测量传感器在不同液体中的频率响应，最后对数据用主成分分析法进行模式识别，较好地区别酸、甜、苦、咸等味道。味觉仿生传感器技术在食品领域的应用研究开展得越来越广泛。图 13-17 是日本 INSENT 公司的 TS-5000Z 型电子舌系统。

图 13-17　味觉传感器应用系统

5）嗅觉仿生传感器

不同的味道是由空气中的各种气味分子以不同的浓度组成的。鼻子内壁有很多化学感受器，它们连接着不同的细胞，进而连接着大脑里嗅觉皮层内的不同神经细胞。当不同的神经细胞被“唤醒”，代表着对应的气味分子被闻到了。这就是人类的嗅觉过程。模拟该过程制作的传感器称为嗅觉仿生传感器，又称“电子鼻”，它是一种由一定选择性的电化学传感器阵列和适当的识别装置组成的仪器，能识别简单和复杂的气味。

嗅觉仿生传感器的工作原理包括如下几个过程：气味分子被机器嗅觉系统中的传感器阵列吸附，产生电信号；生成的信号经各种方法加工处理与传输；处理后的信号经计算机模式识别系统做出判断。其工作原理过程图如图 13-18 所示。

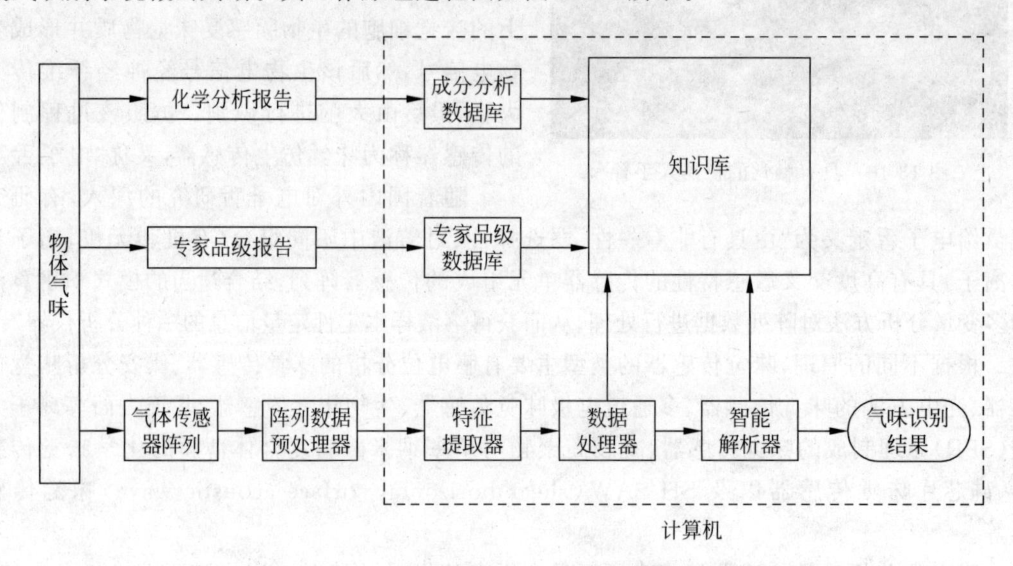

图 13-18 嗅觉仿生传感器工作原理

阵列中的气体传感器各自对特定气体具有相对较高的敏感性，由一些不同敏感对象的传感器构成的阵列可以测得被测样品挥发性成分的整体信息，与人的鼻子一样，闻到的是样品的总体气味。常用传感器按材料可分为金属氧化物型半导体传感器、导电聚合物传感器、质量传感器、光纤气体传感器。

信号预处理方法应根据实际使用的传感器类型、模式识别方法和识别任务选取。通常认为嗅觉模拟系统中某一传感器 i 对气味 j 的响应为一时变信号 $V_{ij}(t)$，由 n 个传感器组成的阵列对气味 j 的响应是 n 维状态空间的一个矢量 $\mathbf{V}_j$，可写为：$\mathbf{V}_j=[V_{1j},V_{2j},\cdots,V_{nj}]$。

气味传感器阵列对气味的响应灵敏度部分取决于传感器的质量。此外，测试环境和信号处理方式也有十分重要的作用。

在嗅觉传感器中，模式识别技术是对预处理之后的信号再进行适当的处理，获得气体组成成分和浓度的信息。嗅觉传感器中模式识别过程分为两个阶段：首先是监督学习阶段，在该阶段运用被测样品来训练仿生嗅觉系统，使其自我学习；然后是应用阶段，经过训练的仿生嗅觉系统对被测气体进行识别。仿生嗅觉中常用的模式识别方法包括统计模式识别和人工智能的方法。

嗅觉仿生传感器作为一种分析、识别和检测复杂嗅味和挥发性成分的仪器，具有检测速度快、操作简单、灵敏度高、重现性好等优点，使得其在食品工业、环境检测、医疗卫生、药品行业、安全保障、公安与军事等领域得到广泛的应用。图 13-19(a)是用于检测水果品质的电子鼻，图 13-19(b)是用于酒驾测试的电子鼻。

目前，智能仿生传感器已经发展了几十年，也已经发展成功了许多仿生传感器，但很多

(a)

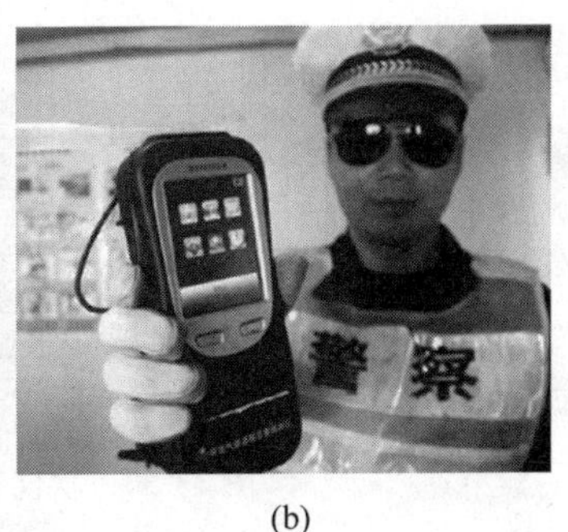

(b)

图 13-19　嗅觉仿生传感器应用

(a) 水果品质检测电子鼻；(b) 酒驾检测电子鼻

仿生传感器的稳定性、再现性和可批量生产性明显不足，所以仿生传感技术尚处于实验室阶段。因此，以后除继续开发出新系列的仿生传感器和完善现有的系列之外，生物活性膜的固定化技术和仿生传感器的固态化值得进一步研究。

13.2　软传感器

工业生产的最终目的是生产出合格的产品，为此人们研制出了各种过程检测、分析传感器用于监控生产过程中的变量、参数是否工作在正常范围内。但是很多生产过程中一些被控变量，特别是质量参数无法在线测量，如：精馏塔的产品组分浓度、塔板效率，干点、闪点，反应器中反应物浓度、转化率、催化剂活性，高炉铁水中的含硅量，生物发酵罐中菌体浓度及产品的分布等，而且在线分析仪器往往价格昂贵，不易维护，分析一般存在滞后，那么在以这些参数为指标进行控制时就无法构成实时反馈回路，从而不能保证对其很好的控制，最终产品质量就无法保证。为此，软传感器技术应运而生。

13.2.1　软传感器的概念

软传感器(soft sensor)，又称软测量或软仪表，是指依据可测、易测的过程变量(称为辅助变量或二次变量)与难以直接检测的待测变量(称为主导变量)之间的数学关系，根据某种最优准则，采用各种计算方法，用软件实现对待测变量的测量或估计。

软传感器的基本思想是把自动控制理论与生产工艺过程知识有机结合起来，应用计算机技术，对于一些难以测量或暂时不能测量的重要变量，选择另外一些容易测量的辅助变量，通过构成某种数学关系来推断和估计，以软件来代替硬件功能。

软仪表技术本质上是一种建模问题，即通过构造某种数学模型，描述可测量的关键操作变量，被控变量和扰动变量与产品质量之间的函数关系，以过程操作数据为基础，获得产品质量的估计值。软仪表技术的基本流程如图 13-20 所示。

软仪表的数学描述就是设法由可测变量得到不可在线测量的主导变量的估计值 $\hat{y}$，即

$$\hat{y}=f(u,d,\theta,y^{*}) \tag{13-1}$$

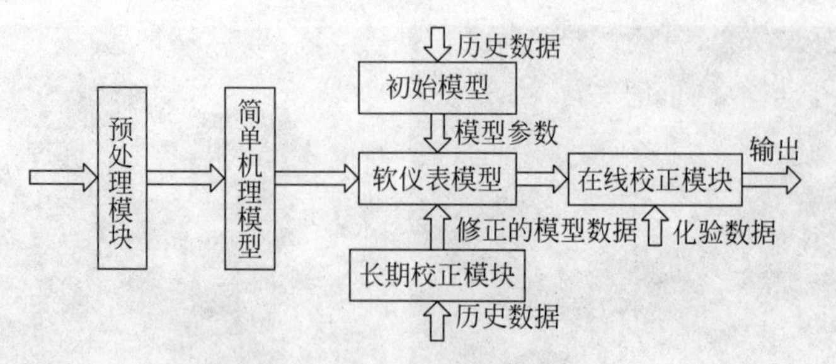

图 13-20　软仪表技术的基本流程

式中：u 为控制变量；d 为扰动信息量；θ 为辅助变量；y^* 为离线采样值(校正时才使用)。数学描述结构如图 13-21 所示。

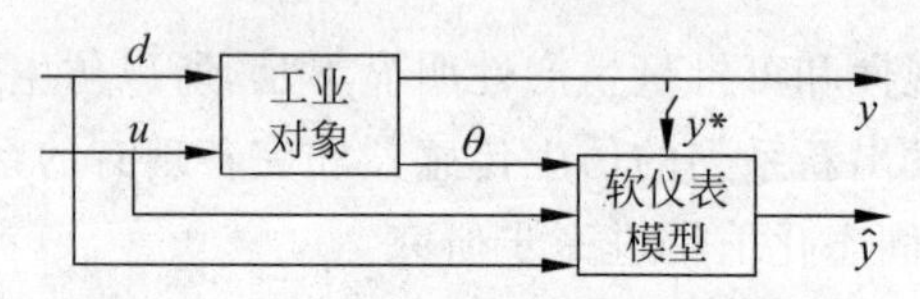

图 13-21　软仪表的数学描述结构

软仪表的意义在于能够测量目前由于技术或经济的原因无法或难以用传感器直接检测的重要的过程参数,再有就是有助于提高控制性能。

13.2.2　软仪表的工作原理

软仪表的工作过程主要包括如下几个步骤：①辅助变量的选择；②数据的预处理；③软仪表模型的建立；④模型的校正。这些也是影响软仪表测量结果性能的主要因素。下面分别加以介绍。

1. 辅助变量的选择

首先要明确测量的目的,确定主导变量,然后就要深入了解和熟悉测量对象及有关装置的工艺流程,通过机理分析可以初步确定影响主导变量的相关变量——辅助变量。

辅助变量的选择包括变量类型、变量数目和监测点位置的选择。这三方面互相关联、互相影响,由过程特点所决定。在实际应用中,还受经济条件、维护的难易程度等外部因素制约。

一般来讲,辅助变量类型的选择有以下几个原则：

(1) 过程适用性：工程上易于在线获取并有一定的测量精度；

(2) 灵敏性：对过程输出或不可测扰动能做出快速反应；

(3) 特异性：对过程输出或不可测扰动之外的干扰不敏感；

(4) 准确性：构成软仪表应能够满足精度要求；

(5) 鲁棒性：对模型误差不敏感。

对于辅助变量数目的选择,首先要从过程机理入手分析,从影响被估计变量的变量中去挑选主要因素,因为全部引入既不可能也没有必要。如果缺乏过程机理知识,则可用回归分析的方法找出影响被估计变量的主要因素,但这种方法需要大量的观测数据。另外需要指出的是，辅助变量数目的选择受系统自由度的限制，也就是说，辅助变量的个数不能小于被估计变量的个数。所以，辅助变量最佳数目的选择与过程的自由度、测量噪声以及模型的不确定性有关。至于辅助变量的最优数量问题，目前尚无统一结论。一般建议从系统的自由度出发，先确定辅助变量的最小个数，再结合实际过程中的特点适当增加，以便更好地处理动态特性的问题。

对于许多工业过程，与各个辅助变量相对应的检测点位置的选择是相当重要的。可供选择的检测点很多，而且每个检测点所能发挥的作用各不相同。一般情况下，辅助变量的数目和位置常常是同时确定的，用于选择变量数目的准则往往也被用于检测点位置的选择。检测点位置的选择方案也十分灵活，可以采用投影误差最小原则，用试差法选择；也可以利用奇异值分解(SCD)原理来选择，将具有定量和精确的特点，能适应操作点的变化；还可以采用工业控制仿真软件确定。对于确定的检测点往往需要在实际应用中加以调整。

2. 数据的预处理

软仪表是通过过程测量数据经过数值计算而实现的，为了保证测量精度，数据的正确性和可靠性十分重要。由于测量仪表精度及环境噪声等随机因素的影响，变量的数值范围、分布各异，所以对输入数据的预处理是软仪表技术不可缺少的一部分。采集数据的预处理包括数据误差处理和数据变换两方面。

数据误差主要分为随机误差和过失误差两类，前者是随机因素的影响，如操作过程微小的波动或测量信号的噪声等，这种误差一般符合统计规律，工程上多采用数字滤波算法，如中值滤波、平均值滤波和程序控制滤波等方法都可以减小随机误差的影响；后者包括仪表的系统误差(如堵塞、校正不准等)以及不完全或不正确的过程模型(受泄漏、热损失等不确定因素影响)，对各种可能导致过失误差的因素进行理论分析，借助多种测量手段对同一变量进行测量，然后进行比较，或者根据测量数据的统计特性进行检验。过失误差的影响很大，必须在数据处理时进行判别和及时剔除。

数据变换不仅影响模型的精度和非线性映射能力，而且对数值算法的运行效果也有重要的作用。测量数据变换包括标度、转换和权函数三个方面。实际测量数据可能有着不同的单位，各个变量的数值可能相差几个数量级，直接使用原始测量数据进行计算可能丢失信息和引起数值计算的不稳定，因此需要采用合适的因子对数据进行标度，克服上述问题，以改善算法的精度和计算稳定性。转换用于降低对象的非线性特性，其方法包括对数据的直接换算和寻找新的变量替代原变换变量两种。权函数可实现对变量动态特性的补偿，合理使用权函数有可能用稳态模型实现对过程的动态估计。

3. 软仪表模型的建立

表征辅助变量和主导变量之间的数学关系称为软仪表测量模型，该数学模型的建立是软仪表的核心技术，其主要目的是制定过程优化操作方案，通过该模型的仿真，制定控制系统的设计方案，并完成其调试。

软仪表模型不同于一般意义下的描述对象输入-输出关系的数学模型，它注重的是通过辅助变量来获得对主导变量的最佳估计。建立软仪表模型的方法多种多样，且各种方法互有交叉和融合，可以把这些方法归纳为两大类，一类是机理建模方法，另一类是经验建模方法。

1）机理建模方法

机理建模是指根据一些已知的定律和原理，如化学反应方程式、能量平衡、物料平衡方程等，分析生产工艺过程和各种变量之间的相互影响情况，从内在的机理出发，找出被测变量与有关辅助变量之间的数学关系，建立估计主导变量的精确数学模型，从而实现对主导变量的软测量。

从理论上来讲，机理模型是最精确的模型，也是最容易实现且效果最好的模型。然而它需要有扎实的物料、化学和生物方面的基础知识，对被测对象的内部特性完全了解，对其工艺过程十分清楚，各种工艺数据准确可靠，对于较简单的生产工艺过程有实用性，但是由于实际工业过程的复杂性，往往难以完全通过机理分析得到软仪表模型。因此，基于机理分析的方法非常困难，和其他方法结合可以产生更好的效果。

2）经验建模方法

过程的输入/输出信号一般总是可以测量的，由于过程的动态特性必然表现在输入/输出的数据(样本)之中，那么就可以利用样本数据所提供的信息来建立过程的数学模型。常用的建模方法包括基于回归分析方面、基于状态估计方法和基于人工智能方法。

(1) 基于回归分析方法。基于回归分析方法是指将辅助变量和主导变量组成的系统看成“黑箱”，以辅助变量为输入，主导变量为输出，运用统计方法建立软仪表数学模型。回归分析方法是一种最常用的经验建模方法，为寻找多个变量之间的函数关系或相关关系提供了有效手段，建模物理意义明确，能看出辅助变量与主导变量的关系，外推能力强。以最小二乘原理为基础的回归技术目前已相当成熟，常用于线性模型的拟合，为了避免矩阵求逆运算可以采用递推最小二乘法，为了防止数据饱和还可以采用带遗忘因子的最小二乘法。对于辅助变量较多的情况，通常要借助机理分析，首先获得模型各变量组合的大致框架，然后再采用逐步回归方法获得软仪表模型。为简化模型，也可采用主元回归分析法和部分最小二乘回归法等方法。

(2) 基于状态估计方法。基于某种算法和规律，从已知的知识或数据出发，估计出过程未知结构和结构参数、过程参数。对于数学模型已知的过程或对象，在连续时间过程中，从某一时刻的已知状态 $y(k)$ 估计出该时刻或下一时刻的未知状态 $x(k)$ 的过程就是状态估计。如果主导变量作为系统的状态变量时，辅助变量是完全可观的，那么软仪表问题就转化为典型的状态观测和状态估计问题。采用 Kalman 滤波器和 Luenberger 观测器是解决问题的有效方法。前者适用于白色或静态有色噪声的过程，而后者则适用于观测值无噪声且所有过程输入均已知的情况。

(3) 基于人工智能方法。近年来，世界范围内掀起的人工智能研究的热潮，也在过程软仪表中得到了大量的应用。如基于模糊数学的软仪表所建立的相应模型是一种知识性模型，它特别适合应用于复杂工业过程中被测对象呈现亦此亦彼的不确定性，以及难以用常规数学定量描述的场合。基于人工神经网络的软测量是近年来研究最多、发展最快和应用范围很广泛的一种软仪表技术。人工神经网络研究是人类探索模仿神经系统信息处理智能装置的一个重要领域，它是基于人脑组织结构、活动机制的初步认识而提出的一种新型计算机体现，是由一些简单的类似大脑神经元的元件及其层次组织大规模并行连接构造的网络。人工神经网络具有自学习能力，记忆联想能力，即自适应能力；它还有很强的非线性逼近功能，适合进行建模工作；而且具有并行处理、分布式存储记忆的结构特点，能实时进行复杂的运算。

人工神经网络建模包括用人工神经网络去描述辅助变量和主导变量关系的直接建模；也可用于已建立软仪表模型基本框架的情况，对已建立的软仪表模型进行在线校正。迄今为止，人们已提出50多种神经网络模型，其中常用的有反向传递模型(BP)、径向基函数模型(RBF)、Hopfield模型(HOP)、B样条函数、自组织映射神经网络(SOM)等。

虽然神经网络具有强大的建模功能，但是要想建立的模型具有高精度、高稳定性，还需要大量的样本数据，而在很多过程获取数据还是比较困难的。20世纪90年代，Vapnik提出了一种基于统计学习理论的学习方法——支持向量机(support vector machines，SVM)，该算法采用结构风险最小化原则，避免了神经网络容易出现的局部极小和过拟合问题，而且SVM的拓扑结构可由支持向量机决定，避免了神经网络拓扑结构需要经验试凑的局限性，所以SVM被认为是目前针对小样本分类和回归问题的最佳理论。

最小二乘支持向量机(LSSVM)是在SVM的基础上建立的一种改进算法，是SVM在二次损失函数下的一种形式，通过构造损失函数将原支持向量机中算法的二次寻优变为求解线性方程。其运算速度快，处理多输入/多输出问题计算效率高，因此在过程建模、软仪表中得到了较好的应用。

(4) 基于其他方法的软仪表模型。上述提到的软仪表建模方法，在过程控制和检测中已有许多成功的应用。而下面提及的建立软测量模型的方法由于技术发展的限制，目前在过程控制中应用较少，例如基于过程层析成像的软测量、基于相关分析的软测量和基于现代非线性信息处理技术的软测量等。过程层析成像是一种以医学层析成像技术为基础的可在线获取过程参数二维或三维的实时分布信息的先进检测技术；基于相关分析的软测量模型是以随机过程中的相关分析理论为基础，利用两个或多个可测随机信号间的相关特性来实现某一参数的在线测量；基于现代非线性处理技术的软测量是利用易测过程信息，采用先进的信息处理技术，通过对所获信息的分析处理提取信号特征量，从而实现某一参数的在线检测或过程的状态识别。

4. 软仪表模型的校正

在软仪表的使用过程中，随着生产条件改变、对象特性的变化，生产过程的工作点会发生一定程度的漂移，因此需要对软仪表进行校正以适应新的工况。通常对软仪表的在线校正仅修正模型的参数，具体的方法有自适应法、增量法和多时标法等。对模型结构的修正需要大量的样本数据和耗费较长的时间，在线校正有实时性方面的困难。已提出的短期学习和长期学习的思想，则可较好地解决这个矛盾。软仪表模型的在线校正涉及校正算法的有效性和快速性的问题，一般有效性取决于校正数据的选取，而快速性则取决于算法本身，设计校正算法时应同时考虑这两个问题。值得注意的问题是样本数据与过程数据之间在时间上的匹配。尤其是在人工分析情况下，从过程数据即时反应的产量、质量状态到取样位置需要一定的流动时间，取样后到产品质量参数返回现场又要耗费很长的时间，因此在利用分析值和过程数据进行软仪表的校正时，应特别注意保持两者在时间上的对应关系。

13.2.3 软仪表在工业中的应用

由于软仪表可以像常规过程检测仪表一样为控制系统提供过程信息,因此软仪表技术目前已经在过程控制领域得到了广泛的应用。图 13-22 概略地表示了软仪表技术在过程控制系统中的应用。

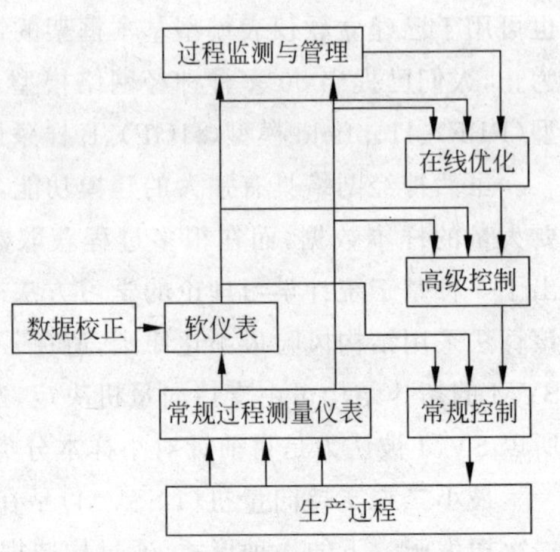

图 13-22 软仪表技术在过程控制系统中应用框图

软仪表在过程操作和监控方面也有着十分重要的作用。软仪表可以实现成分、物性等特殊变量的在线测量,而这些变量往往对过程评估和质量非常重要。没有仪表的时候,操作人员要主动收集温度、压力等过程信息,经过头脑汇总经验的综合,对生产情况进行判断和估算。优良的软仪表,软件就部分地代替了人脑的工作,可以提供更直观的过程信息,并预测未来工况的变化,从而可以帮助操作人员及时调整生产条件,达到生产目标。

在过程控制方面可以构成推断控制,利用模型可测信息将不可测的被控输出变量推算出来,以实现反馈控制,或者将不可测的扰动推算出来,以实现前馈控制。其控制过程如图 13-23 所示。

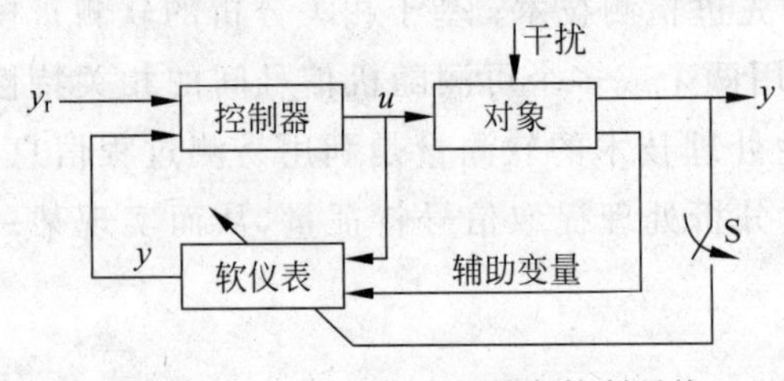

图 13-23 基于软仪表的推断控制系统

软仪表在过程优化中也有着重要的应用,它可以为过程优化提供重要的调优变量估计,成为优化模型的一部分;软仪表也可以直接作为优化模型使用,使它自己成为重要的优化目标。根据不同的优化模型,按照一定的优化目标,采取相应的优化方法,在线求出最佳操作参数条件,使系统运行在最优工作点处,实现自适应优化控制。

下面以诺西肽发酵过程生物参数测量为例,描述软仪表的应用。

发酵是指某些物质通过微生物所产生的酶的作用转化为其他物质的过程。在发酵过程中,微生物利用从外界环境中摄取的各种营养物质,在体内酶的作用下,进行一系列复杂转变后,转变为各种代谢产物。这些产物合成的生化机理一般都十分复杂,可能存在的酶反应超过了几百个,影响因素繁多,因而目前尚不清楚严格的生物合成机理。

诺西肽(Nosihepide)(与早期报道的 Multhiomycin 为同一物质)是由活跃链霉菌(Streptomyces actuosus)产生的一种含硫多肽类抗生素,分子式为 $C_{15}H_{43}N_{13}O_{12}S_6$,为黄色晶体,熔点 300℃左右,几乎无光学活性,易溶于二甲基甲酰胺(DMF)、二甲亚砜(DMSO);微溶于乙酸、氯仿、乙醇、甲醇;不溶于水和冰醋酸等有机溶剂。它能有效抑制革兰氏阳性细菌的活性,对革兰氏阴性细菌无效。诺西肽发酵是在实验室规模发酵罐(100L)

中进行的，其系统如图 13-24 所示。

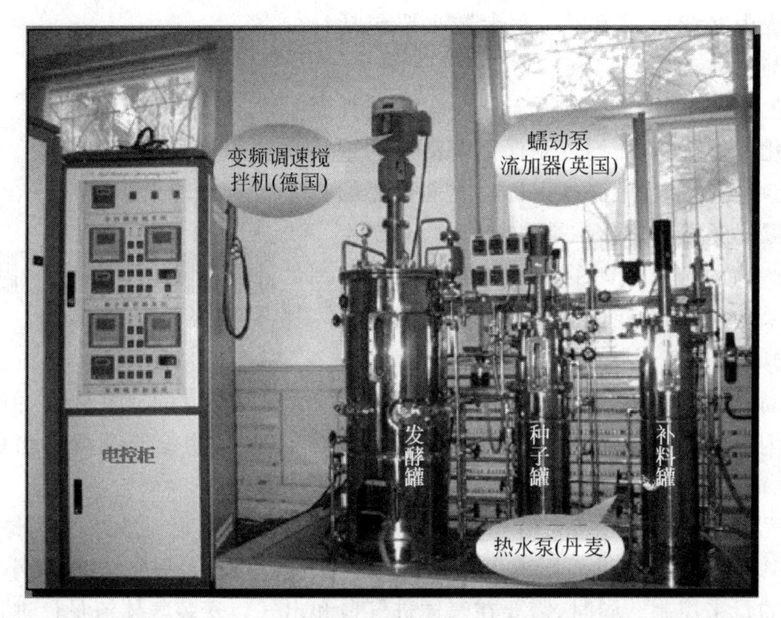

图 13-24　发酵装置系统的主体部分

生物量(或菌体浓度)是控制发酵过程的重要生物参数之一，它对于控制发酵过程各种基质补料以及控制微生物的次级代谢都有着极为重要的意义。生物量大多采用菌体干重或菌体湿重的形式来表示，但在实际测定过程中往往因为发酵液中还有固形物和脂肪类物质而使测定结果的重现性较差，对工艺控制的指导性也存在相应的限制。另外，这些测定方法都是离线的，既费时又费力，还要从发酵罐中抽取样品，在取样过程中极易带进杂菌而感染发酵液。为了更好地控制发酵过程、获得最佳操作条件和预测反应结果，利用支持向量机方法建立发酵过程中生物量的软测量模型，实现对生物量这个关键生物参数的在线实时测量。

诺西肽发酵是一个非常复杂的生化反应过程，菌体所处的环境不同，其形态、生理生长及繁殖也有所不同。发酵过程中环境参数和细胞的生理参数对目的产物和产量有着直接或间接的影响，而这些参数之间往往存在着内在联系，既互为条件又互相制约。所以，利用这种内在的关系可以建立生物量的软测量模型。由于发酵过程中涉及微生物生长、代谢活动以及多种物理化学反应，使得发酵过程影响因素非常多，从而表现出复杂的时变性、不确定性和多变的输入/输出的动态特性。因此，简单地将某几个变量作为软测量模型的输入往往不能得出被估参数的精确结果，主要原因是变量之间强的相关性导致了模型的信息冗余，不利于模型的学习，特别是当用于模型训练的数据不能够分布到整个输入/输出空间，单个模型就不能做出准确的估计，模型的鲁棒性也会变差。所以，为了充分利用发酵过程的变量信息，即由传感器检测到的信息，充分考虑它们之间的相关性和冗余性，利用支持向量机技术建立一种多模型结构进行生物量的软测量。将原输入变量集进行分类，划分成多个子集合，使得各个子集合中变量之间的相关性最小，它们分别作为各个子模型的输入，这样既降低了模型的维数又避免了信息冗余，最后将这些子模型融合，进行生物量的软测量。这样就形成了一个具有两级形式的多模型结构，这种结构的模型在模型估计精度和鲁棒性等方面都有明显的提高。其模型结构如图 13-25 所示。

从发酵过程工艺机理出发进行辅助变量的选择。发酵过程中在线可测重要过程参数主要包括物理学参数与化学参数。

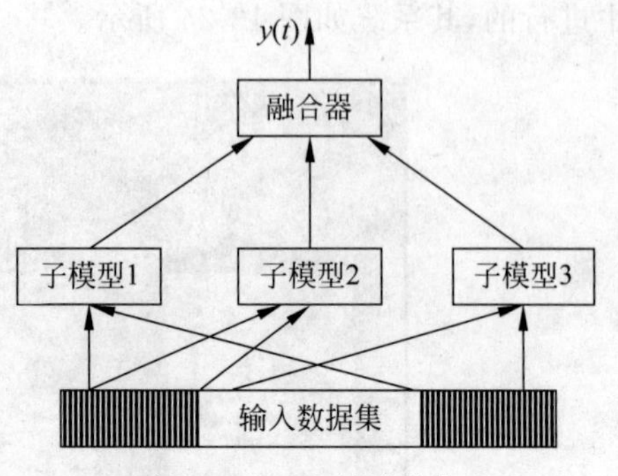

图 13-25 多模型结构

由于微生物的生长和产物的合成代谢都是在各种酶的催化下进行的，而温度是保证酶活性的重要条件，因此在发酵过程中必须保证稳定而合适的温度环境。温度对发酵的影响是多方面的，对微生物的生长和产物的合成代谢的影响是各种因素综合表现的结果。一方面，在微生物最适合的温度范围内，微生物的生长速度随着温度的升高而增加，发酵温度越高，培养周期越短；另一方面，温度越高，虽然酶反应的速度越大，但因为酶反应本身很容易因热的作用而失去活性，一旦酶的活性变小，微生物细胞就会因此衰老，使发酵周期变短，从而影响最终得率。

发酵过程中，发酵罐中要始终保持正压，主要目的是防止染菌。另外，发酵罐压力直接影响着发酵液中溶解氧情况，进而影响着菌体的呼吸状况。发酵罐中压力的大小需要通过调节排除气体的量来控制。同时，需要在气体进气口和出气口安装气体流量计进行流量监测。

在发酵罐中，电动机的搅拌转速的大小对流体的混合、气液固三相间的质量传递以及反应器的热量传递有很大影响；另外一个更重要的因素是搅拌转速的大小可以影响发酵液中溶解氧情况，因此必须对发酵罐电动机的搅拌转速进行监测。

微生物发酵过程中，发酵液的 pH 变化可以表明微生物细胞生长及产物或副产物生成的情况，影响细胞对营养成分的吸收及代谢途径，是最重要的发酵过程参数之一。每一种微生物细胞的生长繁殖均有其最适合的 pH，细胞及酶的生物催化反应也有相应的最佳 pH 范围。同一菌种合成酶的类型与酶系组成可以随 pH 的改变而产生不同程度的变化。可见培养基的 pH 与微生物生命活动和酶系组成关系十分密切。

诺西肽培养是需氧发酵过程，即在有氧条件下，通过呼吸作用，将糖分解为二氧化碳和水，并获得能量。因此氧是微生物生长、合成所必需的营养物，发酵液中溶氧浓度直接影响着菌体的生长，当溶氧浓度出现较大变化时都可能导致细胞的一些生理变化、生长延缓等不利于提高目的产物产量的情况出现。因此，发酵过程中氧的供应是个关键因素。

在发酵过程中最能反映细胞生长状况的参数是呼吸参数，包括发酵尾气中二氧化碳和氧浓度，以及氧消耗率(OUR)与二氧化碳释放率(CER)，其中 OUR 与 CER 是通过尾气浓度与发酵液中溶氧浓度计算出来的。对这些呼吸参数的监测，直接反映出营养基中碳源的消耗情况，有研究者发现生物量生长速率与二氧化碳释放率之间具有近似于线性的关系，可见呼吸参数是发酵过程建模与控制中重要的在线信息。

另外，若采用分批补料发酵，则需要通过补料的方式来补充细胞维持代谢和产物合成所需的营养物质。补料有多种方式，有连续补料、不连续补料和多周期补料；每次补料又可分为快速补料、恒速补料、指数补料和变速补料等。所以，补料的大小也是一个重要的过程变量。

通过以上分析，可以看出，诺西肽发酵过程是一个复杂的生化反应过程，反映发酵进行情况的重要参数有温度(T)、压力(P)、电动机搅拌转速(V)、发酵液中溶氧浓度(DO)、发酵液 pH、尾气中二氧化碳浓度 C_{CO_2} 和氧浓度 C_{O_2}，以及补料量(F)(这里排除了 OUR 与 CER，由于它们是计算量，相对可靠性较差)，它们与细胞的生长之间存在着比较密切的关系，因此，可以选择这些参数作为模型的辅助变量。

然后，对原始数据进行平滑滤波处理和数据的标准化处理。将这 8 个变量作为模型的输入向量集，生物量作为输出。首先从实验中获取用于模型训练的数据集合。在线可测变量利用传感器自动获取，采样周期为 5min。由于生物量浓度需要进行离线采样分析，采样频率不能太高，需要利用插值拟合来补充"丢失"的实验数据。发酵过程是慢过程，两次采样之间的数据不会有很大的突变。这里采用三次平滑样条插值拟合，从而通过发酵实验就可以获得用于建模的数据集合。将原始实验数据经过上述数据预处理后，分析输入变量之间的相关性来确定子模型的输入。得到如下的三组输入组合形式，同时也确定了子模型个数为 3 个。

$$\begin{cases} 1 \rightarrow C_{CO_2}, P, V, \mathrm{pH}, \mathrm{DO}, T \\ 2 \rightarrow F, P, V, \mathrm{pH}, \mathrm{DO}, T \\ 3 \rightarrow C_{O_2}, P, V, \mathrm{pH}, \mathrm{DO}, T \end{cases} \tag{13-2}$$

最后，利用样本数据对模型进行训练，得到了诺西肽发酵菌体浓度软仪表模型。将所建立的模型用于诺西肽发酵过程中生物量的建模，其结果如图 13-26 所示。

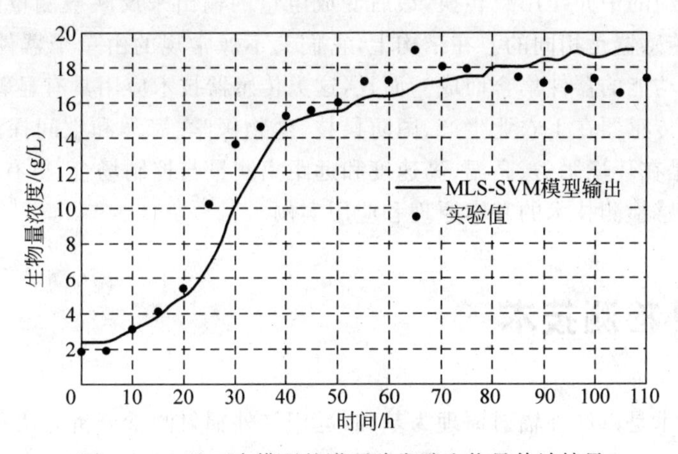

图 13-26 基于多模型的诺西肽发酵生物量估计结果

从图 13-26 中可以看出，基于多 LSSVM 的生物量软仪表估计模型给出了比较好的结果。

思考题与习题

1. 智能传感器的定义是什么？
2. 智能传感器的特点和用途是什么？
3. 智能传感器的发展趋势是什么？
4. 什么是软仪表？建立软仪表的目的是什么？
5. 软仪表的应用领域与条件是什么？

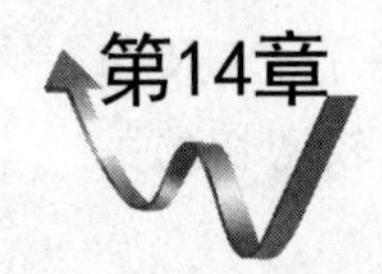

典型传感检测技术应用

20世纪中期以来,随着波动理论和量子物理的深入发展,相继出现了一类利用各种波动特性实现对被测量进行感测的传感技术。这类传感检测技术都是将被测参量经过某种波(声波或者电磁波)的中介作用或转换,最后变成电量的输出来反映被测量的变化。在功能上,这与常规的传感器是相同的。在结构上,它们又不像常规的由单个器件组成的传感器,而是由若干不同功能的器件集合而成。而且,这类传感器技术应用具有显著的特点,都是非接触测量。这类传感器在工农业生产、国防科技、生物医学、海洋和空间探测等领域得到广泛的应用,尤其是在环境恶劣、高温、高速度和远距离测量与控制场合,更有优越性。本章讲述几种典型的传感检测技术的基本原理和应用实例。

14.1 红外检测技术

红外检测技术是以红外辐射原理为基础,运用红外辐射测量分析方法和技术,对设备材料以及其他物体进行测量和检验。红外检测技术具有非接触性、灵敏度高、检测效率高等特点,既可以对温度高达1000℃的物体进行测量,也可以对温度很低的物体进行测量,所以红外检测的应用范围极广。

14.1.1 红外辐射概念与检测原理

1. 红外辐射的概念

红外辐射实质上是波长为0.75～1000μm的电磁波。因为它位于可见光谱红光区之外,所以称之为红外线。在红外检测领域,为了便于研究不同的波长的红外辐射的性质,我们通常将红外辐射波段按照波长分为近红外、中红外、远红外和极远红外,如表14-1所示。

表 14-1　红外辐射波段

名　　称	波长范围/μm	简　　称
近红外	0.75～3	NIR
中红外	3～6	MIR
远红外	6～15	FIR
极远红外	15～1000	XIR

2. 红外辐射检测基本原理

理论和实践研究表明，任何温度高于绝对零度的物体都向外发出辐射，并且绝大多数处于常温状态的物体的辐射峰值，恰好在红外波段，所以红外线的热效应比可见光要强得多。任何物体由于其自身分子的运动不停向外辐射红外热能，物体的温度越高，发射的红外辐射能量越强。当一个物体本身具有不同于周围环境的温度时，就会在物体内部产生热量的流动。在物体内部扩散和传递的过程中，由于材料或设备的物理热性质不同，会在物体表面形成相应的热区和冷区，从而在物体表面形成不同的温度分布，通过红外成像装置以热图像的方式呈现出来，俗称热像。不同的温度分布状态，与设备运行状态紧密相关，包含了设备运行状态的信息。红外检测就是根据这种由里到外所表现出的温差不同的现象实现检测和监测。红外检测的实质是红外测温，红外测温区别于传统的接触测温，它是非接触式的测温，所以，红外测温不仅可以测量温度很高的有腐蚀性的物体，而且可以测量导热性差的小热容的微小的物体。

3. 红外检测的基本方法

红外检测的基本方法主要分为两大类：主动式和被动式。主动式红外检测是在进行红外检测之前，对被测目标主动地进行加热，加热源可以来自被测目标的外部或其内部。加热的方式有稳态和非稳态两种。红外检测根据不同的情况可以在加热过程当中进行，也可以在停止加热一定时间后再进行。

被动式红外检测是指不对被测目标进行加热，仅仅利用目标的本身的温度，也就是本身不同于周围环境温度的条件，在被测目标与环境的热交换过程中进行红外检测。被动式红外检测应用于运行中的设备，实时监测，由于它不需要进行附加的热源，在生产现场基本采用这种被动式的红外检测方式。

14.1.2　常用红外检测仪器

红外检测仪器根据检测对象的不同设计成不同的仪器类型，按性能可分为红外辐射计、红外测温仪、红外热电视和红外热像仪等。

1. 红外辐射计

对于定量测量红外辐射特性的仪器称为红外辐射计。红外辐射计根据投射到该装置上的红外辐射功率引起的响应来测量辐射源的红外辐射特性。根据红外辐射计的光谱响应特性，可以把它分为如下几种类型：

(1) 全辐射辐射计，它对常用的红外光谱的所有部分都有平坦的或者相等的响应；

(2) 宽通带辐射计，一般指使用在较宽波段上且有响应的探测器，其响应由探测器的响应波段范围决定；

(3) 滤波片辐射计，又称为窄通带辐射计，它是在红外探测器前面安放一个红外滤波片来限制辐射计的响应，根据需要，对滤光片通带进行选择，可获得任意小的光谱区间；

(4) 光谱辐射计，它由产生窄带辐射的单色仪和测量辐射功率的辐射计组成，利用色散棱镜和衍射光栅进行分光，辐射光谱中每个小波段的辐射经过出射狭缝进入辐射计。

2. 红外测温仪

红外测温仪的原理是辐射测温，实现对被测目标进行非接触式测量。红外测温与传统的接触式测温相比，可实现非接触和远距离测量，具有响应速度快、灵敏度高、测量范围广等优点。

红外测温仪种类繁多，按测温范围可分为高温测温仪(700～3200℃)、中温测温仪(100～700℃)和低温测温仪(低于100℃)。按工作原理可将其分为三种类型：

(1) 第一类称为全辐射测温仪，它收集目标发出的全部辐射能量，由黑体标定出目标温度，其特点是结构简单，使用方便，但灵敏度较低，误差较大；

(2) 第二类是单色测温仪，它利用单色滤光片，选择单一的辐射光谱波段进行测量，以此来确定目标的温度，其特点是结构简单，使用方便，灵敏度较高，在高温或低温范围内使用效果较好；

(3) 第三类叫作比色测温仪，它靠两组不同的单色滤光片收集两相近辐射波段下的辐射能量，通过电路进行比较，根据比值确定目标温度，其特点是结构比较复杂，但灵敏度高，特别适用于中、高温范围的测量。

3. 红外热电视

红外热电视是利用热释电效应的原理制成的热成像装置，它的核心器件是红外热释电摄像管，还有扫描器、同步器、前置放大器、A/D转换、视频图像处理器等。由于红外热电视既能生成热像，价格又比较低廉，故其是生产现场应用较多的红外检测仪器。红外热电视的操作和携带简单方便，图像比较清晰，具有读出、记录、输出的功能。图14-1为红外热电视的基本结构框图。

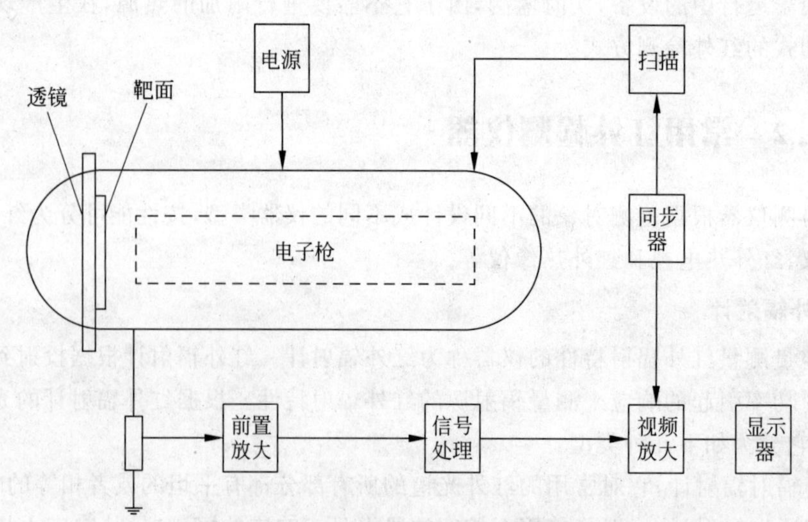

图14-1 红外热电视基本结构框图

红外热电视的工作原理是，当被测目标的红外辐射经热释电管的透镜，聚焦到靶面，由于靶面晶体材料的热电势效应使受热后的靶面温度发生变化，靶面出现极化电荷就会产生电位起伏的信号，信号的大小与被测目标红外辐射能量分布组成的图像相对应。与此同时，电子数在扫描电路的控制下，对靶面进行行扫描，从而中和了靶面生成的电荷，靶面信号板上的回路中产生相应的脉冲电流，该脉冲电流经负载时形成电视视频信号输出。由于热电释管产生的信号电流很小，大大低于普通电视摄像管产生的信号电流，因此必须用高增益的低噪声特殊放大器对热电释转换的电信号进行放大处理，再经视频处理，在视频放大电路内混入同步信号，形成全电视信号输出。

4. 红外热像仪

红外热像仪(图 14-2)是一种利用红外热成像技术，通过对标定物的红外辐射探测，并加以信号处理、光电转换等手段，将标定物的温度分布图像转换成可视图像的设备。红外热像仪将实际探测到的热量进行精确的量化，以面的形式实时成像标定物的整体，因此能够准确识别正在发热的疑似故障区域。操作人员通过屏幕上显示的图像色彩和热点追踪显示功能来初步判断发热情况和故障部位，同时严格分析，从而在确认问题上体现了高效率、高准确率。

图 14-2　红外热像仪

热成像系统一般包括 4 个基本组成部分：光学成像系统，红外探测器及制冷器，电子信息处理系统和显示系统。红外热像仪应用于要求较高的领域，如精密检测和精密诊断、定期普测等。红外热像仪不仅要求图像清晰稳定，具有较高的测温精度、合适的测温范围和良好的抗干扰能力，而且要求具有一定的图像分析功能、较高的温度分辨率，尤其是其空间分辨率要满足实际测距离的需求，否则测温结果将是不够准确的。

14.1.3　红外检测对检测环境的要求

红外检测技术的关键是温度检测数据的真实性和可靠性，判断缺陷部位的准确性和合理性，所以在红外检测中发现设备温度异常，特别是根据外部热场变化对设备内部定性的缺陷判断，需要排除各种可能造成干扰影响的因素，进行综合分析比较确认，防止把正常运行的设备判断为异常。红外测量的精度和可靠性与很多因素有关系，如大气测量环境、距离、物体辐射率、相邻设备热辐射等都有可能对检测造成影响，在实际应用中应该尽量消除不利影响。

1. 大气吸收及大气尘埃的影响

在红外辐射的传输过程中，由于大气的吸收作用以及大气中尘埃的吸收作用，被测热能辐射量会发生衰减，即使选择的波长区域是红外线穿透能力强的大气窗口范围也不能100％地通过。

2. 太阳光辐射的影响

太阳光的反射和漫反射在 3～14μm 波长区域内，并且它们的分布比例不固定，由于波长区与红外测温仪工作的区域相接近，对红外测温仪的准确度和精度会造成很大的影响。

3. 风的影响

在室外环境对被测物体进行测量，风会加速物体的辐射衰减，导致散热系数增大，致使缺陷设备的温度下降，从而造成辐射测温仪测量的不准确，使设备故障出现诊断错误。

4. 辐射率的影响

不同物质的辐射率是不相同的，随着物体表面状况的变化，辐射率在不同的温度和波长下也是不同的，这是红外测温仪现场应用的主要测量误差来源，也是现场实际应用时的困难所在。

5. 距离系数的影响

被测物体与目标的距离系数，即 $k_L = L/\phi$，决定了仪器与被测目标的最大合理距离。其中 k_L 为距离系数，L 为测量距离，ϕ 为目标直径。当被测目标大小近似而测距不同时，测距越远距离系数要求越大，反之，则要求距离系数小；当测距不变而被测目标尺寸不同时，被测目标尺寸越小要求距离系数就越大，反之亦然。对于同一台红外测温仪，当它的焦距固定时，其视场角也就固定，测距远时只能检测大尺寸的目标，如果需要检测小目标时，测距应该减少。

6. 物体周围热辐射的影响

当被测物体周围有比被测物体的表面温度高或者低的热辐射源存在时，邻近物体的热辐射反射将对被测物体的测量造成影响。

14.1.4 红外检测技术应用

红外检测技术的应用越来越广泛，其应用领域之多，是其他方法所无法比拟的，这是因为温度是设备及运行过程中评价健康状况非常重要的物理量之一，而红外检测的对象就是与温度密切相关的红外辐射。红外技术真正获得实际应用是从 20 世纪开始，红外技术首先受到军事部门的关注，因为它提供了在黑暗中观察探测军事目标自身辐射能力，以及进行保密通信的可能性。比如用于观测的红外变像管、"响尾蛇"导弹上的红外线探测器、机载前视红外装置等。20 世纪 70 年代以后，用于军事的红外技术，又逐步向民用转化，如红外测温、红外理疗、红外检测、红外报警、红外遥感和红外防伪等，成为各行各业争相选用的先进技术。

1. 红外检测与诊断在电力设备上的应用

电力系统是一个复杂的大系统，元器件非常多，可能发生故障的情况也很多，比如简单的个别元器件的故障都可能造成大面积的停电，这样造成的后果十分严重。电力系统产生温度异常的原因很多，主要原因是设备内外接触不良。红外热成像技术由于检测效率高，技术先进，安全，不用停电，非接触式测量等优点，非常适合应用于电力系统设备检测，因此在电力系统的在线检测上得到快速的发展。

电力变压器是电力系统发电和变电站的主要设备，它的价值很高，而且扮演的角色极为重要，因此对电力变压器的状态监测和故障诊断具有非常重要的意义。图 14-3 给出了红外热成像仪在电力变压器检测中的应用。

图 14-3　变压器红外热像图

(a) 高压套管将军帽热图像；(b) 变压器箱体热图像

2. 工业设备及建筑物的红外检测

工业生产中许多设备都是在高温高压条件下工作，而且大多都是流程作业，不宜停止检测，所以必须进行在线检测与分析，我们可以把红外检测应用在这些极端条件下进行在线的检测、分析和诊断。例如，对加热设备的散热损失评估，保温效果及损坏程度的评估，设备衬里损伤部位形状面积的诊断评估，超温故障诊断和原因分析等。图 14-4 给出了红外检测技术在工业生产中的一些典型应用。

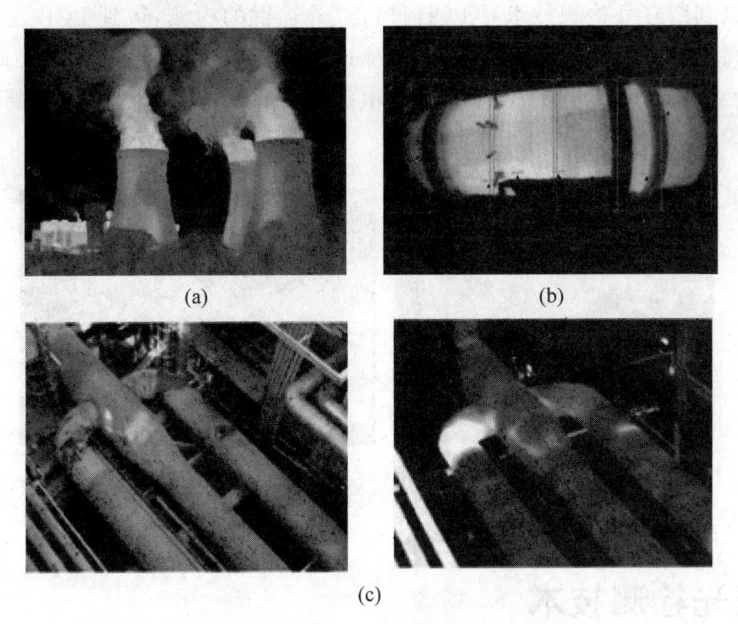

图 14-4　工业设备计建筑物热像图

(a) 水泥烟囱热图像；(b) 高温炉管件热图像；(c) 可见光图像与管道热图像

3. 红外气体检测

红外气体探测器是利用红外原理来检测气体浓度的一种传感器。它主要是利用不同气体对红外波吸收程度不同，通过测量红外吸收波长来检测气体，具有抗中毒性好、反应灵敏、气体针对性强、超长使用寿命、环境适应性强等特点，但结构复杂。红外气体探测器可以探测甲烷、二氧化碳等气体。每种极性分子气体都有对应的特征吸收波长，如 CH_4 气体的特征波长为 3.33μm，当一束红外光通过目标气体时，通过检测此波长的损失量即可通过朗伯-

比尔定律公式换算出甲烷气体浓度。图 14-5 为几种典型的红外气体传感器。

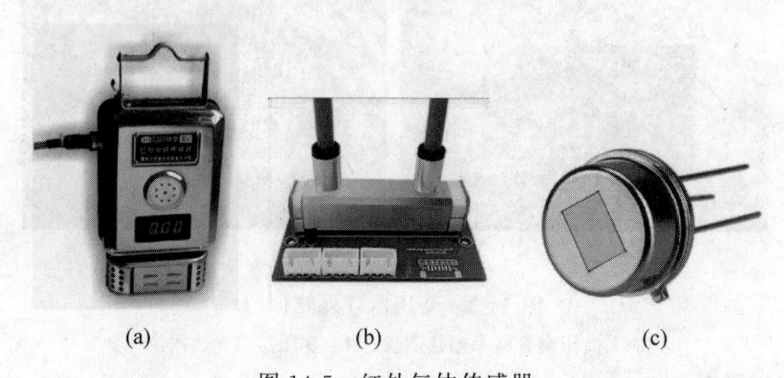

(a)　　(b)　　(c)

图 14-5　红外气体传感器

(a) 红外甲烷传感器；(b) 红外二氧化碳传感器；(c) 红外一氧化碳传感器

4. 电子线路板红外检测

随着电子技术的发展，大量电子元器件已经应用到现代电子产品中，电子元器件的能耗的 90%转化为热量，表现为线路板或电子元器件的温度上升。电子元器件只有在合理的温度范围内工作才能延长电子设备、电子仪器的寿命，过高的温度将减少元器件的使用寿命。因此，可以利用红外检测技术对 PCB 进行红外辐射的检测，得到 PCB 表面的温度分布图，发现异常高温的元器件或线路。根据被测 PCB 的热图像和已知正常状态下的 PCB 的热图像之间的差异，可以对 PCB 的状况或电子元器件的故障状态做出判断(如图 14-6 所示)。

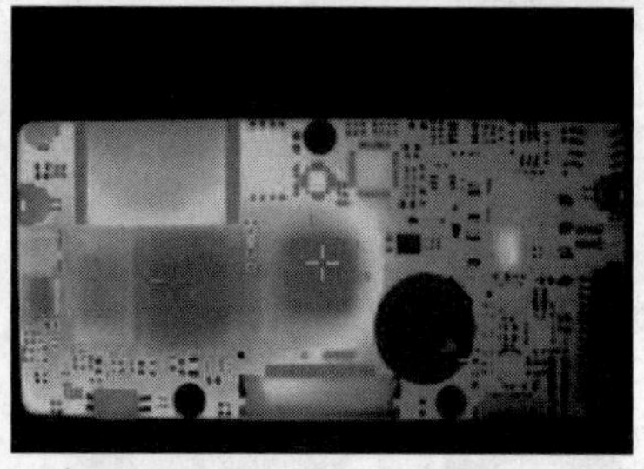

图 14-6　电路板红外热图像

14.2　激光检测技术

激光的全称为受激辐射光放大。1960 年，美国休斯敦实验室物理学家梅曼采用单个的红宝石做发光材料，应用发光很高的脉冲氙灯泵浦制成了红宝石激光器，开创了激光技术的先河。泵浦是使用光将电子能级升高的过程，这是形成激光的前提条件。激光的问世引起了光学技术的巨大的革命，激光技术的广泛应用使之成为物理、化学、材料科学、光电子以及医学工程之间的一门交叉学科。激光是一种高亮度的定向能束，单色性好、发散角很小，具有优异的相干性，既是光电测试技术中的最佳光源，也是许多测试技术的基准。激光技术突出的优点是，自然基准光波直接与激光相联系，能实现高精度测量，很容易做到与电信号的转换，方便与计算机相连接，发挥计算机的长处，处理复杂庞大的信号，实现测量数据自动分析和处理的过程。

14.2.1　激光产生的基本条件

泵浦、增益介质和谐振腔是激光产生的三个基本要素。想要产生激光，还必须要满足阈值条件，也就是光在谐振腔内来回一次所获得的增益必须大于等于光路所有的损耗之和，这些损耗，主要是腔内的光学元件的吸收损耗、散射损耗、衍射损耗以及工作物质不均匀和吸收所引起的损耗。阈值条件是激光形成的决定性条件。

14.2.2　激光的基本性质

1. 激光的方向性

普通光源发出的光是沿着各个方向进行传播的，发散角很大，相比较而言，激光的发散角却很小，几乎是沿着平行方向发射的。激光器发射的光是一种偏振光，方向固定，例如，当激光照向水面时，激光在水面不会发生折射。在各种激光器中，气体激光器在方向性上表现最为突出，其次是固体激光器、半导体激光器。我们根据激光的高方向性这一特性可以制成激光准直仪。

2. 激光的高亮度

光源在单位面积上，向某一个方向的单位立体角内发射的功率称为光源在该方向上的亮度。在激光发明前，人工光源中高压脉冲氙灯的亮度最高，与太阳的亮度不相上下，而红宝石激光器的激光亮度能超过氙灯的几百亿倍。因为激光的亮度极高，所以能够照亮远距离的物体。激光亮度极高的主要原因是定向发光。大量光子集中在一个极小的空间范围内射出，能量密度自然极高。

3. 激光的单色性

光的颜色由光的波长(或频率)决定。一定的波长对应一定的颜色。发射单种颜色光的光源称为单色光源，它发射的光波波长单一。比如氪灯、氦灯、氖灯、氢灯等都是单色光源，只发射某一种颜色的光。单色光源的光波波长虽然单一，但仍有一定的分布范围。如氖灯只发射红光，单色性很好，被誉为单色性之冠，波长分布的范围仍有 1×10^{-5}nm，因此氖灯发出的红光，若仔细辨认仍包含数十种红色。由此可见，光辐射的波长分布区间越窄，单色性越好。

激光器输出的光，波长分布范围非常窄，因此颜色极纯。以输出红光的氦氖激光器为例，其光的波长分布范围可以窄到 2×10^{-9}nm 级别，是氪灯发射的红光波长分布范围的万分之二。由此可见，激光器的单色性远远超过任何一种单色光源。

4. 激光的高相干性

相干性是一切波动现象的属性，光具有波粒二象性，也就是说从微观来看，由光子组成具有粒子性；但是从宏观来看又表现出波动性，光有波动性，因此也有相干性。麦克斯韦指出，光和电磁波是同一实体属性的表现，光是一种按照电磁定律在场内传播的电磁扰动，即光也是电磁波，是一种波长更短的电磁波。因此激光具有时间相干性和空间相干性。

14.2.3　激光检测技术的应用

1. 激光准直测量技术

在实际应用中，可以把激光束看成平面波，直接作为直线性测量的基准。但是在高准确度应用中，必须考虑激光束的波面既非平面波又不是球面波，而是高斯光束，其发散的形式与球面波是不一样的。所谓激光束的压缩，即压缩光束的发散角，改善激光束的方向性。我们以激光灯方向性为基础，设计测量直线度和平面度的仪器，如图 14-7 所示。

激光准直仪测量机床导轨直线度如图 14-7 所示。将激光准直仪固定在机床身上，在滑动工作台上固定光电探测器，测量时需要首先进行调准，将激光准直仪发出的光束调整到与被测导轨平行，然后将光电探测器对准激光光束。此时，滑动工作台沿导轨运动，光电探测器输出信号经过放大、运算处理记录直线度的曲线。

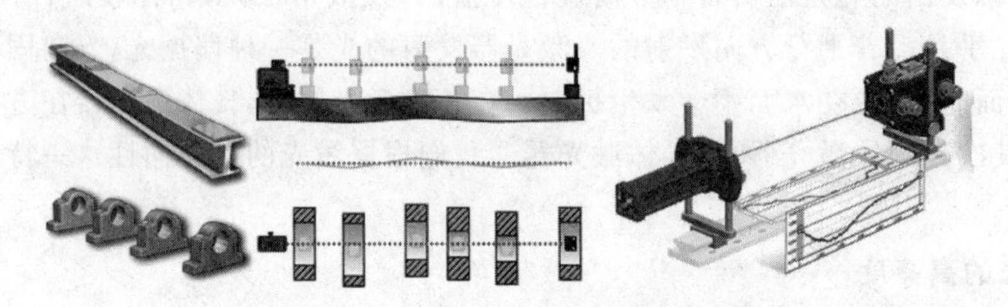

图 14-7　激光准直仪直线度测量示意图

三方向平面度的测量把激光探头放在工作的机床上，如图 14-8 所示，对加工工件的 X，Y，Z 三个方向面的平面度进行测量。

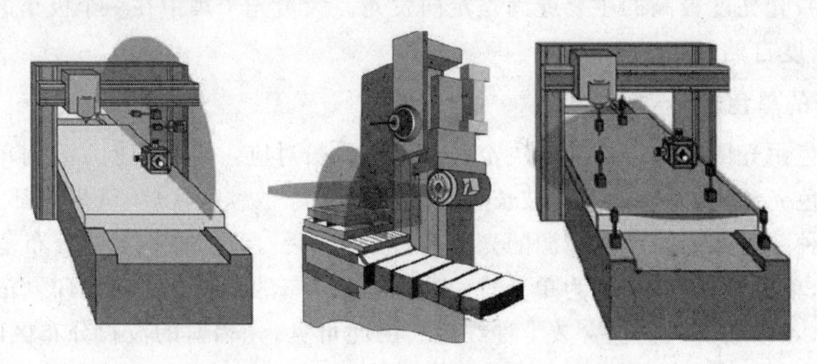

图 14-8　X，Y，Z 三方向平面度的测量示意图

激光经过扩束以后由内部的旋转五棱镜偏转 90°出射，五棱镜绕激光光轴旋转，则出射光束扫描出一个与光轴垂直的平面，使激光光轴为铅垂方向，这个扫描平面即为水平平面。利用可视激光点在快速移动时人的视觉暂留的缘故，我们看到光点移动就是一条线，如图 14-9 所示。

图 14-9　激光扫平仪的应用

2. 激光干涉测量技术

激光干涉测量技术是以光波干涉原理为基础进行测量的。光的干涉是在两个或多个光波叠加的区域形成强弱稳定的光强分布的现象。

激光干涉检测技术应用以下几个方面：激光干涉测量长度和位移；激光小角度干涉测量；激光外差干涉测量；激光全息干涉测量；激光散斑干涉测量；激光光纤干涉测量。图 14-10 描述了几种激光干涉测量应用实例。

图 14-10　激光干涉测量应用

(a) 激光角度测量；(b) 激光直线度测量；(c) 激光全息图像；(d) 激光表面粗糙度测量；(e) 光线陀螺

3. 激光衍射测量技术

光波在传播过程中遇到障碍物时，会偏离原来的传播方向绕过障碍物的边缘，进入几何阴影区，并在障碍物后的观察屏幕上呈现光强的不均匀分布，这种现象称为光的衍射。通常衍射现象分为以下两类：光源和观察屏离开衍射孔距离有限，称为近场衍射；光源和观察屏距离衍射孔都相当于无限远，称为远场衍射。激光衍射测试技术的基本原理基于光的远场衍射，是一种高准确度小量程的精密测量技术，应用非常广泛。激光衍射测量技术常常应用于以下几个方面：各种物理量，如压力、温度、流量、折射率、电场或磁场等测量；薄膜材料表面涂层厚度测量；振动的测量；直径和薄带宽度测量；红细胞分析等。

4. 激光视觉三维测量技术

生物视觉是自然界中生物拥有的高级智能行为，是生物体从环境中获取知识、了解环境、适应环境的一条重要途径。人类 80％的信息是通过视觉系统获得的。机器视觉(或称计算机视觉)(computer vision，CV)就是使机器具备人类视觉的某些能力，同时也在机器的协助下能够将物体看得更清楚、更准确。当前，激光测量技术在机器视觉的研发和实际应用中越来越重要。

5. 其他激光测量技术

激光多普勒测速技术(laser Doppler velocimetry，LDV)，是测量通过激光探头的示踪粒子的多普勒信号,再根据速度与多普勒频率的关系得到速度值。由于是激光测量,对于流场没有干扰,测速范围宽,而且多普勒频率与速度是线性关系,与温度、压力没有关系,是目前世界上速度测量精度最高的仪器。

卫星激光测距(satellite laser ranging,SLR)(图 14-11),是利用安置在地面上的卫星激光测距系统所发射的激光脉冲,跟踪观测装有激光反射棱镜的人造地球卫星,以测定测站到卫星之间的距离的技术和方法,是卫星单点定位中精度最高的一种,可达厘米级。可精确测定地面测站的地心坐标、长达几千千米的基线长度、卫星的精确轨道参数、地球自转参数、地心引力常数、地球重力场球谐系数、潮汐参数以及板块运动和地壳升降速率等。

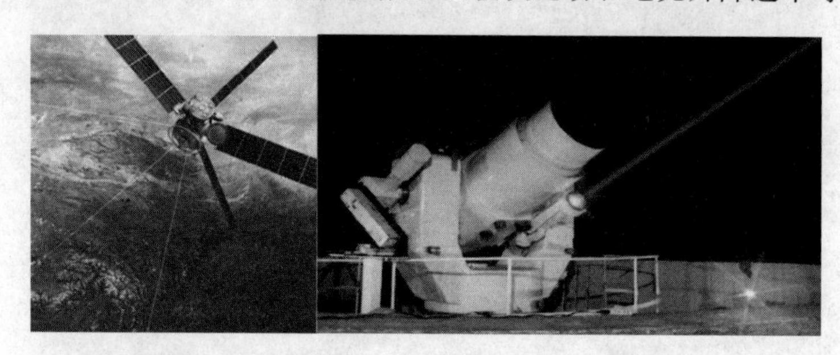

图 14-11 卫星激光测距图

14.3 声发射检测技术

声发射是一种常见的物理现象,用仪器探测、记录、分析声发射信号和利用声发射信号推断声发射源的技术称为声发射技术。常规的无损检测方法如超声、磁粉、射线、涡流等均属于静态检测和非受力状态下的检测技术,逐点扫描检查造成费时、费力,总体检测费用高;而声发射技术是一种动态的检测方法,它能够获得材料在动载荷状态下疲劳裂纹扩展的重要信息,由于声发射是一种在线、高效和经济的检测方法,因而具有非常广阔的应用前景。

14.3.1 声发射的概念和特点

当材料或结构受到外力或内力作用时,由于其微观结构的不均匀以及内部缺陷的存在,会导致局部的应力集中,进而以弹力波的形式释放出应变能,这种现象叫作声发射(acoustic emission,AE),也称应力波发射。材料在应力作用下的变形,是结构失效的重要机制。声发射是一种常见的物理现象,声发射信号的频率很宽,从几赫兹到数兆赫兹的超声域。声发射的信号幅度也变化很大,从 10^{-13} m 的微观错位运动到 1m 量级的地震波形式。

声发射技术本身具有其他无损检测技术所不具备的优点:

(1) 声发射检测是一种动态检验方法,声发射能探测到的能量来自被测物体材料本身,而不像超声或射线检测方法那样是由无损检测仪器提供的。

(2) 声发射检测方法对线性缺陷较为敏感,由于声发射信号的能量很弱,声发射能探测到在外加结构应力下这些缺陷的活动情况,稳定的缺陷不产生声发射信号。

(3) 声发射检测在一次试验过程中能够整体探测和评价整个结构中缺陷的状态。

(4) 声发射检测方法可提供缺陷随载荷、时间、温度等外部变量变化而变化的实时或连续信息,因而适用于工业过程在线监控及早期或临近破坏预报。

(5) 对于在役压力容器的定期检验,声发射检验方法可以缩短检验的停产时间或者不需要停产;对于其耐压试验,声发射检验方法可以预防由未知不连续缺陷引起系统的灾难性失效和限定系统的最高工作压力。

另外,它适于检测形状复杂的构件;适于其他方法难以或不能接近环境下的检测,如高低温、核辐射、易燃、易爆及极毒等环境。

声发射技术的一些缺点:

(1) 对数据的正确解释要有更为丰富的数据库和现场检测经验,因为声发射特性对材料甚为敏感又易受到机电噪声的干扰。

(2) 声发射检测一般需要适当的加载程序,多数情况下可利用现成的加载条件,但有时还需要特殊准备。

(3) 声发射检测目前只能给出声发射源的部位、活性和强度,不能给出声发射源内部缺陷的性质和大小,仍需依赖于其他无损检测方法进行复验。

14.3.2　声发射检测系统

大多数的材料在使用或形变的时候都伴随有声发射信号的发生,但是一般的声发射信号比较弱,我们不可能直接听见,需要借助灵敏的传感器和专门的测量系统,通过对检测信号或者检测参数加以分析来推断材料内部所产生的变化。声发射检测系统框图如图14-12所示。

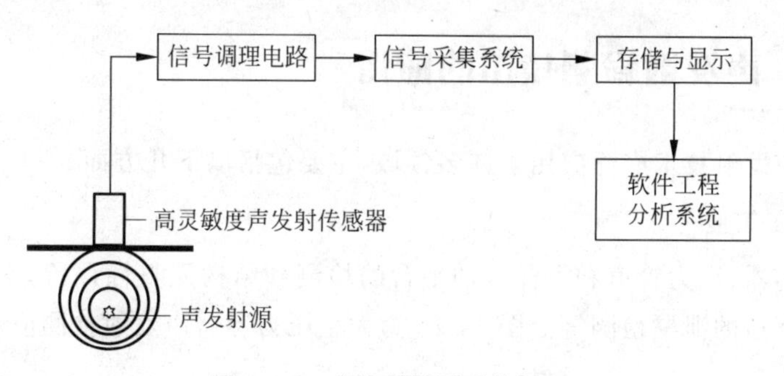

图14-12　声发射检测系统框图

声发射传感器都是根据压电效应制成的传感器。声发射传感器的结构一般由壳体保护膜、压电元件、阻尼块连接导线及高频插座组成。谐振式传感器是我们现在应用最多的一种高灵敏度传感器,除此之外,还有宽频带传感器、高温传感器、差动传感器、微型传感器、磁吸附传感器等。声发射传感器结构示意图如图14-13所示。

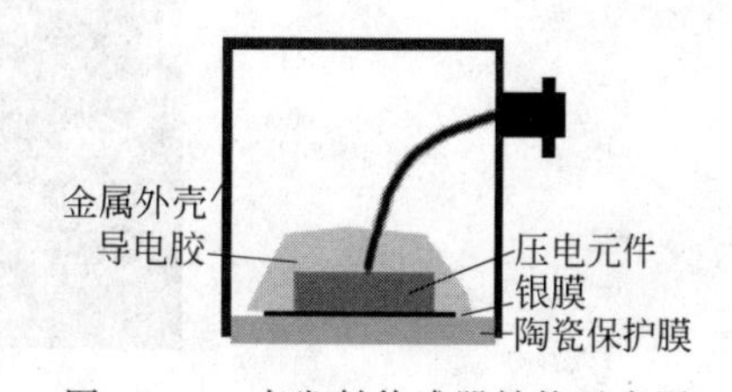

图14-13　声发射传感器结构示意图

声发射检测系统中的信号调理电路,主要指前置放大器。由于声发射信号的垂直位移非常小,所以传感器感受和转换出来的电信号也非常小,因此需要前置放大器，将小信号放大到一定程度，再经过高频同轴电缆传输到信号处理单元，常用的增益有 34dB、40dB 和 60dB 三种。

我们可以通过声发射传感器，检测声发射源产生的连续的电信号，信号通过前置放大器，将微弱声发射电信号放大并传输给声发射检测系统处理软件，处理器对声发射信号进行分析处理，并将分析结果以及得到的结论显示在主显示器上。

分析处理声发射信号的主要目的是确定声发射源的部位，分析声发射源的性质，确定声发射信号发生的时间或载荷，最后评定声发射源的级别以及材料或金属损伤的程度。

声发射检测系统分为单通道声发射检测仪和多通道声发射检测仪。单通道声发射检测仪一般采用一体化结构设计，主要用于便携式仪器设备。图 14-14 为便携式声发射检测仪器。

多通道声发射仪是大型声发射检测仪器，有很多个检测通道，可以确定声源位置，根据来自各个声源的声发射信号强度，判断声源的活动性，实时评价大型构件的安全性。它主要用于大型构件的现场试验，如图 14-15 所示。

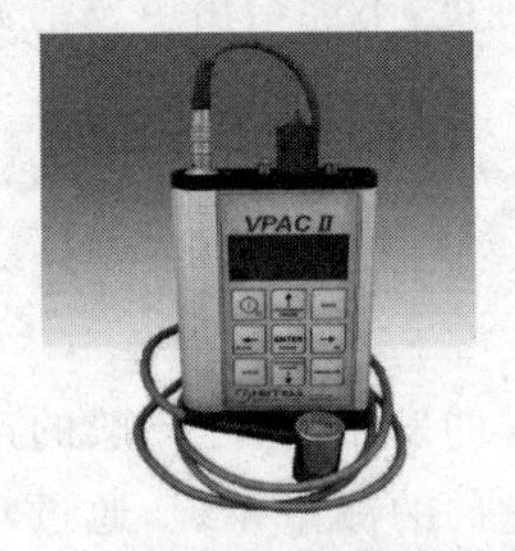

图 14-14　便携式结构声发射传感器

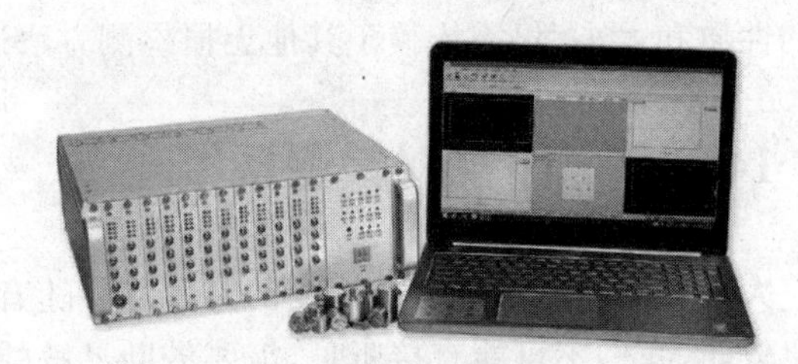

图 14-15　多通道声发射检测系统

14.3.3　声发射检测技术的应用

人们已将声发射技术广泛应用于许多领域，主要包括以下几方面。

1. 石油化工工业

各种压力容器、压力管道和海洋石油平台的检测和结构完整性评价，常压储罐底部、各种阀门和埋地管道的泄漏检测等。图 14-16 为大型压力容器声发射检测应用图示。

图 14-16　大型压力容器声发射检测

2. 电力工业

变压器局部放电的检测，蒸汽管道的检测和连续监测，阀门蒸汽损失的定量测试，高压容器和汽包的检测，蒸汽管线的连续泄漏监测，锅炉泄漏的监测，汽轮机叶片的检测，汽轮机轴承运行状况的监测。如图 14-17 所示。

3. 材料试验

各种材料的性能测试、断裂试验、疲劳试验、腐蚀监测和摩擦测试、铁磁性材料的磁声发射测试等。如图 14-18 所示。

图 14-17　变压器局部放电声发射检测

图 14-18　复合材料拉伸疲劳试验

4. 民用工程

在民用工程当中，楼房、桥梁、起重机以及一些大型游乐设施的设备健康状况的监测，客运索道、隧道、大坝的检测监测及结构完整性评价。民用工程涉及很多人身的健康安全，所以设备及楼宇的健康状况更适合用声发射检测。如图 14-19 所示。

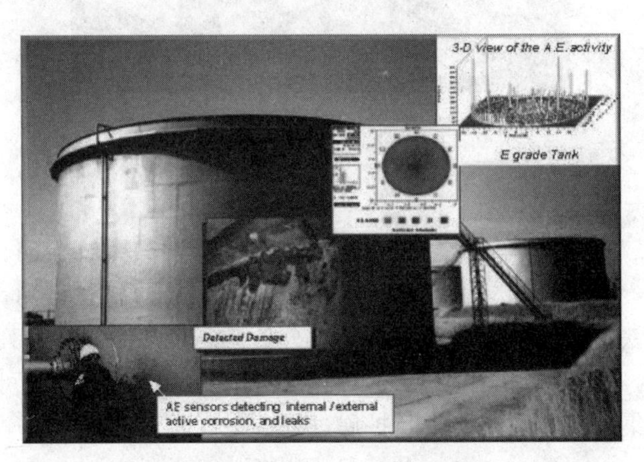

图 14-19　大型设备健康状况监测

5. 航天和航空工业

航空器壳体和主要构件的检测和结构完整性评价、航空器的时效检测、疲劳试验检测和运行过程中的在线连续监测等。我国的科学研究人员在这一领域进行了广泛和深入的研究,取得了一些重要的成果,利用声发射参数组成多维空间的一个特征矢量成功进行了疲劳裂纹,产生的声发射信号的识别。如图 14-20 所示为飞机的全身声发射健康检测传感器布局。

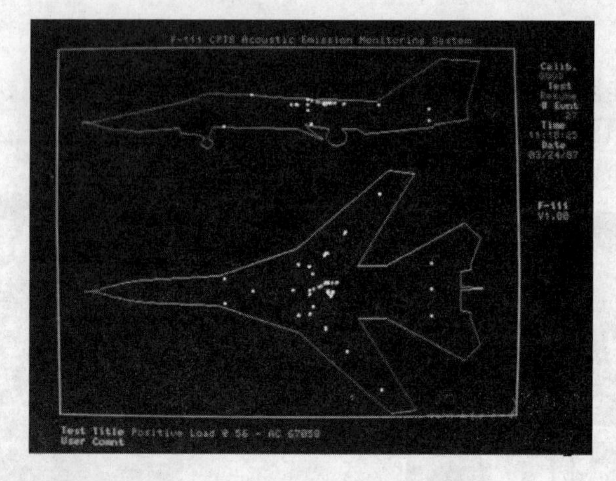

图 14-20 飞机全身健康监测

6. 金属加工

工具磨损和断裂的打探以及打磨轮或整形装置与工件接触的探测,修理整形的验证,金属加工过程中的质量监控,焊接过程的监测,振动监测等。如图 14-21 所示为加工大型叶片在线声发射检测。

图 14-21 金属加工大型叶片声发射检测

7. 交通运输

长管拖车、公路和铁路槽车的检测、铁路材料和结构性的裂纹检测、桥梁和隧道的检测和结构完整性评价,卡车、火车、高铁、滚珠轴承和轴承轴径的状态检测,火车车轮和轴承的断裂监测等。我国铁路部门采用声发射多参数分析监测技术监测高速列车转向架焊接梁疲劳实验的全过程,构建疲劳损伤各阶段与声发射特征之间的关系,因此可以准确地监测到焊接梁中焊缝和应力集中处的裂纹萌生及扩展过程。

8. 其他应用

声发射在其他行业当中还有很多的应用,比如硬盘的干扰探测,庄稼和树木的抗旱能力的监测,岩石山体震动的探测等。

14.4　电磁超声检测技术

电磁超声(electromagnetic acoustic transducer,EMAT)是无损检测领域出现的新技术,该技术利用电磁耦合方法激励和接收超声波。与传统超声检测技术相比,电磁超声检测是一种无需耦合剂的非接触式无损检测技术,避开了复杂的工件表面预处理程序,同时能灵活、方便地产生多种类型的超声波,可用于板材、棒材、管材、方坯等各种形状材料的缺陷检测;同时,它适合于高温检测。在工业应用中,电磁超声正越来越受到人们的关注和重视。

14.4.1　电磁超声换能器的基本结构

电磁超声换能器由磁场、通电线圈及金属工件三部分组成,产生电磁超声的有两种效应,即洛伦兹力效应和磁致伸缩效应。高频线圈通以高频激励电流时就会在试件表面形成感应涡流,感应涡流在外加磁场的作用下会受到洛伦兹力的作用产生电磁超声;同样,强大的脉冲电流会向外辐射一个脉冲磁场,脉冲磁场和外加磁场的复合作用会产生磁致伸缩效应,磁致伸缩力的作用也会产生不同波形的电磁超声。洛伦兹力和磁致伸缩力两种效应具体是哪种在起着主要作用,主要是由外加磁场的大小、激励电流的频率决定。电磁超声换能器常用线圈类型如图14-22所示。

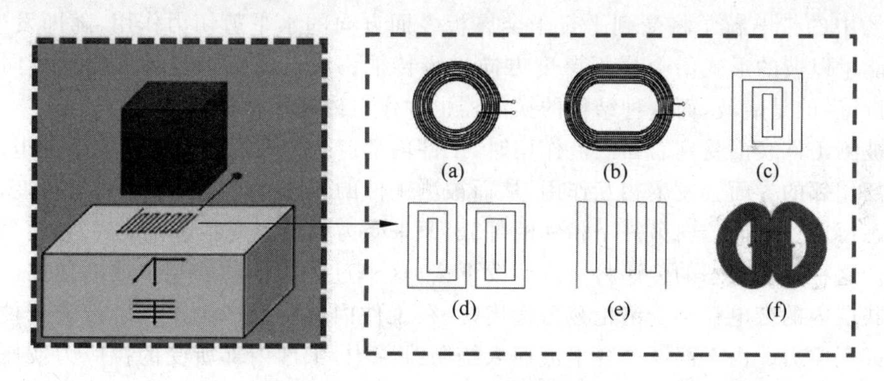

图14-22　常用线圈类型

(a)螺旋形线圈;(b)跑道形线圈;(c)回形线圈;(d)吕形线圈;(e)蛇形线圈;(f)蝶形线圈

电磁超声波的激励与接收是基于电场、磁场、力场、机械波等多物理场之间相互转换的机理。根据磁场分布、线圈结构和金属材料的铁磁性与非铁磁性不同,在力的作用下可以实现不同类型、不同模式的电磁超声波激励与接收。电磁超声传感器如图14-23所示。

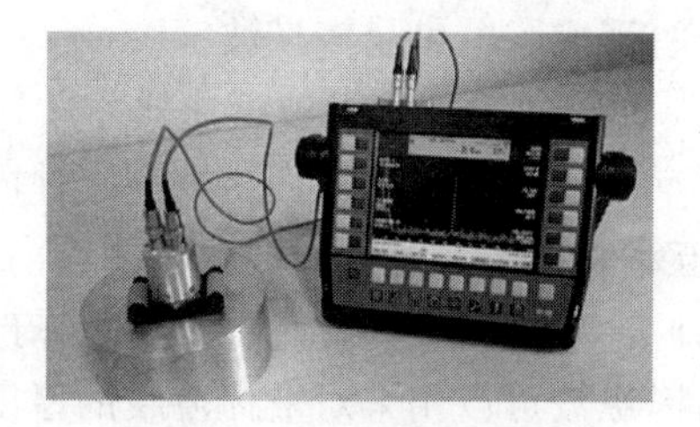

图14-23　电磁超声传感器

14.4.2 电磁超声换能器原理与特点

根据检测缺陷的类别不同,可将电磁超声换能器分为电磁超声体波换能器与电磁超声导波换能器,分别进行腐蚀缺陷与裂纹缺陷的检测。

1. 电磁超声体波换能器

电磁超声测厚以其非接触、不需在被测工件表面涂抹耦合剂、可提离一定距离、工件表面无需打磨、耐高温高压等特点广泛用在自动化工业生产中,电磁超声体波换能器包括电磁超声横波换能器与电磁超声纵波换能器。

1)电磁超声横波换能器

电磁超声横波换能器原理图如图 14-24 所示。

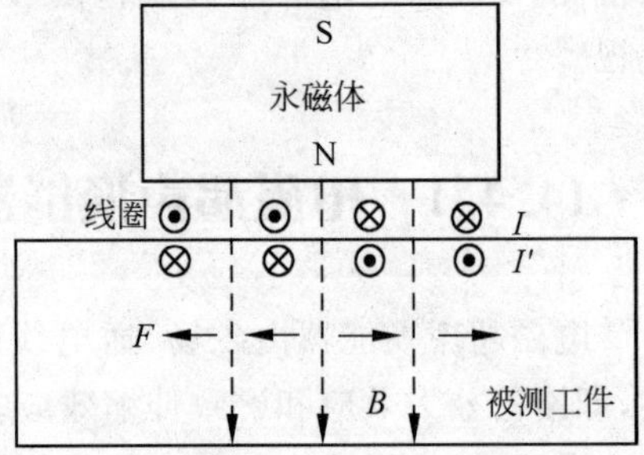

图 14-24 电磁超声横波换能器原理图

由横波的理论可知,当弹性介质受到剪切力的作用时,会产生横向振动,波向垂直振动方向传播,由此产生横波。由此可知,液体和气体介质中并不能产生剪切形变,故不能传播横波。横波只能在固体介质中产生,并在固体中传播。

由横波的产生原理,电磁超声换能器需要在换能过程中使被测金属表面的带电粒子受到水平剪切力的作用。换能器的激励线圈将在金属板表面感应出与金属板平行方向的涡流场,偏置磁场的方向将影响涡流场中带电粒子的受力情况。如果外加的偏置磁场在金属板表面形成涡流的位置是垂直于金属板表面方向的,此时涡流场中的带电粒子将受到平行于金属板表面方向的水平剪切力作用,随即发生振动。振动的能量以波的形式沿金属板厚度方向进行传播。质点的振动与波的传播方向互相垂直,此时产生的是横波,而这种结构的换能器也称作电磁超声横波换能器。

当被测工件表面受到表面涡流作用时,工件内部产生与表面涡流相反的感应电流,被测工件内部相邻的界面会发生相互作用,从而被测工件的界面邻近部分发生剪切形变,这种形变的状态再通过界面传向另一个相邻的部分,原来受力部分形变状态将消失,恢复到未变形的状态。这种形变状态的传递将一直持续下去,这个过程即伴随着超声波的传播。当被测工件趋肤层内的带电粒子受洛伦兹力作用时,在工件内部将会产生平行于被测工件表面的拉应力或压应力。由于高频交变电流通入绕制线圈中,工件内部所受的拉应力或压应力是随着电流方向的变化而变化的,被测工件内部的拉伸与挤压形变也是有交互地变化,进而使得工件中带电粒子的间距发生疏密变化。这种工件内部相邻带电粒子以能量形式进行传递,形成了电磁超声横波。

2)电磁超声纵波换能器

由纵波的定义可知,被测工件内部会受到方向交替变换的应力,被测工件与所受应力相互垂直。形成的超声波的传播方向与工件内部带电微粒的振动方向相互平行,这种超声波即为纵波。纵波与横波的区别在于,纵波可以在固体、液体和气体中传播。由于其传播特性,纵波可以用来对液体薄膜的厚度进行测量,也可以用来在空气中测距、测速等应用。在金属介质中,纵波的传播速度比横波的传播速度更快,如在相同条件下,纵波在测量厚度时,相邻回波间的时差更短,但是精度略低,尤其是在被测金属板材较薄的情况下,原因是纵波声程时间更短，误差造成的影响也就更大。电磁超声纵波换能器原理图如图 14-25 所示，其由马蹄形磁铁与螺旋形绕制线圈构成，磁场与线圈的方向相互垂直，金属表面会产生涡流场，根据洛伦兹力定律，导电的表面质点在电流的作用下移动，质点间相互挤压就产生了超声波，这就是电磁超声换能器产生纵波的原理。

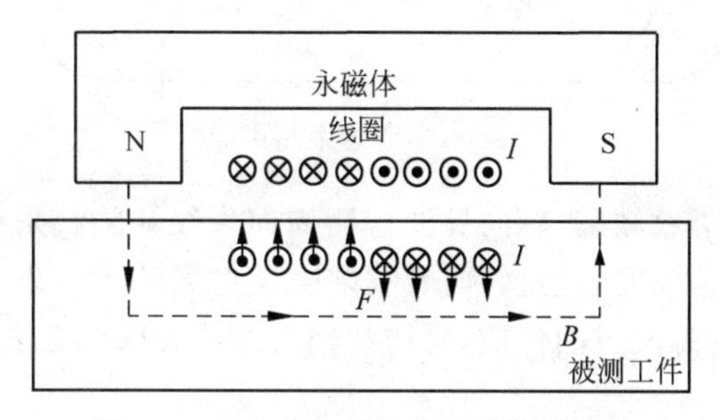

图 14-25　电磁超声纵波换能器原理图

在横波换能器和纵波换能器的结构中，主要的影响因素是偏置磁场的方向。但外加的偏置磁场并非都是沿水平或者垂直金属板表面方向的，在马蹄形的磁铁的磁极下方存在较强的垂直磁场，同样在单极型磁铁的磁极周围也存在着水平方向的磁场。所以在激励线圈感生出的涡流场区域，并不是只存在着一个方向的偏置磁场，这使得横波换能器也会激发出少量的纵波，而纵波换能器也会激发出较弱的横波。

2. 电磁超声导波换能器

电磁超声导波换能器接收换能原理如图 14-26 所示，超声波质点振动，视为磁场中运动的导体，形成动生电动势；因工件自身为闭合导体，从而在工件内部形成动生电流变化。变化的电流又形成变化的磁场，变化磁场中的电磁感应线圈闭合回路产生感应电动势和感生电流。

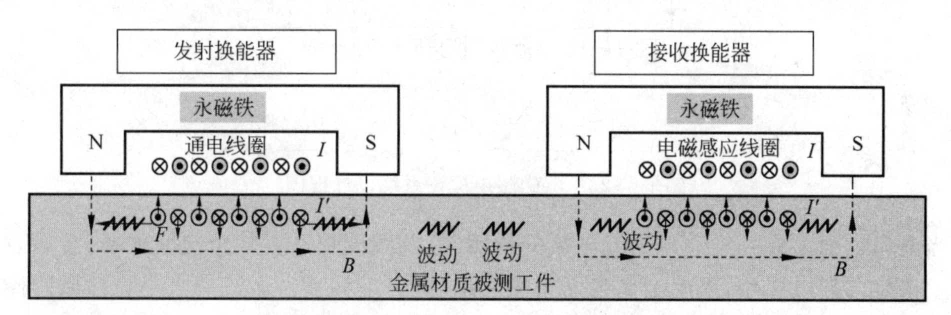

图 14-26　电磁超声导波换能器原理图

根据超声波在不同结构工件中的传播形式不同，将导体中的超声波分为板中的超声导波与管道中的超声导波。在板中传播的超声导波包括 SH 波、SV 波、Lamb 波、类 Lamb 波等。圆管状波导中沿管道周向传播的导波包括 CSH 模式、CL 模式；沿管道轴向传播的导波包括扭转导波(T 模式)、弯曲导波(F 模式)和纵向导波(L 模式)。在管道中，超声导波主声束沿管道周向传播的为周向导波，沿管道轴向传播的为轴向导波，沿管道螺旋向传播的为螺旋向导波。电磁超声换能器可收、发沿管道周向、轴向及螺旋向传播的超声导波。管道中导波主声束沿不同方向传播如图 14-27 所示。

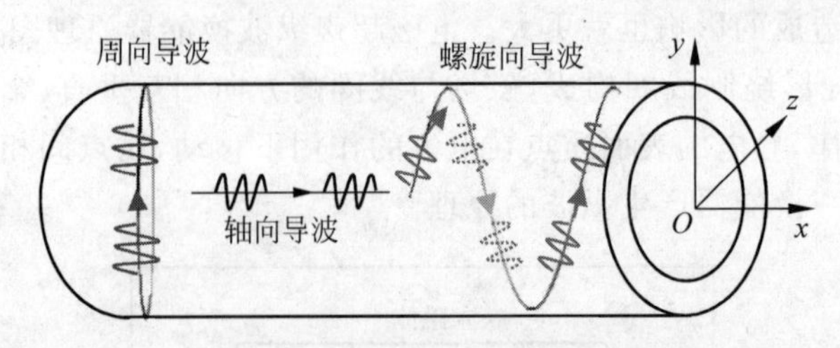

图 14-27　管道中超声导波

周向导波检测轴向裂纹缺陷，轴向导波检测周向裂纹缺陷。采用周向和轴向超声导波进行管道斜向裂纹缺陷检测时，经过斜向裂纹缺陷反射后的主声束方向不沿管道的周向和轴向传播，而沿着管道的螺旋方向传播，周向和轴向的导波探头无法接收到主声束沿螺旋方向传播的超声导波。

14.4.3　电磁超声检测技术应用实例

1. 电磁超声检测系统设计

EMAT 是一种新型的超声发射接收装置。电磁超声产生和接收的过程具有换能器和媒质表面非接触、无需加入声耦合剂、重复性好、检测速度高等优点。

电磁超声检测系统设计框图如图 14-28 所示。

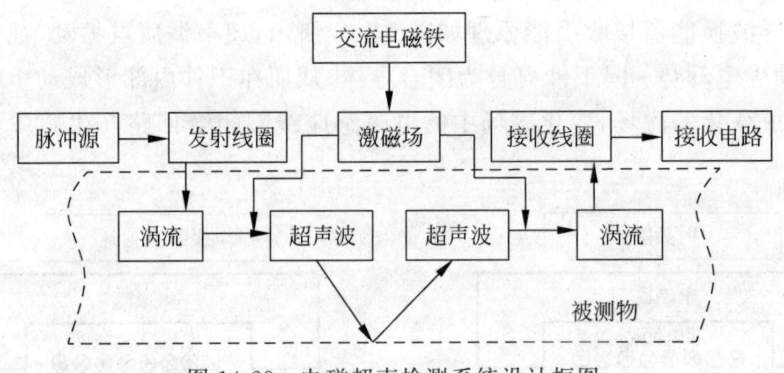

图 14-28　电磁超声检测系统设计框图

当金属表面上有一个通以交变电流的线圈时，此线圈将产生一个交变磁场，金属表面相当于一个整体导电回路，因此金属表面将感应出电流，即涡流。涡流的大小和性质同样服从法拉第电磁感应定律。涡流密度的大小取决于金属表面线圈中电流产生的磁场变化，其频率同线圈中的电流变化的频率相一致。任何电流在磁场中都受到力的变化，而金属介质在交变应力的作用下将产生应力波，频率在超声波范围内的应力波即为超声波。与此相反，由于此效应呈现可逆性，返回声波使质点的振动在磁场作用下也会使涡流线圈两端的电压发生变化，因此可以通过接收装置进行接收并放大显示。用这种方法激发和接收的超声波称为电磁超声波。在这种方法中，换能器已不单单是通用交变电流的涡流线圈以及外部固定磁场的组合体，被测金属表面也是换能器的一个重要组成部分，电和声的转换是靠金属表面来完成的。

2. 电磁超声内检测系统机械结构设计

其中，电磁超声节结构如图14-29所示，包括支撑轮、超声探头、计算机节，完成电磁超声管道内检测。

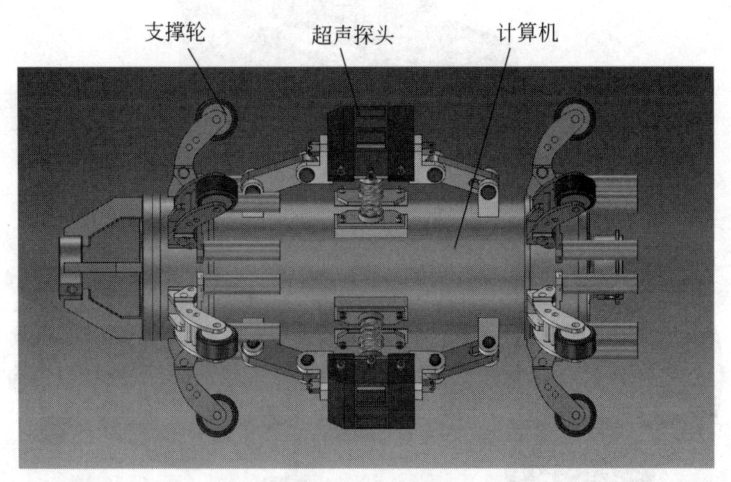

图14-29　电磁超声内检测系统机械结构

漏磁＋电磁超声组合式内检测器由碟形皮碗、励磁单元、漏磁检测主探头、漏磁检测辅助探头、电磁超声探头、电源系统、检测主机、连接器、里程轮、低频发射机等组成，共有四节。可以完成管道腐蚀缺陷检测和电磁超声管道缺陷检测。碟形皮碗直径：610mm；钢刷直径：610mm；最小通过能力：15%*D*。组合式内检测器如图14-30所示。电磁超声内检测系统主要结构功能如表14-2所示。

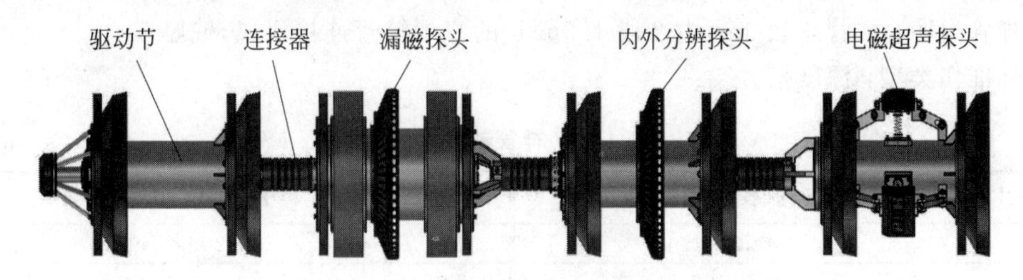

图14-30　组合式内检测器

表14-2　电磁超声内检测系统主要结构功能

结　构	功　能
低频通信	完成检测器在定位点和卡堵位置的追踪
电池节	对整个系统进行供电
动力皮腕	支撑检测器，利用管道输送介质推动检测器行进
钢刷	钢刷与管壁接触完成永磁铁、磁轭和管壁的闭合磁路
万向节	检测节和计算机节的柔性连接
主探头	由磁敏元件组成，完成缺陷的检测
计算机节	由数据处理计算机完成检测、定位信号处理、存储
辅助探头	完成内、外缺陷分辨信号的检测
电磁超声节	完成电磁超声内检测
里程轮	提供检测器行进里程信号

工程应用 EMAT 探头机械图、内检测器机械图分别如图 14-31、图 14-32 所示。

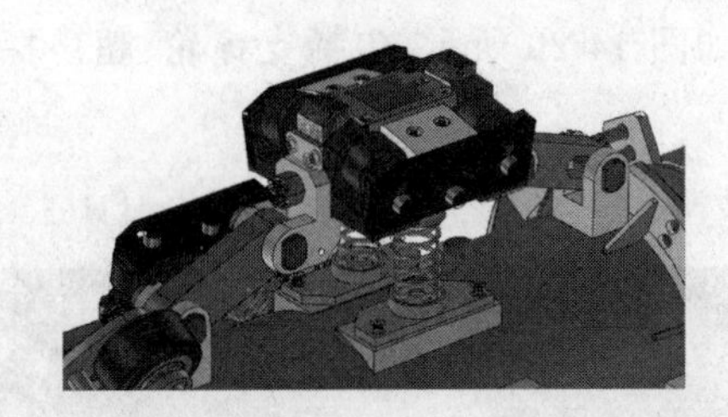

图 14-31　工程应用 EMAT 探头机械图

图 14-32　内检测器机械图

3. 工程应用检测实验

ϕ610 电磁超声试验样管参数如表 14-3 所示。

样管刻伤走向：纵向伤，与管轴平行，与管周垂直。

样管说明：样管总长 3m，由 2 段 1.5m 长的直焊缝管连接而成，壁厚 8mm。

标准伤类型：深度槽。

表 14-3　样管缺陷说明表　　mm

序号	深度槽(长×宽×深)	序号	深度槽(长×宽×深)
1#	200×3×0.4	4#	200×3×2.4
2#	200×3×0.8	5#	200×3×4
3#	200×3×1.6	6#	200×3×8

样管说明：样管总长 3m，由 2 段 1.5m 长的直焊缝管连接而成。刻伤分布于 2 段直缝管上，具体样管伤分布如图 14-33 所示。

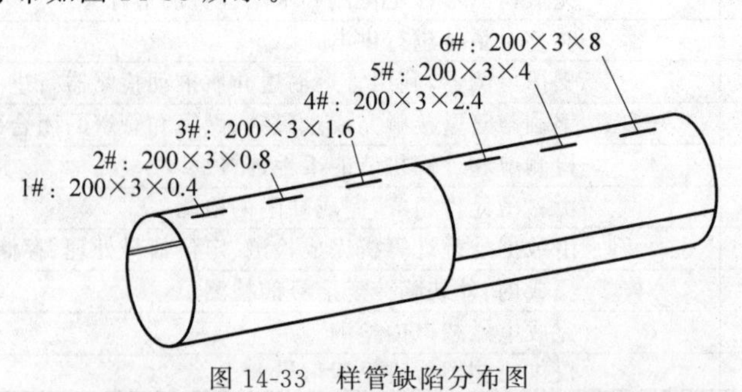

图 14-33　样管缺陷分布图

电磁超声检测器进行拖拉试验过程中，电磁超声内检测器以及被检测的 $\phi 610$ 管道分别如图 14-34、图 14-35 所示。

图 14-34　电磁超声检测器拖拉试验

图 14-35　工业现场试验

通道一与通道二中，有无 1＃～6＃缺陷时，检测回波对比情况如图 14-36 所示。

图 14-36(a)、(b)、(c)、(d)、(e)、(f)通道一中，检测器位于无缺陷位置上方，因此检测回波均无缺陷回波；图 14-36(a)、(b)、(c)、(d)、(e)、(f)通道二中，检测器分别位于 1＃～6＃缺陷位置上方，因此存在缺陷回波，且随着缺陷的增大，检测回波信号逐渐增强，即随着缺陷深度的增加，回波信号可识别的能力逐渐增强。

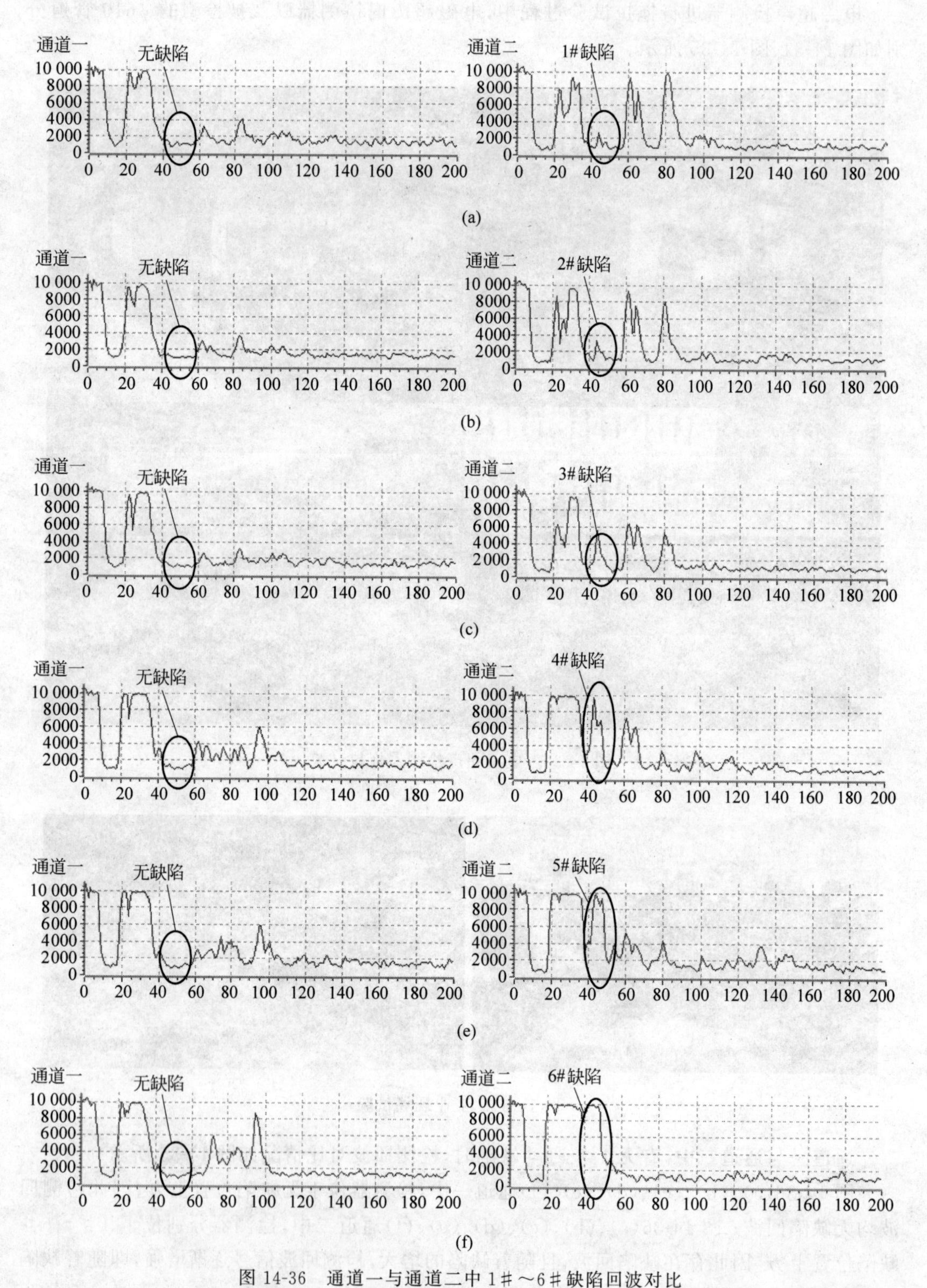

图 14-36 通道一与通道二中 1＃～6＃缺陷回波对比

(a) 有无 1＃缺陷；(b) 有无 2＃缺陷；(c) 有无 3＃缺陷；(d) 有无 4＃缺陷；(e) 有无 5＃缺陷；(f) 有无 6＃缺陷

14.5 微波检测技术

微波是一种波长很短，频率很高的电磁波，频率通常从 300MHz～300GHz，相应的波长为 1m～1mm。微波检测是以微波物理学、电子学和微波测量为基础的一门微波技术应用学科：以微波作为信息载体，对各种材料构件和自然现象进行检测和诊断；对物体性能和工艺参数等非电量进行非接触、非污染的快速测量和监控。在雷达、通信、导航、遥感、电视广播、电子对抗、空间技术、天文气象、生物学、医学、工农业以及科学研究等方面都得到了广泛的应用。

14.5.1 微波的基本特点

微波在电磁波频谱中的位置见图 14-37。微波与其他无线电波相比具有以下基本特点。

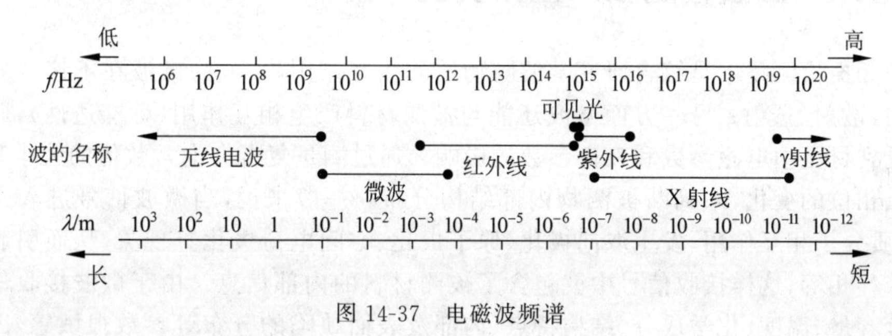

图 14-37　电磁波频谱

1. 频率高

微波振荡频率每秒钟在 3 亿次以上，比低频无线电波频率高几个数量级。它既是频率很高的波段，也是频率极宽的波段。

1）时延效应

在低频电路中时延小于振荡周期，可以忽略不计。但微波以光速传播，在微波电路中时延可与周期相比拟，故不能忽略。

2）趋肤效应

低频传输线不能用在微波频段，因为高频电流仅仅沿着导线外表薄层通行；流过高频电流的导线截面面积与低频相比大为减小，导线电阻大为增加，表现出很大的能量衰减。

3）辐射效应

微波领域不用“路”的概念，而使用“场”的概念。一般低频集总参数的电阻、电感和电容等也就不能适用于微波，而必须代之以分布参数元件。当一条传输线的长度可以同工作波长相比拟时，它将显著地辐射电磁能量，如同一个小天线；所采用的传输线、元件和设备的线度与其工作波长相比具有相同数量级；因而辐射显著存在，且频率越高，辐射越强烈，损耗越大。

2. 波长短

由于微波波长比宏观物体尺寸更短，因此微波传播具有“似光性”，即微波波束照射到这些物体上（即在不同媒质的分界面上）时将产生反射与折射，与几何光学相似，并以光速沿直线传播。在自由空间，它是横电磁波，其指向性较好、分辨能力较强，有利于微波的应用；只有微波波长与物体尺寸相比拟时，具有“波动性”，会产生绕射或衍射现象；还会因极化和相干性而出现干涉现象。

3. 穿透能力强

微波辐射具有全天候性能，可以毫无阻碍地穿透电离层而不会被电离层所反射。而自然界的雨、雪、云、雾对微波都有不同程度的吸收和反射能力，因此微波气象雷达可用来观测它们的存在和流动。同样，微波对非金属材料或声衰减材料有较强的穿透能力，可以用来发现材料或构件内部的不连续性。

4. 量子特性

微波具有波粒二象性。微波与物质相互作用，量子效应不能忽视。一些原子核、原子、分子及顺磁、铁磁材料的共振出现在微波波段，因而可以用它来研究材料结构。微波为揭示物质中的量子现象提供了有效手段。

14.5.2 微波检测技术应用实例

微波无损检测技术是综合研究微波与物质的相互作用，一方面微波在不连续界面处会产生反射、散射、透射；另一方面微波还能与被测材料产生相互作用(称穿透性)，此时的微波场会受到材料中电磁参数和几何参数的影响。通过测量复合介电常数值的大小和微波幅度、频率、相位的变化，来判断被测物内部结构分布。一般来说，当微波信号进入介质材料后，和介质分子相互作用，发生取向极化、原子极化、空间电荷极化等现象，从而引起微波信号的衰减移相等，这样接收信号中就包含了被测材料的内部信息。由于微波接收信号对于诸如水分含量、温度、化学成分、结构特点、内部及表面缺陷的分布等参数很敏感，因而综合分析这些参量，即可判断材料的质量。

1. 探地雷达成像技术原理及应用

地下的埋藏物如隧道、污水井、废弃的矿井等，尤其是化学溢出物、核废料、地下管线、未爆炸的废弃的地雷等的探测，与人类生存和发展有重大关系，也是环境调查的重大课题。在建筑工程施工前和施工中，地下结构的探测、问题的查找和工程质量的检测，是工程成败的关键问题。探地雷达在这些领域都是有利的工具。

探地雷达与探空雷达或通信雷达技术相类似，它利用发射天线将高频电磁波以宽带短脉冲形式送入地下，经地层或目标体的反射后回到地面，由接收天线接收回波信号。现在用于探测的雷达，基本上工作于微波频段，因而可将雷达波检测技术归为微波检测技术。

电磁波在地下介质中传播时，其路径、电磁场强度及波形随着所通过的介质的介电性质及几何形态而变化，根据接收的雷达剖面，利用反射回波的双程走时、幅度、相位等信息，可对地下介质的结构进行描述，从而实现目标物的探测或工程质量的评价。

当前利用探地雷达所能回收到的信息全都体现在数字化的电磁波信号上，主要为电磁波双程旅行的时间、信号的振幅、信号的频率和信号的相位。目前，用得最普遍、最成熟的当数旅行时间，它和传播速度及目标深度有确定关系。探地雷达的检测原理见图 14-38，当已知发射信号与接收信号的时间差，以及电磁波在地下的传播速度，则可以算出反射物所处的深度。因此，习惯上把雷达检测称为“时距法”。反射信号的幅度强弱与界面的反射系数、穿透介质对波的吸收程度、介质的磁导率、相对介电常数及电导率有关，电磁参数差别越大，反射系数就越大，反射波的能量也越强。

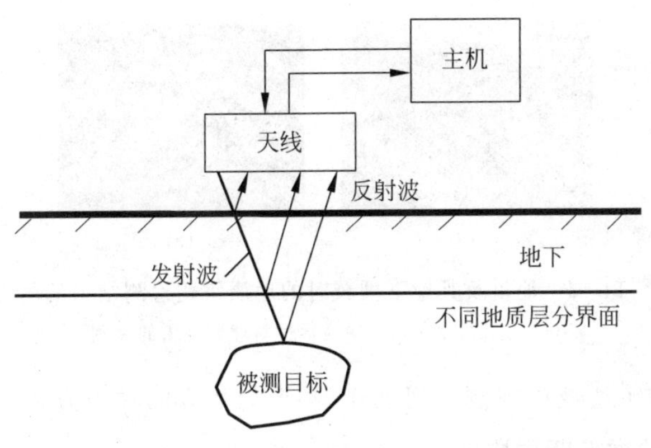

图 14-38　探地雷达的检测原理

早期有资料介绍探地雷达成功应用实例：探测到格陵兰岛附近 85m 深的冰雪下埋藏的“二战”飞机。我国的秦皇陵考古勘探工程，可以探测到地下 30～40m 深处埋藏的物品。

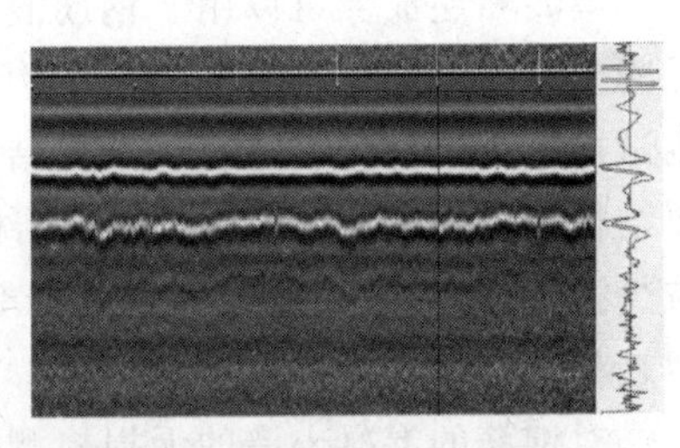

图 14-39　GSSI SIR-8 探地雷达用于路面厚度检测

图 14-39 所示为 GSSI 公司的 SIR-8 探地雷达检测路面厚度的实际图像。图中的两条较强反射线分别为空气与路面、路面与土壤的界面。右侧的曲线对应图中黑色竖直线处的数据。经计算，得到路面的平均厚度为 0.196m，标准偏差为±0.003m。

图 14-40、图 14-41 是探地雷达探测地下埋藏物的例子。图中可清晰地看到埋藏于地下不同深度的管道及电缆的明显的反射波形。

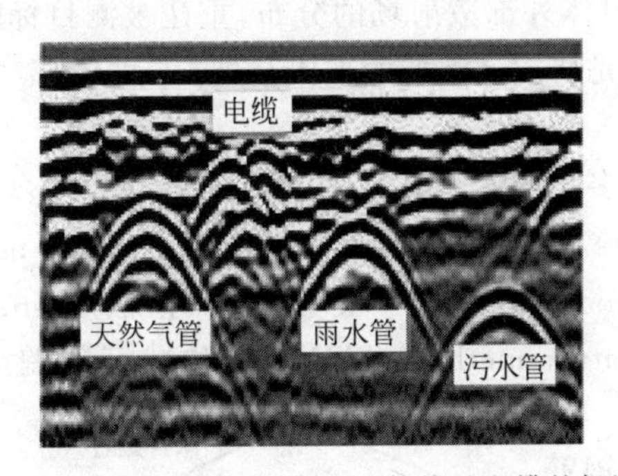

图 14-40　探地雷达用于地下管线及电缆的探测

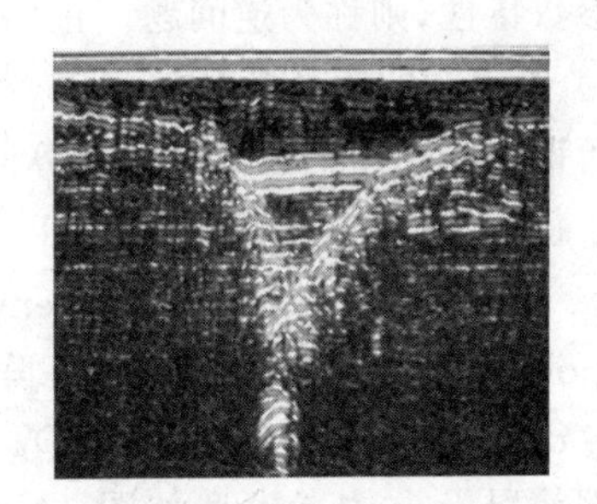

图 14-41　探地雷达用于污水沟的探测

图 14-42 为地雷及其地下埋藏时的探地雷达检测结果的图像。图 14-42(a)为地雷的图片，图 14-42(b)为地雷对电磁波的反射波形。

2. 穿墙雷达成像技术原理及应用

雷达发出的波束能够穿透墙壁，如果墙后面有人，雷达波束就会反射回来，并在设备的显示屏上出现一个标志。墙后面的人如果移动，显示屏上的标志也会相应移动，并在原来的位置留下空的标志。从而可以标示出目标人员的移动轨迹。

新型穿墙雷达用电池供电，雷达波能穿过 250mm 厚的墙或其他障碍物，发现隐藏在其

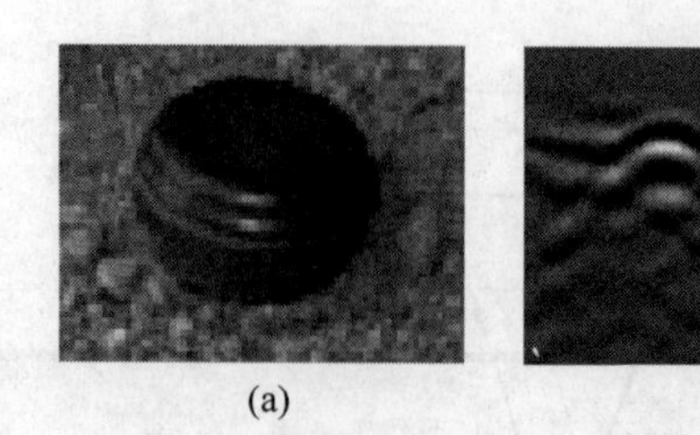

(a) (b)

图 14-42 地雷及其地下埋藏时的地质雷达检测结果的图像
(a) 地雷实物；(b) 探地雷达对埋藏地雷的探测

后的人体目标。这种雷达波可探测任何动作，甚至只是人的呼吸方式。

3. 钢筋混凝土的微波断层成像

微波断层成像可以用于钢筋混凝土的无损检测，对混凝土质量进行监测、诊断和评估。混凝土无损检测技术对混凝土结构构件不破坏，可以获得人们最需要的混凝土物理量信息，测试操作简单，测试费用低，不受结构物的形状与尺寸限制，可以进行多次重复试验，可对重要结构部位长期监测；对混凝土结构(或构件)进行检测，取得各种信息后及时进行处理，以减少损失，避免事故发生等。混凝土结构工程质量检测向数字化、图像化方向发展已成为必然趋势。

对钢筋的混凝土墙的无损检测研究可采用仿真与实验相结合的方法，先通过仿真研究找出最优成像算法，再进行实际实验。采用仿真建模的方法对含有钢筋的混凝土试块进行建模实验中微波信号由天线发射出来，当微波遇到空气与混凝土的分界面后，会有一部分信号反射回去，而另一部分将在混凝土里面传播并透射。

微波成像算法一般包括正问题和逆问题两部分。已知媒质特性及其对电磁波的响应，得到场的时空分布，称为正问题；反之，由散射体外部散射场的分布，重建被测目标的几何和电参数特性，则称为逆问题。正问题的求解是研究逆问题的重要基础。

1）正问题的仿真模型

所谓正问题即电磁散射的计算问题，经过多年的不懈努力，国际上已经建立了多种电磁散射数值方法，如矩量法(method of moments，MoM)、有限元法(finite element method，FEM)、边界元法(boundary element method，BEM)、广义多极子算法(generalized multipole technique，GMT)、T 矩阵法(T matrix method，TMM)和时域有限差分方法(finite difference time domain，FDTD)等。

钢筋混凝土仿真模型如图 14-43 所示。钢筋部位的网格剖分可按如图 14-44 所示的方法进行，可近似为八边形。在圆柱形钢筋和混凝土结构形成的圆形边界区域，可以采用一个与圆形边界外切的正八边形去逼近边界区域。在正八边形的外围，是一个规则的正方形将其包围起来，这个正方形满足的条件是其内切圆又正好是正八边形的外接圆。

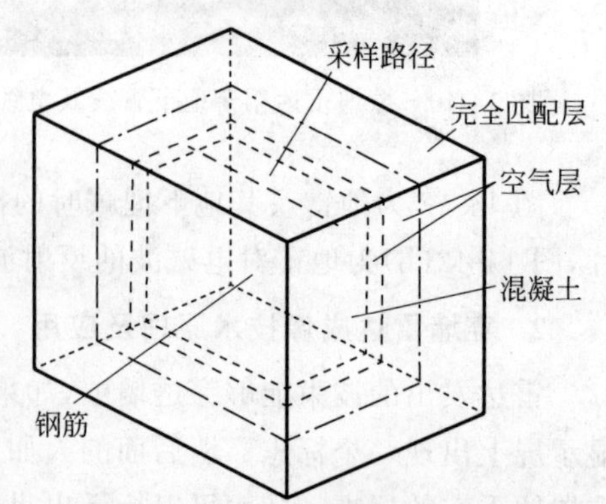

图 14-43 3D 高频散射仿真分析的实体模型示意图

2）微波成像系统硬件构成

微波无损检测成像系统主要由微波信号源、功放、天线、检波、数据采集及上位机信号处理几部分

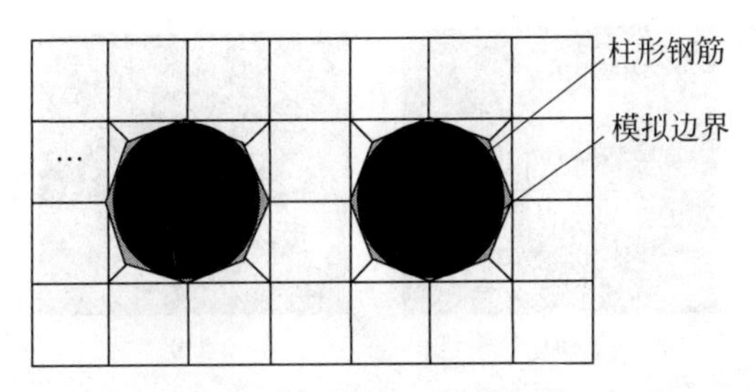

图 14-44　交界区域的剖分

组成。反射信号经检波及 A/D 转换,通过接口单元送至上位机进行数据成像处理。已研制的微波成像系统框图如图 14-45 所示。

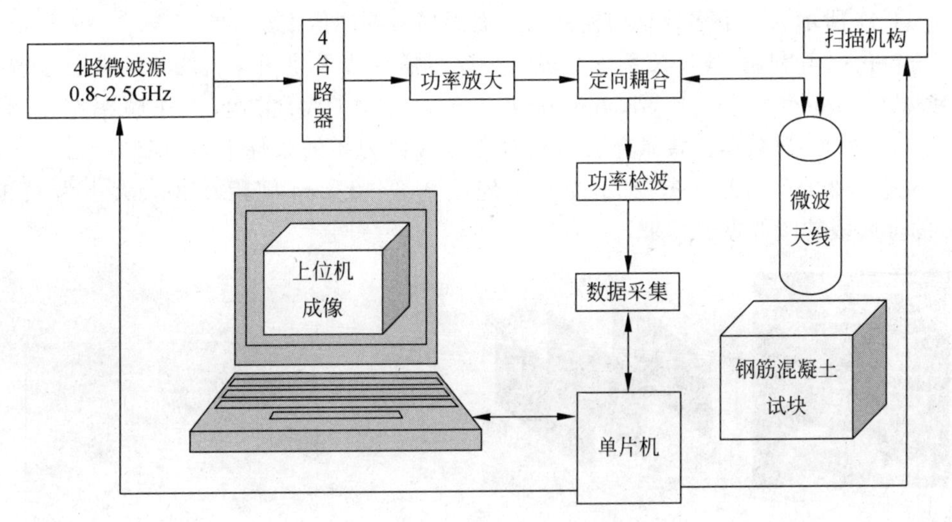

图 14-45　微波成像系统框图

3）典型微波断层成像算法

微波断层成像实质上属于电磁逆散射问题。作为反演计算的电磁散射方程,不但是一个非线性方程,求解困难,计算耗时长,而且属于病态方程,求解是不稳定的,微小误差会造成计算结果的巨大偏离。寻找和研究适合的微波成像算法仍是研究热点。

基于逆散射问题的微波成像算法可分为三类：①谱域成像算法。即通过 Born 近似或 Rytov 近似将原问题线性化,在谱域求解,实现目标物体的电磁参数的重建。②空域非迭代成像算法。在空间域求解线性化逆源问题,实现目标物体的等效电流的重建,然后由等效电流重建电磁参数。③空域迭代成像算法。直接在空间域通过迭代法求解非线性问题,实现电磁参数的重建。

4）部分成像结果

Deshchenko 在论文中展示了利用微波雷达对 150mm 厚的混凝土块进行实验的结果。直径为 25mm 的气孔及钢筋在混凝土中的埋藏深度分别为 50mm 和 80mm。喇叭天线距混凝土试样表面 2mm,沿混凝土表面的一条直线上每隔 5mm 取一个数据,共取 64 个点,64 个频率点。采用近场合成孔径法重建图像,相当于谱域重建。对气孔的重建结果示于图 14-46。

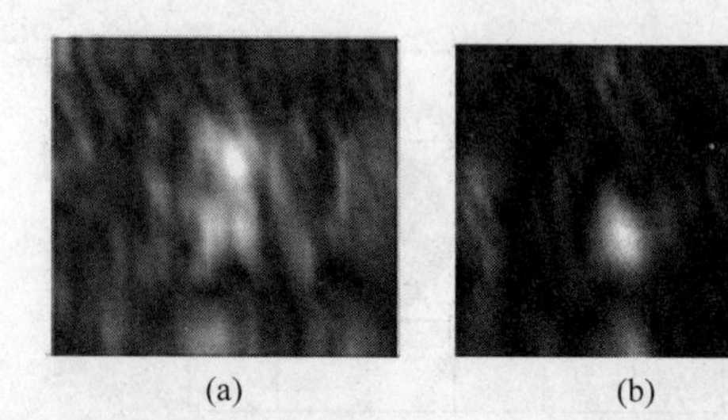
(a)　　(b)

图 14-46　混凝土中气孔的图像重建结果

(a) 气孔在 50mm 深处；(b) 气孔在 80mm 深处

4. 建筑物微波无损检测图像重建

图 14-47 所示为一个建筑结构模型的微波无损检测图像重建结果。

Koppenjan 等利用 GPR-X 系统及多频率反传播算法重建图像。仪器的核心系统为调频连续波（frequency-modulated countinuous-wave，FM-CW）雷达，工作频率范围 200～700MHz，测量 85 对数据。背景介质的相对介电常数为 4 的条件下，可探测的目标深度为 5m，分辨率为 20cm。图 14-48 所示为 7 个埋深 0.3～2.2m、间距 0.3m、大小为 0.3m×0.3m 的金属板的图像重建结果。

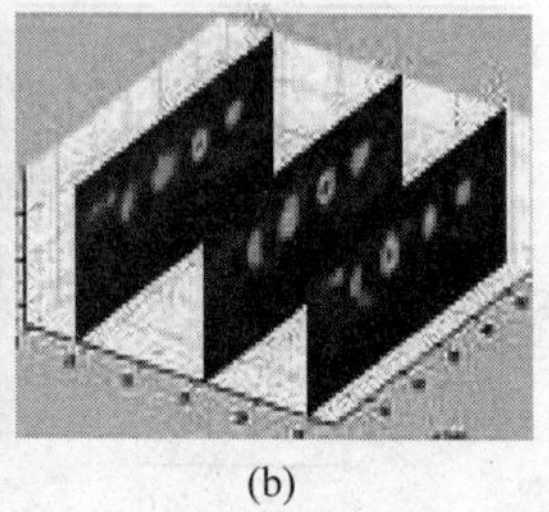
(a)　　(b)

图 14-47　建筑结构的微波无损检测图像重建结果

(a) 墙中有木质梁模型；(b) 二维断层像叠拼结果

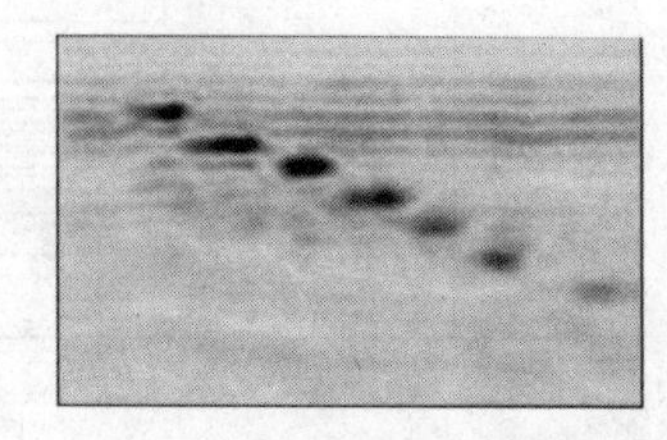

图 14-48　地下金属板的图像重建结果

Nugroho 和 Wu 利用代数重建技术（algebraic reconstruction techniques，ART）对三维有耗目标进行了重建。采用生物医学微波成像中常用的仿真人体手臂模型，由骨骼、肌肉和脂肪组成，直径 120mm，高 23mm。它包括 5 层，每层分布不同，浸泡于水中。系统工作频率为 2.454GHz。三维目标的重建是采用多层二维重建图像堆砌的方法实现的。每个二维重建平面的天线排列如图 14-49 所示，32 个天线等间隔地分布于半径为 80mm 的圆上，每个天线兼有依次发射功能。使用不同的入射波波长 1～19mm 实现目标重建。

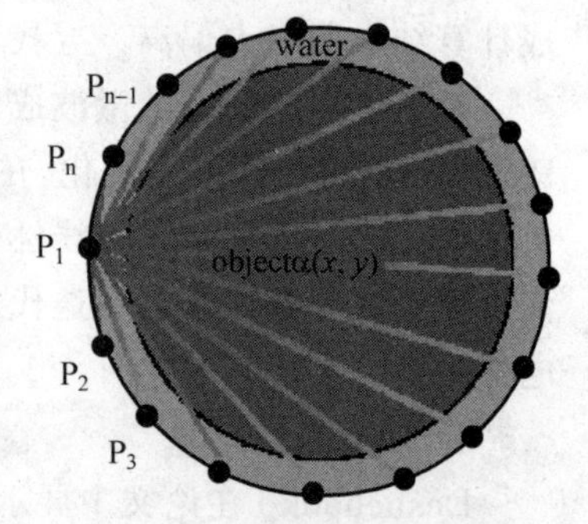

图 14-49　二维天线阵列布置示意图

每层横断面分为 484 个单元，所有单元迭代初始值为 0。图 14-50 所示为第 1 层和第 5 层的原始模型及在 5mm 波长时对应的重建图像。图(a)为成像后生物组织的灰度级表示；图(b)为第 1 层的原始模型；图(c)为第 5 层的原始模型；图(d)为第 1 层的重建图像；图(e)为第 5 层的重建图像。

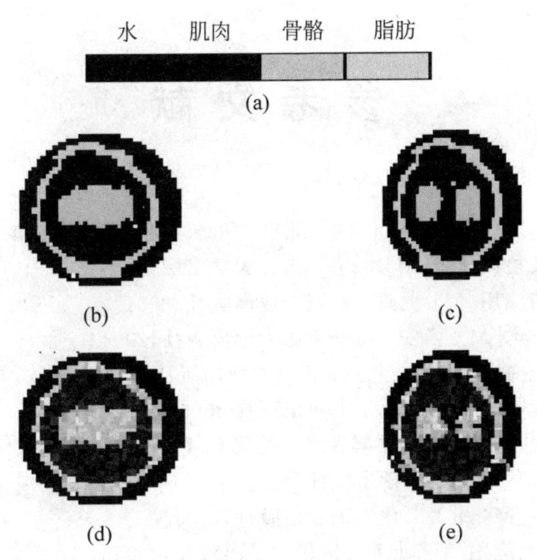

图 14-50　ART 算法的原始模型及图像重建结果

(a) 生物组织的灰度级表示；(b) 第 1 层的原始模型；(c) 第 5 层的原始模型；(d) 第 1 层的重建图像；(e) 第 5 层的重建图像

思考题与习题

1. 依据不同波长的红外光，一般将红外辐射分为哪四个区域？
2. 相比接触式测温方法，红外测温具有哪些优点？
3. 激光产生的必要条件和激光的基本性质有哪些？
4. 简单介绍激光器的组成部分以及激光器的分类。
5. 声发射的形成原理是什么？什么是声发射检测技术？声发射检测方法有哪些特点？
6. 超声波产生的技术方法有哪些？
7. 电磁超声检测技术在应用时有哪些优势？
8. 电磁超声换能器的基本结构和换能原理是什么？
9. 与普通无线电通信所用的无线电波相比较，微波具有哪些突出的优点？

参考文献

[1] 严钟豪,谭祖根.非电量电测技术[M].2版.北京：机械工业出版社,2004.
[2] 凌振宝.传感器原理及检测技术[M].长春：吉林大学出版社,2003.
[3] 金发庆.传感器技术与应用[M].北京：机械工业出版社,2004.
[4] 吴道娣.非电量电测技术[M].西安：西安交通大学出版社,2004.
[5] 费业泰.误差理论与数据处理[M].北京：机械工业出版社,2005.
[6] 王汝琳.红外检测技术[M].北京：化学工业出版社 2006.
[7] 桑海峰.诺西肽发酵过程生物参数软测量方法的研究[D].沈阳：东北大学,2006.
[8] 田裕鹏.传感器原理[M].北京：科学出版社,2007.
[9] 周在杞.微波检测技术[M].北京：化学工业出版社,2008.
[10] 张洪润.传感器原理及应用[M].北京：清华大学出版社,2008.
[11] 苑玮琦.生物特征识别技术[M].北京：科学出版社,2009.
[12] 潘立登.软测量技术原理与应用[M].北京：中国电力出版社,2009.
[13] 刘笃仁.传感器原理及应用技术[M].西安：西安电子科技大学出版社,2009.
[14] 刘君华.智能传感系统[M].2版.西安：西安电子科技大学出版社,2010.
[15] 樊尚春.传感器技术及应用[M].2版.北京：北京航空航天大学出版社,2010.
[16] 姜香菊.传感器原理及应用[M].北京：机械工业出版社,2015.
[17] 刘迎春.传感器原理、设计与应用[M].北京：国防工业出版社,2015.
[18] 国网技术学院.红外热像检测[M].北京：中国电力出版社,2015.
[19] 沈功田.声发射检测技术及应用[M].北京：科学出版社,2015.
[20] 刘利秋.传感器原理与应用[M].北京：清华大学出版社,2015.
[21] 吴盘龙.智能传感器技术[M].北京：中国电力出版社,2015.
[22] 吴建平.传感器原理与应用[M].北京：机械工业出版社,2016.
[23] 李艳红.传感器原理及实际应用设计[M].北京：北京理工大学出版社,2016.
[24] 彭杰纲.传感器原理及应用[M].2版.北京：电子工业出版社,2017.
[25] 桑海峰.非电量电测技术基础[M].北京：清华大学出版社,2017.
[26] 刘铁根.光电检测技术及系统[M].2版.天津：天津大学出版社,2017.
[27] 黄松岭.电磁超声导波成像理论与方法[M].北京：清华大学出版社,2018.
[28] 2019—2025年中国传感器制造市场现状全面调研与发展趋势分析报告[R].中国产业调研网,2019.
[29] 程德福.传感器原理及应用[M].北京：机械工业出版社,2019.
[30] 何兆湘.传感器原理与检测技术[M].武汉：华中科技大学出版社,2019.
[31] 颜鑫.传感器原理及应用[M].北京：北京邮电大学出版社,2020.
[32] 钱显毅.传感器原理与应用[M].北京：中国水利水电出版社,2020.
[33] 徐春广.无损检测超声波理论[M].北京：科学出版社,2020.
[34] 肖慧荣.传感器原理及应用项目实例型[M].北京：机械工业出版社,2020.
[35] 姜香菊.传感器原理及应用[M].北京：机械工业出版社,2020.
[36] Deshchenko G N. Effect of antenna suspension altitude in a ground penetrating radar on received signal[J]. Russian Journal of Nondestructive Testing,2001,37(5)：326-330.
[37] Koppenjan S K. Multi-frequency synthetic-aperture imaging with a lightweight ground penetrating Rader system[J]. Journal of Applied Geophysics,2000(43)：251-258.
[38] Nugroho A T,Wu Z. Microwave imaging of 3D lossy dielectric objects using algebraic reconstruction techniques[C]//1st World Congress in Industrial Process Tomography,1999：201-205.